Protel 2004 实用教程
——原理图与PCB设计（第3版）

谷树忠　温克利　冯　雷　编著

電子工業出版社
Publishing House of Electronics Industry
北京 • BEIJING

内 容 简 介

本书以典型的应用示例为主线，介绍 Altium 公司 Protel 2004 电子设计自动化（EDA）软件的使用方法。

本书详细讲解 Protel 2004 软件中原理图设计、电子电路仿真和印制电路板设计三部分内容。全书共 14 章，其中，第 1 章为 Protel 2004 系统综述，第 2 章至第 7 章为原理图设计部分，第 8 章介绍原理图的层次设计方法，第 9 章为电子电路仿真部分，第 10 章至第 14 章为印制电路板设计部分。

本书结构合理、入门简单、层次清楚、内容翔实，并附有练习题，可作为大中专院校电子类、电气类、计算机类、自动化类以及机电一体化类专业的 EDA 教材，也可作为广大电子产品设计工程技术人员和电子制作爱好者的参考用书。

未经许可，不得以任何方式复制或抄袭本书之部分或全部内容。
版权所有，侵权必究。

图书在版编目（CIP）数据

Protel 2004 实用教程：原理图与 PCB 设计 / 谷树忠，温克利，冯雷编著. —3 版. —北京：电子工业出版社，2012.11

ISBN 978-7-121-18905-0

I. P… Ⅱ. ①谷… ②温… ③冯… Ⅲ. 印刷电路－计算机辅助设计－应用软件－高等学校－教材 Ⅳ. ①TN410.2

中国版本图书馆 CIP 数据核字（2012）第 267656 号

责任编辑：曲 昕
印　　刷：北京中新伟业印刷有限公司
装　　订：三河市皇庄路通装订厂
出版发行：电子工业出版社
　　　　　北京市海淀区万寿路 173 信箱　邮编 100036
开　　本：787×1 092　1/16　印张：19.75　字数：505 千字
版　　次：2005 年 2 月第 1 版
　　　　　2012 年 11 月第 3 版
印　　次：2015 年 8 月第 4 次印刷
定　　价：39.00 元

凡所购买电子工业出版社图书有缺损问题，请向购买书店调换。若书店售缺，请与本社发行部联系，联系及邮购电话：（010）88254888。

质量投诉请发邮件至 zlts@phei.com.cn，盗版侵权举报请发邮件至 dbqq@phei.com.cn。

服务热线：（010）88258888。

第 3 版前言

国内在电子设计自动化（EDA）领域中，《Protel 2004 实用教程》是最早面市的教材之一，出书八年多来，市场反应相当强烈。国内许多兄弟院校的相关专业在 EDA 教学中采用本书作为教材。本书以“实例为主线，编排新颖，结构合理，入门简单，层次清晰，内容翔实”的特点，受到了广大师生的好评。

随着电子工业的发展、教学改革的深入、实用性人才培养的需求以及电子电路设计教学与开发的要求，在第 2 版的基础上，进行了修订。此次修订，在保持原书风格的基础上，精简、加强和调整了部分内容。

1．精简 Protel 2004 系统部分

删减“Protel 2004 的安装与认证”内容。主要原因是，考虑到目前全国大多数高校的相关专业在 EDA 教学前已经完成了对相关学生计算机操作的教学，且“软件的安装与认证”是其教学内容一部分。因此，作此删减。

2．加强 PCB 设计规则部分

在“PCB 设计的基本原则”的章节中，增加“PCB 的抗干扰设计原则”和“PCB 可测性设计”的内容。主要原因是考虑到目前电子产品的生产实际的需要，即要求电子系统具有抗干扰性和可测性。这也是 EDA 教学的一个重要的内容。

3．调整了部分内容

将部分章节的内容进行调整。主要是将“电子电路仿真”内容，调整到原理图设计章节之后，PCB 设计章节之前。使上述内容的教学顺序与实际电子产品生产的顺序更接近。目的是加强该书的实践性。

参加本次修订工作的有谷树忠老师、温克利老师和冯雷老师。其中第 1 章、第 9 章、第 10 章和附录由谷树忠执笔；第 2 章、第 3 章、第 4 章、第 5 章、第 6 章、第 7 章由温克利执笔，第 8 章、第 11 章、第 12 章、第 13 章和第 14 章由冯雷执笔；全书由谷树忠统稿。同时，张艳芳、王可可、周永方、邵丹阳、曹媛媛、刘成阳、江婉溪、于航、梁启栋、李轩、吕宗阳、马天阳也为本书的编校做了很多工作。

由于水平有限，书中难免有疏漏之处，恳请广大读者批评指正。

编著者

2012 年 10 月于长春工程学院

目　　录

第 1 章　Protel 2004 系统

本章主要介绍 Protel 2004 的组成特点、配置要求、主界面，以及简单的操作方法和 Protel 2004 资源用户化和系统参数的设置。

1.1　Protel 2004 的组成与特点

Protel 2004 是 Altium 公司于 2004 年 2 月推出的一种电子设计自动化（EDA，Electronic Design Automation）设计软件。该软件几乎将电子电路所有的设计工具在单个应用程序中集成。它通过把电路图设计、电路的仿真、PCB 绘制编辑 FPGA 应用程序的设计和设计输出等技术完美融合，为用户提供全线的设计解决方案，使用户可以轻松进行各种复杂的电子电路设计工作；Protel 2004 从多方面改进和完善了 Protel DXP 版本，使其具有更高的稳定性、增强的图形功能和超强的用户界面。所以，Protel 2004 设计系统也被称为 DXP 2004（本书中 Protel 2004 与 DXP 2004 和 Protel DXP 等同，不再说明）。

1.1.1　Protel 2004 的组成

Protel 2004 从功能上分为电路原理图（SCH）设计、印制电路板（PCB）设计、电路的仿真和可编程逻辑器件（FPGA）设计等。本书作为 Protel 2004 的原理图、印制板设计和电子电路仿真的使用教程，着重讲述原理图设计、印制电路板设计和电子电路的仿真 3 个部分。

Protel 2004 将电路原理图设计、印制电路板设计和电子电路仿真有机地结合在一起，形成了一个集成的开发环境。在这个环境中，所谓的原理图设计，就是电路的原理图设计，是通过原理图编辑器来实现的，原理图编辑器为用户提供高速、智能的原理图编辑手段，由它生成的原理图文件为印制电路板的制作和电子电路的仿真做准备工作；所谓的印制电路板的设计，就是 PCB 及印制电路板绘制，是通过 PCB 编辑器来实现的，由它生成的 PCB 文件将直接应用到印制电路板的生产中；所谓的电子电路仿真，就是通过仿真器对所设计的电子电路进行数据或波形分析，进而对电子电路设计进行改进。

1.1.2　Protel 2004 的特点

Protel 2004 的原理图编辑器，不仅仅用于电子电路的原理图设计，还可以输出设计 PCB 所必需的网络表文件，设定 PCB 设计的电气规则，根据用户的要求，输出令用户满意的原理图设计图纸；支持层次化原理图设计，当用户的设计项目较大，很难在一张原理图上完成时，可以把设计项目分为若干子项目，子项目可以再划分成若干功能模块，功能模块还可再往下划分直至底层的基本模块，然后分层逐级设计。

Protel 2004 的 PCB 编辑器提供了元件的自动和交互布局，可以大量减少布局工作的负担；还提供多种走线模式，适合不同情况的需要；与在线规则冲突时会立刻以高亮显示，避免交互布局或布线时出现错误；最大限度地满足用户的设计要求，不仅可以放置半通孔、深埋过孔，而且还提供了各式各样的焊盘；大量的设计法则，通过详尽全面的设计规则定义，可以为电路板设计符合实际要求提供保证；具有很高的手动设计和自动设计的融合程度，对于电路元件多、连接复杂、有特殊要求的电路，可以选择自动布线与手工调整相结合的方法；元件的连接采用智能化的连线工具，在 PCB 电路板设计完成后，可以通过设计规则检查（DRC）来保证 PCB 电路板完全符合设计要求。

Protel 2004 可以通过原理图编辑器的设计同步器来实现与 PCB 电路板同步。采用设计同步器更新目标 PCB；用户根本不必处理网络表文件的输出与载入，并且在信息向 PCB 电路板的传递过程中，设计同步器会自动地在 PCB 电路板的文件中更新电气连接的信息（如元件的封装形式及元件之间的连接等），对修改过程中出现的错误还会提供报警信息。类似地，在 PCB 电路板的设计过程中，通过印制电路板编辑器内的设计同步器也能更新原理图设计。

Protel 2004 提供了功能强大的数字和模拟信号仿真器，可以对各种不同的电子电路进行数据和波形分析。设计者在设计过程中就可以对所设计电路的局部或整体的工作过程进行仿真分析，用以完善设计。

Protel 2004 提供了丰富的元件库，几乎覆盖了所有电子元器件厂家的元件种类，提供强大的库元件查询功能，并且支持以前低版本的元件库，向下兼容。

Protel 2004 是真正的多通道设计，可以简化多个完全相同的子模块的重复输入设计，在 PCB 编辑时也提供这些模块的复制操作，不必一一布局布线；采用了一种查询驱动的规则定义方式，通过语句来约束规则的适用范围，并且可以定义同类别规则间的优先级别；还带有智能的标注功能，通过这些标注功能可以直接反映对象的属性。用户也可以按照需要选择不同的标注单位、精度、字体方向、指示箭头的样式；丰富的输出特性，支持第三方软件格式的数据交换；Protel 2004 的输出格式为标准的 Windows 输出格式，支持所有的打印机和绘图仪的 Windows 驱动程序，支持页面设置，打印预览等功能，输出质量明显提高。

1.2 Protel 2004 的运行环境

1. 推荐配置

操作系统：Windows XP

硬件配置：

CPU P4，3GHz 或更高处理器

内存 1GB

硬盘空间 2GB

最低显示分辨率为 1280×1024 像素，显存 64MB

2. 最低配置

操作系统：Windows 2000 专业版

硬件配置：

　　CPU 主频为 1GHz

　　内存 500MB

　　硬盘空间 1GB

　　最低显示分辨率为 1280×768 像素显存 32MB

1.3　Protel 2004 的界面

Protel 2004 系统成功注册后，安装程序自动在开始菜单中添加一个启动 Protel 2004 的快捷方式，如图 1-1 所示。

图 1-1　启动 Protel 2004 快捷方式

单击 开始 按钮，选择【DXP 2004】选项，即可打开 Protel 2004 设计环境，如图 1-2 所示。

启动 Protel 2004 后，就进入 Protel 2004 的设计环境（Design Group），如图 1-2 所示。它是用户进行设计和设计工具的界面，所有 Protel 2004 的功能都是从这个环境启动的。当然，使用不同的操作系统安装的 Protel 2004 应用程序，首次看到的主窗口可能会有所不同。

下面就简单介绍 Protel 2004 设计环境中界面各部分的功能。

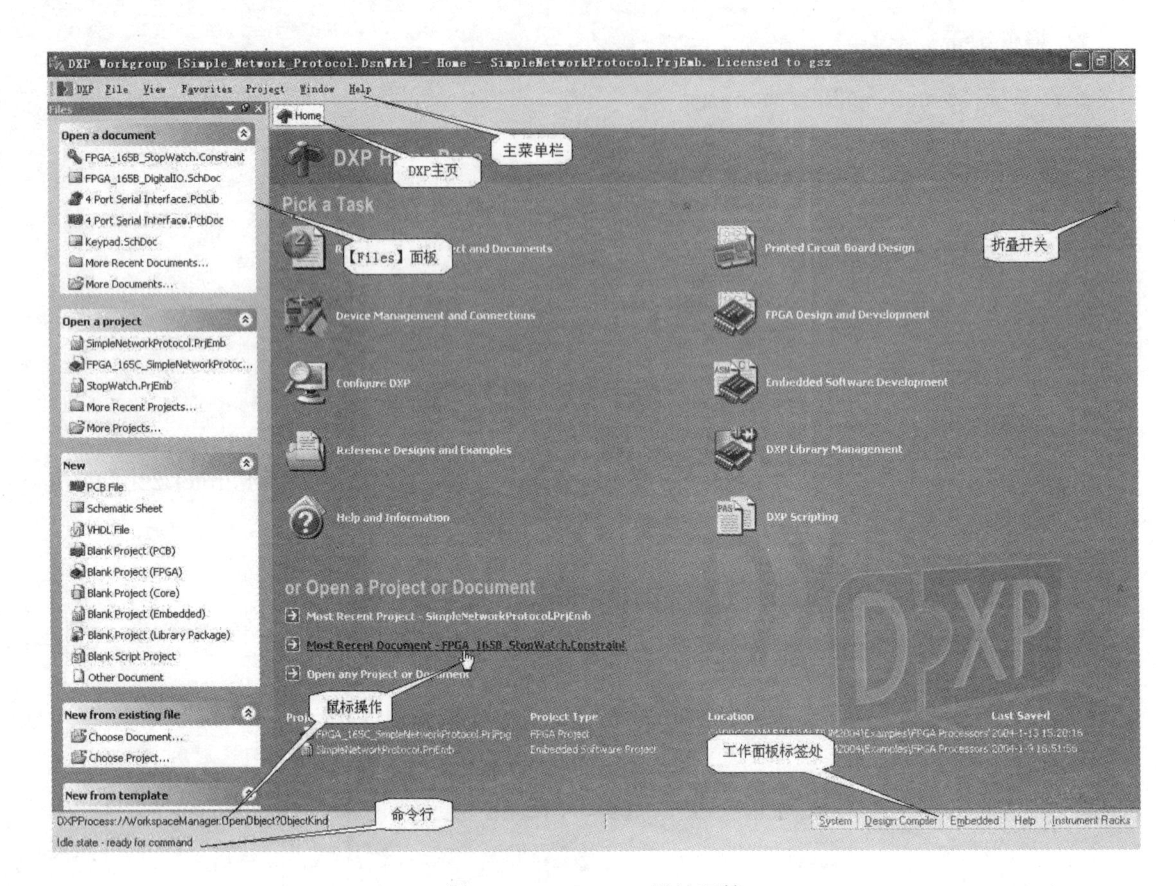

图 1-2　Protel 2004 设计环境

1.3.1　Protel 2004 的主菜单栏

Protel 2004 的菜单栏是用户启动和优化设计的入口，它具有命令操作、参数设置等功能。用户进入 Protel 2004，首先看到主菜单栏中有 7 个下拉菜单，如图 1-3 所示。

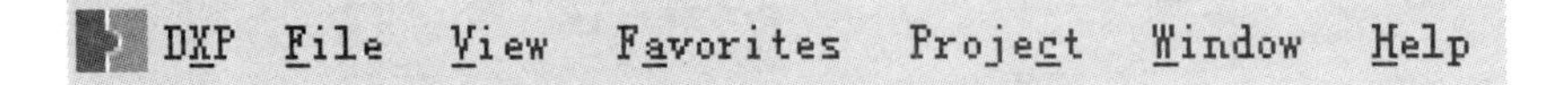

图 1-3　主菜单栏

下面介绍主菜单命令的功能。

1．系统菜单 DXP

该菜单主要用于设置系统参数，使其他菜单及工具栏自动改变以适应编辑的文件。各选项功能如图 1-4 所示。

2．菜单【File】

【File】菜单主要用于文件的新建、打开和保存等，各选项功能如图 1-5 所示。

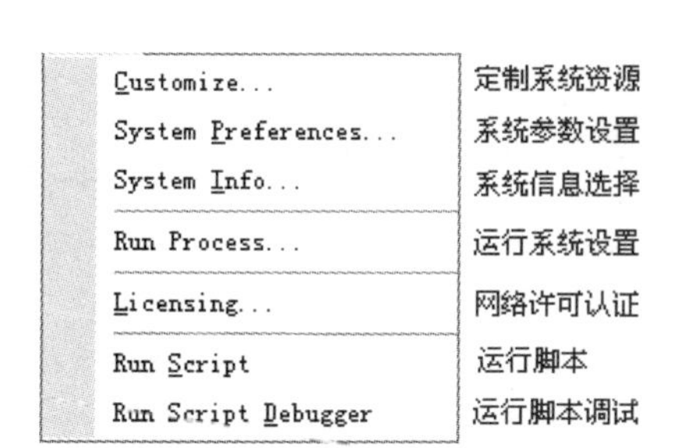

图 1-4　系统菜单

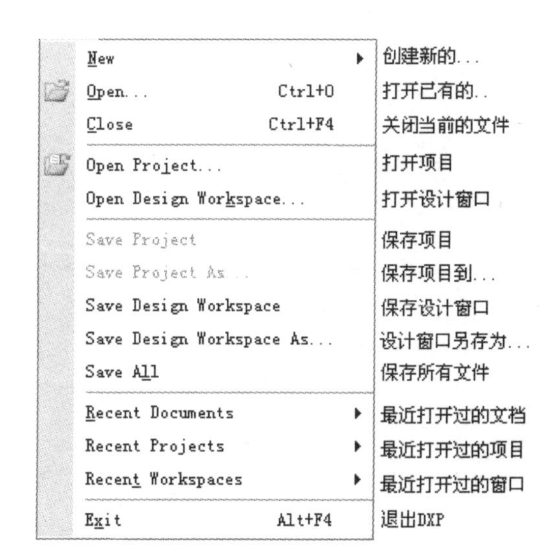

图 1-5　菜单【File】

菜单中除了有菜单命令选项外，还有对应菜单命令的主工具栏按钮图标和快捷键标识等。如菜单命令【Open】的左边为工具栏按钮图标，右边的“Ctrl+O”为键盘快捷键的标识，带下画线的字母“O”为热键，激活同一菜单命令的功能，执行任一种操作都可以达到目的。以后章节中遇到这种情况时，不再说明，望读者谅解。

菜单选项【New】有一个子菜单，各选项功能如图 1-6 所示。

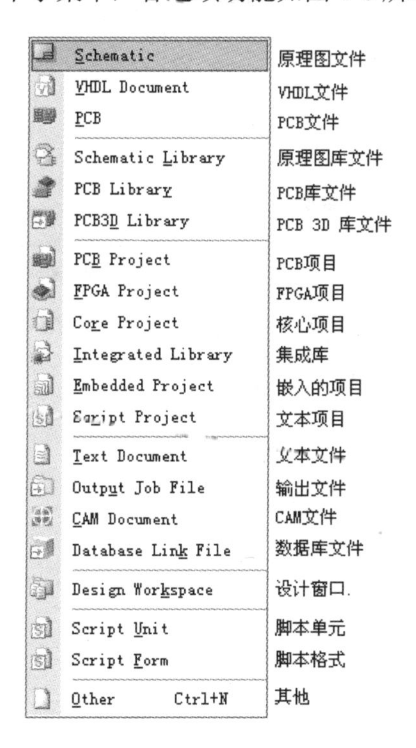

图 1-6　菜单选项【New】的子菜单

3. 菜单【View】

主要用于工具栏、状态栏和命令行等的管理，并控制各种工作窗口面板的打开和关闭，各选项功能如图 1-7 所示。

4. 菜单【Favorites】

主要用于集中管理常用工具，各选项功能如图 1-8 所示。

图 1-7 菜单【View】

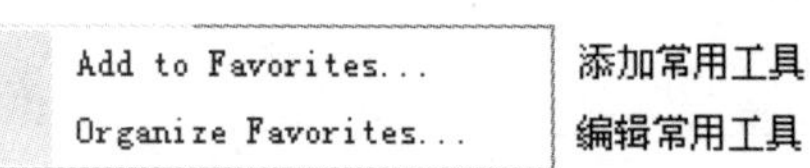

图 1-8 菜单【Favorites】

5. 菜单【Project】

主要用于整个设计项目的编译、分析和版本控制，各选项功能如图 1-9 所示。

6. 菜单【Window】

主要用于窗口的管理，各选项功能如图 1-10 所示。

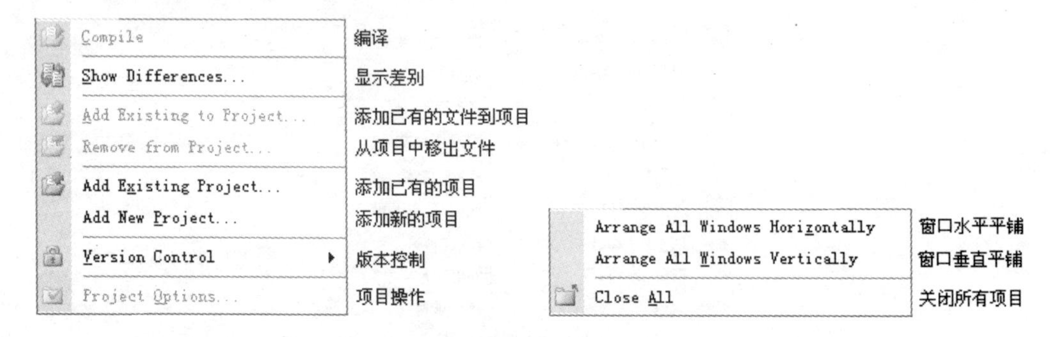

图 1-9 菜单【Project】　　图 1-10 菜单【Window】

7. 菜单【Help】

主要用于打开帮助文件，各选项功能如图 1-11 所示。

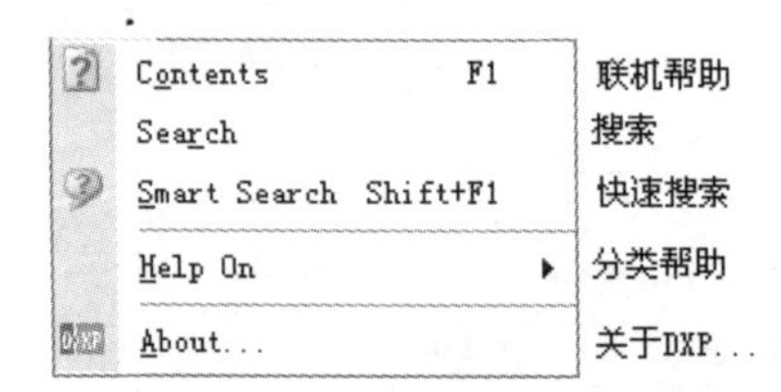

图 1-11 菜单【Help】

菜单【Help】选项【Help On】有一个子菜单，各选项功能如图 1-12 所示。

图 1-12 【Help On】子菜单

1.3.2　Protel 2004 的主页

在打开 Protel 2004 应用软件进行电子电路设计工作时，一般要打开 Protel 2004 的主页。该页区域会显示常用的图标命令，各图标命令的具体功能如图 1-13 所示。

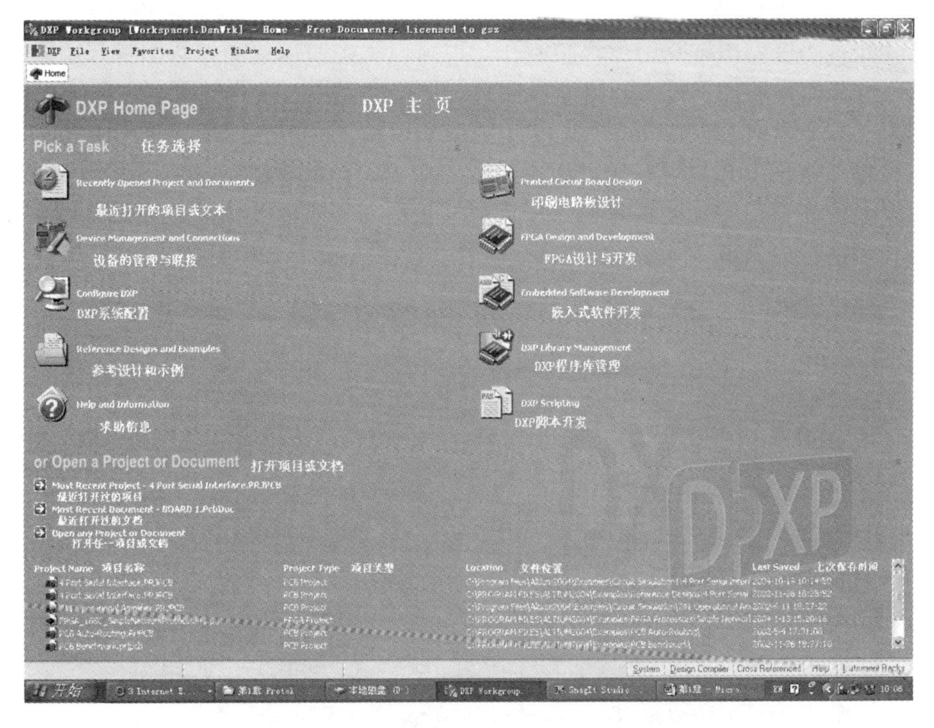

图 1-13　Protel 2004 主页中图标命令的功能

1.3.3　Protel 2004 的工作面板

Protel 2004 系统为用户提供丰富的工作面板（以下简称面板）。在（System）标签中的面板一般可分为两类，一类是在任何编辑环境中都有的面板，如库文件【Library】面板和项目【Project】面板；另一类是在特定的编辑环境中才会出现的面板，如 PCB 编辑环境中的导航器

【Navigator】面板。无论何种环境，其相应的面板都呈现在 DXP 编辑窗口下边的面板标签处，如图 1-14 所示。

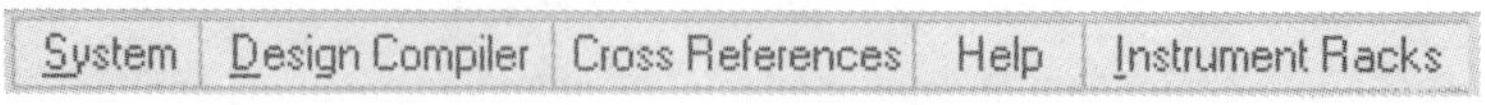

System
Design Compiler
Cross References
Help
Instrument Racks

图 1-14　工作面板标签

1.4　工作面板的操作

面板在 Protel 2004 中被大量使用，用户可以通过面板方便地实现打开、访问、浏览和编辑文件等各种功能。下面简单介绍面板的基本使用方法。

1.4.1　面板的激活

使用鼠标左键单击 Protel 2004 主窗口右下角的面板标签栏中的面板标签，相应的面板当即显示在窗口，该面板即被激活。

为了方便，Protel 2004 可以将多个面板激活，激活后的多个面板既可以分开摆放，也可以叠放在一起，还可以用标签的形式隐藏在当前窗口上。面板显示方式的设置，如图 1-15 所示。将光标放在面板的标签栏上，单击鼠标右键后，会出现一个下拉菜单。在子菜单【Allow dock】中，有两个选项【Horizontally】和【Vertically】。只选中前者，该面板的自动隐藏和锁定显示方式将按水平方式显现在窗口中；只选中后者，该面板的自动隐藏和锁定显示方式将按垂直方式显现在窗口中；若两者都选中，该面板既可以按水平方式在窗口中显现，也可以按垂直方式在窗口中显现。

DXP Home Page
Pick a Task
【Files】面板
【Help】面板
设置显示方式的菜单
激活面板标签
面板标签处

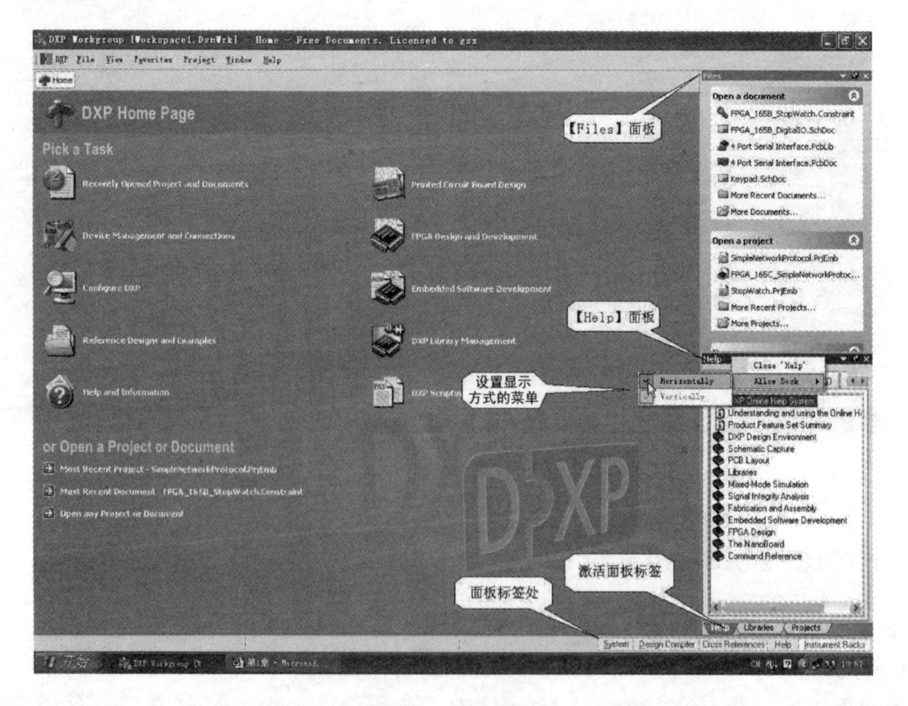

图 1-15　面板标签

1.4.2　面板的工作状态

每个面板都有 3 种工作状态：弹出/隐藏、锁定和浮动。

1. 弹出/隐藏状态

如图 1-16 所示，图中的【Files】面板处于弹出/隐藏状态。在面板的标题栏上有一个滑轮按钮，这就意味着该面板可以滑出/滑进，即弹出/隐藏。单击滑轮图标按钮，可以改变面板的工作状态。

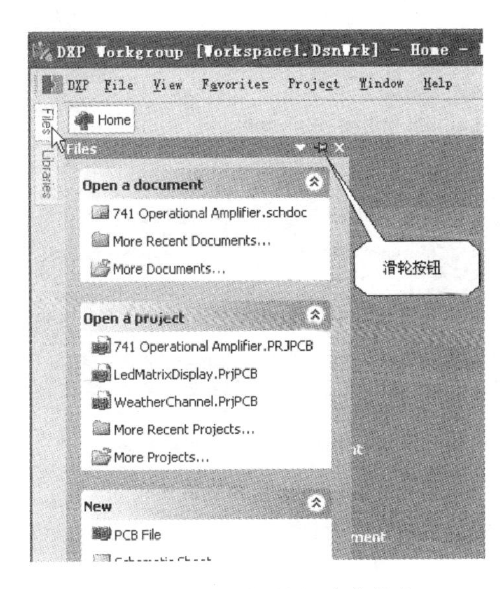

图 1-16　面板的弹出/隐藏状态

2. 锁定状态

如图 1-17 所示，图中的【Files】面板处于锁定状态。在面板的标题栏上有一个图钉按钮，这就意味着该面板被图钉固定，即锁定状态。单击图钉按钮，可以改变面板的工作状态。

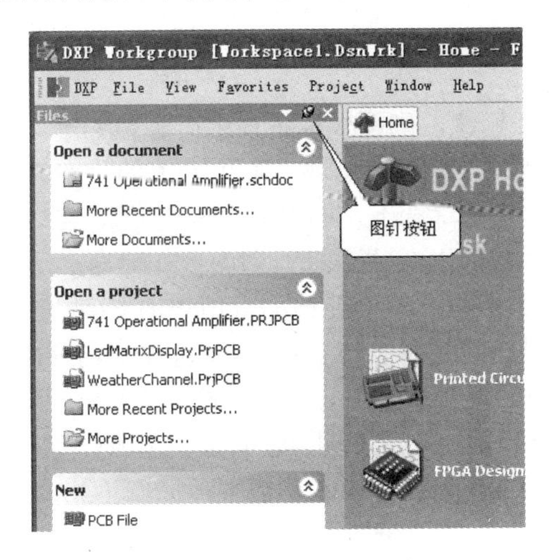

图 1-17　面板的锁定状态

3. 浮动状态

如图 1-18 所示，其中的【Help】面板和【Files】面板处于浮动状态。

图 1-18　面板的浮动状态

1.4.3　面板的选择及状态的转换

1. 面板的选择

当多个工作区面板处于弹出/隐藏状态时，若要选择某一面板，可以使用鼠标单击该标签，该面板会自动弹出；或在工作窗口面板的上边框图标 上单击鼠标右键，将会打开如图 1-19 所示的激活面板菜单，选中相应的面板，该面板立即出现在工作窗口；当鼠标移开该面板一定时间或者在工作区单击鼠标左键后，该面板会自动隐藏。

2. 状态的转换

如果面板的状态为弹出/隐藏，则面板标题栏上有 图标出现；如果面板的状态为锁定，则面板标题栏上有 图标出现；如果面板的状态为浮动，则面板的标题栏上有 图标出现。当面板在锁定状态下，单击图钉按钮 ，可以使该图标变成滑轮按钮 ，从而使该面板由锁定状态变成弹出/隐藏状态；当面板在弹出/隐藏状态下，单击滑轮按钮 ，也可以使该图标变成图钉按钮 ，从而使该面板由弹出/隐藏状态变成锁定状态。

要使面板由弹出/隐藏或者锁定状态转变到浮动状态，只需使用鼠标将面板拖到工作窗口中所希望放置的地方即可；而要使面板由浮动显示方式转变到自动隐藏或者锁定显示方式，则要使用鼠标将面板放置工作窗口的左侧或右侧，使其变为隐藏标签，再进行相应的操作即可。

工作窗口面板除了垂直放置，还可以水平放置，如图 1-19 所示。该图为 3 个面板放置的情形，其中一个面板垂直放置，两个面板水平叠放。在水平叠放状态下面板的下面增加了相应的面板标签卡，以方便用户控制。

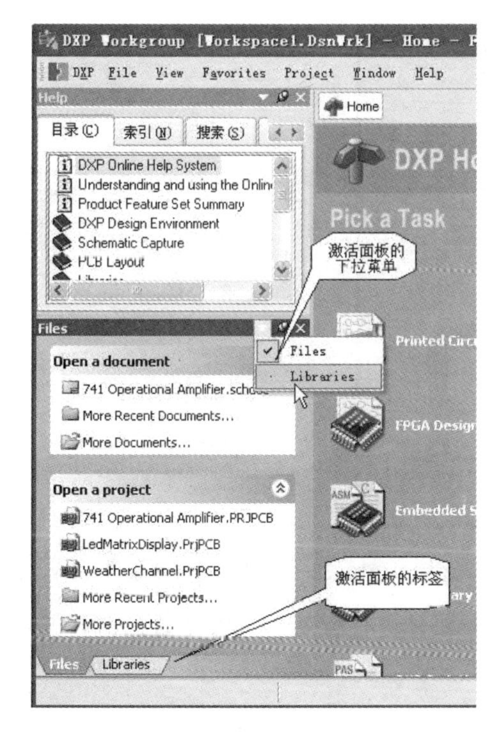

图 1-19　面板的选择

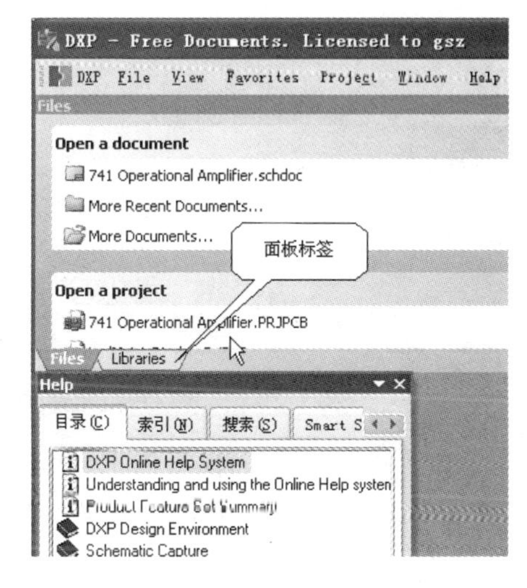

图 1-20　面板放置

1.5　Protel 2004 的项目

Protel 2004 系统引入设计项目或文档的概念。在电子电路的设计过程中，一般先建立一个项目，该项目定义了项目中各个文件之间的关系。如在印制电路板设计工作过程中，将建立的原理图、PCB 等的文件都以分立文件的形式保存在计算机中。即项目是一个联系的纽带，将同一项目中的不同文件保存在同一文件夹中。在查看文件时，可以通过打开项目的方式看见与项目相关的所有文件；也可以将项目中的单个文件以自由文件的形式单独打开。

当然，也可以不建立项目，而直接建立一个原理图文件或者其他单独的、不属于任何项目的自由文件。

1.5.1　项目的打开和编辑

要打开一个项目，可以执行【File】→【Open】菜单命令，在打开的“Choose Document to Open”对话框内，将文件类型指定为“Projects and Documents（*.PrjGrp)”，在查找范围一栏中指定要打开的项目组文件所在的文件夹，然后在如图 1-21 所示的对话框窗口中单击“4 Port Serial Interface”项目文件，最后单击 打开(O) 按钮。

打开“4 Port Serial Interface”项目文件后，在【Projects】面板的工作区中，其相关文件以程序树的形式出现，如图 1-22 所示。

图 1-21　打开项目组文件对话框

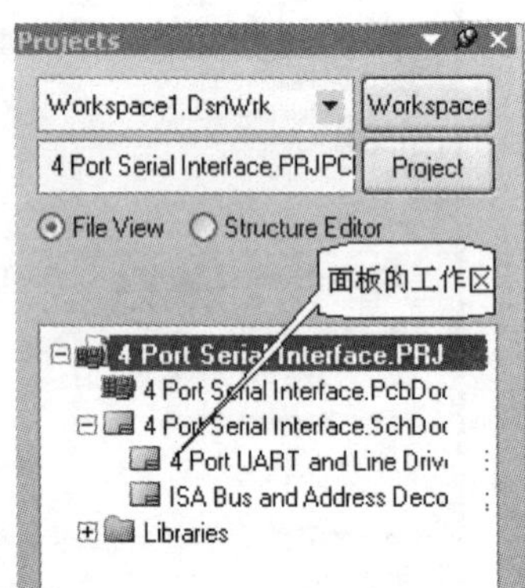

图 1-22　项目在【Projects】面板上的显示

为了在【Projects】面板上的工作区中对多个项目进行管理，一般要对已打开的项目与【Projects】面板在工作区中进行链接。操作的方法是，在工作区外单击鼠标右键，出现如图 1-23 所示的菜单。

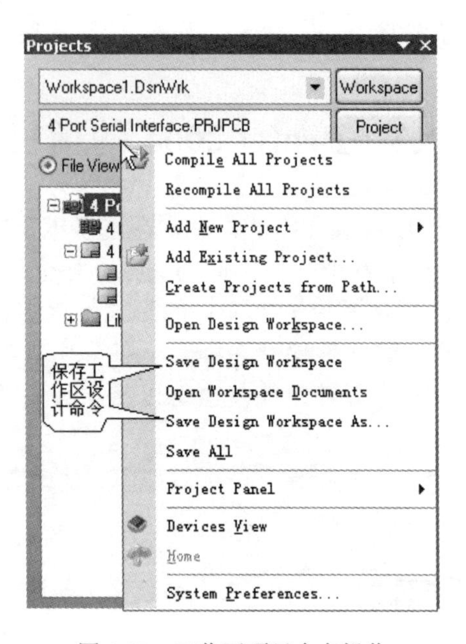

图 1-23　工作区项目命名操作

选择【Save Design Workspace】或【Save Design Workspace As…】菜单命令均可，一般选择后者。操作后在打开的“Save[Workspace1.DsnWrk]As…”对话框中，将文件名“Workspace1”改为“GSZ-4Port Serial Interface”，如图 1-24 所示。

单击 保存(S) 按钮后，其工作区的名称由“Workspace1.DsnWrk”变为“GSZ-4Port Serial Interface.DSNWRK]”，如图 1-25 所示。

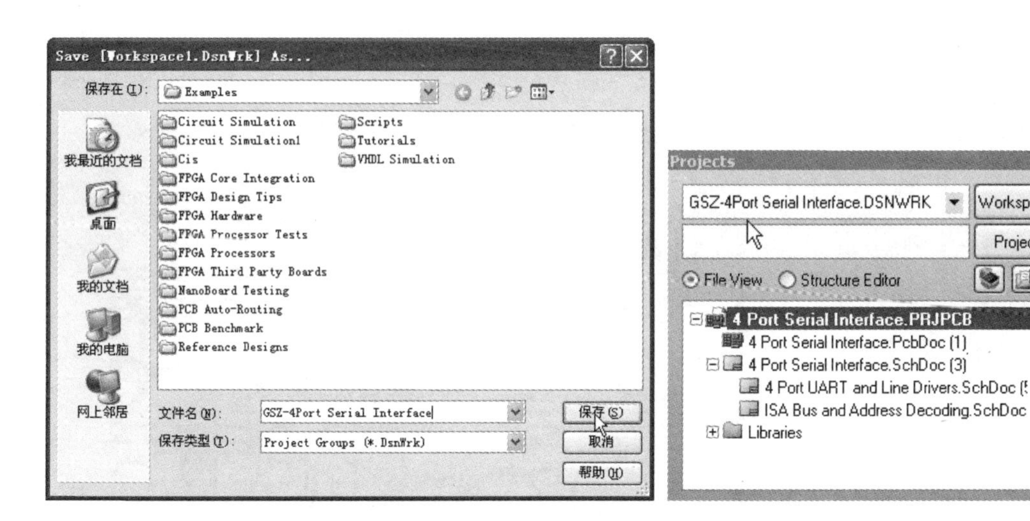

图 1-24 “Save[Workspace1.DsnWrk]As…”对话框　　图 1-25 【Projects】面板

这样，就将该项目链接到【Projects】面板上。

在【Projects】面板上的工作区中双击相应的文件，即可打开该文件和其编辑器。

首先以原理图编辑器为例，在【Projects】面板上的工作区中双击文件名称“4 Port UART and Line Drivers.SchDoc”，打开该原理图文件，并自动启动原理图编辑器。打开后的界面如图 1-26 所示。

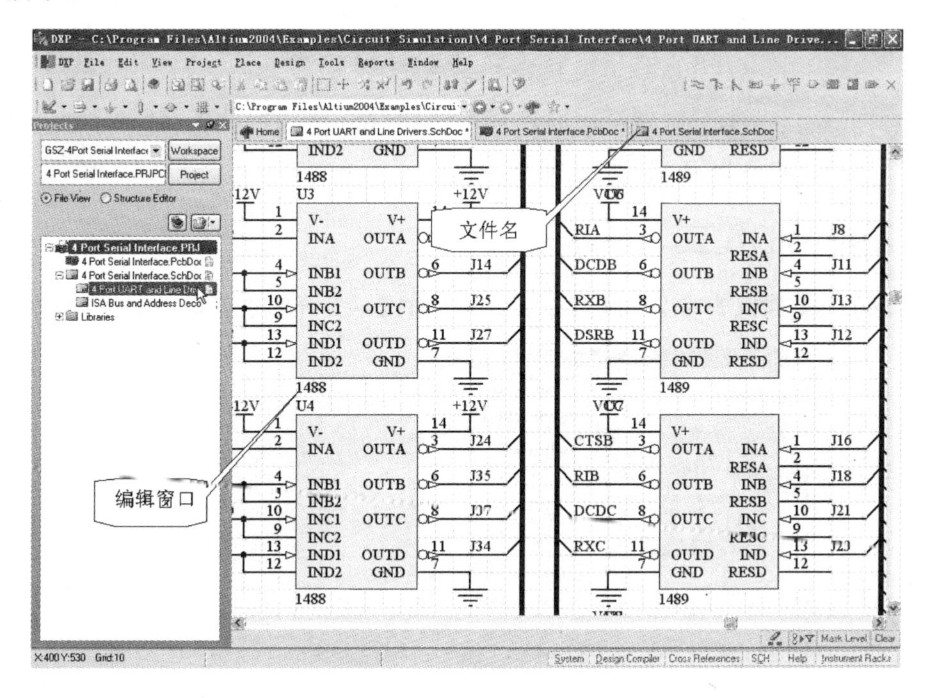

图 1-26　原理图编辑器界面

原理图编辑器启动以后，菜单栏中扩展了一些菜单项，并显示出各种常用的工具栏，此时可在编辑窗口对该原理图进行编辑。

再以 PCB 编辑器为例，在【Projects】面板上的工作区中双击文件名称“4 Port Serial

Interface.PcbDoc”，同样可打开该 PCB 文件，并自动启动 PCB 编辑器。打开后的界面如图 1-27 所示。

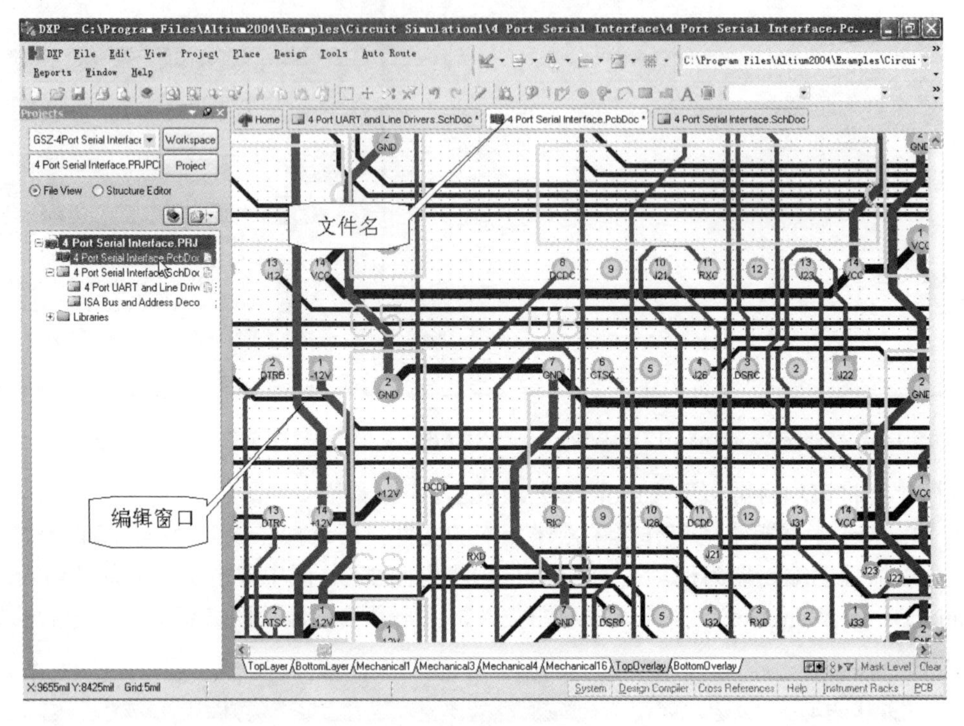

图 1-27　PCB 编辑器界面

同原理图编辑器一样，该菜单栏也扩展了一些菜单项，并显示出各种常用的工具栏，此时也可在编辑窗口对该 PCB 文件进行编辑。

1.5.2　新项目的建立

在【Projects】面板的非工作区上，单击鼠标右键，打开的菜单如图 1-28 所示。

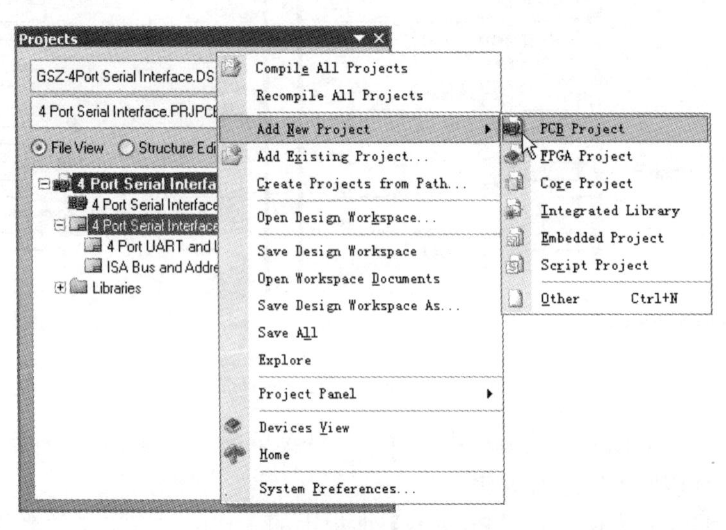

图 1-28　建立项目菜单

从图 1-28 中可看到菜单命令【Add New Project】的子菜单为项目类型菜单。以印制电路板为例，单击【PCB Project】菜单命令，即可在【Projects】面板上的工作区中新建项目，如图 1-29 所示。

图 1-29　建立新项目

在【Projects】面板的工作区中，使用鼠标右键单击新建项目的名称，在出现的菜单中选择【Save Project】或【Save Project As】菜单命令，即可出现如图 1-30 所示的对话框。

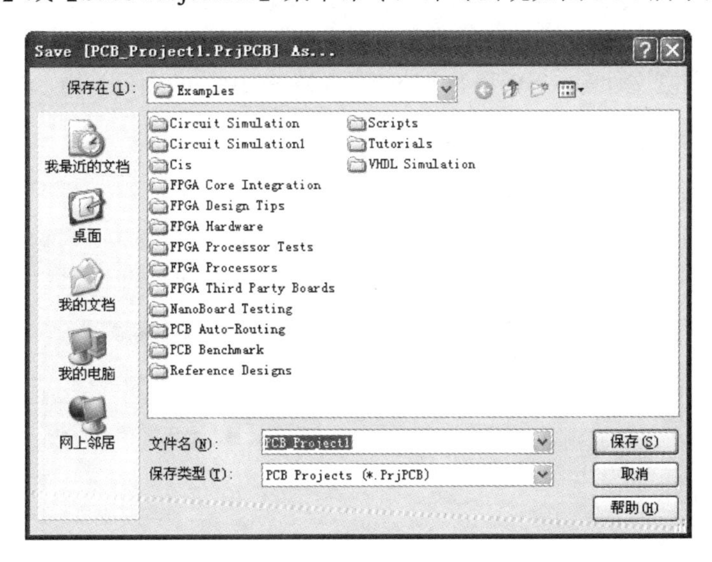

图 1-30　保存新项目对话框

可将文件名中的“PCB Project1”改为用户便于记忆或与设计相关的名称，例如，声控变频电路。单击 保存(S) 按钮，在【Projects】面板的工作区中显示新建项目的名称如图 1-31 所示。

参照图 1-23 工作区的项目命名操作和操作方法，将“声控变频电路.PRJPCB”按同名链接到【Projects】面板工作区的文件夹中，声控变频电路在【Projects】面板上的链接如图 1-32 所示。

图 1-31　命名后的新项目名称　　　图 1-32　声控变频电路在【Projects】面板上的链接

1.5.3　项目与文件

项目用来组织与一个设计（如 PCB）有关的所有文件，如原理图文件、PCB 文件、仿真文件、输出报表文件等，并保存有关设置。之所以称为组织，是因为在项目文件中只是建立了与设计有关的各种文件的链接关系，而文件的实际内容并没有真正包含到项目中。因此，一个项目下的任意一个文件都可以单独打开、编辑或复制。

1.5.2 节中创建的新项目只是建立一个项目的名称，还需要链接或添加一些文件，如原理图文件、PCB 文件、仿真文件等。下面以“声控变频电路.PRJPCB”项目为例，说明如何添加文件。

1．原理图文件的添加

具体操作步骤如下。

（1）执行菜单命令【File】→【New】→【Schematic】，一个名为“Sheet1.SchDoc”的原理图图纸即出现在编辑窗口中，并以自由文件出现在【Projects】面板的工作区中，如图 1-33 所示。

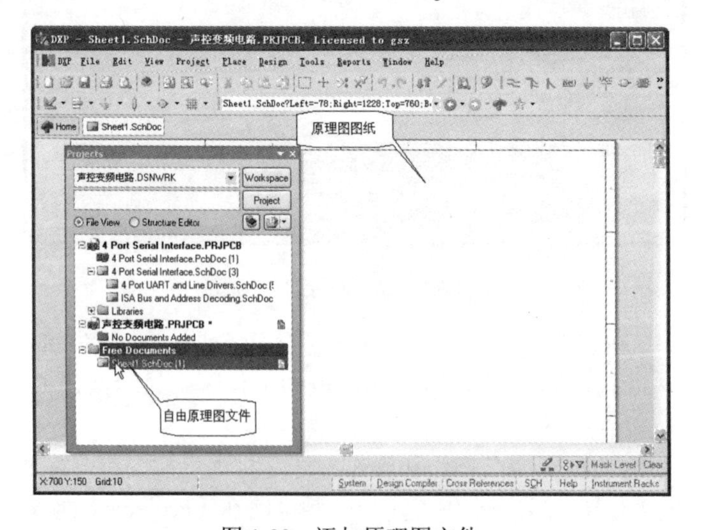

图 1-33　添加原理图文件

（2）执行【File】→【Save as】菜单命令，则显现文件另存为对话框，如图 1-34 所示。

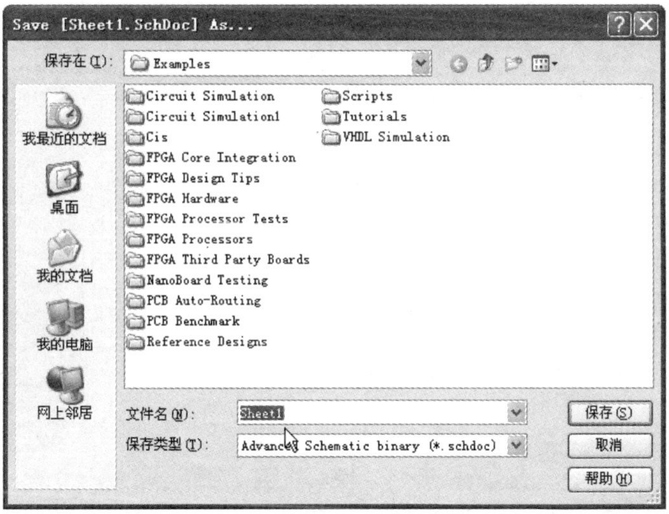

图 1-34　保存原理图文件对话框

（3）在文件名文本框中输入文件名后，单击 保存(S) 按钮，将以“声控变频电路”名称保存。保存后在【Projects】面板的工作区中显示原理图文件名称，如图 1-35 所示。

（4）此时的“声控变频电路.SCHDOC”仍然是“自由文件”，所谓“自由文件”就是还没有与“声控变频电路.PRJPCB”项目进行链接，还需要将“声控变频电路.SCHDOC”文件添加到“声控变频电路.PRJPCB”项目中去。在【Projects】面板的工作区中，使用鼠标单击“声控变频电路.SCHDOC”文件名称，接着按住鼠标左键，直接将其移到“声控变频电路.PRJPCB”项目名称中即可。链接后在【Projects】面板工作区中的显示如图 1-36 所示。

图 1-35　保存原理图文件

图 1-36　链接原理图文件

2．PCB 文件的添加

PCB 文件的添加与原理图文件添加类似。重新命名、链接后，其编辑环境如图 1-37 所示。

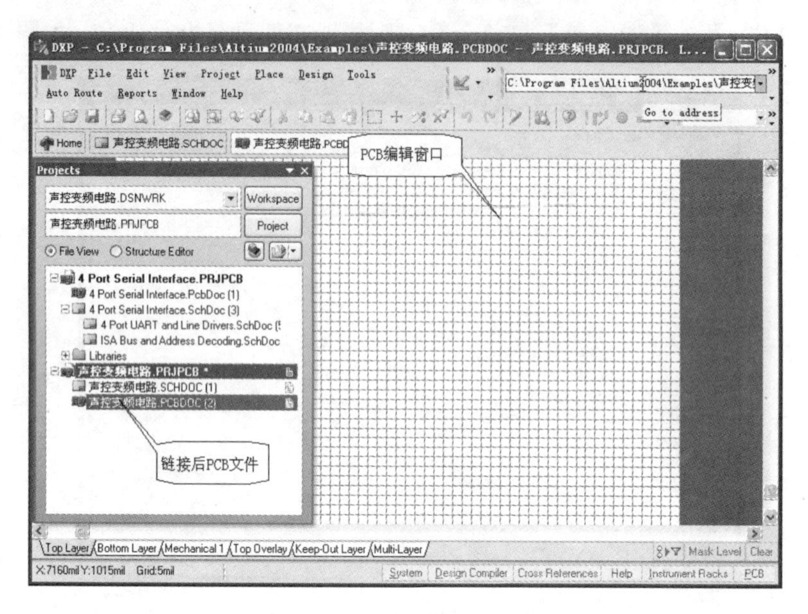

图 1-37 PCB 编辑器界面

1.5.4 关闭文件及工作窗口

前面所讲的有关打开一个文件或新建一个文件的操作，同样适用于其他类型的文件。打开或新建不同的文件，都会自动启动与该类型文件相对应的编辑器。同样，当某编辑器所支持的文件全部关闭时，该编辑器会自动关闭。

1. 关闭单个文件

若要关闭某个已打开的文件，其操作方法有多种，下面只介绍两种。

（1）在工作区中使用鼠标右键单击要关闭的文件标签，在打开的快捷菜单中选择【Close】菜单命令。

（2）在项目管理面板上，使用鼠标右键单击要关闭的文件标签，在打开的快捷菜单上选择【Close】菜单命令。

2. 关闭所有文件及编辑器

若要关闭所有已打开的文件，也有多种操作方法，下面也只介绍两种。

（1）执行【Windows】→【Close All】菜单命令或【Close Documents】。

（2）可以在工作区的任意一个文件标签上单击鼠标右键，然后在打开的快捷菜单中选择【Close All Documents】菜单命令。

1.6 Protel 2004 资源用户化

所谓资源，对于一个编辑器来说就是菜单栏、工具栏以及快捷式操作面板等。不同的用户可能会有不同的设计习惯，针对这种情况，Protel 2004 允许用户根据自己的需要和习惯来修改系统的设计环境，如新建或调整菜单栏、修改菜单命令外观和调整工具栏排列等，这就是资源用户化。

单击主菜单栏中的系统菜单 DXP 按钮，选择其下拉菜单中的【Customize】命令，将显示如图 1-38 所示的用户化资源设置对话框，在该对话框内可完成各种资源的设置。

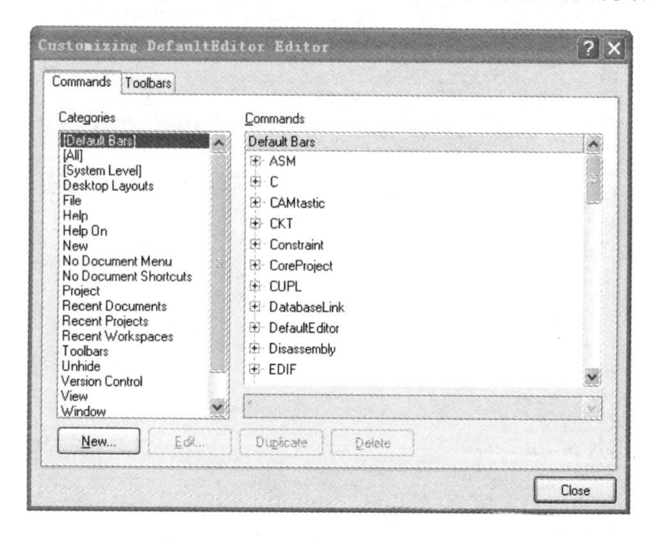

图 1-38　用户化资源设置对话框

1.6.1　编辑菜单

Protel 2004 允许用户对现有的菜单项、工具栏等重新进行排列、重命名、定义快捷键等编辑操作，利用这项功能，用户还可以将英文菜单设置成中文菜单。

1. 修改菜单命令

以改变主菜单栏中的帮助菜单【Help】为例，具体操作方法如下：

（1）如图 1-38 所示，选择命令标签【Commands】，在左边的类别选择框内单击【Help】后，右边的命令对话框的内容将进行相应的改变，如图 1-39 所示。

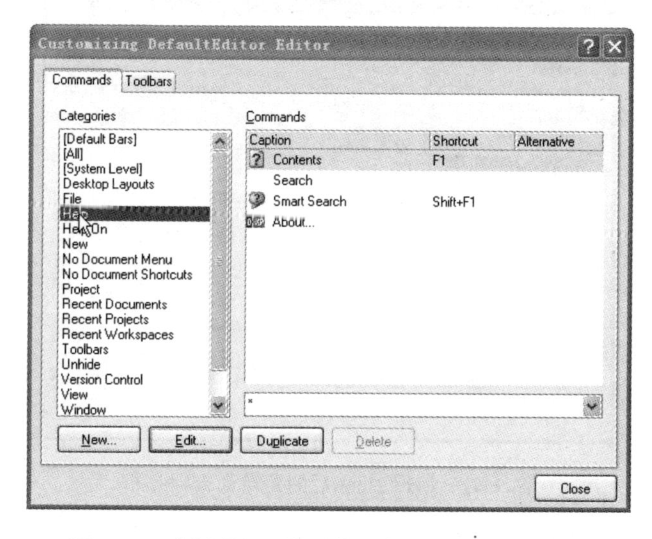

图 1-39　选择【Help】后的用户化资源设置对话框

（2）在图 1-39 右边的命令对话框内选中“Contents F1”命令项，然后单击编辑按钮 Edit...，则弹出如图 1-40 所示的菜单命令编辑对话框。

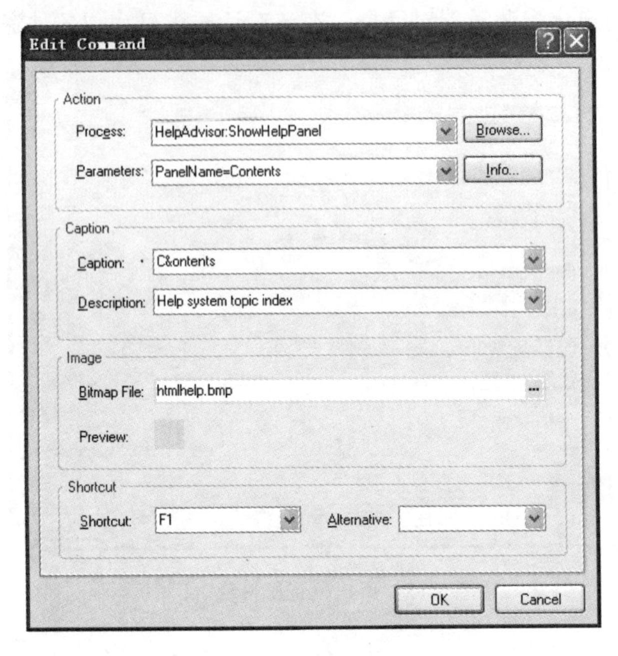

图 1-40 菜单命令编辑对话框

在“Caption”区域内的“Caption”文本框内可指定命令项的名称，也可以设定热键（带下画线的字母）。如原输入框的内容为“C&ontents”，其中“&o”表示可用【Alt+O】组合键激活该命令，“Contents”为该命令的标题，此标题将在相应的菜单中显现，如图 1-42（a）所示。

（3）修改后，单击 OK 按钮，图 1-39 右边的命令对象框内选中“Contents F1”命令项变为图 1-41 相应行所示的“O 联机帮助 F1”；选单命令编辑对话框图 1-42（a）变为如图 1-42（b）所示。

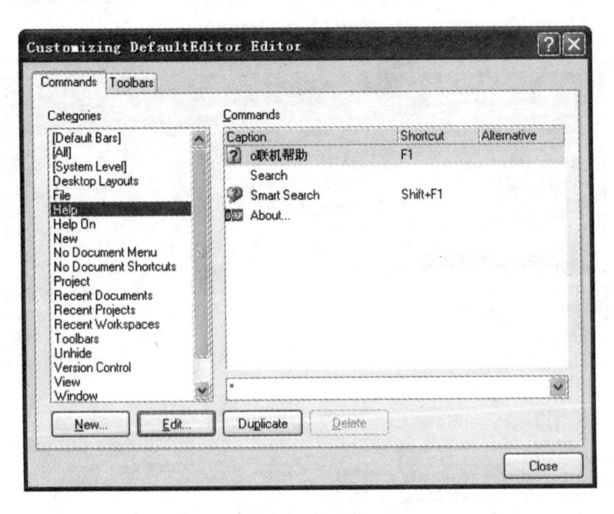

图 1-41 编辑 Help 后的菜单命令对话框

（4）打开主菜单栏中的帮助菜单时，其下拉菜单将按图 1-42（b）显现。

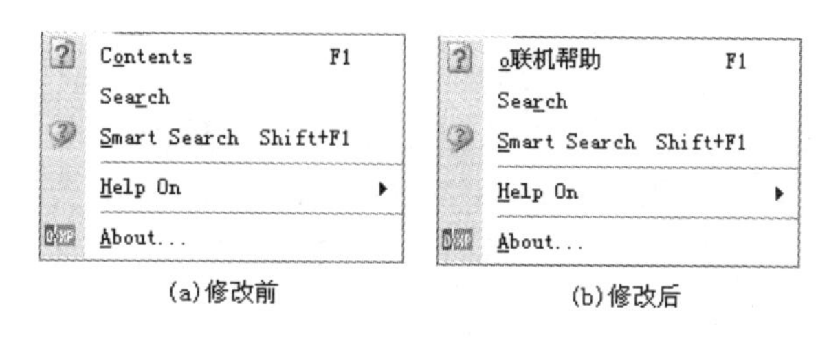

图 1-42 【Help】菜单修改前后对比

2. 重新组合菜单

所谓重组菜单，就是将现有菜单、子菜单上的命令项添加到其他的菜单、子菜单上。以帮助菜单为例，具体操作步骤如下：

（1）单击主菜单栏中的系统菜单 DXP 按钮，选择其下拉菜单中的【Customize】命令，即可打开如图 1-39 所示用户化资源设置对话框。

（2）选择命令标签“Commands”，在左边的类别选择框内选择“File”，在右边的命令对话框内选中一个命令项，如“Open Project”项，单击鼠标左键并拖动该命令项，此时光标上将黏附如图 1-43 所示的图标。

（3）首先将该图标拖到主菜单栏的【Help】下拉菜单上，如图 1-44 所示。

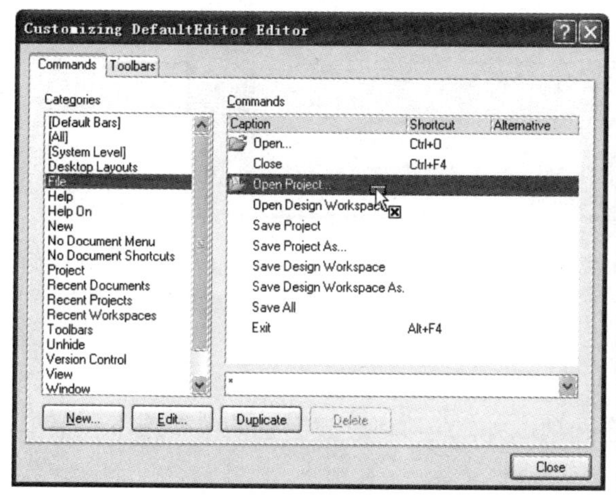

图 1-43 按住鼠标左键并拖动“Open Project”项

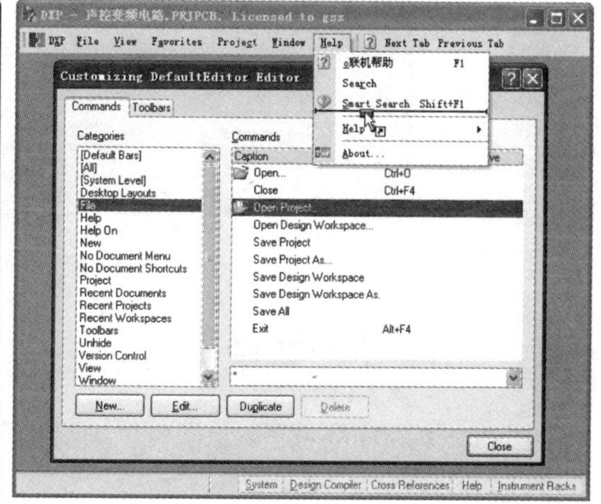

图 1-44 向【Help】菜单添加命令项

（4）接着步骤（3）进行操作，选择适当位置后松开鼠标即可将“Open Project...”命令添加到【Help】菜单上。打开【Help】菜单，其菜单命令如图 1-45 所示。

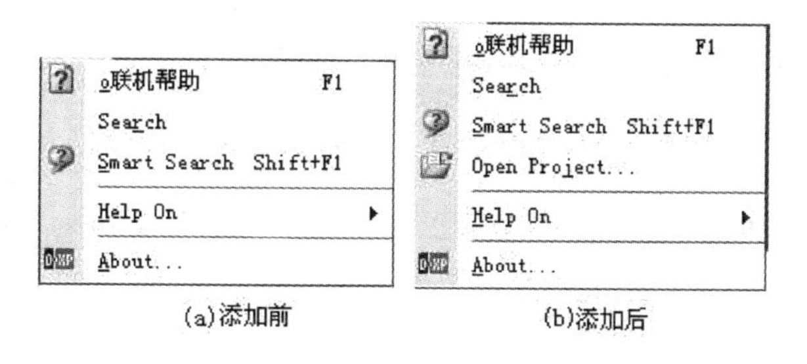

图 1-45 【Help】菜单添加前后

3．删除命令项

要删除一个命令项，可以采用以下方法，先激活如图 1-38 所示的用户化资源设置对话框，然后用鼠标指向要删除菜单中的命令项，单击鼠标右键，此时将打开一下拉菜单，在下拉菜单中选择【Delete】选项即可。以删除帮助菜单中的【Open Project...】命令项为例，如图 1-46 所示。利用这种方法还可以删除整个菜单。

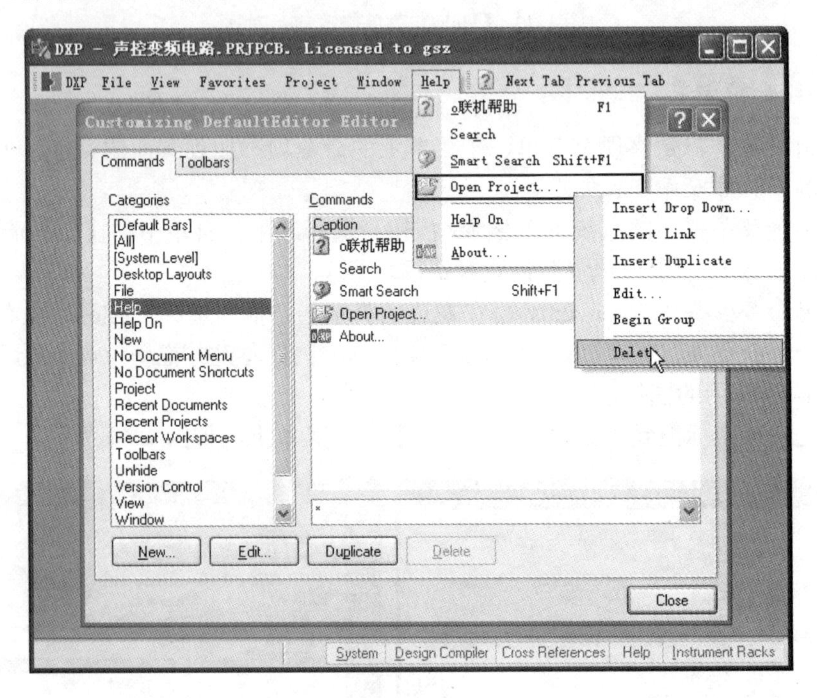

图 1-46　删除菜单中的命令项

1.6.2　创建下拉菜单

在 Protel 2004 环境下，除了可以编辑命令选项以外，还可以创建自己的菜单或下拉菜单，也可以创建自己的工具栏。

以在主菜单栏中建立“用户”下拉菜单为例，具体操作步骤如下。

（1）首先激活如图 1-39 所示的用户化资源设置对话框，然后在需要创建下拉菜单的主菜单项上单击鼠标右键，在打开的下拉菜单中选择【Insert Drop Down】命令，如图 1-47 所示。

（2）选中【Insert Drop Down】命令，在打开对话框的“Caption”栏中输入新建下拉菜单的名字“用户”，然后在“Popup Key”栏中单击下拉按钮，选择新建下拉菜单的快捷键“Alt+F10”，在“Bitmap”栏中通过浏览的方式在计算机中找到下拉菜单适当的图标，如图 1-48 所示。

（3）单击 OK 按钮，即可完成下拉菜单的创建，如图 1-49 所示。随后可以参考前面所讲的编辑菜单栏的方法，向该菜单中添加自己需要的命令。

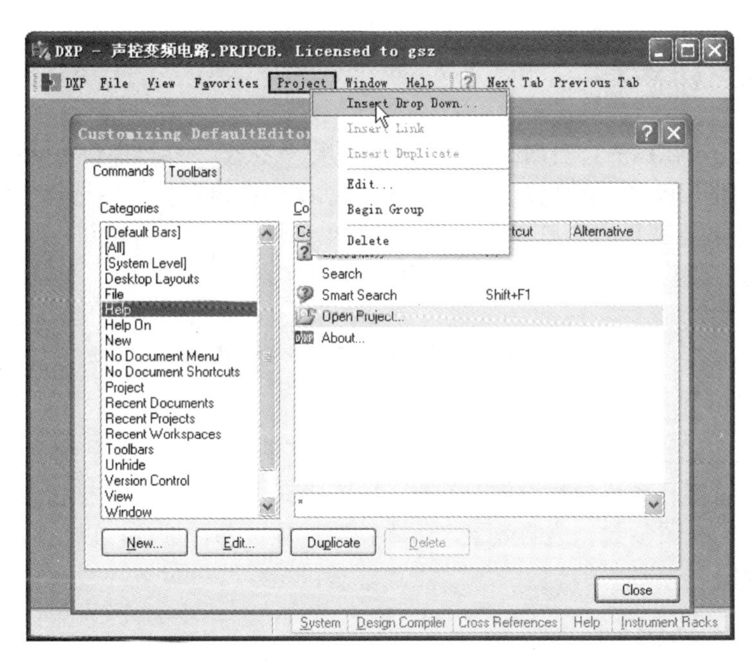

图 1-47　插入下拉菜单

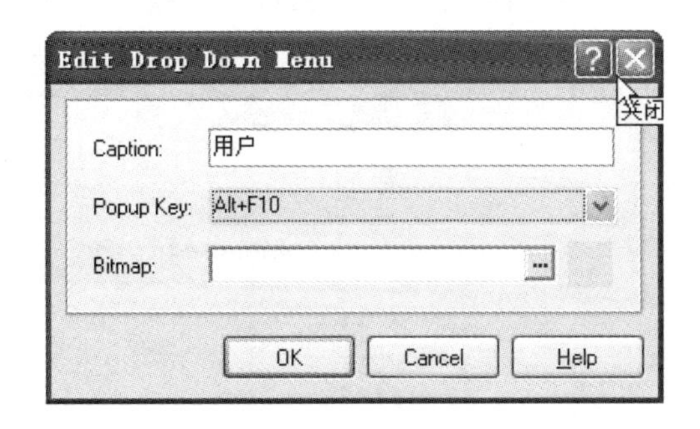

图 1-48　编辑下拉菜单

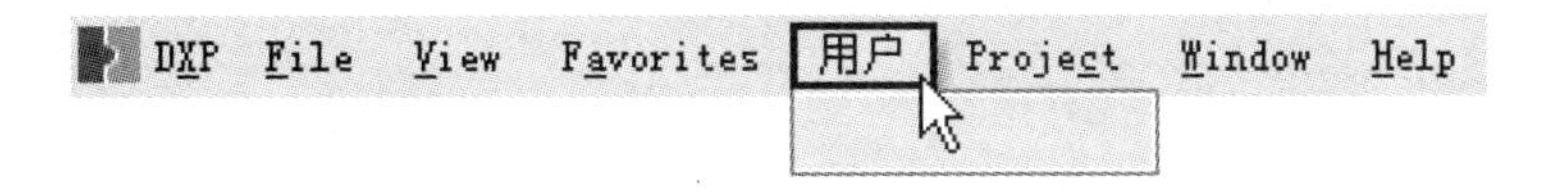

图 1-49　新建的“用户”下拉菜单

1.6.3　删除下拉菜单

用户在使用自己创建的下拉菜单的时候，如果感觉有问题或不方便，还可以将其删除掉，操作步骤如下。

要删除自己创建的下拉菜单，首先激活如图 1-39 所示的用户化资源设置对话框，然后在要删除的下拉菜单上单击鼠标右键，在打开的下拉菜单（参见图 1-47）中选中【Delete】选项即可立即将其删除。最后单击 Close 按钮结束操作。

1.6.4　恢复系统资源

当系统资源用户化以后，有时又要恢复系统的默认状态，具体操作步骤如下。

首先激活如图 1-39 所示的用户化资源设置对话框，在该对话框内选择“Bars”标签，在“Bars”框内选择需要恢复的菜单或工具栏，然后单击恢复 Restore 按钮，经确认后即可恢复到安装时的状态，最后单击 Close 按钮结束操作。

1.7　设置系统参数

单击系统主菜单图标 DXP，打开系统的下拉菜单，然后选择系统参数命令【System Preferences】，则可打开系统参数设置对话框，如图 1-50 所示。该对话框包含 6 个选项，可分别设置常规参数、视图参数、透明效果、版本控制选项、备份选项，以及项目面板视图。下面将分别予以介绍。

1.7.1　常规参数设置

常规参数主要用来设置系统或编辑器的一些特性。系统参数设置对话框如图 1-50 所示。

图 1-50　系统参数设置对话框“常规参数”选项

常规参数中有 5 个分组框，现将前 3 个分组框中的选项功能介绍如下。

1．启动（Startup）

（1）“Reopen Last Workspace”——选中该项，则 Protel 2004 系统启动时自动打开关闭前

打开的工作环境。

（2）“Open Tasks control panel if no documents open”——选中该项，Protel 2004 系统启动时自动根据其关闭前若没有打开的文件，则打开文件控制面板。

2．快闪标志（Splash　Screens）

（1）“Show DXP startup screen”——显示系统启动标志：选中该项，则 Protel 2004 启动时显示系统启动画面。该画面以动画形式显示系统版本信息，可提示操作者当前系统正在装载。

（2）“Show product splash screens”——显示产品启动标志：选中该项，则服务器程序（如原理图编辑器、PCB 编辑器等）启动时，显示各自相关的信息画面。

3．默认位置（Default Locations）

在该分组框里，可设定打开或保存 Protel 2004 文件、项目以及项目组的默认路径。单击指定按钮，可打开一个文件夹浏览对话框。在其内指定一个已存在的文件夹，即设置默认路径。一旦设定好默认的文件路径，在进行 Protel 2004 设计时就可以快速保存设计文件、项目文件或项目组文件，为操作带来极大方便。

1.7.2　视图参数设置

系统参数设置对话框“视图参数”选项，如图 1-51 所示。

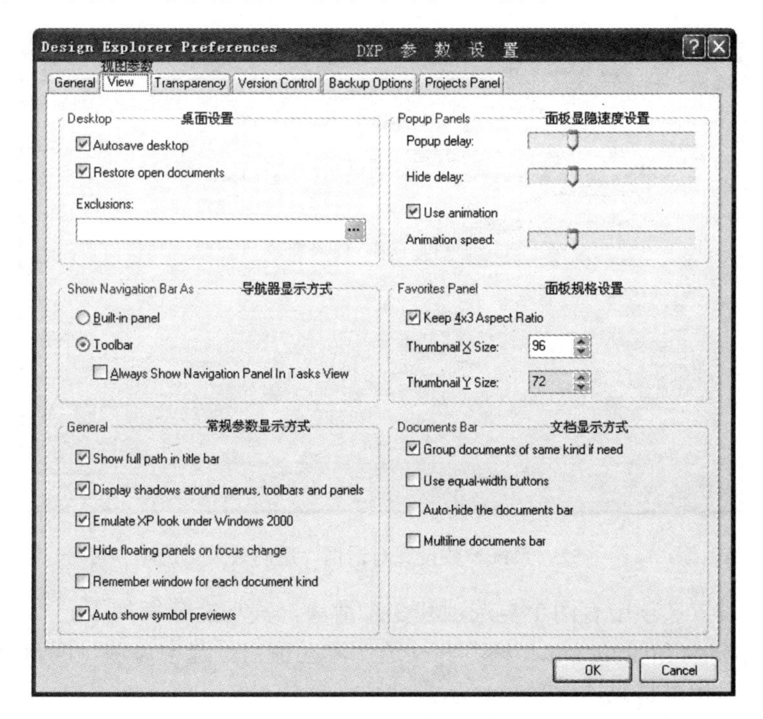

图 1-51　系统参数设置对话框“视图参数”选项

视图参数中有 6 个分组框，分别是桌面设置、面板显隐速度设置、导航器显示方式、面板规格设置、常规参数显示方式和文档显示方式。现将常用的两个分组框的部分功能介绍如下。

1. 桌面设置（Desktop）

可用于设定系统关闭时，是否自动保存定制的桌面（实际上就是工作区）选项。

“Autosave desktop”——自动保存桌面：选中该项，则系统关闭时将自动保存自定制桌面，以及文件窗口的位置和大小。

2. 面板显隐速度设置（Popup Panels）

可用于调整弹出式面板的弹出及消隐过程的等待时间，还可以选择是否使用动画效果。

（1）“Popup delay”——弹出延迟：选项右边的滑块可改变面板显现时的等待时间。滑块越向右调节，等待时间越长；滑块越向左调节，等待时间越短。

（2）“Hide delay”——隐藏延迟：选项右边的滑块可改变面板隐藏时的等待时间。同样滑块越向右调节，等待时间越长；滑块越向左调节，等待时间越短。

（3）“Use animation”——使用动画：选中该项，则面板显现或隐藏时将使用动画效果。

（4）“Animation speed”——动画速率：右边的滑块用来调节动画的动作速度。若不想让面板显现或隐藏时等待，则应当取消该复选项。

1.7.3 透明效果设置

系统参数设置对话框“透明效果”设置选项，如图 1-52 所示。

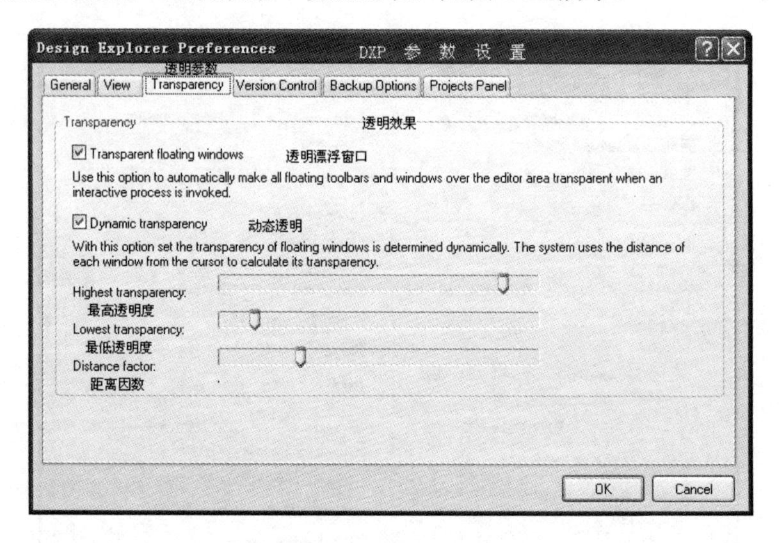

图 1-52　系统参数设置对话框“透明效果”选项

在透明效果设置选项中有两个复选项和 3 个滑块，其功能分别如下。

（1）“Transparent floating windows”——透明浮动窗口：选中该项，编辑器工作区上的浮动工具栏及其他对话框将以透明效果显示。

（2）“Dynamic transparency”——动态透明：选中该项，则启用动态透明效果。

（3）“Highest transparency”——最高透明度：滑块越向右调节，最高上限越高。

（4）“Lowest transparency”——最低透明度：滑块越向右调节，最低透明度越低。

（5）“Distance factor”——距离因数：右边的滑块设定光标距离浮动工具栏、浮动对话框或浮动面板为多少时，透明效果消失。

1.7.4　版本控制选项

版本控制用来设定是否启用版本控制系统。激活版本控制，则同意使用版本控制软件（如 Visual SourceSafe？）来登记并检测文件项目。系统参数设置对话框“版本参数控制”选项如图 1-53 所示。

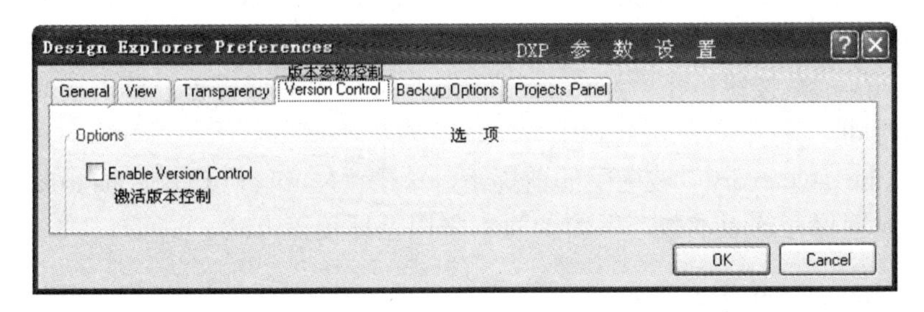

图 1-53　系统参数设置对话框“版本参数控制”选项

1.7.5　备份选项设置

备份选项用来设定是否创建备份文件、所要保存的备份文件数和保存路径。系统参数设置对话框“备份参数”选项如图 1-54 所示。

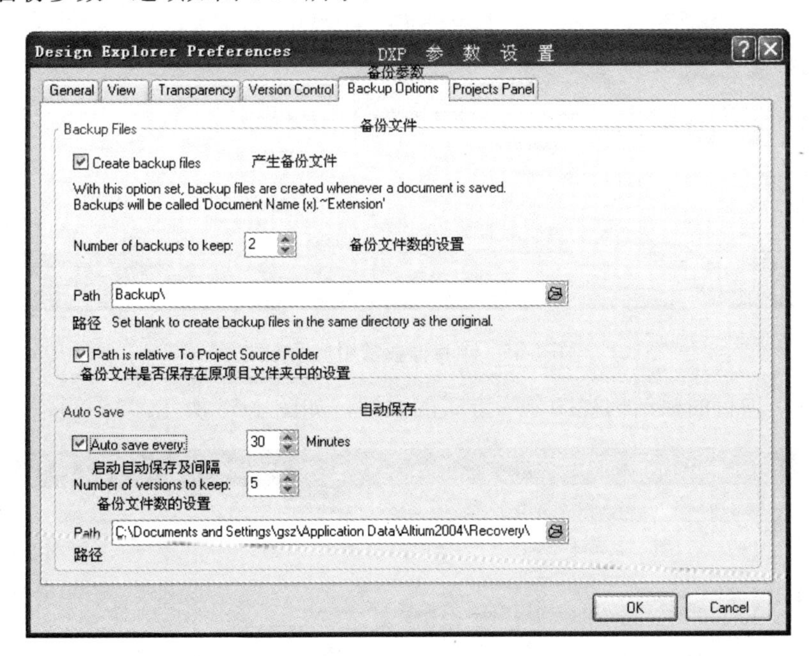

图 1-54　系统参数设置对话框“备份参数”选项

备份参数选项中有两个分组框，现将具体每个分组框中的选项功能介绍如下。

1. 备份文件（Backup Files）

（1）“Create backup files”——产生备份文件：选中该项，将在指定位置按设定时间间隔自动产生备份文件。

（2）“Number of backups to keep”——备份文件数：选中该项，可以设置为每个文件保留的备份文件数，一般设置为“1”即可（默认值为“2”）。备份文件存放在指定目录内，可以单击路径输入栏右边的指定按钮来选择备份路径。

2．自动保存（Auto Save）

用来设定自动保存的时间间隔，为每个文件所保留版本数，以及自动保存路径。

（1）“Auto save every”——启动自动保存：要启动自动保存功能，必须选中该项。

（2）时间间隔增减按钮：在“Auto save every”被选中的前提下，单击增减按钮可设置自动保存的间隔时间。

（3）在“Auto save every”被选中的前提下，单击“Number of versions to keep”右边的增减按钮，可以设置保存的版本数，保留的版本采用循环覆盖方式。

1.7.6　项目面板视图设置

项目面板的视图显示方式有 7 种，可以通过系统参数设置对话框进行设置，其项目面板常用显示方式如图 1-55 所示。

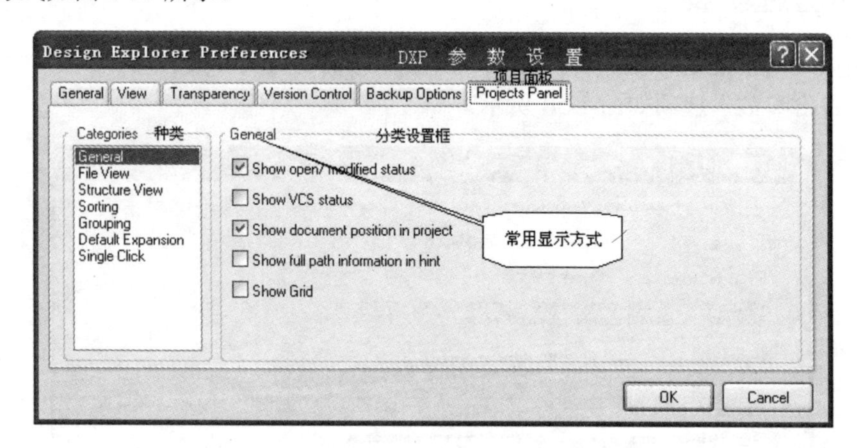

图 1-55　项目面板常用显示方式

再举一例，项目面板结构视图显示方式的设置，如图 1-56 所示。

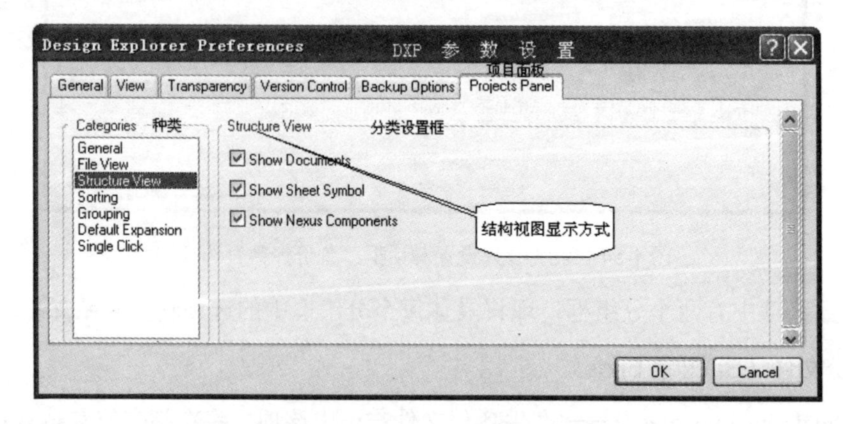

图 1-56　面板结构视图显示方式的设置

读者可根据此方法，熟悉其他项目面板显示方式的设置。

※ 练　　习

1. 简述 Protel 2004 的组成。
2. 简述在 Protel 2004 中创建各种文件组织形式。
3. 操作控制工作面板【Files】的 3 种状态。
4. 建立一个自己的菜单。
5. 修改一个工具栏。

第 2 章　原理图编辑器及参数

原理图编辑器是完成原理图设计的主要工具。因此，熟悉原理图编辑器的使用和相关参数的设置是十分有必要的。为此，在本章主要介绍原理图编辑器的启动、编辑界面、部分菜单命令、图纸设置以及系统参数的设置方法。

2.1　启动原理图编辑器

启动原理图编辑器一般有 3 种方式，从【Files】面板启动、从主页启动和从主菜单启动。

2.1.1　从【Files】面板中启动原理图编辑器

具体操作步骤如下。

（1）启动 Protel 2004 系统。

（2）单击系统面板标签 System，在打开的菜单中选择【Files】，打开【Files】面板，如图 2-1 所示。

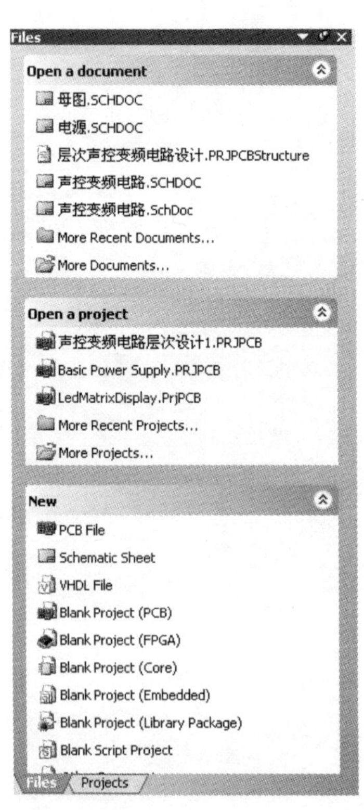

图 2-1 【Files】面板

（3）在【Files】面板的“Open a document”分组框中双击原理图文件，启动原理图编辑器，打开一个已有的原理图文件。

（4）在【Files】面板的“Open a project”分组框中双击项目文件“声控变频电路层次设计 1.PRJPCB”，打开【Projects】面板，如图 2-2 所示，在项目面板中双击原理图文件，启动原理图编辑器，打开一个已有项目中的原理图文件。

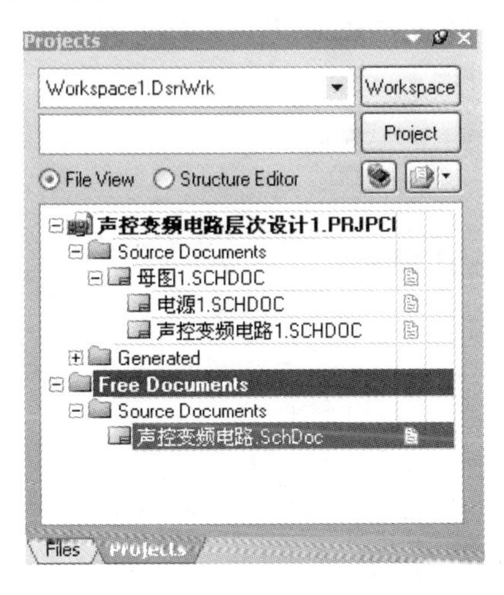

图 2-2 【Projects】项目面板

（5）在【Files】面板的“New”分组框中单击【Schematic Sheet】，启动原理图编辑器，同时新建一个默认名称为“Sheet1.SchDoc”的原理图文件。

2.1.2　从主页 Home 中启动原理图编辑器

从主页启动原理图编辑器，必须先建立 PCB 项目，具体操作步骤如下。

（1）启动 Protel 2004 系统。

（2）在主页 Home 的“Pick a task”栏中，单击【Printed Circuit Board Design】，打开印制电路板设计窗口 Printed Circuit Board Design，如图 2-3 所示。

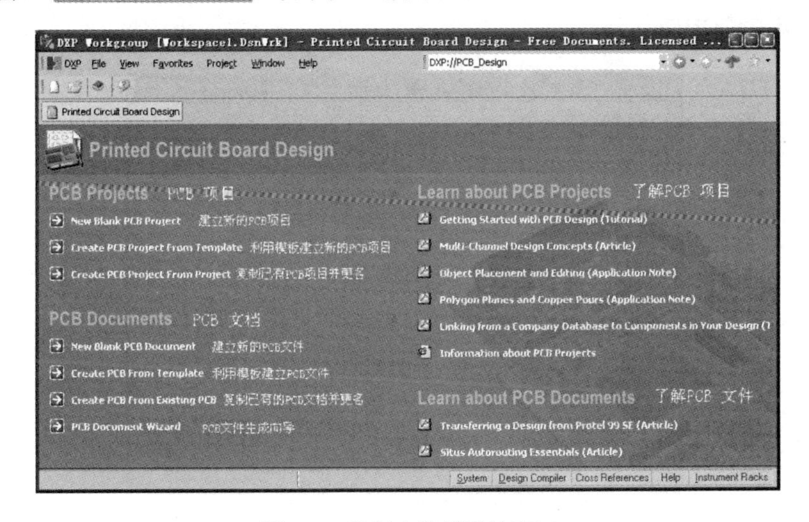

图 2-3　印制电路板设计窗口

在印制电路板设计窗口中，“PCB Projects”分组框提供了 3 种建立 PCB 项目的途径，现在仅介绍第 1 种途径。单击 New Blank PCB Project，打开【Projects】面板。在【Projects】面板中系统自动建立了一个默认名称为“PCB Project1.PrjPCB”的项目文件。

（3）单击【Projects】面板中的 Project 按钮或在【Projects】面板的空白处单击鼠标右键，在打开的菜单中执行【Add New to Project】→【Schematic】菜单命令，如图 2-4 所示，启动原理图编辑器，同时系统自动在“PCB Project1.PrjPCB”项目下建立一个默认名称为“Sheet1.SchDoc”的原理图文件。

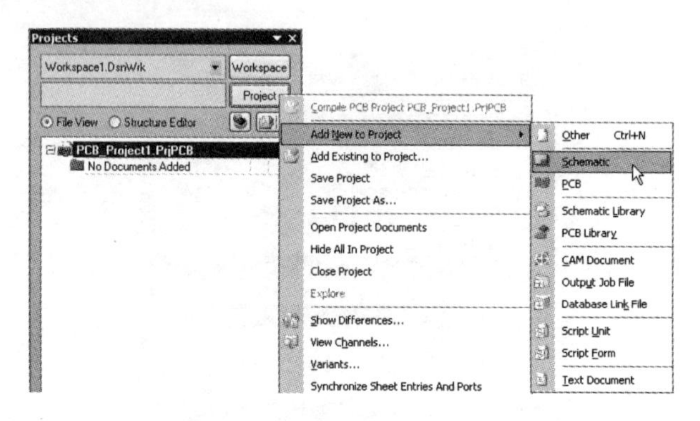

图 2-4　给项目添加原理图文件

2.1.3　从主菜单中启动原理图编辑器

利用菜单命令启动原理图编辑器有 3 种常用的方法，具体介绍如下。

（1）执行【File】→【New】→【Schematic】菜单命令，新建一个原理图设计文件，启动原理图编辑器。

（2）执行【File】→【Open】菜单命令，在选择打开文件对话框中双击原理图设计文件，启动原理图编辑器，打开一个已有的原理图文件。

（3）执行【File】→【Open Project...】菜单命令，在选择打开文件对话框（如图 2-5 所示）中，双击项目文件，打开项目面板。在项目面板中，单击原理图文件，启动原理图编辑器，打开已有项目中的原理图文件。

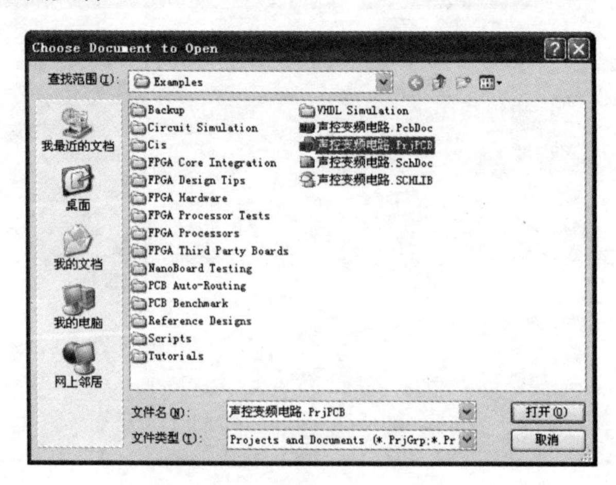

图 2-5　选择打开文件对话框

2.2　原理图编辑器界面介绍

原理图编辑器主要由菜单栏、工具栏、工作窗口、面板标签、状态栏、已激活面板标签等组成，如图 2-6 所示。

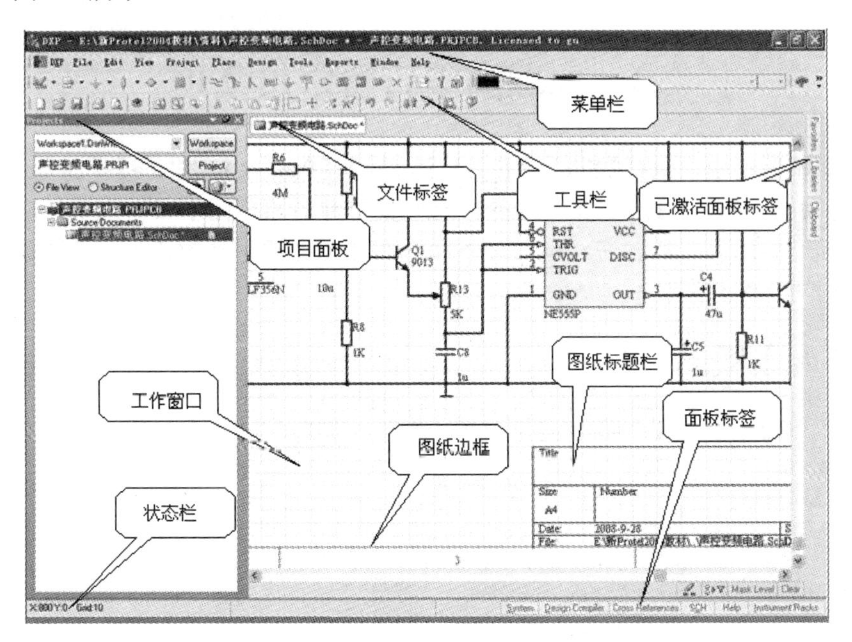

图 2-6　原理图编辑器

1. 菜单栏

编辑器所有的操作都可以通过菜单命令来完成，菜单中有下画线的字母为热键，大部分带图标的命令在工具栏中有对应的图标按钮。

2. 工具栏

编辑器工具栏的图标按钮是菜单命令的快捷执行方式，熟悉工具栏图标按钮功能可以提高设计效率。

3. 文件标签

激活的每个文件都会在编辑窗口顶部显示相应的文件标签，单击文件标签可以使相应文件处于当前编辑窗口。

4. 已激活面板标签

已激活且处于隐藏状态的面板。

5. 工作窗口

各类文件显示的区域，在此区域内可以实现原理图的设计。

6．状态栏

显示光标的坐标和栅格大小。

7．命令栏

显示当前正在执行的命令。

2.3　原理图编辑器常用菜单

原理图编辑器菜单栏包括【File】、【Edit】、【View】、【Project】、【Place】、【Design】、【Tools】、【Reports】、【Window】、【Help】菜单命令。这些菜单针对原理图编辑器来说，应该是一级菜单，它们里面有的还有二级、三级菜单，下面介绍几个经常用到的菜单，其他菜单在以后的章节中用到时再详细介绍。

2.3.1 【File】菜单

【File】菜单命令的主要功能是文件的相关操作，如新建、保存、更名、打开、打印等，如图 2-7 所示。

图 2-7 【File】菜单

2.3.2 【View】菜单

【View】菜单命令的主要功能是管理工具栏、状态栏和命令行是否在编辑器中显示，控制各种工作面板的打开和关闭，设置图纸显示区域，如图 2-8 所示。

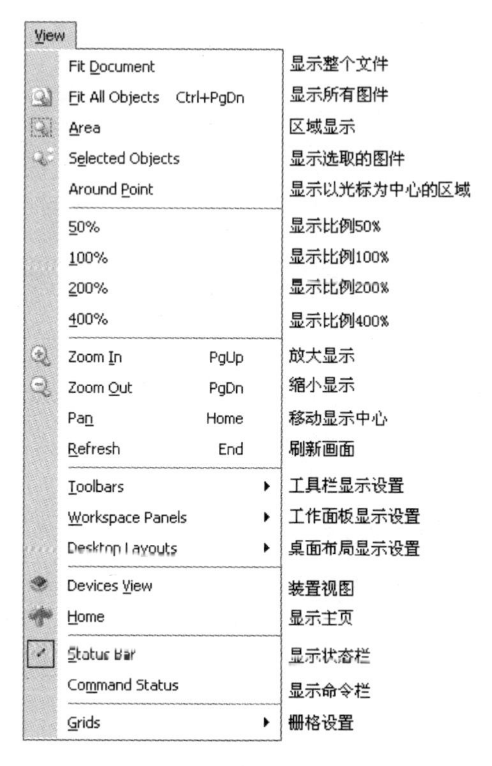

图 2-8 【View】菜单

2.3.3 【Project】菜单

【Project】菜单命令主要涉及项目文件的有关操作，如新建项目文件、编译项目文件等，如图 2-9 所示。

图 2-9 【Project】菜单

2.3.4 【Help】菜单

【Help】菜单命令主要为系统提供使用帮助，如图 2-10 所示。

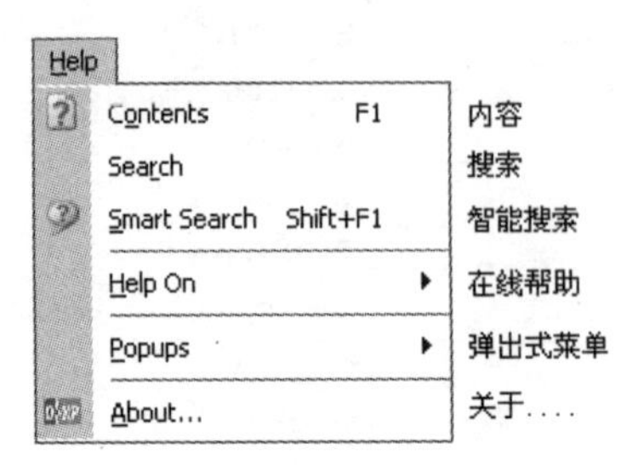

图 2-10 【Help】菜单

2.3.5 【Right Mouse Click】菜单

【Right Mouse Click】菜单命令的功能比较多，主要便于操作而将一些常用的命令集中在鼠标右键菜单里，如图 2-11 所示。

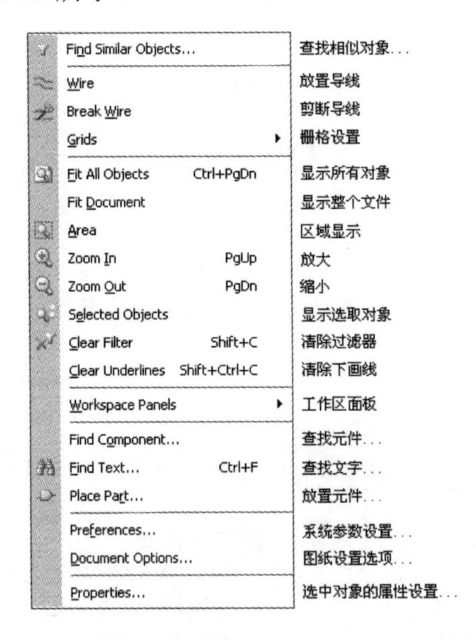

图 2-11 【Right Mouse Click】菜单

2.4 原理图编辑器界面配置

原理图编辑器界面的配置主要是指工具栏和工作面板状态、打开的数量和所在部位。原理图编辑器界面的配置应以简单实用为原则，完全没有必要把所有的工具或面板全部打开，因为那样会使整个工作界面显得零乱，特别是配置较低的计算机会影响运行速度。一般情况下工具栏选择显示标准工具栏【Schematic Standard】和布线工具栏【Wiring】，其他使用系统默认设置即可，如图 2-12 所示。

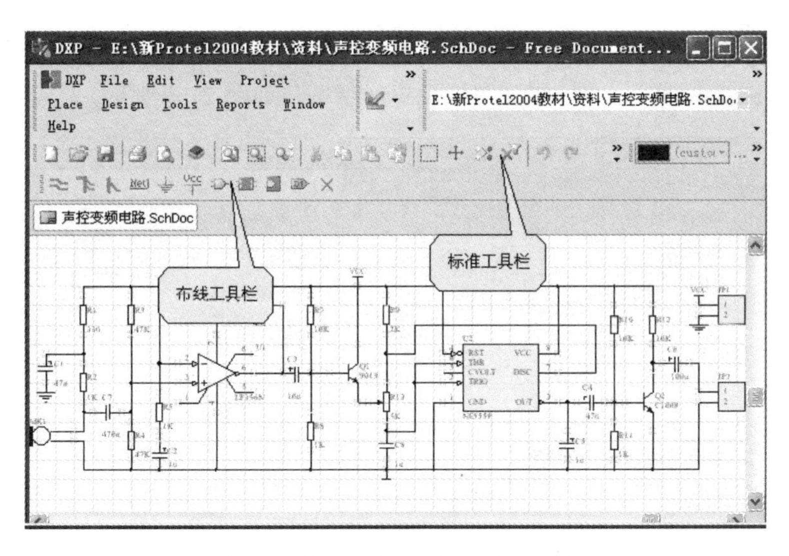

图 2-12　原理图编辑器基本界面配置

配置方法是从【View】下拉菜单【Toolbars】中选中要显示的工具栏。单击工具栏名称，其左侧会出现图标，表示被选中（如图 2-13 所示），相应的工具栏会出现在编辑器界面上。

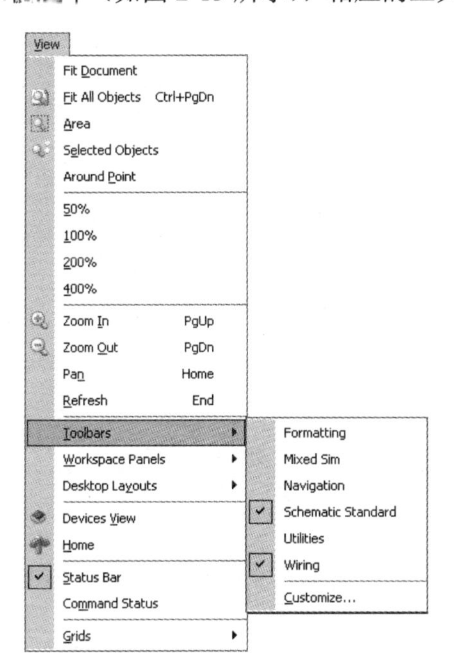

图 2-13　选择工具栏

2.5　图纸参数设置

原理图是要绘制在图纸上的，所以图纸的设置是一个比较重要的环节。在原理图编辑器中图纸的设置由图纸设置对话框来完成，主要包括图纸的大小、方向、标题栏、边框、图纸边界、捕获栅格、自动捕获电气节点和图纸设计信息等参数。下面介绍图纸的设置方法。

执行【Design】→【Document Options...】菜单命令或单击鼠标右键，执行图纸设置选项命令【Document Options...】，打开图纸设置对话框，如图 2-14 所示。

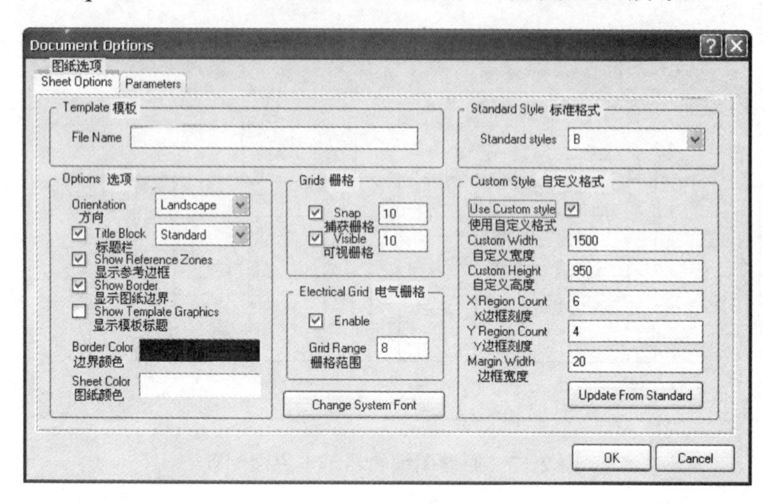

图 2-14　图纸设置对话框

2.5.1　图纸规格设置

图纸规格设置有两种方式：标准格式（Standard Style）和自定义格式（Custom Style）。

1．标准格式设置方法

单击标准格式分组框“Standard Styles”的下拉按钮，打开如图 2-15 所示的下拉列表框，从中选择适当的图纸规格。光标在下拉列表框中上下移动时，有一个高亮条会跟着光标移动，当合适的图纸规格变为高亮时，单击它（如 A4），A4 即被选中，当前图纸的规格就被设置为 A4 幅面。

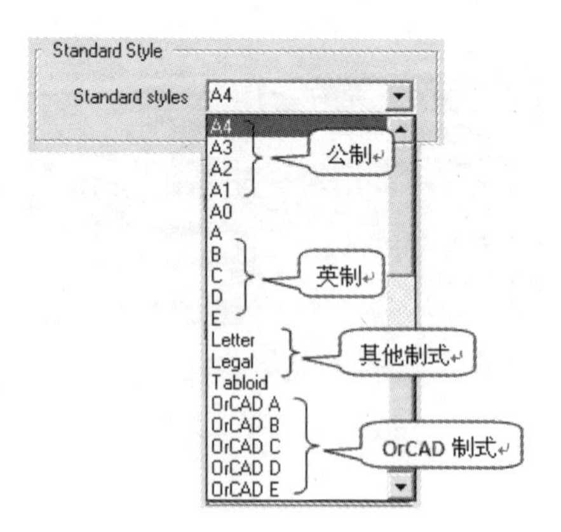

图 2-15　标准图纸规格选择列表

2．自定义格式设置方法

有时标准格式的图纸不能满足设计要求，就需要自定义图纸大小，在图纸设置对话框中的自定义格式分组框进行设置。

首先选中使用自定义格式（Use Custom Style）项，单击其右侧的方框，方框内出现“ √ ”号即表示选中，同时相关的参数设置项变为有效，这种选择方法称为“勾选”，如图 2-14 所示。在对应的文本框中输入适当的数值即可。

其中 3 项参数的含义如下。

（1）X 边框刻度（X Region Count）：X 轴边框参考坐标刻度数，所谓的刻度数即等分格数。

（2）Y 边框刻度（Y Region Count）：Y 轴边框参考坐标刻度数。

（3）边框宽度（Margin Width）：边框宽度改变时边框内的文字大小将跟随宽度变化。

2.5.2　图纸选项设置

图纸选项包括图纸方向、颜色、是否显示标题栏和是否显示边框等选项。图纸选项的设置通过选项（Options）分组框的选项来完成。

1. 图纸方向的设置

如图 2-16 所示，单击方向（Orientation）右边的下拉按钮，在出现的下拉选择列表中选择图纸方向。下拉列表中有两个选择项：水平放置（Landscape）和垂直放置（Portrait）。

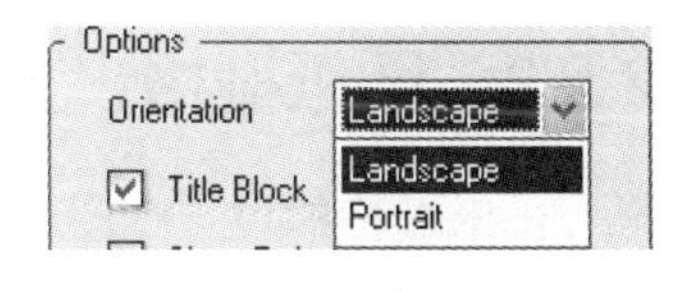

图 2-16　选择图纸方向

2. 设置图纸颜色

图纸颜色的设置包括图纸边框颜色（Border Color）和图纸颜色（Sheet Color）两项，设置方法相同。单击它们右边的颜色框，将打开一个选择颜色对话框（Choose Color），如图 2-17 所示。

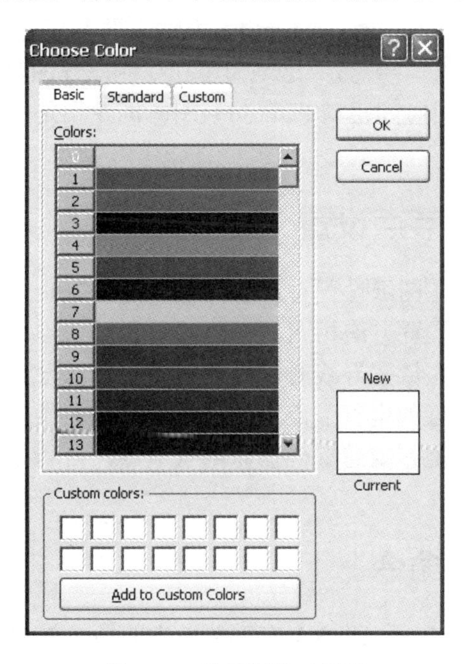

图 2-17　选择颜色对话框

选择颜色对话框中有 3 种选择颜色的方法，即基本颜色（Basic）、标准颜色（Standard）和自定义（Custom），从这 3 个颜色列表（Colors）中单击一种颜色，在新选定颜色栏（New）

中会显示相应的颜色，然后单击 OK 按钮，完成颜色选择。

颜色设置在系统中很多地方都要用到，这种颜色设置对话框比较常见，设置方法也比较简单，以后将不再介绍。

3．设置标题栏

在选项分组框中选中标题栏（Title Block），单击右边的下拉按钮，从打开的下拉列表中选择一项。此下拉列表共有两项：标准模式（Standard）和美国国家标准协会模式（ANSI）。另外，选项分组框内的显示模板标题（Show Template Graphics），是用于设置是否显示模板图纸的标题栏。如不选中标题栏，编辑器窗口和文件打印时都不会出现标题栏。

4．设置边框

图纸边框的设置也在图纸设置对话框的选项分组框内，如图 2-14 所示。共有两项：显示参考边框（Show Reference Zones）和显示图纸边界（Show Border），都是选中时才有效。

2.5.3 图纸栅格设置

图纸栅格的设置在图纸设置对话框的栅格（Grids）分组框内，如图 2-14 所示。包括捕获栅格（Snap）和可视栅格（Visible）两个选项。设置方法为选中时才有效，在其右侧的文本框中输入要设定的数值（单位 mil，即 $1\text{mil}=2.54\times10^{-5}\text{m}$），数值越大栅格就越大。

捕获栅格（Snap）是图纸上图件的最小移动距离（捕获栅格选中时才有效）。

可视栅格（Visible）是图纸上显示的栅格距离，即栅格的宽度。

图纸栅格颜色在系统参数设置中的图形编辑参数设置对话框中进行设置，参见图 2-24。

原理图元件引脚的最小间距一般为 10mil（表贴式更小），所以栅格设置的数值应等于或小于“10”，并且应使 10/栅格值=整数。这是为了在绘制原理图时，保证导线与元件引脚平滑地连接（注意：原理图元件引脚间距与 PCB 封装引脚间距不是一个概念，标准的 DIP 引脚间距为 100mil）。

2.5.4 自动捕获电气节点设置

自动捕获电气节点设置在图纸设置对话框的电气栅格（Electrical Grid）分组框，如图 2-14 所示。设置方法与图纸栅格设置方法相同。

选中该项有效时，系统在放置导线时以光标为中心，以设定值为半径，向周围搜索电气节点，光标会自动移动到最近的电气节点上，并在该节点上显示一个“米”字形符号，表示电气连接有效。应当注意的是，要想准确捕获电气节点，自动寻找电气节点的半径值应比捕获栅格值略小。

2.5.5 快速切换栅格命令

【View】菜单和【Right Mouse Click】右键菜单中的栅格设置【Grids】子菜单具有快速切换栅格的功能，如图 2-18 所示。

（1）执行【Toggle Visible Grid】命令，可以切换是否显示栅格。

（2）执行【Toggle Snap Grid】命令，可以切换是否捕获栅格。

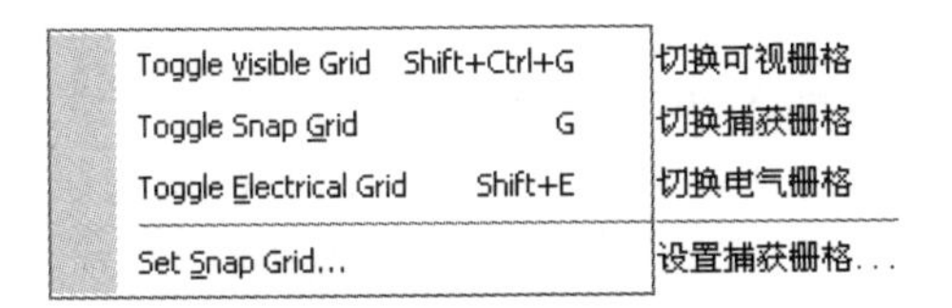

图 2-18 【Grids】子菜单

（3）执行【Toggle Electrical Grid】命令，可以切换电气栅格是否有效，即是否自动捕获电气栅格。

（4）执行【Set Snap Grid】命令，可以在打开的捕获栅格大小对话框中设置合适的数值，以确定图件在图纸上的最小移动距离，如图 2-19 所示。

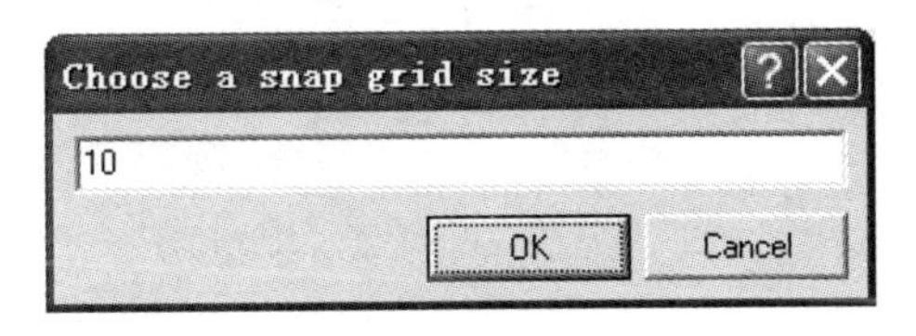

图 2-19　设置捕获栅格大小对话框

2.5.6　填写图纸设计信息

单击图纸设置对话框中的图纸信息（Parameters）标签即可打开图纸设计信息对话框，如图 2-20 所示。

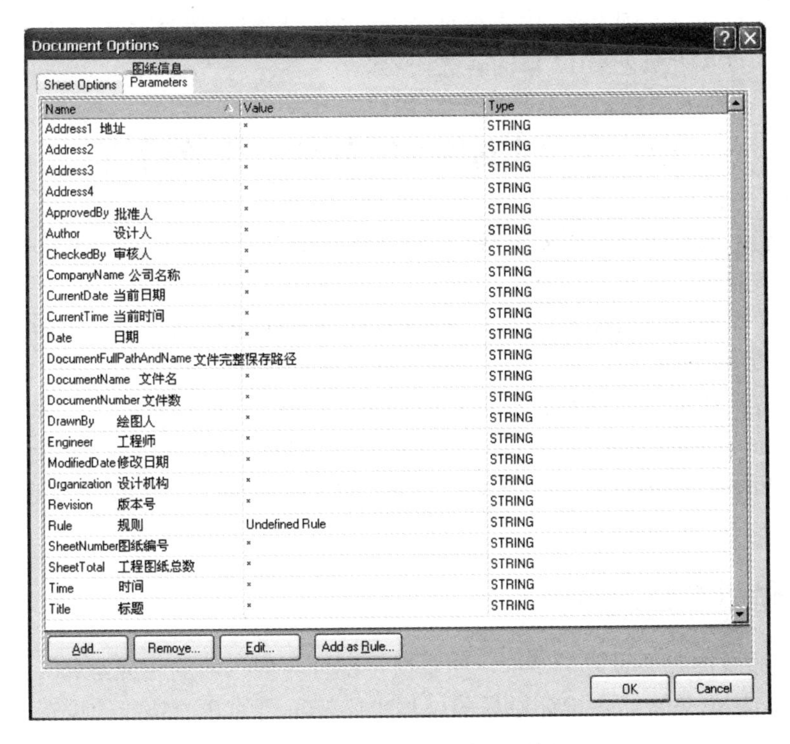

图 2-20　图纸设计信息对话框

填写方法有两种。

（1）单击要填写参数名称的 Value 文本框，该文本框中的“*”号变为高亮选中状态，两边对应的 Name 和 STRING 也变为高亮选中状态，此时可直接在文本框中输入参数。

（2）单击要填写参数名称所在行的任意位置，使该行变为高亮选中状态，然后单击对话框下方的编辑按钮 Edit... ，进入参数编辑对话框（Parameter Properties），如图 2-21 所示，双击要填写参数名称所在行的任意位置也可以直接进入参数编辑对话框。

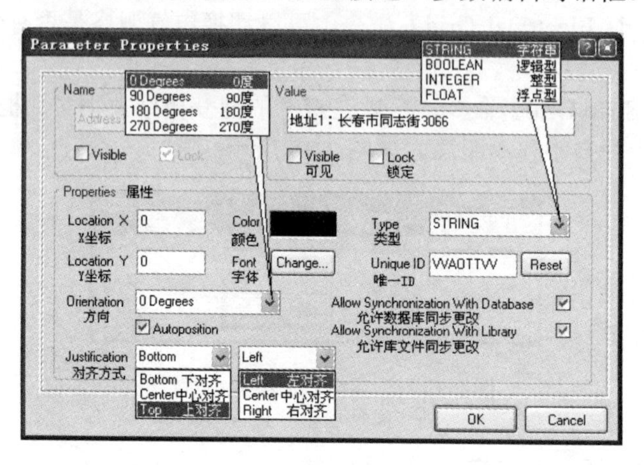

图 2-21　参数编辑对话框

在 Value 区域的文本框中填写参数，在 Properties 分组框中选择相应的参数，然后单击 OK 按钮即可。

需要特别注意的是，图 2-20 中添加规则 Add as Rule... 按钮所涉及的参数，是 PCB 布线规则的设置，详细的设置方法见第 13 章的有关内容。

2.6　原理图编辑器系统参数设置

系统参数影响到整个原理图编辑器，合理的参数设置可有效提高绘图效率和绘图效果。

启动系统参数设置对话框的方法有两种：

（1）菜单命令启动：执行【Tools】→【Schematic Preferences…】菜单命令。

（2）右键菜单命令启动：单击鼠标右键，在打开的快捷菜单中执行“Preferences”命令。启动的系统参数设置对话框如图 2-22 所示。系统参数设置对话框中有 7 个标签，分别是原理图参数（Schematic）、图形编辑（Graphical Editing）、编译器（Compiler）、自动聚焦（Auto Focus）、断线（Break Wire）、常用组件默认值设置（Default Primitives）和 ORCAD 选项（Orcad(Tm) Options）。

2.6.1　原理图参数设置

图 2-22 是原理图参数设置对话框，图中汉字部分为各参数的相应解释。一些功能从解释上就可以理解，这里只讲述在设计原理图过程中比较重要的几项功能的设置，其他参数的功能在以后用到时再详细介绍。

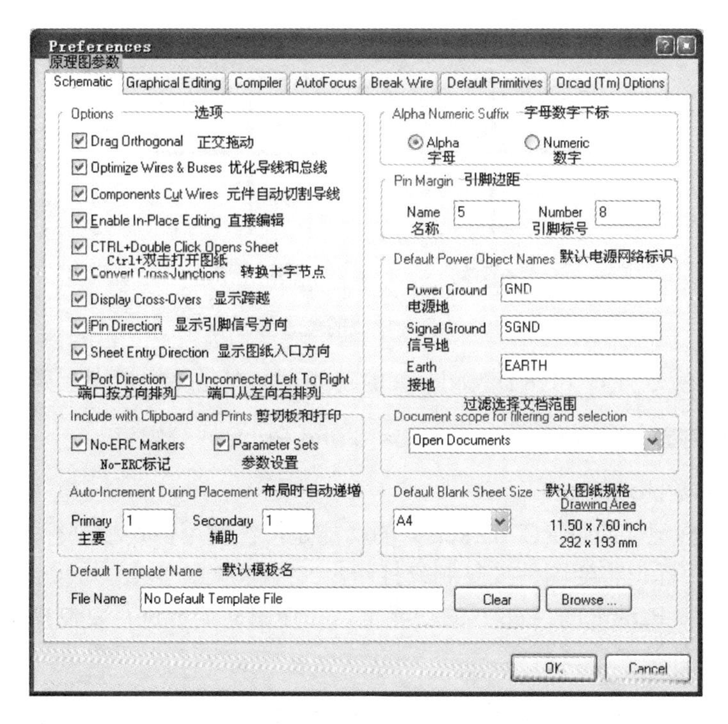

图 2-22　原理图参数设置对话框

1．引脚边距（Pin Margin）分组框

该分组框中的参数的功能是，设置元件符号上的引脚名称、引脚标号与元件符号轮廓边缘的间距。

2．选项（Options）分组框

该分组框中的选项功能是，设置绘制原理图时的一些自动功能。

（1）正交拖动（Drag Orthogonal）的功能是，当拖动一个元件时，与元件连接的导线将与该元件保持直角关系，若未选中该选项时，将不保持直角关系。注：该功能仅对菜单拖动命令【Edit】→【Move】→【Drag】和【Drag Selection】有效。

（2）优化导线和总线（Optimize Wires & Buses）的功能是，可以防止导线、贝赛尔曲线或者总线间的相互覆盖。

（3）元件自动切割导线（Components Cut Wires）的功能是，将一个元件放置在一条导线上时，如果该元件有两个引脚在导线上，则该导线自动被元件的两个引脚分成两段，并分别连接在两个引脚上。

（4）直接编辑（Enable In-Place Editing）的功能是，当光标指向已放置的元件标识、字符、网络标号等文本对象时，单击鼠标左键（或使用快捷键【F2】）可以直接在原理图编辑窗口内修改文本内容，而不需要进入参数属性对话框（Parameter Properties）。若该选项未选中，则必须在参数属性对话框中编辑修改文本内容。

（5）转换“十”字节点（Convert Cross-Junctions）的功能是，在两条导线的“T”形节点处增加 1 条导线形成“十”字交叉时，系统自动生成两个相邻的节点。

（6）显示跨越（Display Cross-Overs）的功能是，在未连接的两条“十”字交叉导线的交

叉点显示弧形跨越，如图 2-23 所示。

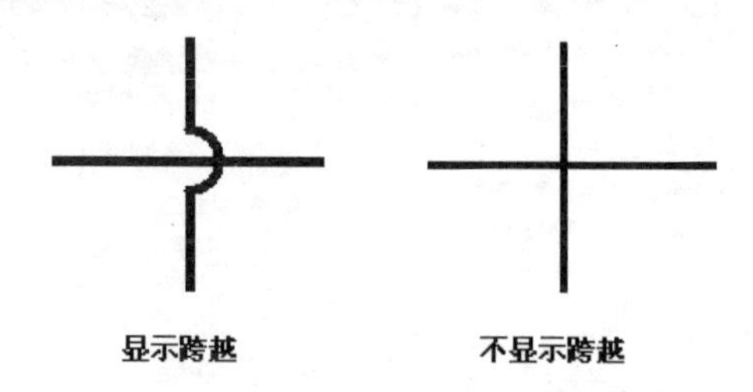

图 2-23　交叉导线的两种显示方式

（7）显示引脚信号方向（Pin Direction）的功能是，在元件的引脚上显示信号的方向。

3．剪切板和打印（Include with Clipboard and Prints）分组框

该分组框中参数的功能如下。

（1）No-ERC 标记（No-ERC Markers）的功能是，在使用剪切板进行复制操作或打印时，对象的“No-ERC”标记将随图件被复制或打印。

（2）参数设置（Parameter Sets）的功能是，在使用剪切板进行复制操作或打印时，对象的参数设置将随图件被复制或打印。

4．字母数字下标（Alpha Numeric Suffix）分组框

该分组框中有两个单选项。当选中“Alpha”时，子件的后缀为字母。当选中“Numeric”时，子件的后缀为数字。

2.6.2　图形编辑参数设置

单击图形编辑（Graphical Editing）标签，进入图形编辑参数设置对话框，如图 2-24 所示。

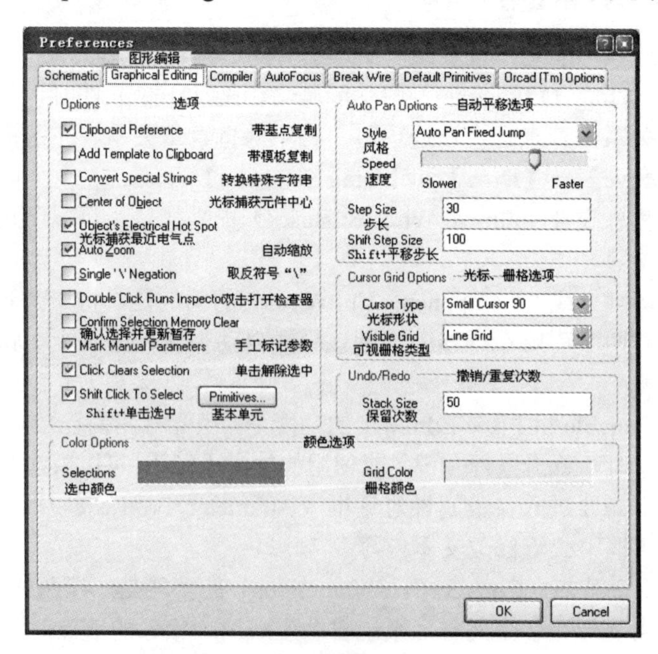

图 2-24　图形编辑参数设置对话框

1. 带模板复制（Add Template to Clipboard）

选中该项，在复制（Copy）和剪切（Cut）图件时，将当前文件所使用的模板一起进行复制。如果将原理图作为 Word 文件的插图时，在复制前应将该功能取消。

2. 光标捕获元件中心（Center of Object）

选中该项，在移动元件时，光标捕获元件的中心（即实体部分），此项功能的优先权小于光标捕获最近电气点（Object's Electrical Hot Spot）。

3. 光标捕获最近电气点（Object's Electrical Hot Spot）

选中该项，移动对象时，光标将自动跳到被移动对象最近的电气点上。

注意：如果 2、3 项都不选中，鼠标在对象的任何位置上都可以实现拖动功能。

4. 单击解除选中（Click Clears Selection）

选中该项，在原理图编辑窗口选中目标以外的任何位置单击左键，都可以解除选中状态。未选中该项时，只能通过菜单命令【Edit】→【Deselect】或单击取消所有选择快捷工具按钮，解除选中状态。

5. 双击打开检查器（Double Click Runs Inspector）

选中该项，在原理图中双击一个对象时，打开的不是对象属性对话框，而是检查器（Inspector）面板。

6. Shift+单击选中（Shift Click To Select）

选中该项，并单击 Primitives... 按钮，打开基本单元选择对话框，如图 2-25 所示。选中其中的基本单元，也可以全部选中。以后选中对象时必须使用 Shift+鼠标左键。

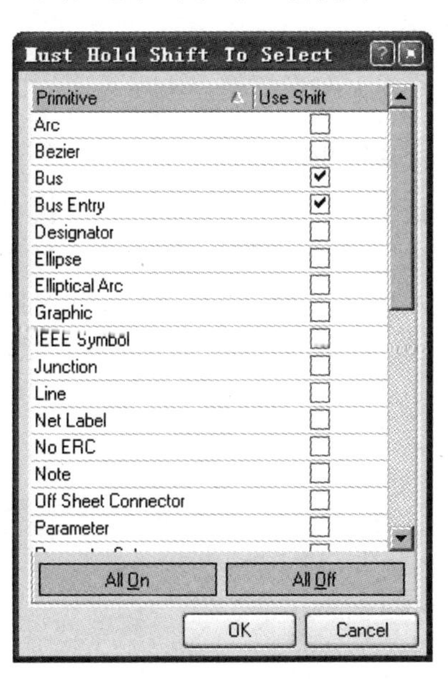

图 2-25　基本单元选择对话框

2.6.3　编译器参数设置

单击编译器（Compiler）标签，进入编译器设置对话框，如图 2-26 所示。

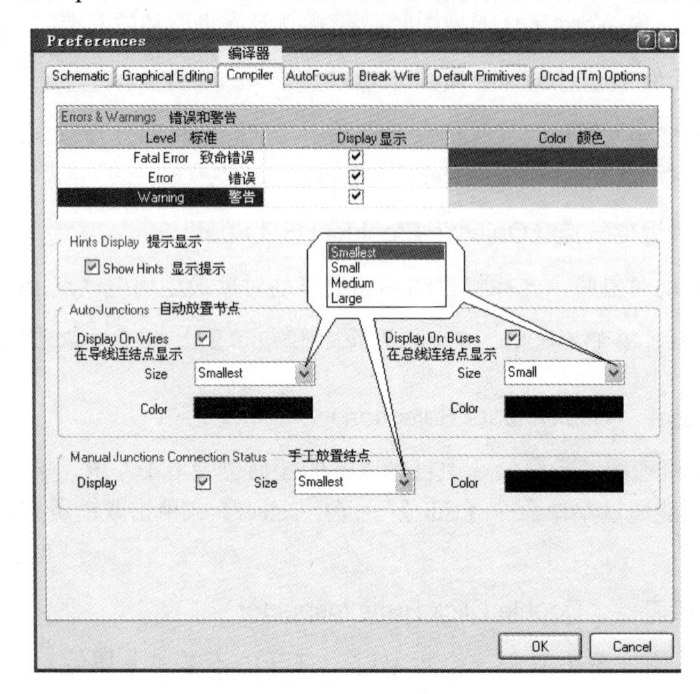

图 2-26　编译器参数设置对话框

1．错误和警告分组框（Errors & Warnings）

该分组框中主要设置编译器编译时所产生的错误和警告是否显示，以及显示的颜色。

2．提示显示（Hints Display）

选中此项后，光标指向图件时，在光标处会出现相应的提示信息。

3．自动放置节点分组框（Auto-Junctions）

（1）选中该选项后自动放置节点，该分组框是在画连接导线时，只要导线的起点或终点在另一条导线上（“T”形连接时）、元件引脚与导线“T”形连接或几个元件的引脚构成“T”形连接时，系统就会在交叉点上自动放置一个节点。如果是跨过一条导线（即“十”字形连接），系统在交叉点不会自动放置节点。所以两条“十”字交叉的导线如果需要连接，必须手动放置节点。如果没有选中自动放置节点选项，系统不会自动放置电气节点，需要时，设计者必须手动放置节点。

（2）设置节点的大小。

（3）设置节点的颜色。

2.6.4　自动变焦参数设置

单击自动变焦（AutoFocus）标签，进入自动变焦参数设置对话框，如图 2-27 所示。主要设置在放置图件、移动图件和编辑图件时是否使图纸显示自动变焦等功能。

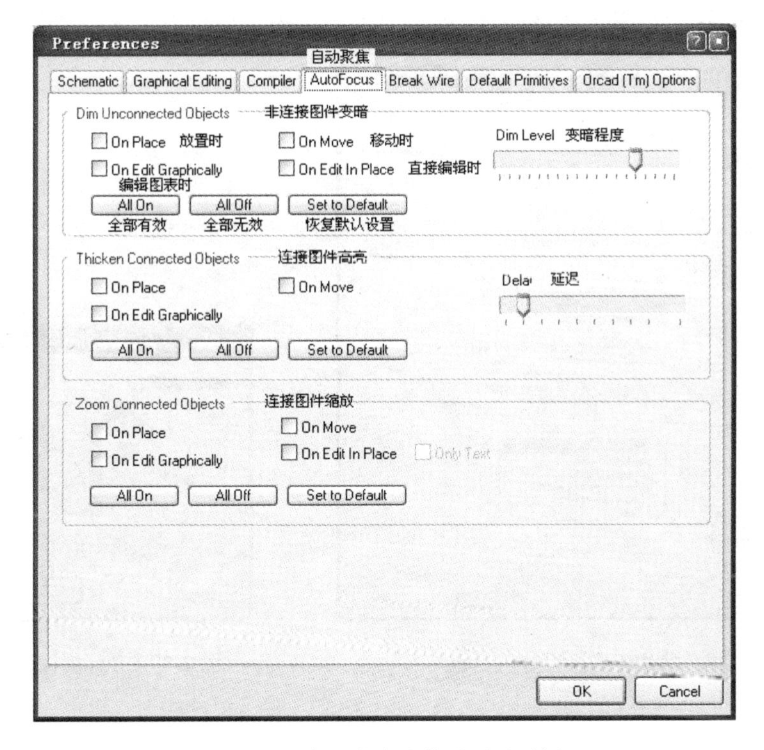

图 2-27　自动变焦参数设置对话框

1．非连接图件变暗分组框（Dim Unconnected Objects）

该分组框中设置非关联图件在有关的操作中是否变暗和变暗程度。

2．连接图件高亮分组框（Thicken Connected Objects）

该分组框中设置关联图件在有关的操作中是否变为高亮。

3．连接图件缩放分组框（Zoom Connected Objects）

该分组框中设置关联图件在有关的操作中是否自动变焦显示。

2.6.5　常用图件默认值参数设置

单击默认参数（Default Primitives）标签，进入默认值参数设置对话框，如图 2-28 所示。

1．工具栏的对象属性选择

单击默认值类别列表（Primitive List）的下拉按钮，会打开一个下拉列表，其中包括几个工具栏的对象属性，一般选择“All”，则包括全部对象都可以在“Primitives”窗口显示出来。

2．属性设置

例如，在默认值参数设置对话框的“Primitives”窗口内，单击“Bus”使其处于选中状态，然后单击 Edit Values... 按钮，打开属性设置对话框，直接双击“Bus”也可以启动属性设置对话框，如图 2-29 所示。在属性设置对话框中可以修改有关的参数，如总线宽度和总线颜色。设置完成后，单击 OK 按钮，返回到如图 2-28 所示界面，如果需要可以继续设置其他图件的属性。

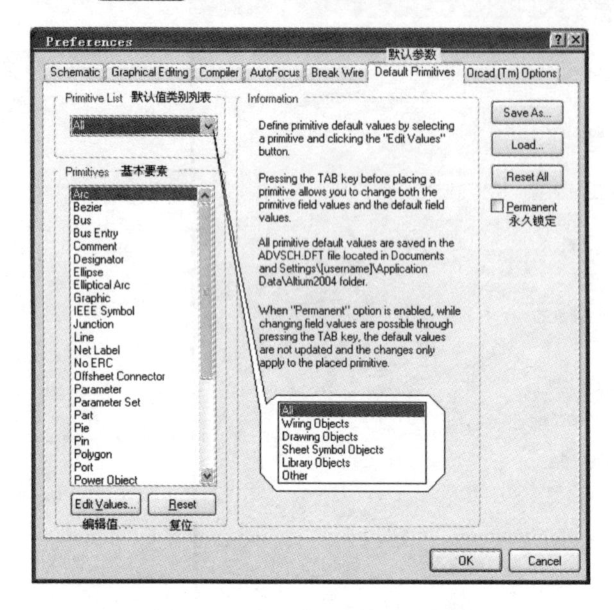

图 2-28 默认值参数设置对话框

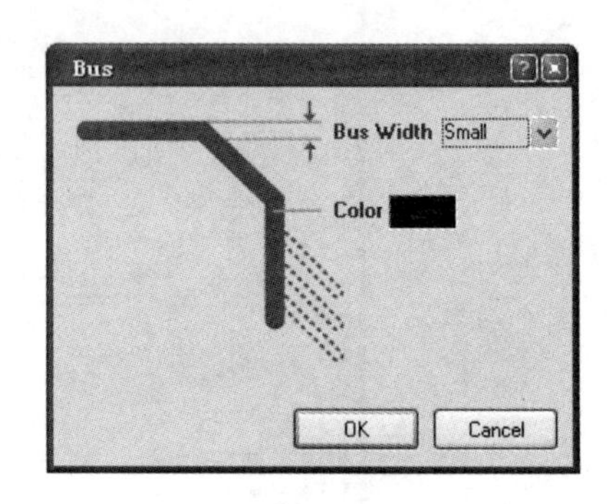

图 2-29 Bus 属性设置对话框

3. 复位属性

在选中图件时，单击 Reset 按钮，将复位图件的属性参数，即复位到安装时的初始状态。单击 Reset All 按钮，将复位所有图件对象的属性参数。

4. 永久锁定属性参数

选中永久锁定（Permanent）选项，即永久锁定了属性参数。该选项有效时，在原理图编辑器中通过【Tab】键激活属性设置改变的参数仅影响当前放置，即取消放置后再放置该对象时，其属性仍为锁定的属性参数。如果该选项无效时，在原理图编辑器中通过【Tab】键激活属性设置，改变的参数将影响以后的所有放置。

※练　　习

1. 熟悉原理图编辑器的启动方法。
2. 熟悉原理图编辑器的菜单命令。
3. 熟悉系统参数的设置方法。
4. 练习修改常用组件的默认属性。

第 3 章　原理图设计实例

原理图设计主要是利用 Protel 2004 提供的原理图编辑器绘制、编辑原理图，目的不仅仅是绘制电路图，同时也为 PCB 设计和电路仿真打下一个重要基础。本章通过一个实例，学习 Protel 2004 电路原理图的绘制方法。

3.1　原理图设计流程

原理图的设计流程图如图 3-1 所示。

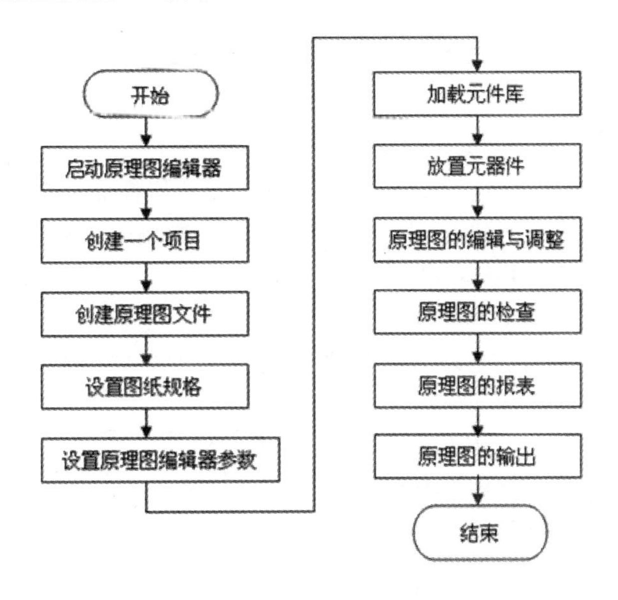

图 3-1　原理图设计流程图

（1）启动原理图编辑器（见第 2 章 2.1 节），原理图的设计是在原理图编辑器中进行的，只有激活原理图编辑器，才能绘制电路原理图，并对其进行编辑。

（2）创建一个项目（见第 1 章 1.5 节），Protel 2004 引入设计项目的概念。在电路原理图的设计过程中，一般先建立一个项目。该项目定义了项目中的各个文件之间的关系，用其来组织与一个设计有关的所有文件，如原理图文件、PCB 文件、输出报表文件等，以便相互调用。

（3）创建原理图文件（见第 1 章 1.5 节），创建原理图文件也叫做链接或添加原理图文件。即将要绘制原理图文件链接到所创建项目上来。

（4）设置图纸规格（见第 2 章 2.5 节），Protel 2004 原理图编辑器启动后，首先要对绘制的电路有一个初步的构思，设计好图纸大小。设置合适的图纸大小是设计好原理图的第一步。图纸大小是根据电路图的规模和复杂程度而定的。一般情况下可以使用系统的默认图纸尺寸和相关设置，在绘图过程中再根据实际情况调整图纸设置，或在绘图完成后再调整。

（5）设置原理图编辑器系统参数（见第 2 章 2.6 节），如设置栅格大小和类型，光标类型等，大多数参数可以使用系统默认值。

（6）放置元器件，根据电路原理图的要求，放置元件、导线和相关图件等。这里一定要注意元件封装的设定，以便于为 PCB 制板设计提供相应参数。

（7）原理图的编辑与调整，利用 Protel 2004 原理图编辑器提供的各种工具，对图纸上的图件进行编辑和调整，如参数修改、元件排列、自动标识和各种标注文字等，构成一个完整的原理图。

（8）原理图的检查，所谓原理图检验是指电气规则检查，是电路原理图设计中进行电路设计完整性与正确性的有效检测方法，是电路原理图设计中的重要步骤。

（9）原理图的报表，利用原理图编辑器提供的各种报表工具生成各种报表，如网络表、元件清单等；同时对设计好的原理图和各种报表进行存盘，为印制电路板的设计做好准备。

（10）原理图的输出，这里只介绍原理图打印输出。

3.2　原理图的设计

本节通过一个应用实例来讲解电路原理图设计的基本过程。如图 3-2 所示是一个声控变频电路，音频信号通过 MK1 传送给以运放 LF356N 为核心器件组成的放大器，经放大后控制 C8 的充电电流从而控制输出的频率，使其在一定的范围内变化；R9、R13、C5 是振荡电路中的元件，改变它们的参数，可以改变输出频率的变化范围。

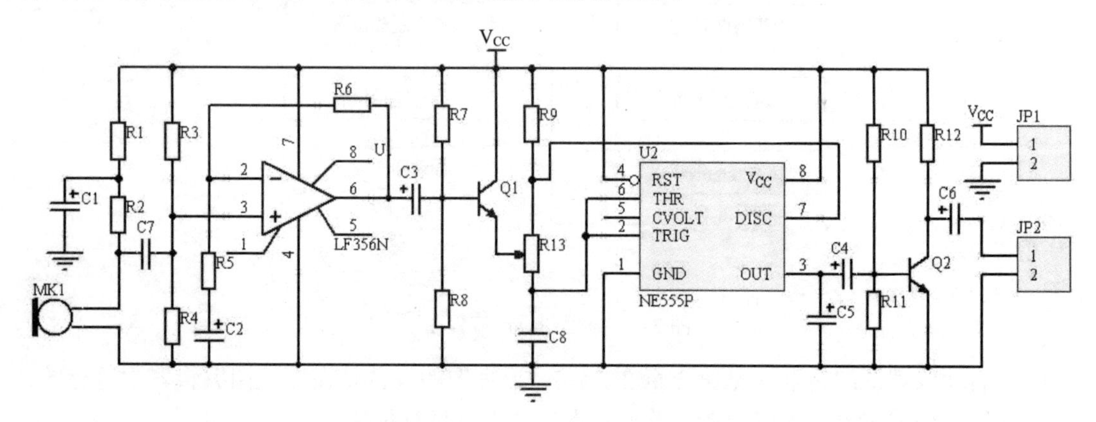

图 3-2　声控变频电路

3.2.1　创建一个项目

（1）启动 Protel 2004 系统。

（2）执行【File】→【New】→【PCB Project】菜单命令，打开项目面板，如图 3-3 所示。

（3）项目面板中显示的是系统以默认名称创建的新项目文件，执行【File】→【Save Project】菜单命令，在打开的保存文件对话框中输入文件名，如“声控变频电路”，单击 保存(S) 按钮，项目即以名称“声控变频电路.PRJPCB”保存在默认文件夹【Examples】中，当然也可以指定别的保存路径。项目面板中的项目名称相应变为“声控变频电路.PRJPCB”，如图 3-4 所示。

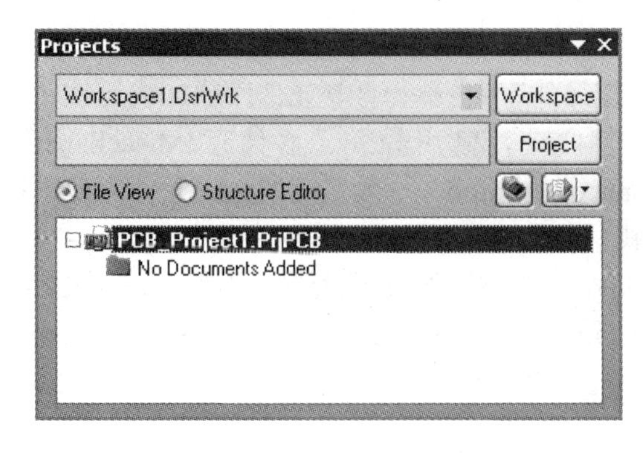

图 3-3　新建项目面板

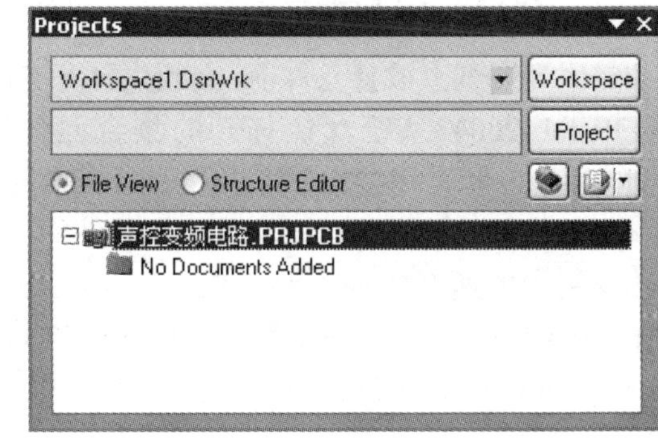

图 3-4　更名保存的项目面板

3.2.2　创建原理图文件

刚才创建的项目中没有任何文件，下面在项目中创建原理图文件。

（1）执行【File】→【New】→【Schematic】菜单命令，在项目“声控变频电路.PRJPCB”中创建一个新原理图文件，此时项目面板中“声控变频电路.PRJPCB”项目下面出现“Sheet1.SchDoc”文件名称，这就是系统以默认名称创建的原理图文件，同时原理图编辑器启动，原理图文件名作为文件标签显示在编辑窗口上方。

（2）执行【File】→【Save】菜单命令，在打开的保存文件对话框中输入文件名，如“声控变频电路”，单击 保存(S) 按钮，原理图设计即以名称“声控变频电路.SCHDOC”保存在默认文件夹“Examples”中；同时项目面板中原理图文件名和编辑窗口文件标签也相应更名，如图 3-5 所示。

本例中的图纸规格和系统参数均使用系统的默认设置，所以不用设置这两项。

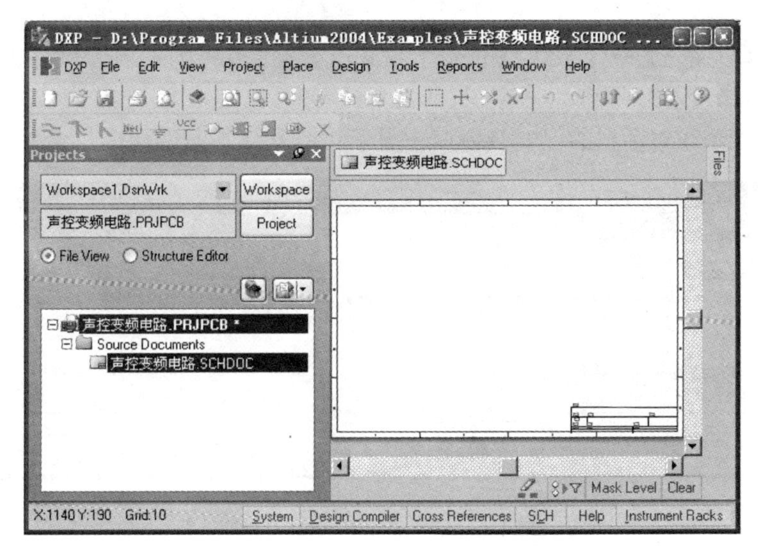

图 3-5　新建项目和原理图文件名的原理图编辑器

3.2.3　加载元件库

在原理图纸上放置元件前，必须先打开其所在元件库（也称为打开元件库或加载元件库）。

Protel 2004 系统默认打开的集合元件库有两个，常用分立元器件库 Miscellaneous Devices.Intlib 和常用接插件库 Miscellaneous Connectors.Intlib。一般常用的分立元件原理图符号和常用接插件符号都可以在这两个元件库中找到。

本例中的两个集成电路 LF356N 和 NE555P 不在这两个元件库中，而在 Altium2004\Library\ST Microelectronics 库文件夹中的 ST Operational Amplifier.Intlib 和 Texas Instruments\TI Analog Timer Circuit.Intlib 两个集合元件库中。所以必须先把这两个元件库加载到 Protel 2004 系统中。

加载元件库命令在【Design】菜单中，如图 3-6 所示。

图 3-6　【Design】菜单

（1）执行【Design】→【Add/Remove Library...】菜单命令，打开元件库加载/卸载元件库对话框，如图 3-7 所示。

元件库加载/卸载对话框的已安装窗口中显示系统默认加载的两个集合元件库。

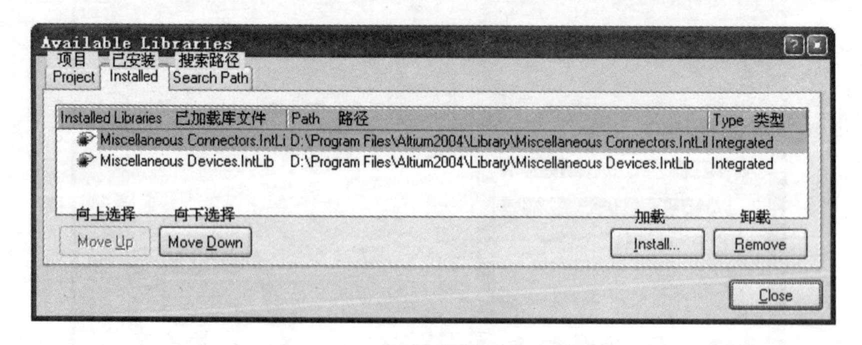

图 3-7　元件库加载/卸载对话框

（2）在元件库加载/卸载对话框中，单击 Install... 按钮，打开库文件对话框，如图 3-8 所示。默认路径指向系统安装目录下的 Altium2004\Library。

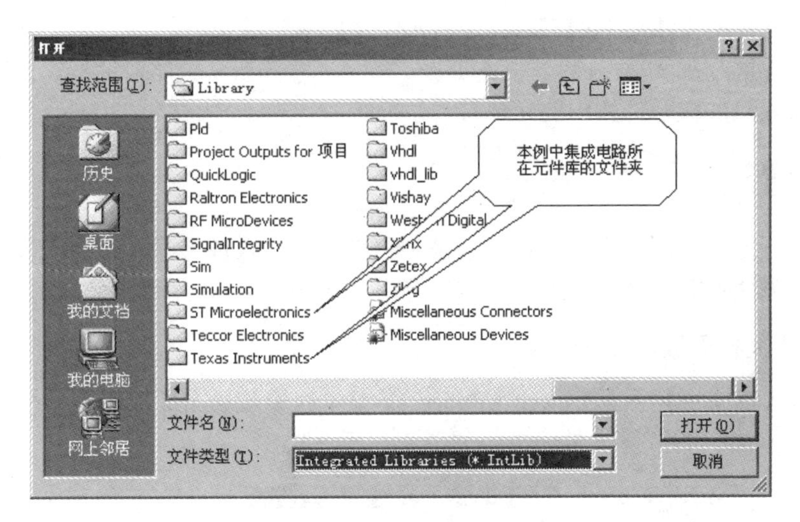

图 3-8　打开库文件对话框

（3）单击图 3-8 窗口中的“ST Microelectronics”文件夹，打开该文件夹。单击元件库 ST Operational Amplifier.IntLib，该元件库名称出现在打开库文件对话框的“文件名”文本框中，如图 3-9 所示。最后单击 打开(O) 按钮，在元件库加载/卸载对话框中显示刚才加载的元件库，如图 3-10 所示。

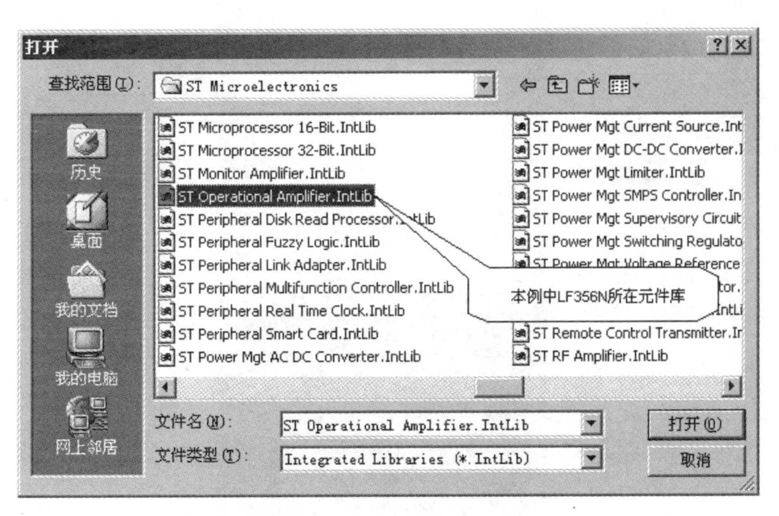

图 3-9　打开“ST Microelectronics”文件夹

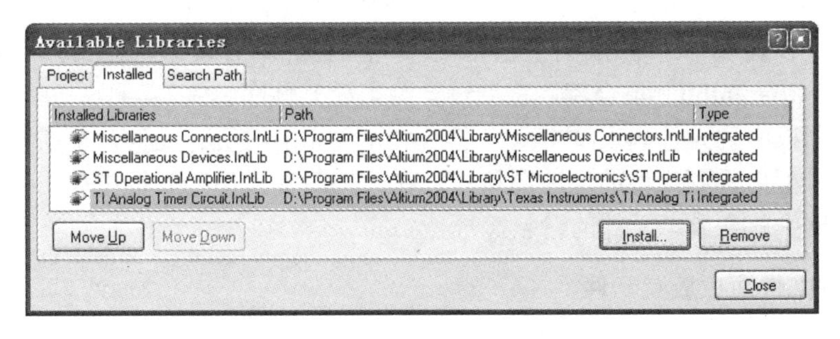

图 3-10　加载元件库后的加载/卸载对话框

（4）使用同样的方法将 NE555P 所在的元件库加载到系统中。

（5）在元件库加载/卸载对话框中单击 Close 按钮，关闭对话框。此时就可以在原理图图纸上放置已加载元件库中的元件符号了。

3.2.4 放置元件

元件的放置方法常用的有两种，一种是利用库文件面板放置元件；另一种是利用菜单命令放置元件（见 7.1 节）。本节采用第一种放置元件的方法。

1. 打开库文件面板（Libraries）

（1）执行【Design】→【Browse Library...】菜单命令或单击面板标签 System，选中库文件面板 Libraries，打开库文件面板，如图 3-11 所示。

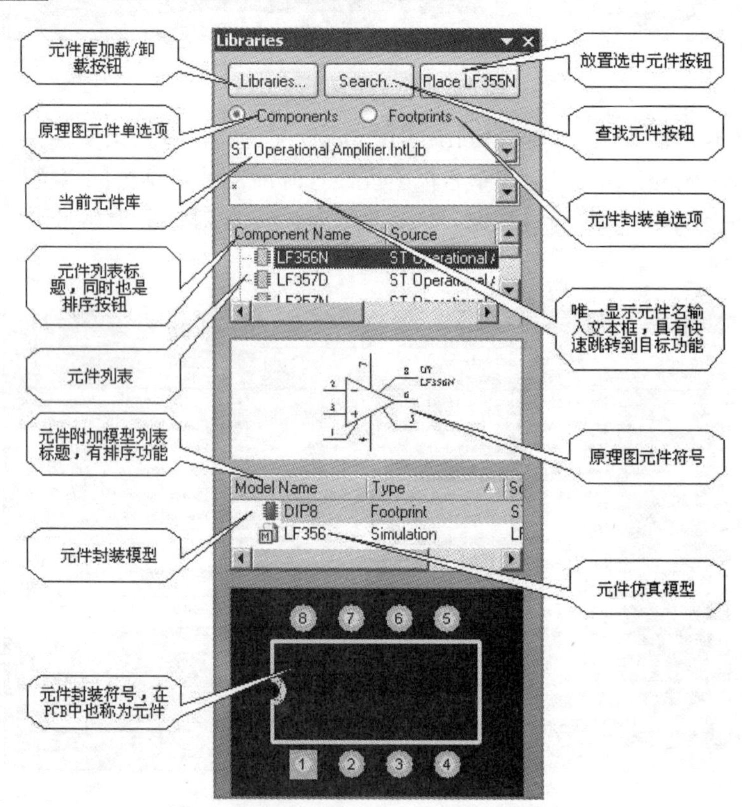

图 3-11 库文件面板

（2）在库文件面板中，单击当前元件库文本框右侧的 按钮，在其列标框中单击“ST Operational Amplifier.Intlib”集合库，将其设置为当前元件库。

在库文件面板中的元件列表框中列出了当前元件库中的所有元件，单击元件名称可以在原理图元件符号框内看到元件的原理图符号。在元件附加模型列表框中单击元件封装模型，元件模型显示框中就会显示元件的封装符号。

2. 利用库文件面板放置元件

（1）在库文件面板的元件列表框中双击 LF356N，或在选中 LF356N 时单击 Place LF356N

按钮，库文件面板变为透明状态，同时元件 LF356N 的符号附着在鼠标光标上，跟随光标移动，如图 3-12 所示。此时，每按一次键盘上的空格键，元件将逆时针旋转 90°。按【X】键左右翻转，按【Y】键上下翻转。

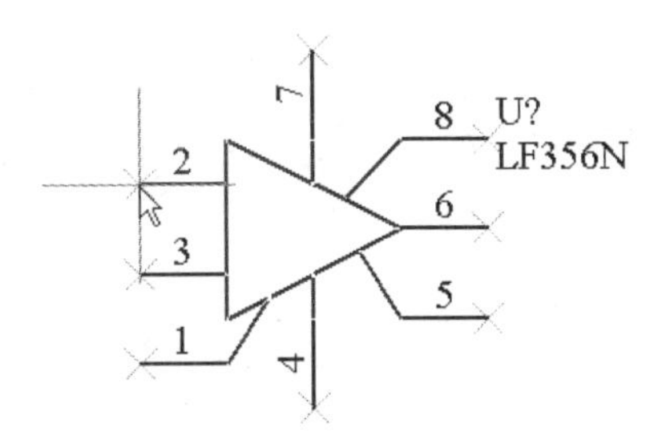

图 3-12　元件放置状态

（2）将元件移动到图纸的适当位置，单击鼠标左键将元件放置到该位置。

（3）此时系统仍处于元件放置状态，光标上仍有同一个待放的元器件，再次单击鼠标左键又会放置一个相同的元件，这就是相同符号元件的连续放置。

（4）单击鼠标右键，或按键盘上的【Esc】键即可退出元件放置状态。

使用同样的方法，将“TI Analog Timer Circuit.Intlib”集合库置为当前库，放置元件 NE555P；将“Miscellaneous Connectors.Intlib”集合库置为当前库，放置 Header2；将“Miscellaneous Devices.Intlib”集合库置为当前库，放置其他分立元件如电阻 Res2，无极性电容 Cap，电解电容 Cap Pol1，电位器 Rpot2，麦克 Mic2，三极管 NPN 等。

本例采用先放置元件，再布局和放置导线的方法绘制原理图，放置完元件后的原理图如图 3-13 所示。

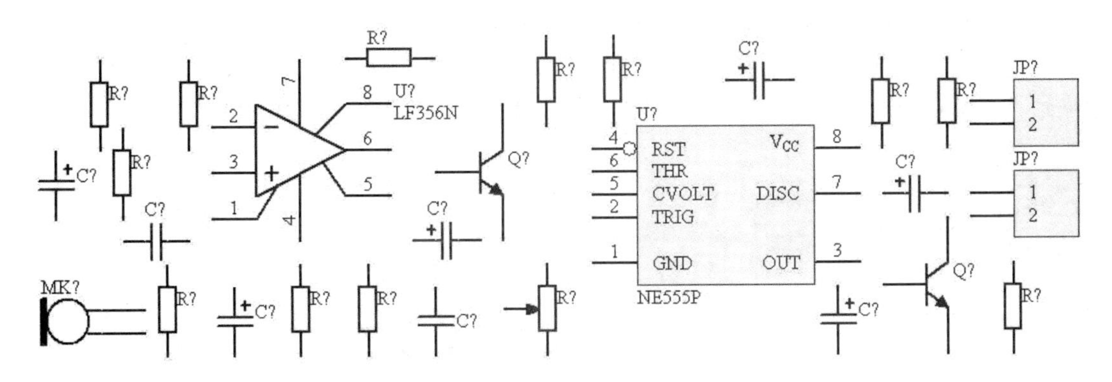

图 3-13　放置好元件的原理图编辑区

特别需要注意的是，用库文件面板放置元件时，系统不提示给定元件的标注信息（如元件标识、标称值大小、封装符号等），除封装符号系统自带外，其余的参数均为默认值，在完成放置后都需要编辑。本章原理图中大部分元件的注释和标称值均被隐藏，具体方法参见 6.11 节的全局编辑。

3．移动元件及布局

原理图布局是指将元件符号移动到合适的位置。

一般放置元件时可以不必考虑布局和元件参数问题，将所有元件放置在图纸中即可。元件放置完成后再来考虑布局问题，这样绘制原理图的效率比较高。

原理图布局时应按信号的流向从左向右、电源线在上、地线在下的原则进行布局。

（1）将鼠标光标指向要移动的目标元件，按住鼠标左键不放，出现大“十”字光标，元件的电气连接点显示有虚“×”号，移动鼠标，元件即被移走，如图 3-14 所示。

（2）把元件移动到合适的位置后放开鼠标左键，元件就被移动到该位置，如图 3-15 所示。

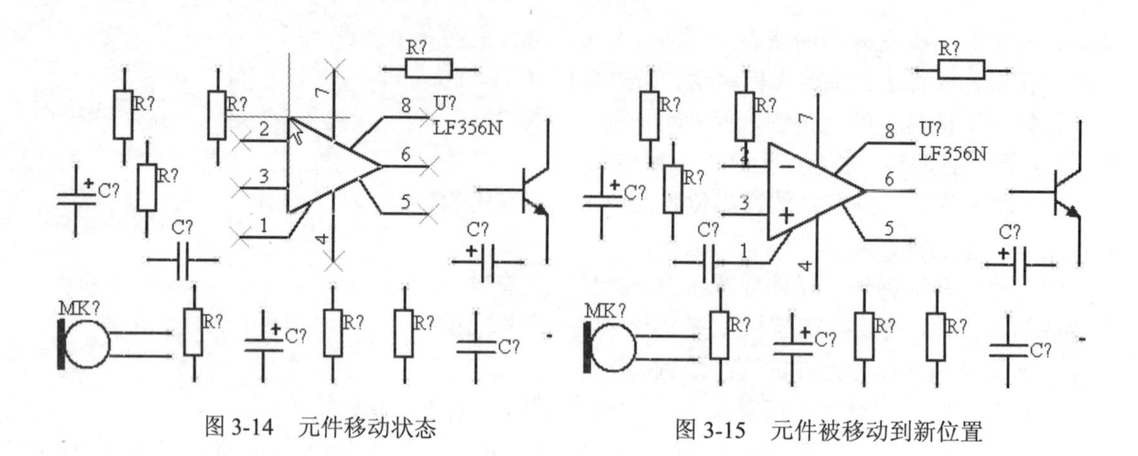

图 3-14　元件移动状态　　　　图 3-15　元件被移动到新位置

3.2.5　放置导线

导线是指元件电气点之间的连线 Wire。Wire 具有电气特性，而绘图工具中的 Line 不具有电气特性，不要把两者搞混。具体操作步骤如下。

（1）执行【Place】→【Wire】菜单命令或单击布线工具栏的 按钮，光标变为如图 3-16 所示的形状，即出现大“十”字光标（系统默认形状，可以重新设置）。

（2）光标移动到元件的引脚端（电气点）时，光标中心的“×”号变为一个红“米”，字形符号，表示导线的端点与元件引脚的电气点可以正确连接，如图 3-17 所示。

图 3-16　放置导线时的光标　　　　图 3-17　导线端点与元件引脚电气点正确连接示意图

（3）单击鼠标左键，导线的端点就与元件的引脚连接在一起了，同时确定了一条导线的端点，如图 3-18 所示。移动光标，在光标和导线端点之间会有一条线出现，这就是所要放置的导线。此时，利用组合键【Shift】+ 空格键可以在 90°、45°、任意角度和点对点自动布线四种导线放置模式间切换，如图 3-18 所示为任意角度模式（注意切换导线放置模式时，系统的输入法必须在英文状态，中文状态下无效）。

（4）将光标移到要连接的元件引脚上，单击鼠标左键，这两个引脚的电气点就用导线连接起来了。如需要导线改变方向时，在转折点单击鼠标左键，然后就可以继续放置导线到下一个需要连接在一起的元件引脚上。

（5）系统默认放置导线时，用鼠标单击的两个电气点为导线的起点和终点，即第一个电气点为导线的起点，第二个电气点为终点。起点和终点之间放置的导线为一条完整的导线，无论中间是否有转折点。一条导线放置完成后，光标上不再有导线与图件相连，回到初始的导线放置状态（如图 3-16 所示），此时可以开始放置下一条导线。如果不再放置导线，单击鼠标右键就可以取消系统的导线放置状态。

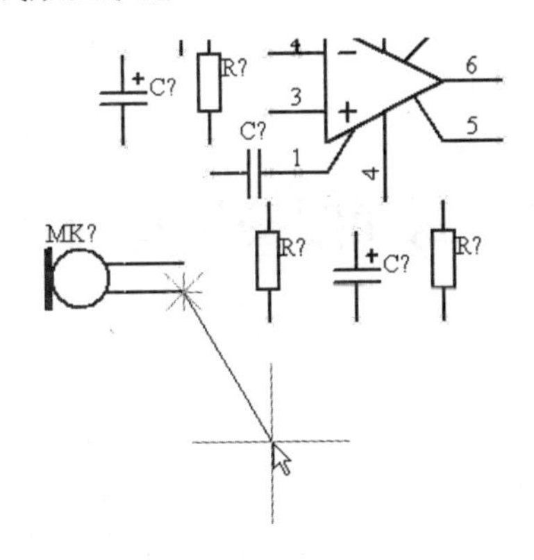

图 3-18　任意角度模式下的导线放置

按图 3-2 所示的布局和导线连接方式将原理图中所有的元件用导线连接起来，如图 3-19 所示。

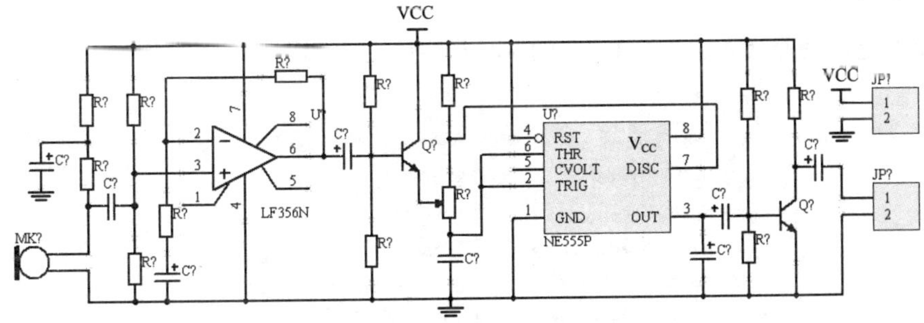

图 3-19　完成导线连接的原理图

3.2.6　放置电源端子

（1）在布线工具栏中单击按钮，光标上出现一个网络标号“VCC”的“T”形电源符号，放置在原理图中（共 2 个），如图 3-20 所示。

（2）在布线工具栏中单击按钮，光标上出现一个网络标号“GND”的电源地符号，放置在原理图中（共 3 个），如图 3-20 所示。

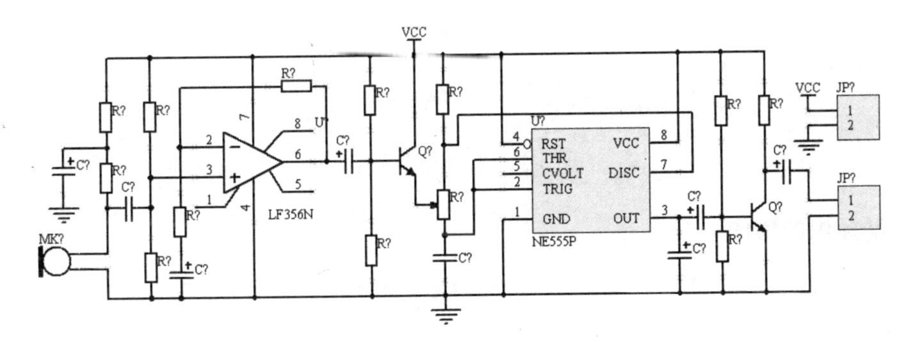

图 3-20　放置全部图件的原理图

系统在默认状态，绘制导线时，在“T”形导线交叉点会自动放置节点，本例中的节点全部为系统自动放置，不需要人工放置。

至此，原理图图件的放置工作已完成，但图中元件的属性还不符合要求（主要指元件标识和标称值），下面来完成这些工作。

3.3　原理图的编辑与调整

3.3.1　自动标识元件

给原理图中的元件添加标识符是绘制原理图的一个重要步骤。元件标识也叫元件序号，自动标识通称为自动排序或自动编号。添加标识符有两种方法，手工添加和自动添加。手工添加标识符需要一个一个地编辑，比较烦琐，也容易出错。系统提供的自动标识元件功能很好地解决了这个问题。现在介绍利用系统提供的自动标识元件功能给元件添加标识符的方法。

1.【Tools】菜单

自动标识元件命令【Annotate】在【Tools】菜单中，如图 3-21 所示。

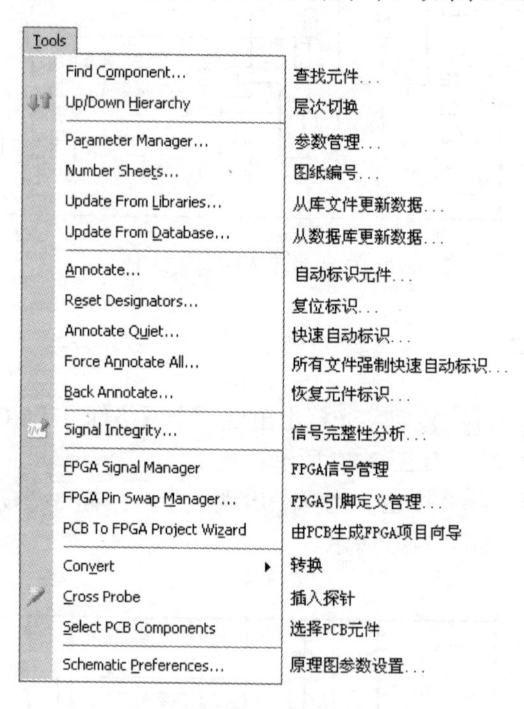

图 3-21　【Tools】菜单

2. 自动标识的操作

（1）执行【Tools】→【Annotate...】菜单命令，打开自动标识元件（Annotate）对话框，如图 3-22 所示。

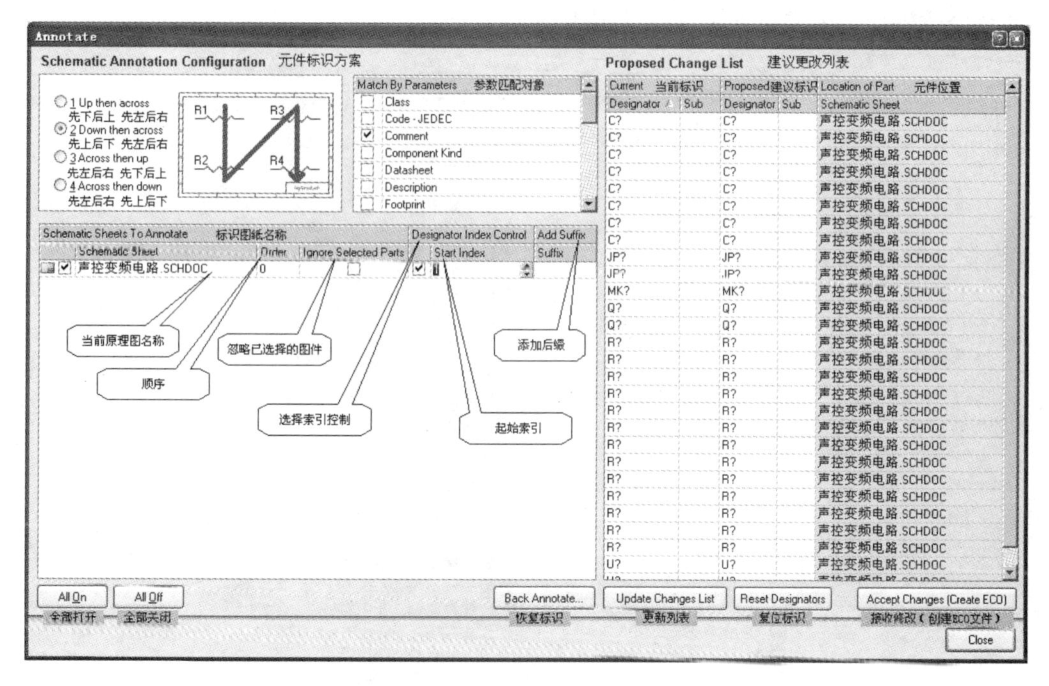

图 3-22　自动标识元件对话框

（2）选中元件标识方案“2 Down then across”（先上后下，先左后右，这是最常用的一种方案）。

（3）选中参数匹配图件为“Comment”（元件注释，即我们通常所指的元件功能说明）。

（4）选中当前图纸名称“声控变频电路.SCHDOC”（系统默认为选中，即从当前图纸启动自动标识元件对话框时，该图纸默认为选中状态）。

（5）使用索引控制，选中起始索引，系统默认的起始号为“1”，习惯上不必改动，如需改动可以单击右侧的增减按钮 ，或直接在其文本框内输入起始号码。对于单张图纸来说，此项可以不选。改变起始索引号码主要是针对一个项目设计中有多张原理图图纸时，保证各张图纸中元件标识的连续性而言的。

（6）单击更新列表按钮 Update Changes List，打开如图 3-23 所示的信息框，单击 OK 按钮确定后，建议更改列表中的建议编号列表即按要求的顺序进行编号，如图 3-24 所示（不同类型元件标识相互独立）。在图 3-24 中，可以单击 Designator 使元件标识列表排序。

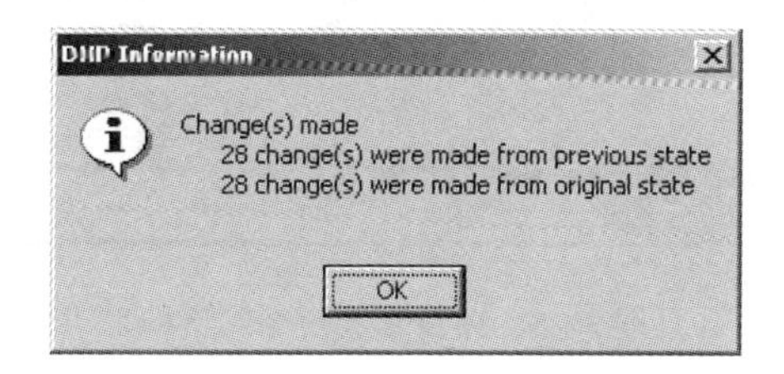

图 3-23　更新元件标识信息框

（7）单击接受修改（创建 ECO 文件）Accept Changes (Create ECO) 按钮，打开项目修改命令对话框（Engineering Change Order），如图 3-25 所示。在项目修改命令对话框中显示自动标识元件前后的元件标识变化情况，左下角的 3 个命令按钮分别用来校验编号是否修改正确，执行编号修改并使修改生效，生成自动标识元件报告。

Current		Proposed		Location of Part
Designator	Sub	Designator	Sub	Schematic Sheet
C?		C1		声控变频电路.SCHDOC
C?		C2		声控变频电路.SCHDOC
C?		C3		声控变频电路.SCHDOC
C?		C4		声控变频电路.SCHDOC
C?		C5		声控变频电路.SCHDOC
C?		C6		声控变频电路.SCHDOC
C?		C7		声控变频电路.SCHDOC
C?		C8		声控变频电路.SCHDOC
JP?		JP1		声控变频电路.SCHDOC
JP?		JP2		声控变频电路.SCHDOC
MK?		MK1		声控变频电路.SCHDOC
Q?		Q1		声控变频电路.SCHDOC
Q?		Q2		声控变频电路.SCHDOC
R?		R1		声控变频电路.SCHDOC
R?		R10		声控变频电路.SCHDOC
R?		R11		声控变频电路.SCHDOC
R?		R12		声控变频电路.SCHDOC
R?		R13		声控变频电路.SCHDOC
R?		R2		声控变频电路.SCHDOC
R?		R3		声控变频电路.SCHDOC
R?		R4		声控变频电路.SCHDOC
R?		R5		声控变频电路.SCHDOC
R?		R6		声控变频电路.SCHDOC
R?		R7		声控变频电路.SCHDOC
R?		R8		声控变频电路.SCHDOC
R?		R9		声控变频电路.SCHDOC
U?		U1		声控变频电路.SCHDOC

图 3-24　更新标识的部分元件列表

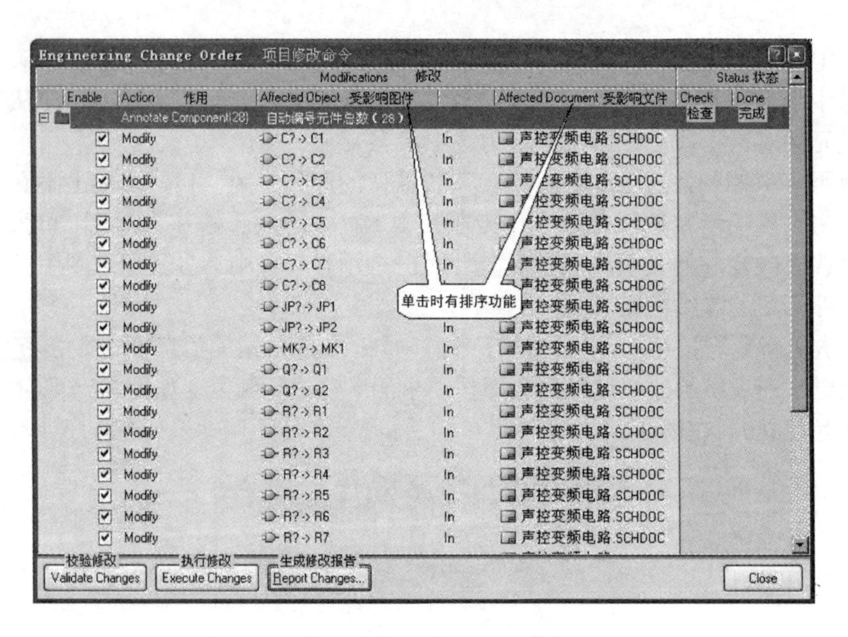

图 3-25　项目修改命令对话框

（8）在项目修改命令对话框中，单击校验修改 Validate Changes 按钮，验证修改是否正确，“Check”栏显示“ √ ”标记，表示正确。

（9）在项目修改命令对话框中，单击执行修改 Execute Changes 按钮，“Check”和“Done”栏同时显示“ √ ”标记，说明修改成功，如图 3-26 所示。

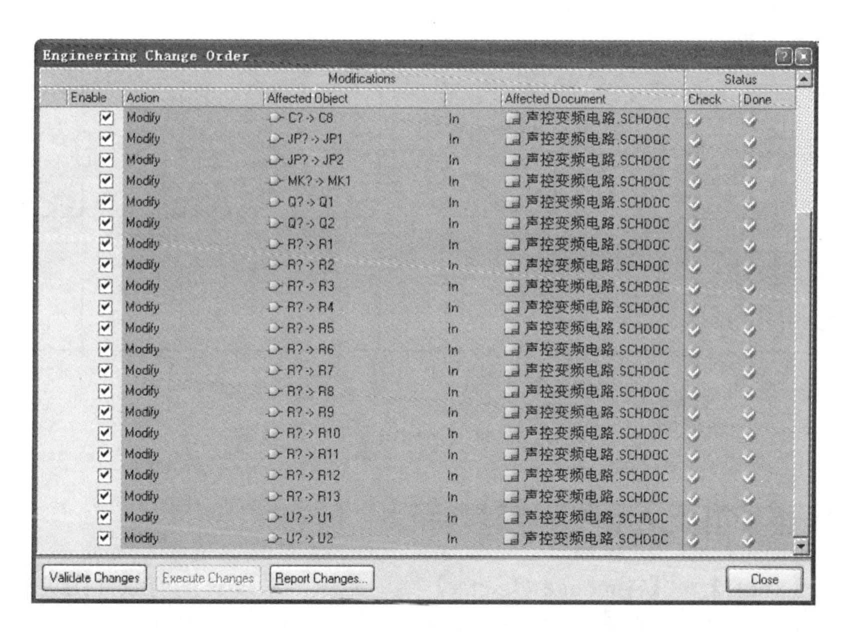

图 3-26　执行修改后的项目修改命令对话框

（10）在项目修改命令对话框中，单击 Report Changes... 按钮，生成自动标识元件报告，打开报告预览对话框，如图 3-27 所示。在报告预览对话框中，可以打印或保存自动标识元件报告。

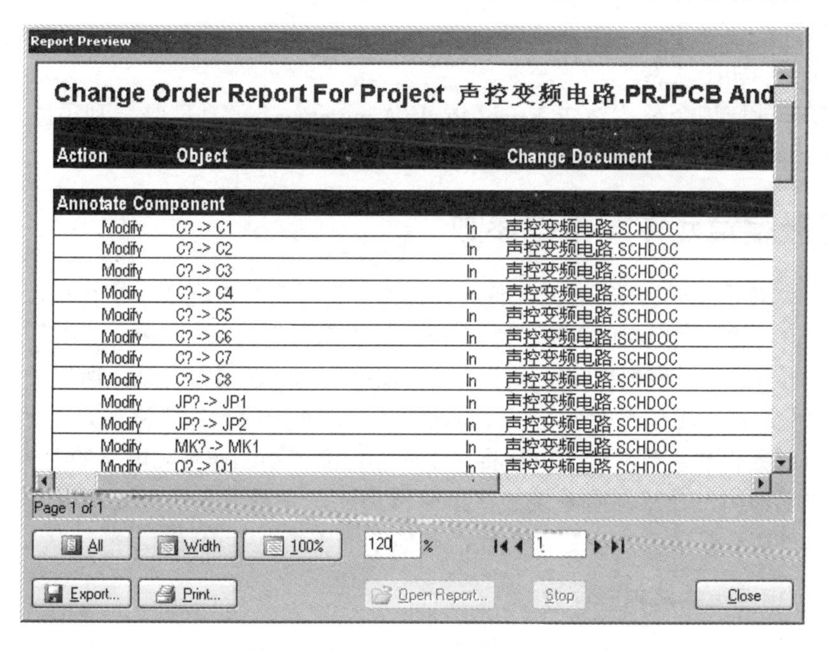

图 3-27　自动标识元件报告预览对话框

（11）在自动标识元件报告预览对话框中，单击 Close 按钮，返回到项目修改命令对话框。

（12）在项目修改命令对话框中，单击 Close 按钮，完成自动标识元件，返回到自动标识元件对话框（如图 3-22 所示），单击 Close 按钮，如图 3-20 所示中的元件按要求进行了自动排序，如图 3-28 所示。

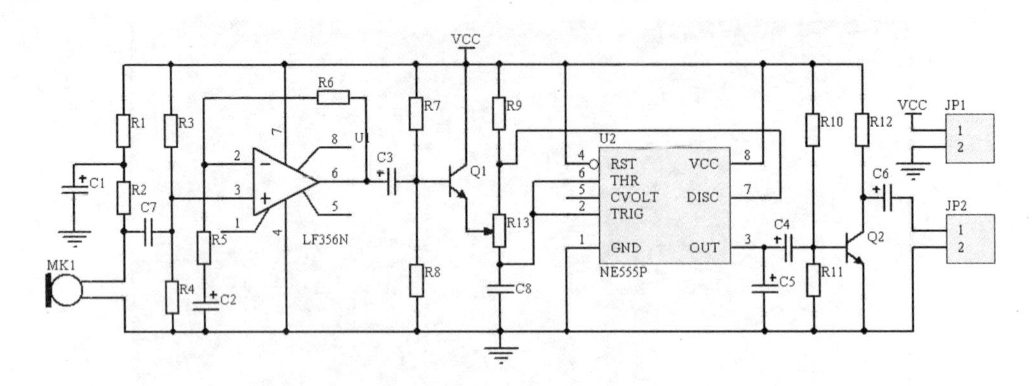

图 3-28　完成自动标识元件的原理图

3.3.2　快速自动标识元件和恢复标识

（1）执行【Tools】→【Annotate Quiet...】菜单命令，系统对当前原理图进行快速自动标识。没有中间过程，仅提示有多少个元件被标识，单击【Yes】按钮即完成自动标识。

（2）执行【Tools】→【Force Annotate All...】菜单命令，系统对当前项目中所有原理图文件进行强制自动标识。不管原来是否有标识，系统都将按照默认的标识模式重新自动标识项目中的所有原理图文件。

（3）复位标识命令【Tools】→【Reset Designators...】的功能是，将当前原理图中所有元件复位到未标识的初始状态。

（4）恢复元件标识命令【Tools】→【Back Annotate...】的功能是，利用原来自动标识时生成的 ECO 文件，将改动标识后的原理图恢复到原来的标识状态。

3.3.3　直接编辑元件字符型参数

系统默认状态下放置电阻等分立元件时，在元件符号旁会出现 3 个字符串，元件标识、元件注释和标称值。如放置电阻时，R？为元件标号，“Res2”为元件注释，“1K”为系统默认的元件标称值。所有的字符串都在图纸中出现，会使整个电路图显得繁杂，所以一般仅显示元件标号即可。元件注释是元件的说明，一般为元件在元件库中的元件名称。元件标称值是 Protel 2004 进行仿真时元件的主要参数，也是将来生成元件清单和制作实际电路的主要依据。

本节以电阻为例，介绍利用系统的直接编辑功能，在原理图中直接编辑这些参数（直接编辑功能对几乎所有的字符型参数都有效，其他章节不再进行介绍）。

1．修订原理图编辑器相应参数

设置系统参数中原理图参数的直接编辑（Enable In-Place Editing）功能有效，即在原理图参数设置对话框中选中该项。

2．删除“Res2”

（1）使用鼠标单击 R1 下方的“Res2”，元件四周出现 8 个小方块，表示被操作图件的母体，“Res2”被虚线框住，表示被选中的操作图件，如图 3-29（a）所示。

（2）将光标移到虚线框内，此时光标变为“I”形，单击鼠标左键，“Res2”变为高亮显示，同时编辑文本框出现，如图 3-29（b）所示。

（3）按键盘上的空格键，用空格替换字符串“Res2”，空格不会显示在图纸中，如图 3-29（c）所示。最后按回车键确定或单击鼠标左键确认操作。

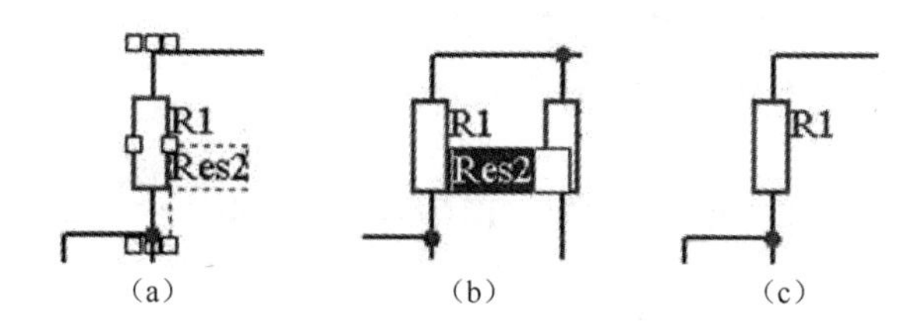

图 3-29　删除 Res2 过程

3．修改元件标称值

使用删除“Res2”的方法对元件标称值进行操作，当元件标称值变为高亮时，直接输入相应的阻值，按回车键确定即可。

4．移动字符串

移动字符串与移动元件的方法基本相同。将鼠标指向“R1”，按住鼠标左键，当出现“十”字光标时，移动“R1”到合适的位置即可。如果放置位置不能符合要求，可以将图纸的捕获栅格设置得小些，然后再移动，直到放置到合适的位置。

3.3.4　添加元件参数

本章示例的电路图，在放置 Q1、Q2 并没有标称元件的型号，现在用添加注释的方法添加元件的型号。

（1）在原理图中双击三极管 Q1，打开元件属性设置对话框，如图 3-30 所示。

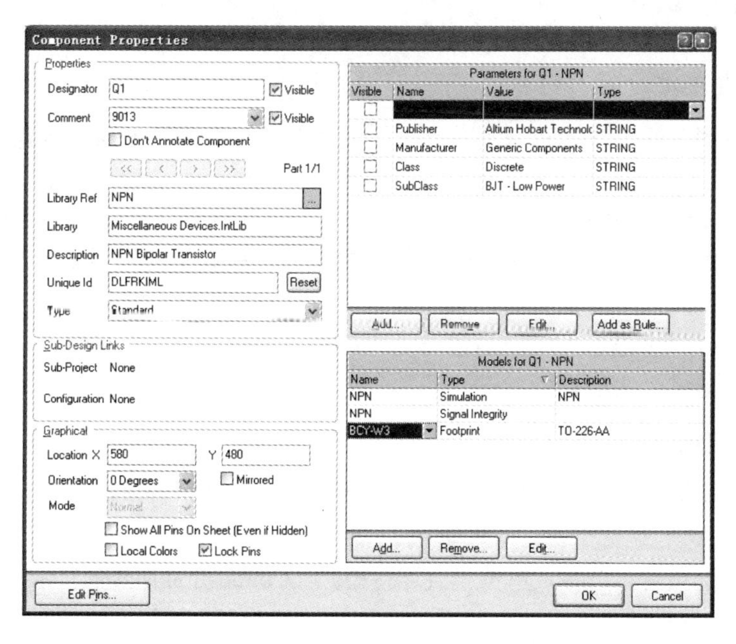

图 3-30　元件属性设置对话框

（2）在元件属性设置对话框中，在元件注释（Comment）文本框中输入“9013”，选中其右侧的可视“Visible”选项。

（3）在元件属性设置对话框中，单击 OK 按钮，退出元件属性设置对话框，“9013”即标注在 Q1 附近，拖动“9013”到合适的位置即可。

（4）Q2 的元件型号“C1008”用同样的方法添加。

3.4 原理图的检查

电路原理图绘制完成后，要进行电气规则检查。因为，原理图与其他图的内容不同，不是简单的电的点和线，而是代表着实际的电气元件和它们之间的相互连接。因此，它们不仅仅只具有一定的拓扑结构，还必须遵循一定的电气规则（Electrical Rules）。

电气规则检查（Electrical Rules Check，ERC）是进行电路原理图设计过程中非常重要的步骤之一；原理图的电气规则检查是发现一些不应该出现的短路、开路多个输出端子短路和未连接的输入端子等。

Protel 2004 主要通过编译操作对电路原理图进行电气规则和电气连接特性等参数进行自动检查。并将检查后产生的错误信息在【Messages】工作面板中给出，同时在原理图中标注出来。用户可以对检查规则进行恰当设置，再根据面板中提供的错误信息反过来对原理图进行修改。

进行电气规则检查，首先要对所绘制的原理图进行编译。当然，进行电气规则检查并不是编译的唯一目的，在编译中还要创建一些与该项目相关的文件，以便于用于同一项目内不同应用的交叉引用。

编译操作首先要对错误检查参数、电气连接矩阵、比较器设置、ECO 生成、输出路径、网络表选项和其他项目参数的设置，然后 Protel 2004 系统将依据这些参数对项目进行编译。

3.4.1 编译参数设置

1. 错误报告类型设置

设置电路原理图的电气检查规则，当进行文件编译时系统将根据此设置对电路原理图进行电气规则检查。

执行【Project】→【Project Options】菜单命令，打开设置项目选项对话框，如图 3-31 所示。这是错误报告类型（Error Reporting）设置窗口，一般我们使用系统的默认设置。

错误报告类型共分为 6 大类，68 项。6 大类有总线、元件、文件、网络等参数。报告模式（Report Mode）表示违反规则的程度，在下拉列表中有 4 种模式可供选择。设置时可充分利用鼠标右键菜单进行快速设置。

2. 电气连接矩阵设置

设置电路连接方面的检测规则，当进行文件编译时，系统将根据此设置对电路原理图进行电路连接检查。

在设置项目选项对话框中，单击电气连接矩阵（Connection Matrix）标签，进入电气连接矩阵（Connection Matrix）对话框，如图 3-32 所示。光标移到矩阵中需要产生错误报告的条件的交叉点时变为“小手”形，单击交叉点的方框选择报告模式，共有 4 种模式可供选择，用不同的颜色代表，每单击一次切换一次模式。也可以利用鼠标右键菜单快速设置。本例使用系统的默认设置，所以不必修改。

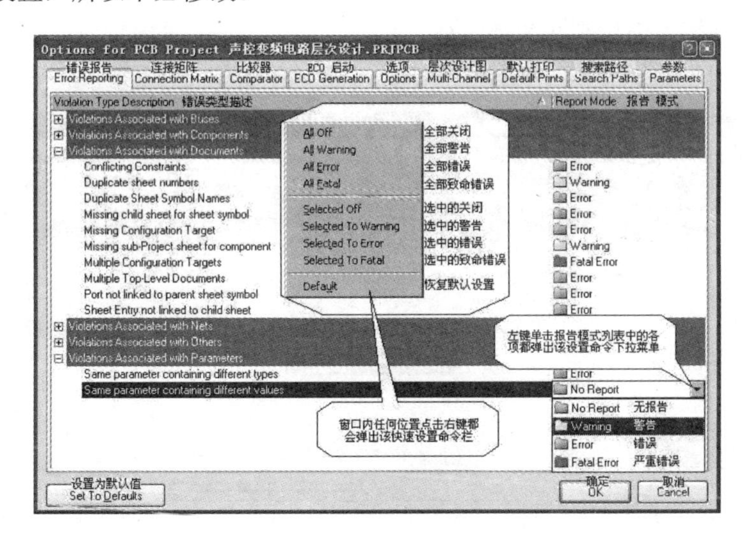

图 3-31　错误报告类型对话框

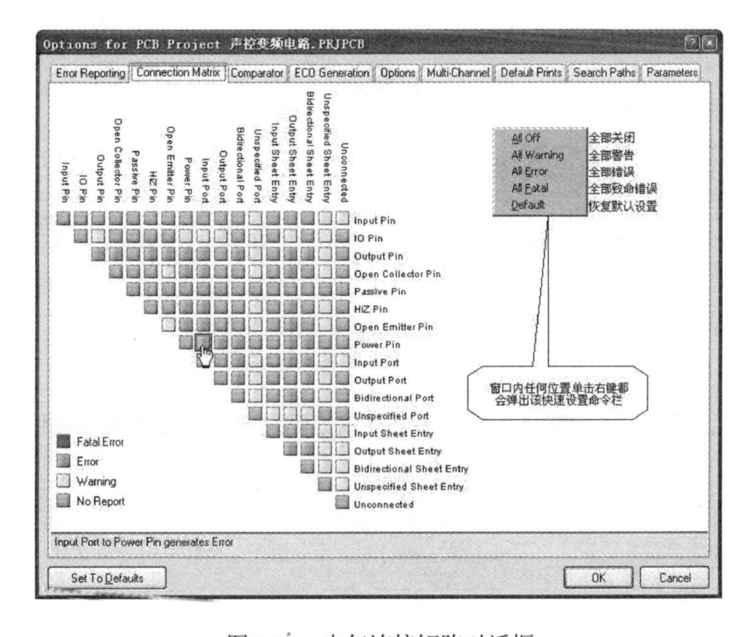

图 3-32　电气连接矩阵对话框

注意：在进行电路原理图的检测时，如果用户想忽略某点的电气检测，可以在该点放置忽略检测（No ERC）。

3. 设置比较器

用于两个文档进行比较，当进行文件编译时，系统将根据此设置进行检查。

在设置项目选项对话框中，单击选项（Comparator）标签，进入比较器设置对话框，如图 3-33 所示。

比较器中的参数主要针对项目修改时文件间的差别是否给出。这些参数分为 3 大类，24 项。3 大类有元件、网络、参数。设置时在参数模式的下拉列表中选择给出差别或忽略差别，在对象匹配标准分组框中设置匹配标准。

一般情况下使用系统的默认设置即可。

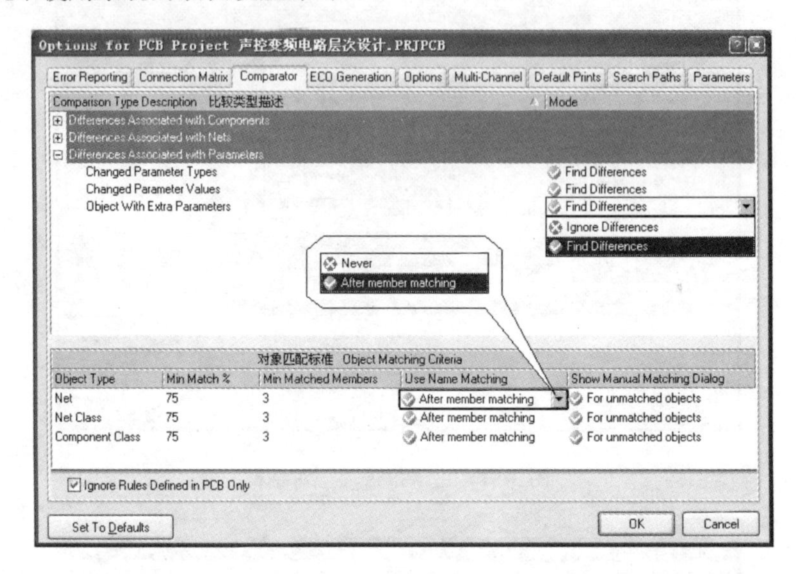

图 3-33　比较器设置对话框

4．设置输出路径和网络表选项

在设置项目选项对话框中，单击选项（Options）标签，进入选项设置对话框。在该对话框中可以设定报表的保存路径，本例使用默认路径。对话框中“Netlist Options”分组框里有 3 个选项，一般选取的原则是：项目中只有一张原理图（非层次结构）时选第一项，项目为层次结构设计时选第二、三项。本例中选第一项，如图 3-34 所示。单击 OK 按钮，完成设置。

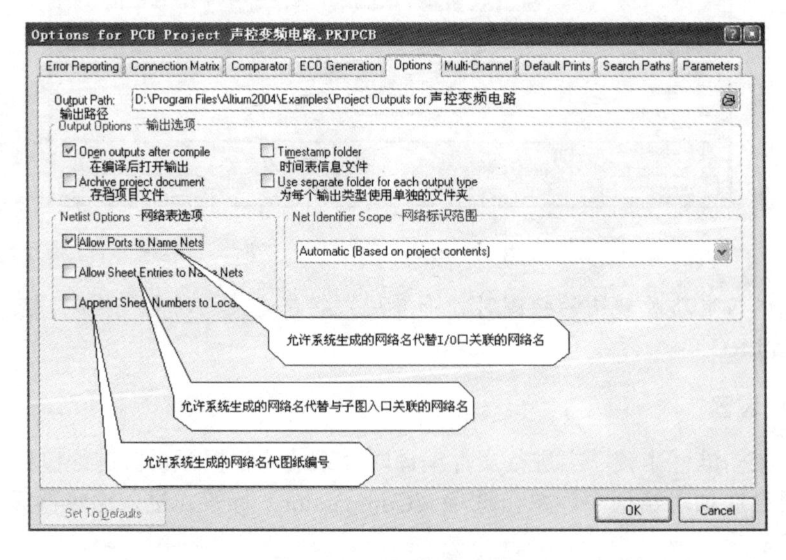

图 3-34　选项设置对话框

3.4.2 项目编译与定位错误元件

1. 项目编译

当完成编译参数的设置后，就可以对项目进行编译了。为了更好地了解编译器的使用方法，在原理图中故意设置一些错误。将图 3-28 中电源 VCC 下侧的导线（横线）删除，将图 3-31 中“Nets With Only One Pin”栏设置为致命错误。操作的方法如下。

执行【Project】→【Compile PCB Project】菜单命令，对“声控变频电路.PRJPCB”项目进行编译，打开导航器面板【Navigator】和信息面板【Messages】。

如果这两个面板没有自动弹出，可以单击面板标签 Design Compiler，选中 Navigator，打开导航器面板。单击面板标签 System，选中 Messages，打开信息面板。

2. 定位错误元件

定位错误元件是原理图检查时必须要掌握的一种技能。一般是用操作信息【Messages】面板来定位错误元件，在导航器【Navigator】面板中查找相应元件的网络关系。

（1）【Messages】面板在原理图绘制正确时是空白的，由于本例在图中故意设置了错误，因此【Messages】不是空白的，如图 3-35 所示。它的内容主要是错误类型、错误来源和错误元件等信息。

Messages

Class	Document	Source	Message	Time	Date	No.
[Error]	声控变频电路.SCHDOC	Compiler	Net NetU2_4 contains floating input pins (Pin U2-4)	19:44:31	2004-...	1
[Warning]	声控变频电路.SCHDOC	Compiler	Unconnected Pin U2-4 at 650,480	19:44:31	2004-...	2
[Fatal Error]	声控变频电路.SCHDOC	Compiler	Net NetR1_2 has only one pin (Pin R1-2)	19:44:31	2004-...	3
[Fatal Error]	声控变频电路.SCHDOC	Compiler	Net NetR3_2 has only one pin (Pin R3-2)	19:44:31	2004-...	4
[Fatal Error]	声控变频电路.SCHDOC	Compiler	Net NetR7_1 has only one pin (Pin R7-1)	19:44:31	2004-...	5
[Fatal Error]	声控变频电路.SCHDOC	Compiler	Net NetR9_1 has only one pin (Pin R9-1)	19:44:31	2004-...	6
[Fatal Error]	声控变频电路.SCHDOC	Compiler	Net NetR10_1 has only one pin (Pin R10-1)	19:44:31	2004-...	7
[Fatal Error]	声控变频电路.SCHDOC	Compiler	Net NetR12_1 has only one pin (Pin R12-1)	19:44:31	2004-...	8
[Fatal Error]	声控变频电路.SCHDOC	Compiler	Net NetU1_7 has only one pin (Pin U1-7)	19:44:31	2004-...	9
[Fatal Error]	声控变频电路.SCHDOC	Compiler	Net NetU2_4 has only one pin (Pin U2-4)	19:44:31	2004-...	10
[Fatal Error]	声控变频电路.SCHDOC	Compiler	Net NetU2_8 has only one pin (Pin U2-8)	19:44:31	2004-...	11
[Warning]	声控变频电路.SCHDOC	Compiler	Net NetU2_4 has no driving source (Pin U2-4)	19:44:31	2004-...	12

图 3-35 编译有错误时的【Messages】面板

（2）单击【Messages】面板中的任何一栏都会打开该栏对应的编译错误信息框。如单击第五栏，编译错误信息框内显示有错误网络名称“NetR7_1”、错误信息（原因）和与之相连接的导线、元件引脚。同时系统的过滤器过滤出与网络“NetR7_1”相关的图件，此时原理图以高亮显示这些图件，且区域放大显示，其他图件均变为暗色，如图 3-36 所示。

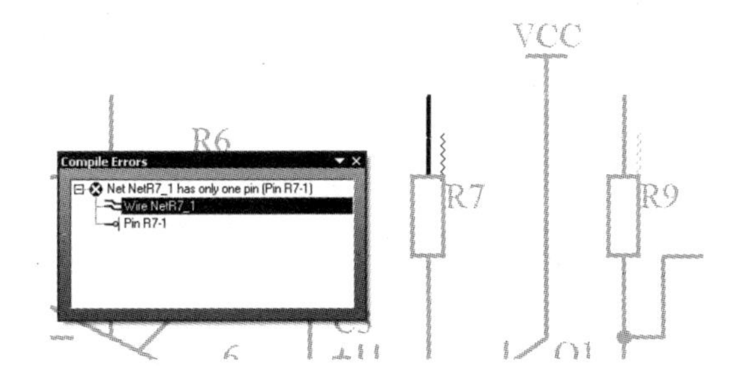

图 3-36 编译错误信息框和有错误元件的过滤

单击图纸的任何位置都可以关闭过滤器，或单击编辑窗口右下角的 Clear 按钮，或单击工具栏的按钮取消过滤操作。

上述过程仅是提示项目编译时产生的错误信息和位置，纠正这些错误还需要对原理图进行编辑和修改。编辑改正所有的错误，直到编译后【Messages】面板不显示错误为止，才能够为进一步的设计工作提供正确的设计数据。

（3）导航器面板【Navigator】主要显示所编译文件中的元件和网络关系列表，如图 3-37 所示。

单击其中列表框中的各项也具有过滤器的作用。单击实体列表栏（Instance）中的各项，过滤器过滤出对应的元件实体和引脚；单击网络/总线列表栏（Net/Bus）中的各项，过滤器过滤出同一个网络名称相连接的元件引脚和导线，同时在导航器面板第三栏显示相应的引脚。有关导航器面板的详细使用方法见 5.4 节。

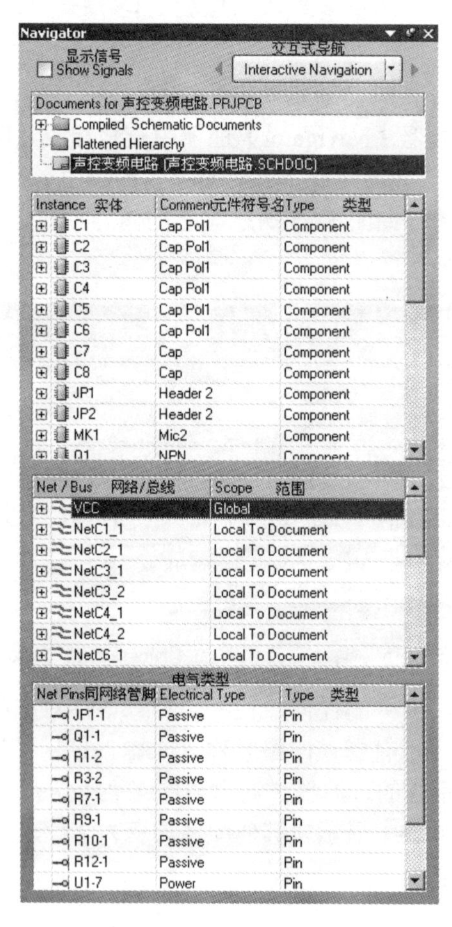

图 3-37　导航器面板

3.5　原理图的报表

原理图编辑器可以生成许多报表。主要有网络表、材料清单报表等，可用于存档、对照、校对及设计 PCB 时使用。本节只介绍网络表和材料清单报表的生成方法。

3.5.1 生成网络表

网络表是指电路原理图中元件引脚等电气点相互连接的关系列表。它的主要用途是为 PCB 制板提供元件信息和线路连接信息，同时它也为仿真提供必要的信息。由原理图生成的网络表可以制作 PCB，由 PCB 图生成的网络表可以与原理图生成的网络表进行比较，以检验制作是否正确。生成网络表的操作方法如下。

（1）执行【Design】→【Netlist For Project】→【Protel】菜单命令，系统生成 Protel 网络表，默认名称与项目名称相同，后缀为“.NET”，保存在项目所在文件夹中系统自建的子文件夹“Project Outputs for 声控变频电路”中。

（2）网络表文件是一个文本文件，可以用文本编辑器进行编辑和修改，其结构如图 3-38 所示。

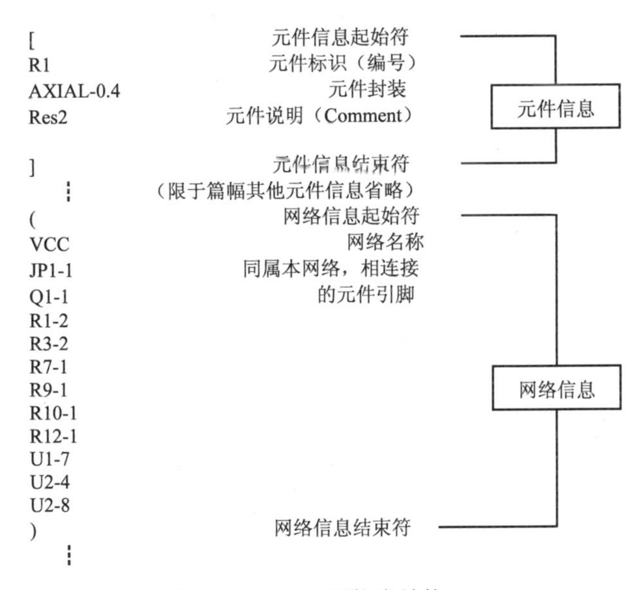

图 3-38　Protel 网络表结构

网络表分两部分：方括号内的是元件信息，圆括号内的是网络信息（即元件的电气连接信息）。Protel 网络表中的元件信息中没有标称值（Value），通常将元件说明项更改为元件标称值，即可以在元件信息中显示。但这样做的实际意义并不大，因为元件信息中影响 PCB 制板的数据只有元件标识和元件封装两项。

3.5.2 【Reports】菜单

Protel 2004 提供了专门的工具来完成元件的统计和报表的生成、输出，这些命令集中在【Reports】菜单里，如图 3-39 所示。

3.5.3 材料清单

材料清单也称为元件报表或元件清单，主要报告项目中使用元器件的型号、数量等信息，也可以用作采购。

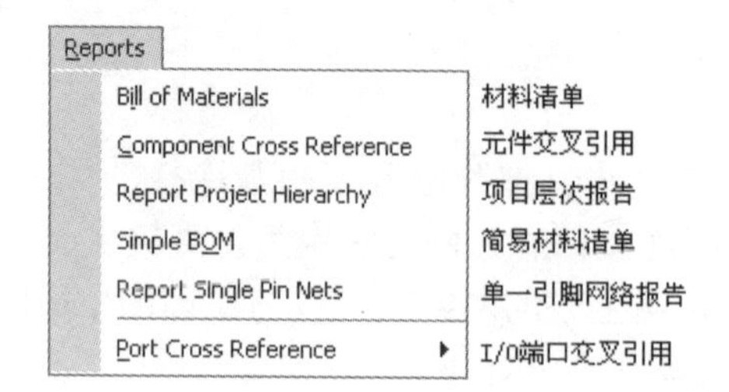

图 3-39 【Reports】菜单

下面以 3.2 节中创建的“声控变频电路.SCHDOC”为例，介绍生成材料清单报表的过程。

（1）打开项目“声控变频电路.PRJPCB”，再打开“声控变频电路.SCHDOC”。

（2）执行【Reports】→【Bill of Materials】菜单命令，打开报表管理器对话框，如图 3-40 所示。报表管理器对话框用来配置输出报表的格式。

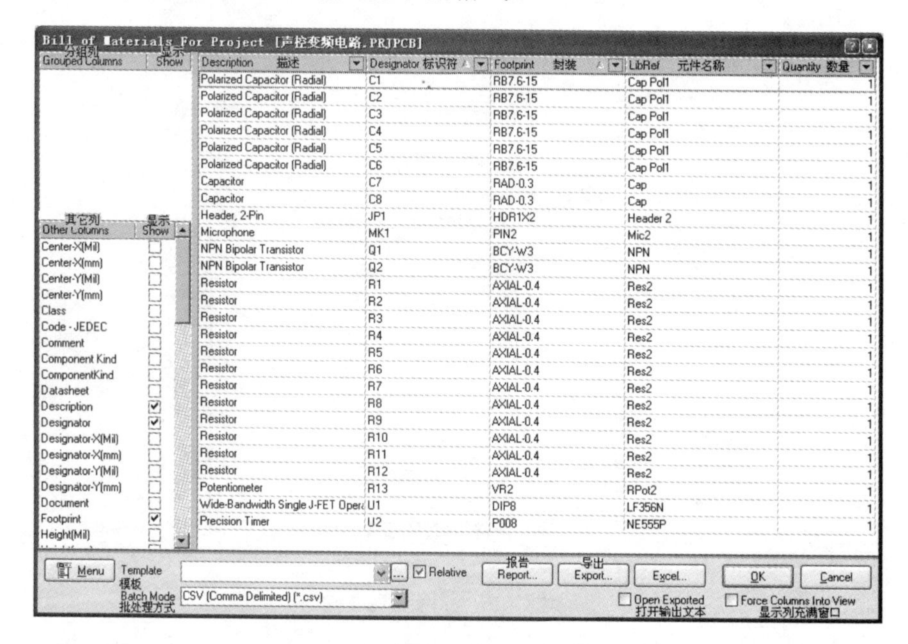

图 3-40 报表管理器对话框

Other columns——其他列分组栏中，列出了所有可用的信息。通过单击相应信息名称右侧的复选方框，可以选择显示窗口要显示的信息，出现“√”时显示窗口显示相应信息。

Grouped columns——分组列分组栏，默认为空白。需要进行分组显示时，在其他列（Other columns）分组栏中，光标指向要分组显示的信息名称，按住鼠标左键，拖动该名称到分组列，再放开鼠标左键，该信息名称即被复制在分组列中。同时显示窗口显示按该信息名称分类的信息内容，如图 3-41 所示。如果不需要分组显示时，使用同样的方法将其拖回其他列即可。

显示窗口顶部的信息名称同时也是一个排序按钮。单击显示窗口顶部的信息名称旁的 ▼ 按钮，打开一个下拉菜单，其中列出了原理图所使用元件的信息。单击其中任意一条，显示窗口将显示与该信息具有相同属性的所有元件，如图 3-42 所示。若要还原显示窗口可单击显示窗口左下方的 ✕ 按钮。

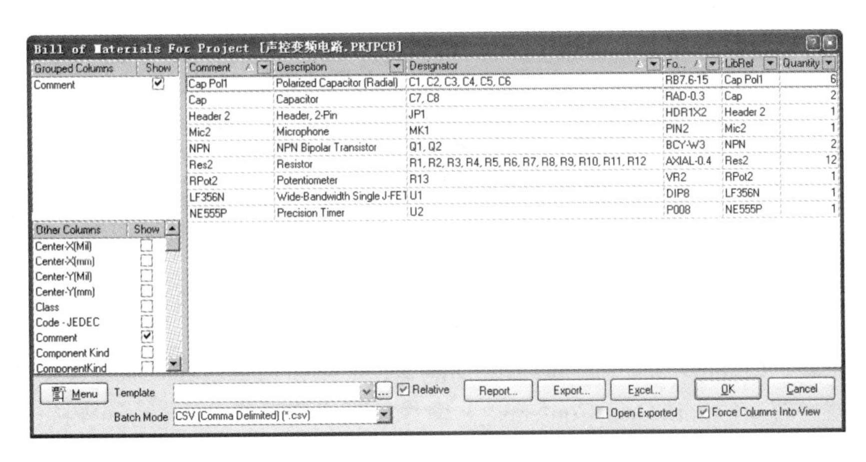

图 3-41　分组显示的报表管理器

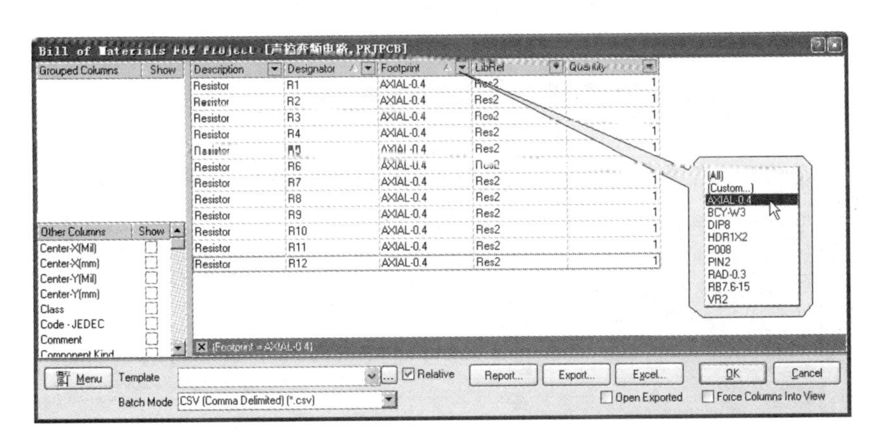

图 3-42　指定显示相同封装的报表管理器

在下拉菜单中单击“Custom...”，打开自定义自动筛选器设置对话框，如图 3-43 所示。通过设置筛选条件和条件间的逻辑关系，筛选出符合条件的元件。

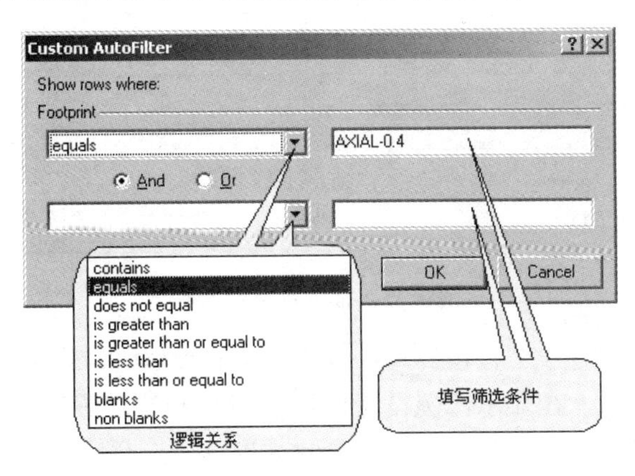

图 3-43　自定义自动筛选器对话框

单击报表管理器左下角的 Menu 按钮（或在显示窗口的任意位置单击右鼠标键），打开“Menu”菜单，如图 3-44 所示。

图 3-44 “Menu”菜单

列最佳组合（Column Best Fit）命令的功能是使显示窗口中每列中的信息全部显示出来。

导出表格内容（Export Grid Contents...）命令与报表管理器中的 Export... 按钮功能相同。执行该命令后，将导出表格中显示的内容，以“xls”为扩展名保存，如“声控变频电路.xls”。

建立报告（Create Report）命令与 Report... 按钮功能相同。执行该命令后，打开报表预览对话框，如图 3-45 所示。

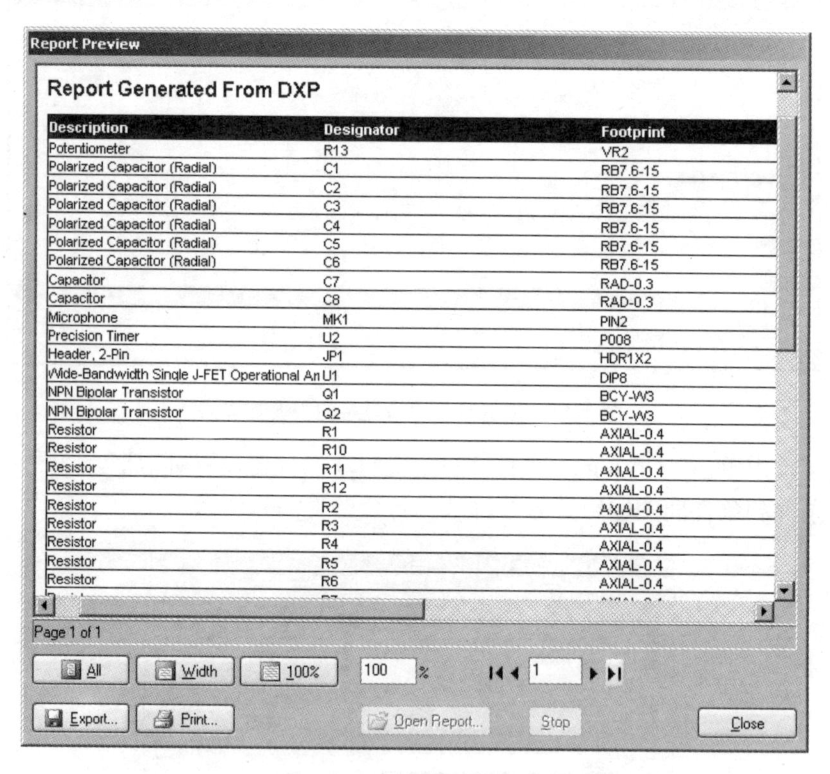

Description	Designator	Footprint
Potentiometer	R13	VR2
Polarized Capacitor (Radial)	C1	RB7.6-15
Polarized Capacitor (Radial)	C2	RB7.6-15
Polarized Capacitor (Radial)	C3	RB7.6-15
Polarized Capacitor (Radial)	C4	RB7.6-15
Polarized Capacitor (Radial)	C5	RB7.6-15
Polarized Capacitor (Radial)	C6	RB7.6-15
Capacitor	C7	RAD-0.3
Capacitor	C8	RAD-0.3
Microphone	MK1	PIN2
Precision Timer	U2	P008
Header, 2-Pin	JP1	HDR1X2
Wide-Bandwidth Single J-FET Operational An	U1	DIP8
NPN Bipolar Transistor	Q1	BCY-W3
NPN Bipolar Transistor	Q2	BCY-W3
Resistor	R1	AXIAL-0.4
Resistor	R10	AXIAL-0.4
Resistor	R11	AXIAL-0.4
Resistor	R12	AXIAL-0.4
Resistor	R2	AXIAL-0.4
Resistor	R3	AXIAL-0.4
Resistor	R4	AXIAL-0.4
Resistor	R5	AXIAL-0.4
Resistor	R6	AXIAL-0.4

图 3-45 报表预览对话框

在报表预览对话框中有 3 个按钮 All Width 100%，分别是适合窗口、适合宽度、实际大小，可以调整显示，在显示比例设置框 100 % 中可直接设置显示比例。

（3）在报表预览对话框中，单击输出 Export... 按钮，打开保存文件对话框，如图 3-46 所示，设置保存输出文件选项。默认文件名与项目名称相同，文件格式为 Excel 文件格式（.xls），默认保存路径与原理图相同，一般不需要修改，单击 保存(S) 按钮即可。

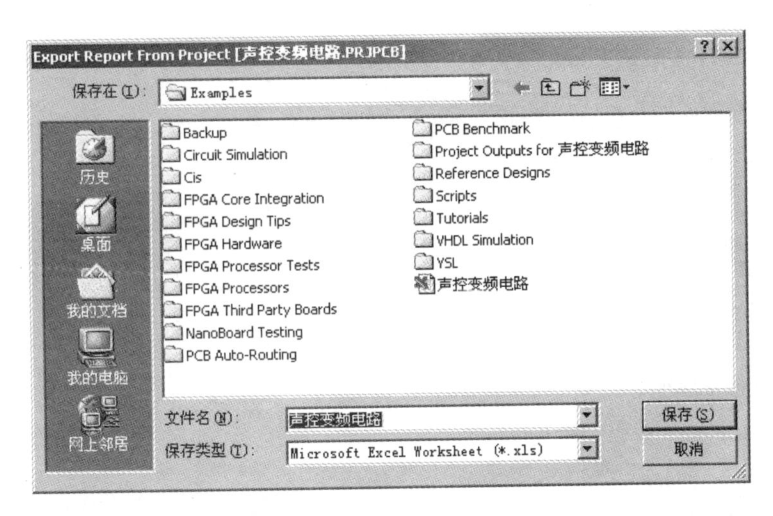

图 3-46　输出材料清单报表文件对话框

（4）单击 保存(S) 按钮，保存材料清单文件。同时材料清单报表预览对话框中的 Open Report... 按钮被激活，单击它可以打开刚才保存的元件报表文件。

（5）在报表预览对话框中，单击打印 Print 按钮，可用打印机打印材料清单报表。

（6）在报表管理器对话框中，单击 Excel... 按钮，使用 Excel 浏览和编辑元件清单，如图 3-47 所示。

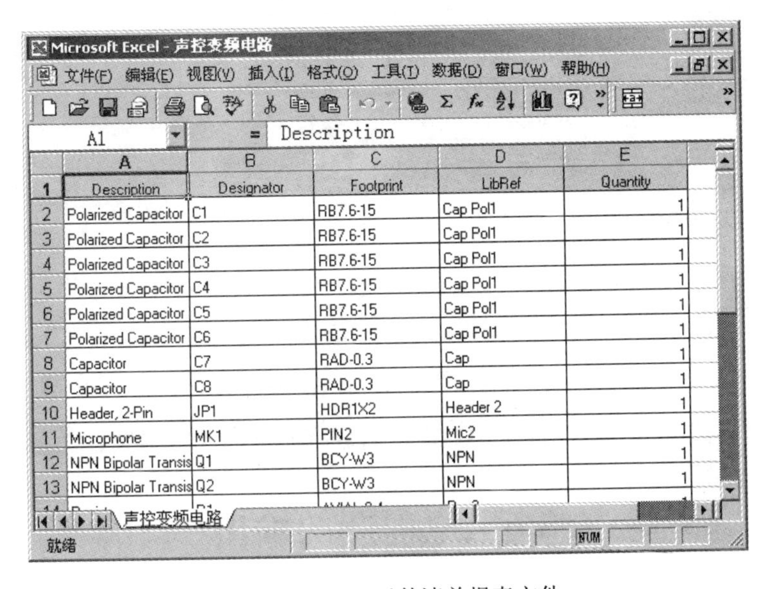

	A	B	C	D	E
1	Description	Designator	Footprint	LibRef	Quantity
2	Polarized Capacitor	C1	RB7.6-15	Cap Pol1	1
3	Polarized Capacitor	C2	RB7.6-15	Cap Pol1	1
4	Polarized Capacitor	C3	RB7.6-15	Cap Pol1	1
5	Polarized Capacitor	C4	RB7.6-15	Cap Pol1	1
6	Polarized Capacitor	C5	RB7.6-15	Cap Pol1	1
7	Polarized Capacitor	C6	RB7.6-15	Cap Pol1	1
8	Capacitor	C7	RAD-0.3	Cap	1
9	Capacitor	C8	RAD-0.3	Cap	1
10	Header, 2-Pin	JP1	HDR1X2	Header 2	1
11	Microphone	MK1	PIN2	Mic2	1
12	NPN Bipolar Transis	Q1	BCY-W3	NPN	1
13	NPN Bipolar Transis	Q2	BCY-W3	NPN	1

图 3-47　Excel 元件清单报表文件

3.5.4　简易材料清单

（1）执行【Reports】→【Simple BOM】菜单命令，生成简易材料清单报表。默认设置时生成两个报表文件，“声控变频电路.BOM”和“声控变频电路.CSV”，被保存在“Project Outputs for 声控变频电路”文件夹中，同时文件名添加到项目模板中，如图 3-48 和图 3-49 所示。

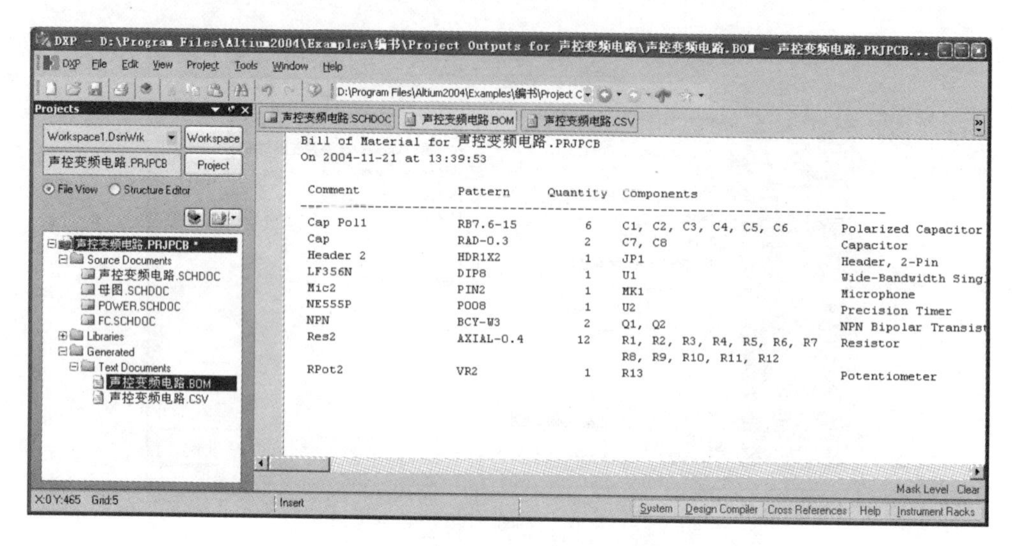

图 3-48 简易材料清单（.BOM）

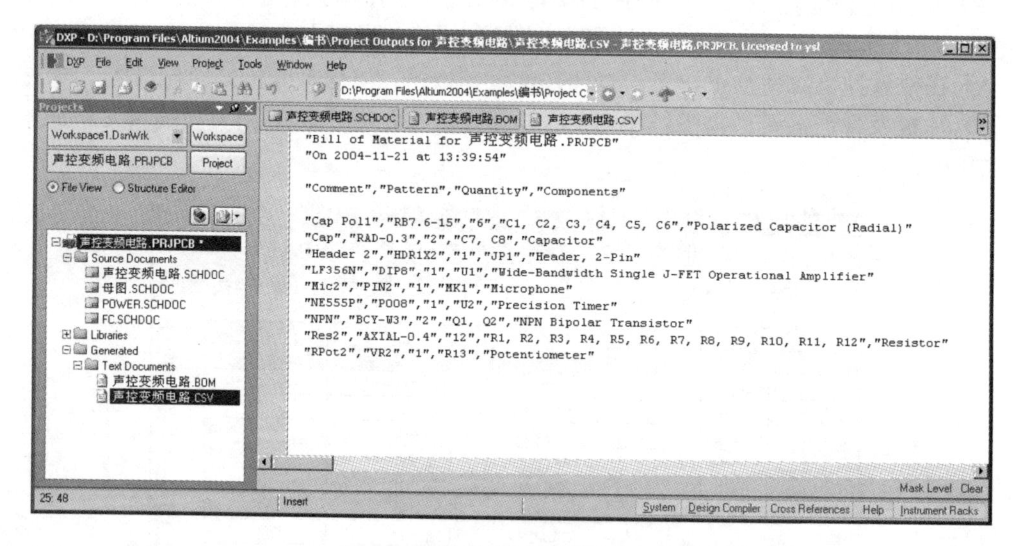

图 3-49 简易材料清单（.CSV）

（2）简易材料清单按元件名称分类列表，内容有元件名称、封装、数量、元件标识等。

3.6 原理图的输出

在 Protel 2004 系统中，原理图文件的输出有许多种方式，常用的有打印输出。这里只对原理图的打印输出操作方法进行介绍。

3.6.1 设置默认打印参数

（1）执行【Project】→【Project Options】菜单命令，打开设置项目选项对话框。单击选项（Default Prints）标签，打开默认打印设置对话框，如图 3-50 所示。

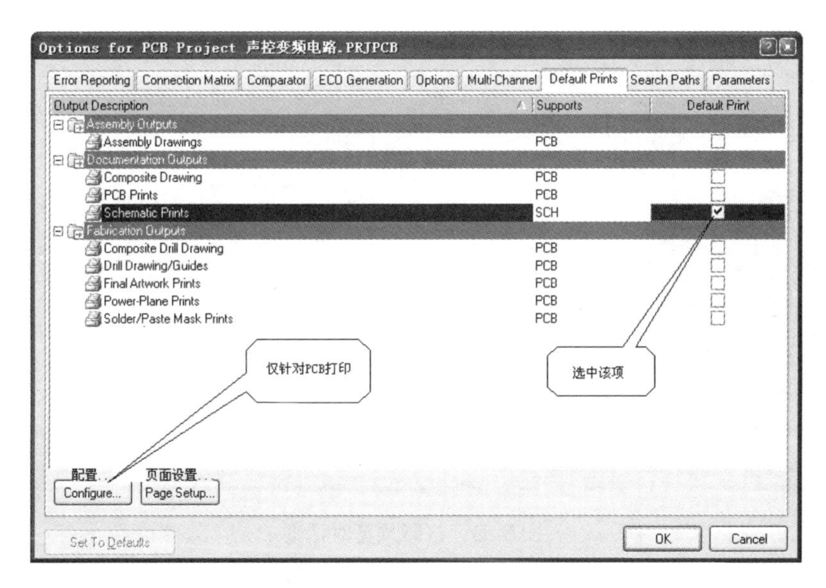

图 3-50　默认打印设置对话框

（2）单击默认打印设置对话框的页面设置 Page Setup 按钮，打开打印页面设置对话框，如图 3-51 所示。执行【File】→【Page Setup...】菜单命令，也具有同样的功能。

3.6.2　设置打印机参数

在打印设置对话框中，单击打印机设置 Printer Setup... 按钮，进入如图 3-52 所示的打印机设置对话框设置有关参数后，单击 OK 按钮返回到打印页面设置对话框。

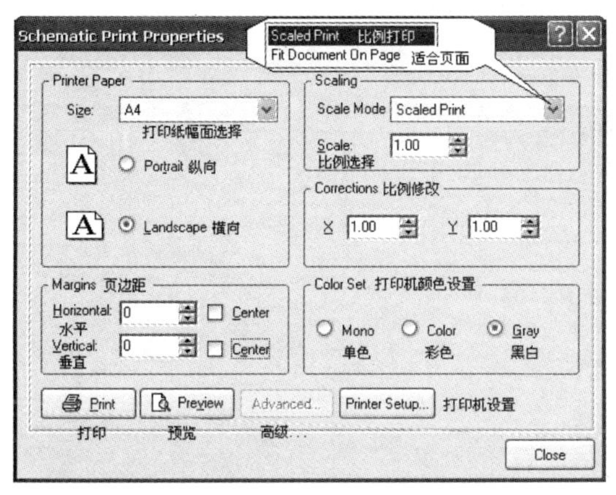

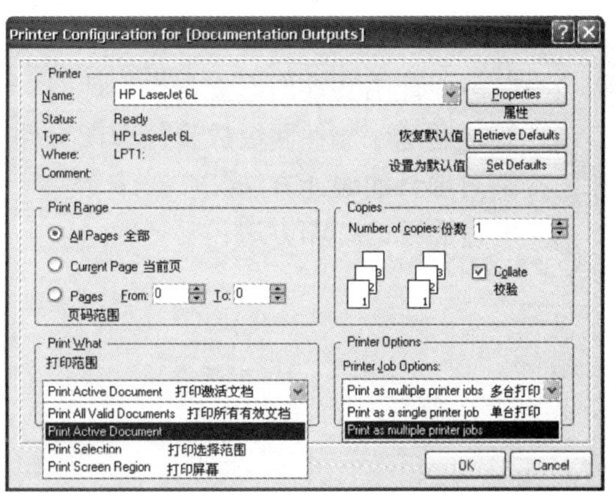

图 3-51　打印页面设置对话框　　　　图 3-52　打印机设置对话框

3.6.3　打印预览

在打印设置对话框中，单击预览 Preview 按钮，进入打印预览对话框（如图 3-53 所示），预览图纸设置是否正确，如不妥，请重新设置。

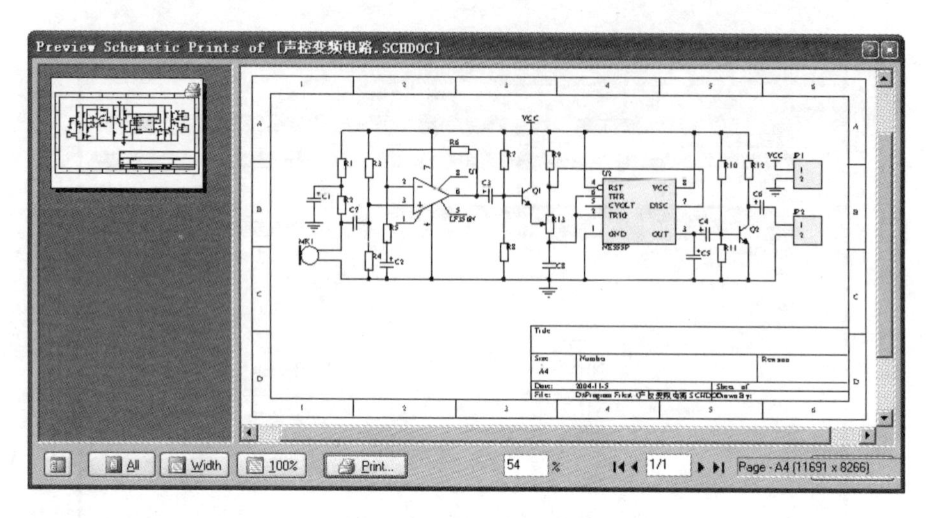

图 3-53　打印预览对话框

3.6.4　打印原理图

在打印设置对话框或打印预览对话框中，单击 Print 按钮执行打印操作。

注意：必须先在计算机中安装打印机，否则上述有关打印的功能不能实现。如果暂时不打印或没有打印机，又想预览图纸，建议在计算机中添加一个操作系统自带驱动程序的打印机，这样就可以执行上述除打印输出的所有功能了。

※练　　习

1．练习原理图文件的建立与保存。
2．练习通过库文件面板放置原理图元件的方法。
3．练习项目的编译方法。
4．练习图纸的打印方法。

第 4 章　原理图元件库的使用

绘制原理图时常常要放置元件，而这些元件又常常保存在原理图元件库中。因此在放置元件之前，要添加元件所在的库；尽管 Protel 2004 内置的元件库已经相当完整，如果用户使用的是特殊的元件或新开发的元件，就需要自己建立新的元件及元件库。本章将介绍元件库的调用、创建和元件符号的建立和修改。

4.1　元件库的调用

Protel 2004 中有两个不具体属于某家公司的常用元件库，库中包含的是电阻、电容、三极管、二极管、开关、变压器及连接件等常用的分立元件，分别为 Miscellaneous Devices 和 Miscellaneous Connectors。在首次运行 Protel 2004 时，这两个库作为系统默认库被加载，但允许操作者将其移除。

除此之外，Protel 2004 还包含了数十家国际知名半导体元器件制造公司所生产元件的元件库，这些公司的元件库在 Protel 2004 软件包中以文件夹的形式出现，在文件夹中是根据该公司元件类属进行分类后的库文件，每一子类中又包含从几只到数百只不等的元件。有些元件由于很多家公司都有生产，所以会出现在多个不同的库中，这些元件的具体命名通常会有细微差别，我们称这类元件为兼容（可互换）元件。

这些元件库虽然种类繁多，但分类很明确，先以元器件的生产商分类，在每一类中又根据元器件的功能进一步划分，在绘制原理图之前，要根据所用的元件，找到相应的元件库并加载到系统中去。

本节将要介绍元件库的调用。所谓元件库的调用，包括元件库的搜索、元件库的加载与卸载。

4.1.1　有效元件库的查看

加载到系统中的元件库被称为有效元件库，只有存在于有效元件库中的元件在绘制原理图时才能被调用。查看有效文件库的方法如下。

（1）执行【Design】→【Browse Library...】菜单命令或单击面板标签 System，选中库文件面板 Libraries，打开库文件【Libraries】面板，如图 4-1 所示。

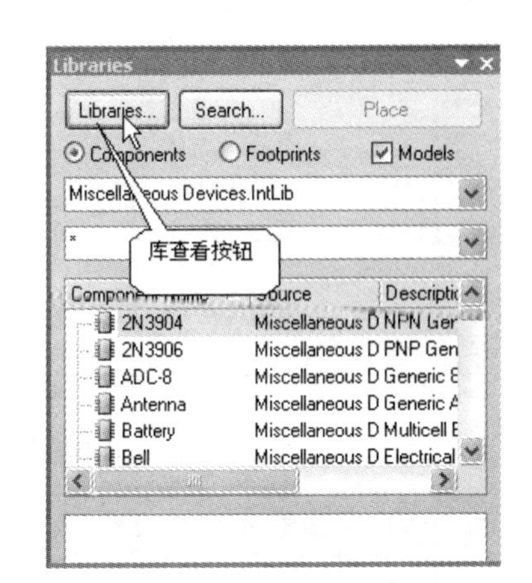

图 4-1　库文件【Libraries】面板

（2）在库文件【Libraries】面板中，单击库查看按钮，打开有效库文件【Available Libraries】面板对话框，从中可以看到有 Miscellaneous Devices 和 Miscellaneous Connectors 两个默认库，还有一些与 FPGA 器件有关的元件库，如图 4-2 所示。

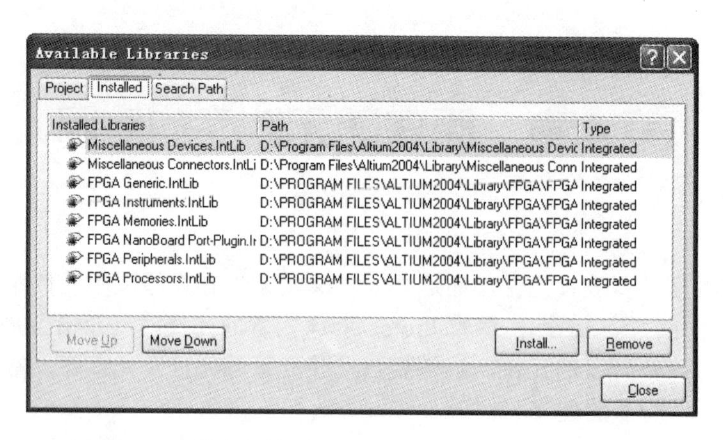

图 4-2　有效库文件【Available Libraries】面板对话框

4.1.2　元件库的搜索

元件库的搜索就是根据所使用的元件查找相应的元件库。

（1）执行【Design】→【Browse Library...】菜单命令或单击面板标签 System，选中库文件面板 Libraries，打开库文件【Libraries】面板，如图 4-3 所示。

（2）在库文件【Libraries】面板中，单击查找【Search】按钮，打开搜索库文件【Search Libraries】面板对话框，选择适当搜索范围，挑选合适（一般选 Protel 2004 系统安装盘）路径，输入要查找的元件名字，如图 4-4 所示。

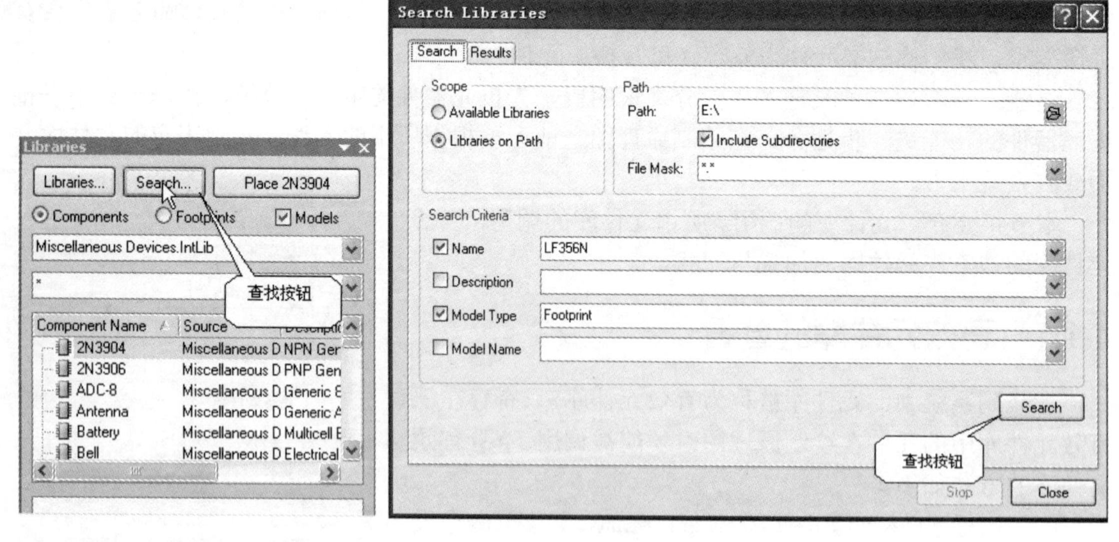

图 4-3　库文件【Libraries】面板　　　　图 4-4　搜索库文件【Search Libraries】面板对话框

（3）在搜索库文件【Search Libraries】面板中，单击查找【Search】按钮，打开搜索库文件【Search Libraries】面板结果对话框，如图 4-5 所示。

从中可以看到 LF356N 元件在两个文件库 NSC Operational Amplifier 和 ST Operiational Amplifier 中都存在，这表明 LF356N 这种型号元件至少由两个元件厂家生产。

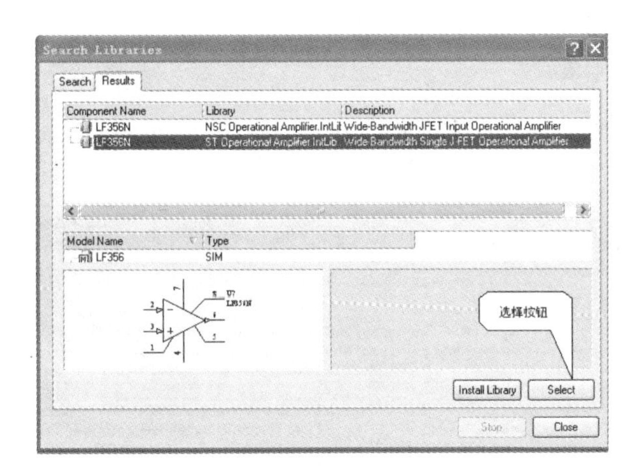

图 4-5　搜索库文件【Search Libraries】面板结果对话框

4.1.3　元件库的加载

加载到系统中的元件库被称为有效元件库，与有效元件库对应的元件库一般称为备用元件库。备用元件库存放在系统文件夹里，只有成为有效元件库，其中所含的元件才能被使用。

加载的方法有两种，一种是已经知道将要使用的元件所在元件库和元件库的文件夹，可在图 4-2 有效库文件【Available Libraries】面板中，单击 Install Library 按钮，按提示操作，即可加载所要的元件库；另一种方法是在图 4-5 上单击选择【Search】按钮，打开库文件【Libraries】面板，显示 LF356N 元件可以被加载，如图 4-6 所示。

单击图 4-6【Libraries】面板中的库查看按钮，打开有效库文件【Available Libraries】面板对话框，如图 4-7 所示，与图 4-2 比较，可以看到 ST Operiational Amplifier 元件库已被加载到有效库文件【Available Libraries】面板中来。

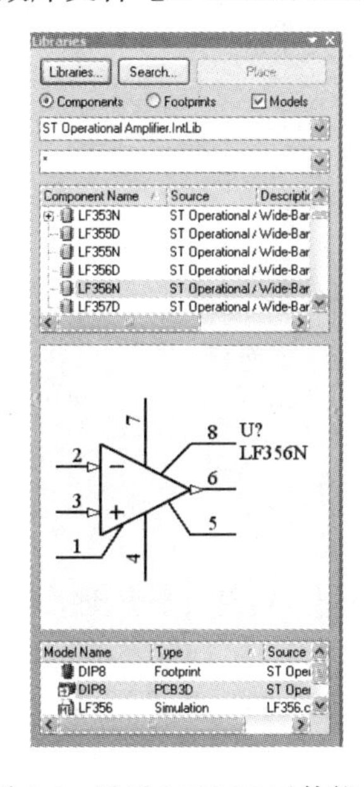

图 4-6　显示 LF356N 元件能被调用的【Libraries】面板

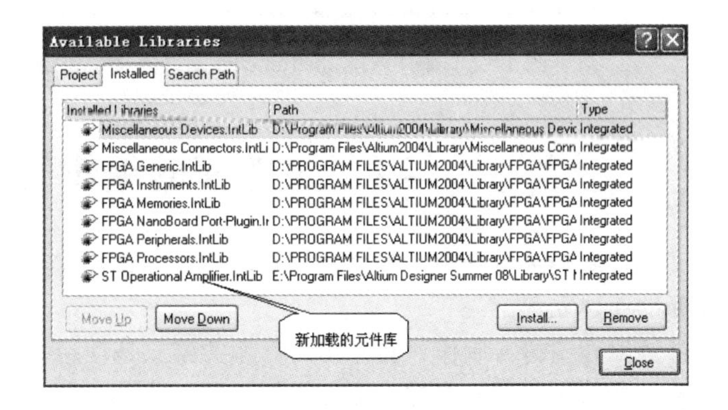

图 4-7　加载新库的【Available Libraries】面板

4.1.4 元件库的卸载

在图 4-7【Available Libraries】面板中选中 FPGA Instruments.lntLib 元件库，如图 4-8 所示。

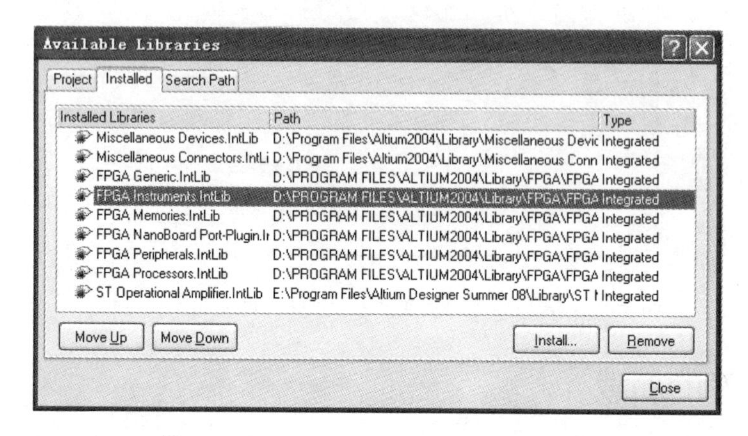

图 4-8　选中 FPGA Instruments 元件库【Available Libraries】面板

在【Available Libraries】面板中单击 Move Up 或 Move Down 按钮，可对【Available Libraries】面板上的元件库进行重新排序；若单击 Remove 按钮，则可将 FPGA Instruments 元件库卸载，如图 4-9 所示。

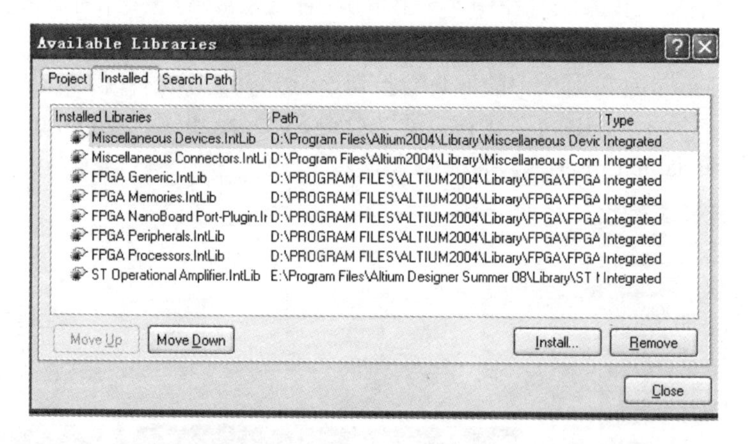

图 4-9　卸载 FPGA Instruments 元件库【Available Libraries】面板

4.2 元件库的编辑管理

所谓元件库的编辑管理，就是进行对新元件原理图符号的制作、已有元件原理图符号的修订和新的库建立等。

元件的原理图符号制作、修订和元件库的建立是使用 Protel 2004 的元件库编辑器和元件库编辑管理器来进行的，在进行上述操作之前，应熟悉原理图库元件编辑器和元件库编辑管理器。

4.2.1　原理图元件库编辑器

1．原理图元件库编辑器的启动

在当前设计管理器环境下，执行【File】→【New】→【Schematic Library】菜单命令，新建默认文件名为【Schlib1.SchLib】的原理图库文件（保存文件时可以更改文件名和保存路径），同时启动原理图元件库编辑器，如图 4-10 所示。

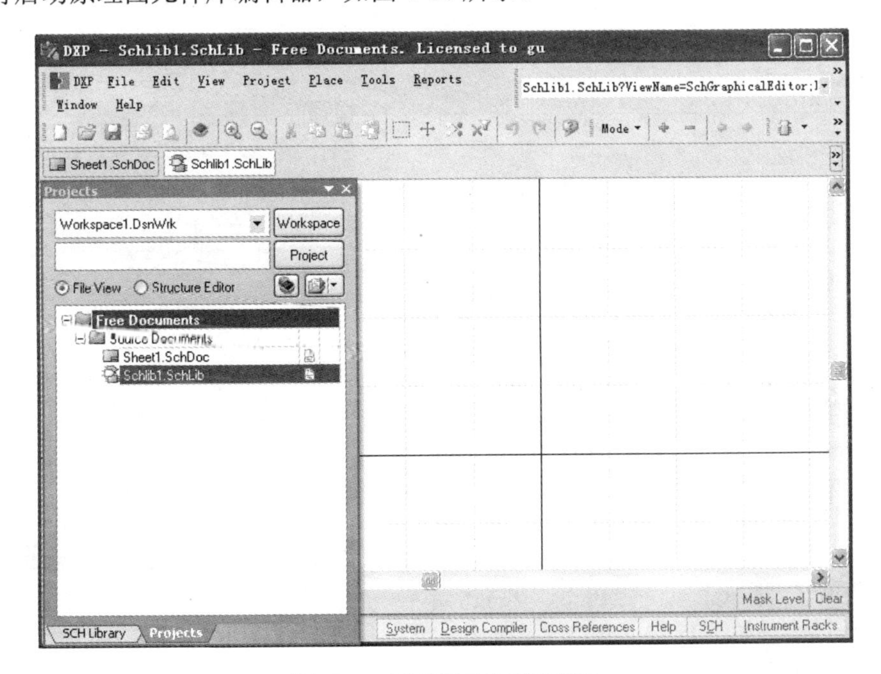

图 4-10　原理图元件库编辑器

2．原理图元件库编辑器界面

元件库编辑器与原理图编辑器的界面相似，主要由主工具栏、菜单栏、常用工具栏和编辑区等组成。不同的是，在编辑区里有一个“十”字坐标轴，将元件编辑区划分为四个象限。象限的定义和数学上是一样的，即右上角为第一象限，左上角为第二象限，左下角为第三象限，右下角为第四象限。一般用户可在第四象限进行元件的编辑工作。

除此之外，尽管 Protel 2004 系统中各种编辑器的风格是统一的，并且部分功能是相同的。但是，元件库编辑器根据自身的需要，还有其独有的功能。如【Tools】菜单和【Place】菜单中的子菜单【IEEE Symbols】等，下面将分节介绍。

4.2.2 【Tools】菜单

（1）新建元件命令【New Component】是创建一个新元件，执行该命令后，编辑窗口被设置为初始的“十”字线窗口，在此窗口中放置组件开始创建新元件。

（2）删除元件命令【Remove Component】用来删除当前正在编辑的元件，执行该命令后出现删除元件询问框，如图 4-12 所示，单击 Yes 按钮确定删除。

图 4-11 【Tools】菜单

图 4-12 删除元件询问框

（3）删除重复元件命令【Remove Duplicates...】用来删除当前库文件中重复的元件，执行该命令后出现删除重复元件询问框，如图 4-13 所示，单击 Yes 按钮确定删除。

（4）重新命名元件命令【Rename Component...】用来重新命名当前元件，执行该命令后出现重新命名元件对话框，如图 4-14 所示，在文本框中输入新元件名，单击 OK 按钮确定。

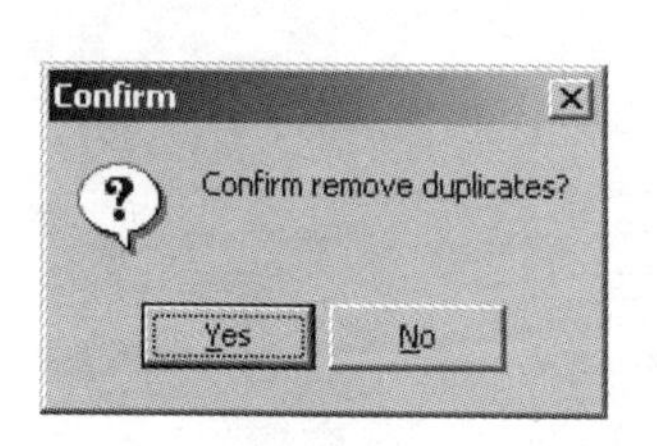

图 4-13 删除重复元件询问框

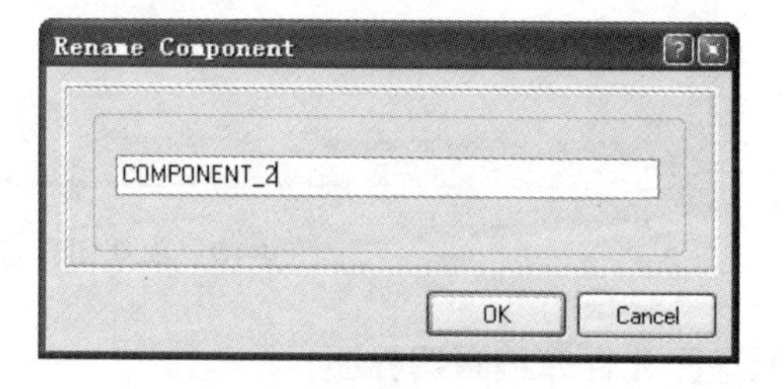

图 4-14 重新命名元件对话框

（5）复制元件命令【Copy Component...】用来将当前元件复制到指定的元件库中，执行该命令后出现目标库选择对话框，如图 4-15 所示，选中目标元件库文件，单击 OK 按钮确定，或直接双击目标元件库文件，即可将当前元件复制到目标库文件中。

图 4-15 目标库选择对话框

（6）移动元件命令【Move Component...】用来将当前元件移动到指定的元件库中，执行该命令后出现目标库选择对话框，如图 4-15 所示，选中目标元件库文件，单击 OK 按钮确定，或直接双击目标元件库文件，即可将当前元件移送到目标库文件中，同时打开删除源库文件当前元件对话框，如图 4-16 所示，单击 Yes 按钮，确定删除，单击 No 按钮将保留。

（7）新子件命令【New Part】，当创建多子件元件时，该命令用来增加子件，执行该命令后开始绘制元件的新子件。

（8）删除子件命令【Remove Part】用来删除多子件元件中的子件。

（9）转到子菜单【Goto】中的命令用来快速定位对象。子菜单中包含功能命令及其解释如图 4-17 所示。

在打开库文件时显示的是第一个元件，需要编辑其他元件时要用【Goto】子菜单中的命令来定位。

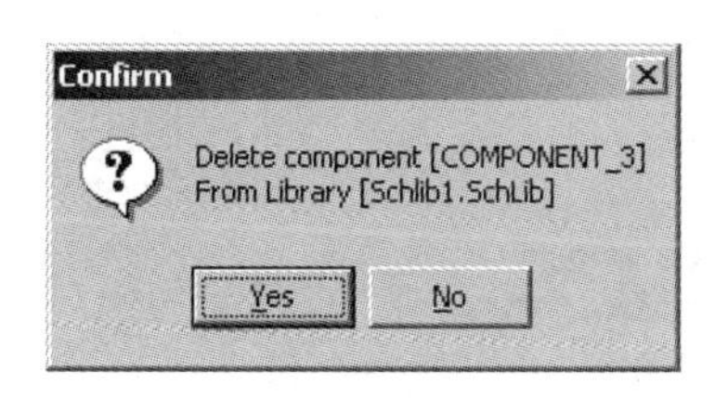

图 4-16 删除源库文件当前元件对话框

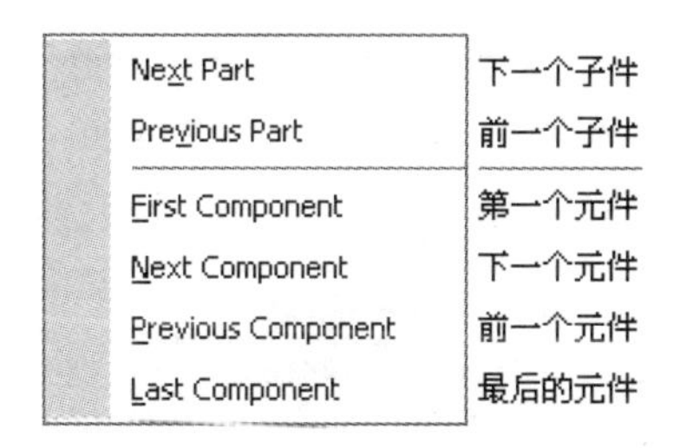

图 4-17 【Goto】子菜单

（10）查找元件命令【Find Component...】的功能是启动元件检索对话框“Search Libraries”。该功能与原理图编辑器中的元件检索相同。

（11）更新原理图命令【Update Schematics】是用来将库文件编辑器对元件所做的修改，更新到打开的原理图中。执行该命令后出现信息对话框，如果所编辑修改的元件在打开的原理图中未用到或没有打开原理图，将出现无更新信息框，如图 4-18 所示。

如果所编辑修改的元件在打开的原理图中用到，则出现的信息框如图 4-19 所示，单击 OK 按钮，原理图中的对应元件将被更新。

图 4-18 无更新信息框

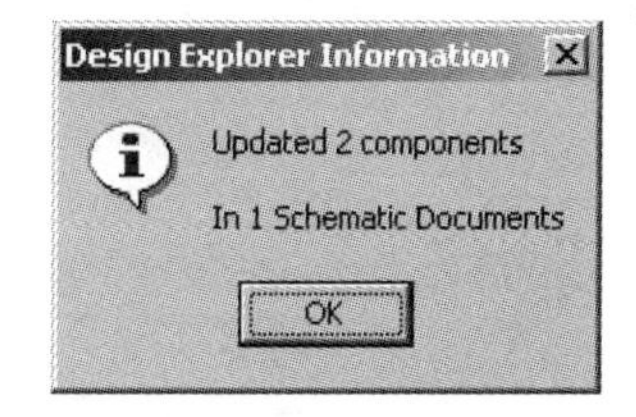

图 4-19 有更新信息框

（12）系统参数设置命令【Schematic Preferences...】与系统参数设置方法相同。

（13）工作环境设置命令【Document Options...】用来打开工作环境设置对话框，如图 4-20 所示。其功能类似原理图编辑器中的【Design】→【Options...】命令。

（14）元件属性设置命令【Component Properties...】用来编辑修改元件的属性参数。

4.2.3 【IEEE Symbols】菜单

【Place】菜单中的子菜单【IEEE Symbols】各项的功能如图 4-21 所示。在制作元件时，IEEE 符号是很重要的，它们代表着该元件的电气特性。

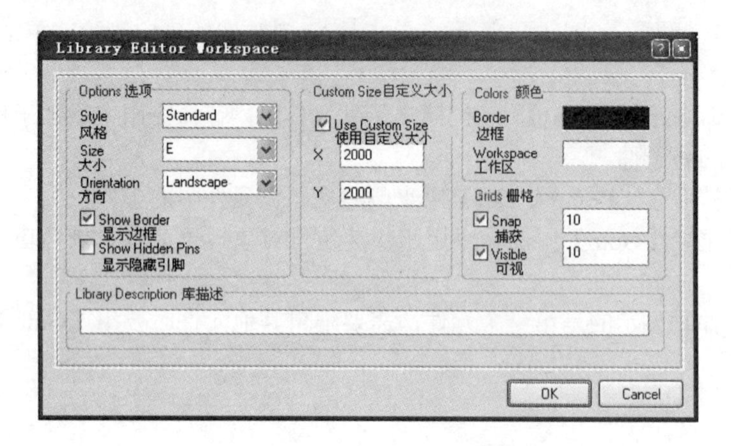

图 4-20　工作环境设置对话框

图 4-21　【IEEE Symbols】子菜单 IEEE 符号

IEEE 电气符号命令【IEEE Symbols】中的符号放置与元件放置相似。在元件库编辑器中，所有符号放置时，按空格键旋转角度和按【X】、【Y】键镜像的功能均有效。

4.2.4　元件库编辑管理器

在介绍如何制作元件和创建元件库前，应先熟悉元件库编辑管理器的使用，以便制作新元件或创建新元件库后可以进行有效的管理。下面介绍元件库编辑管理器的组成和使用方法。

在原理图元件编辑环境中，单击元件库编辑管理器的选项卡“SCH Library”，可打开元件库编辑管理器，如图 4-22 所示。可以看到元件库编辑管理器有 5 个区域：空白文本框区域、Components（元件）区域、Aliases（别名）区域、Pins（引脚）区域和 Model（元件模式）区域。

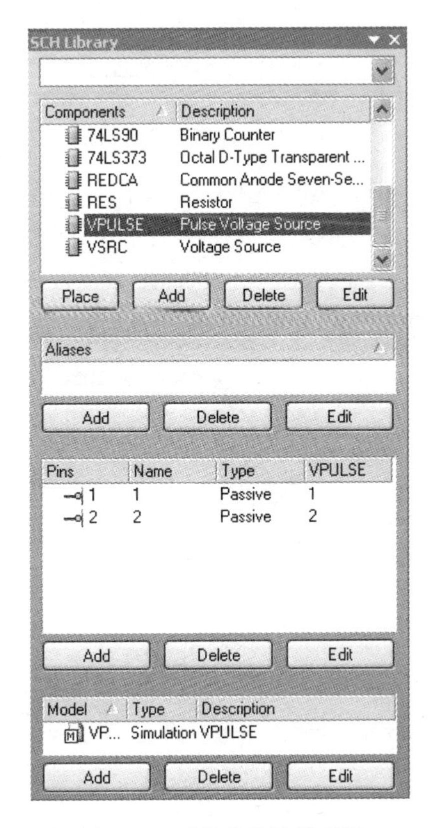

图 4-22　元件库编辑管理器

1．空白文本框区域

该区域用于筛选元件。当在该文本框中输入元件名的开始字符后，在元件列表中将会显示以这些字符开头的元件。

2．Components（元件）区域

当打开一个元件库时，该区域就会显示该元件库元件名称和功能描述；该区域还有 4 个按钮，主要用于元件的选择、编辑、添加和删除。

（1）Place 按钮：将所选的元件放置到原理图上。操作的方法是，用光标在元件列表中选定将要放置的元件，则该元件原理图符号在元件库编辑器编辑区中，在第四象限里显示出来；单击 Place 按钮后，系统自动切换到原理图设计界面，该元件出现在原理图编辑器的编

辑区中；同时原理图元件库编辑器在后台运行。

（2）Add 按钮：添加元件，将指定的元件添加到该元件库中。单击 Add 按钮后，打开如图 4-23 所示的添加新元件对话框，输入指定的元件名称，单击 OK 按钮即可将指定元件添加到元件组中。

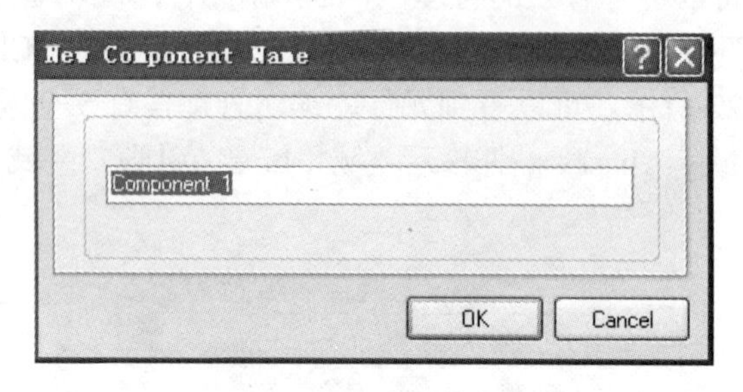

图 4-23　添加新元件对话框

（3）Delete 按钮：从元件库中删除元件。其操作与 Place 按钮类似。

（4）Edit 按钮：编辑元件的相关属性。单击该按钮后，打开库元件属性对话框，如图 4-24 所示。

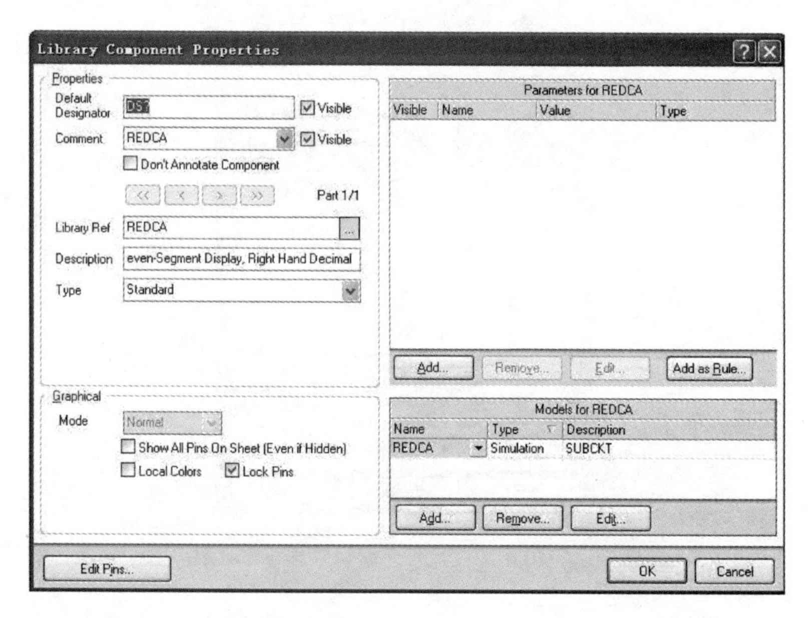

图 4-24　库元件属性对话框

库元件属性对话框中主要选项的意义如下。

- Default Designator：用于设置元件默认流水号，如 OS?。
- Comment：用于填写元件注释。
- Library Ref：库参考。
- Description：元件功能描述。
- Type：元件的分类。
- Mode：元件模型，在后面进行介绍。

3. Aliases（别名）区域

该区域主要用来设置所选中元件的别名。

4. Pins（引脚）区域

该区域主要用于显示已经选中的元件引脚名称和电气特性等信息。该区域有 Add 、 Delete 和 Edit 3 个按钮，具体功能如下。

（1）Add 按钮：向选中的元件添加新的引脚。

（2）Delete 按钮：从选中的元件中删除引脚。

（3）Edit 按钮：编辑选中元件的引脚属性。在 Pins（引脚）区域用鼠标选定一引脚，单击 Edit 按钮后，打开引脚属性对话框，关于引脚属性可参考引脚编辑中的介绍。

5. Model（元件模式）区域

该区域主要用于指定元件的 PCB 封装、信号的完整性或仿真模型等。

4.3　新元件原理图符号绘制

下面在原理图编辑器环境中，利用前面已经介绍的工具绘制一个元件的原理图符号。以如图 4-25 所示的 GU555 定时器为例，并将其保存在“自建原理图符号库”中。具体操作方法如下。

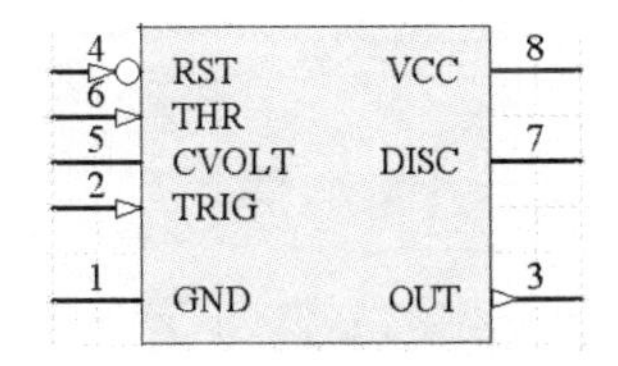

图 4-25　GU555 定时器

1. 进入编辑模式

执行【File】→【New】→【Schematic Library】菜单命令，系统进入原理图文件库编辑工作界面，默认文件名为 Schlib1.SchLib，如图 4-26 所示。

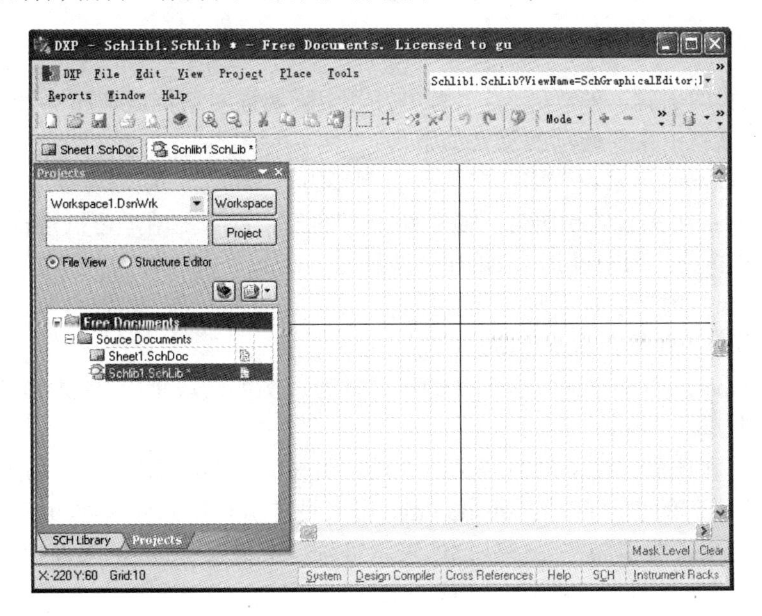

图 4-26　原理图文件库编辑工作界面

2．绘制矩形

（1）执行【Place】→【Rectangle】菜单命令，出现“十”字光标，并带有一个有色框。

（2）按顺序单击键盘上的【E】、【J】、【O】3 个键（相当于执行【Edit】→【Jump】→【Origin】菜单命令），使光标指向图纸的原点（图纸的“十”字中心），单击鼠标左键确认矩形位置，如图 4-27 所示。

（3）激活矩形，可随意改变矩形框的大小；在放置引脚等符号时，可根据实际情况修改矩形的宽窄或大小；单击鼠标右键退出放置状态。

3．绘制引脚

执行【Place】→【Pin】菜单命令，可将编辑模式切换到放置引脚模式，此时鼠标指针旁边会多出一个大“十”字和一条短线，默认短线序号从“0”开始；在放置引脚时，若按【Space】键一次，可将引脚旋转 90°；按上述方法绘制出的 8 根引脚，如图 4-28 所示。

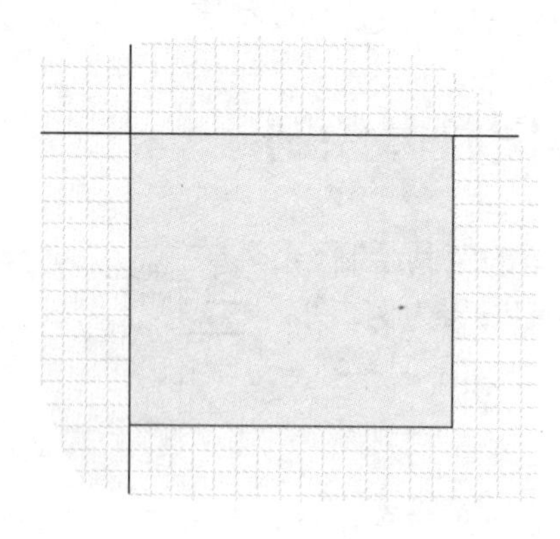

图 4-27　矩形绘制

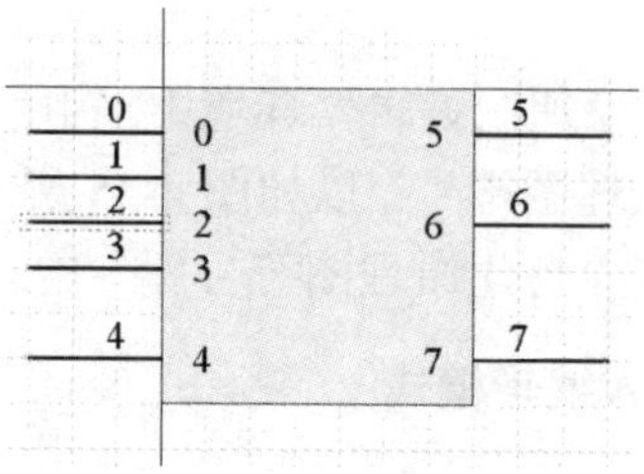

图 4-28　放置引脚后的图形

4．编辑引脚

双击需要编辑的引脚，如“0”号引脚，打开引脚属性对话框，如图 4-29 所示。

引脚属性对话框中主要选项的意义如下。

- Display Name：用来设置引脚名，是引脚端的一个符号，用户可以进行修改。
- Designator：用来设置引脚号，是引脚上方的一个符号，用户可以进行修改。
- Electrical Type：用来设定引脚的电气属性。
- Description：用来设置引脚的属性描述。
- Hide：用来设置是否隐藏引脚。
- Part Number：用来设置复合元件的子元件号。例如一块集成 74LS00 电路芯片含有 4 个子元件。
- Symbols：在该操作框中的命令是用来设置引脚的输入或输出符号。Inside 用来设置引脚在元件内部的表示符号；Inside Edge 用来设置引脚在元件内部边框上的标识符号；Outside 用来设置引脚在元件外部的表示符号；Outside Edge 用来设置引脚在元件外部边框上的表示符号。这些符号一般是 IEEE 符号。

按着图 4-25 所示的定时器元件引脚的功能编辑其 8 个引脚。例如，编辑图 4-28 中的“0”号引脚，将“Display Name”原内容“0”，改为“RST”；将“Designator”原内容“0”，改为

“4”；将“Electrical Type”原内容“Passive”，改为“Input”；将“Outside Edge”原内容“No Symbol”，改为“Dot”；将“Outside”原内容“No Symbol”，改为“Right Left Signal Flow”；编辑后引脚属性对话框如图 4-30 所示，再单击 OK 按钮确认。与此类似，可编辑其余 7 个引脚，编辑后引脚属性的图形如图 4-31 所示。

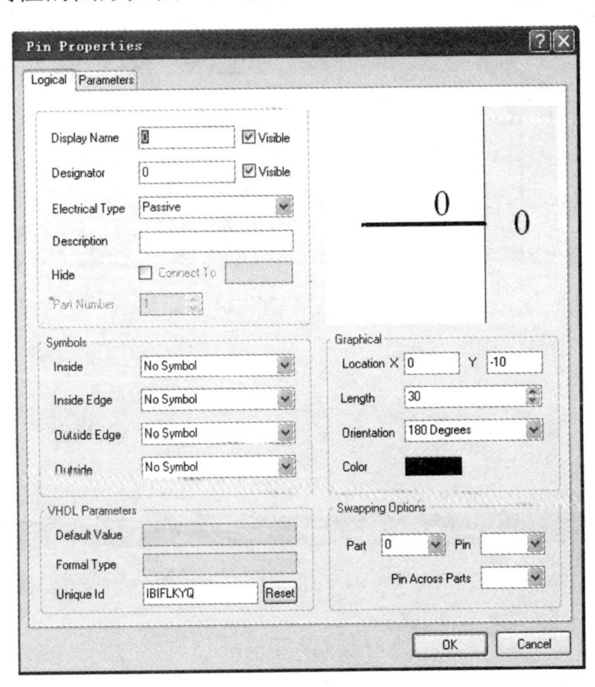

图 4-29　引脚属性对话框

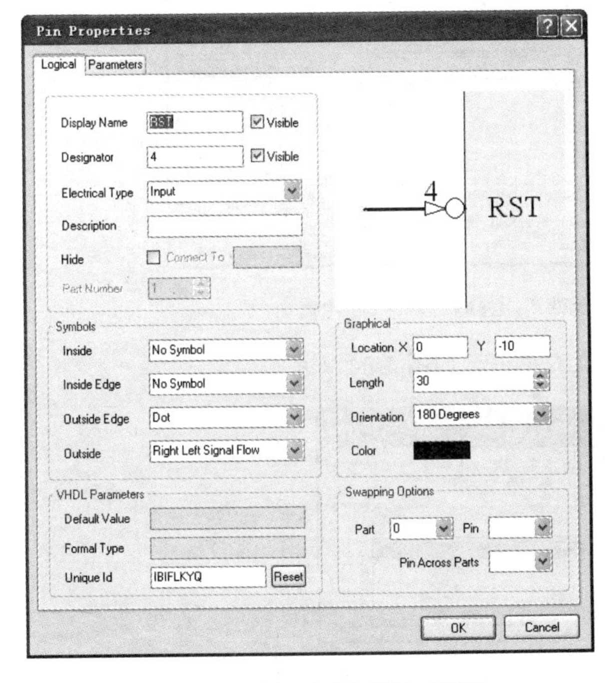

图 4-30　编辑后引脚属性对话框

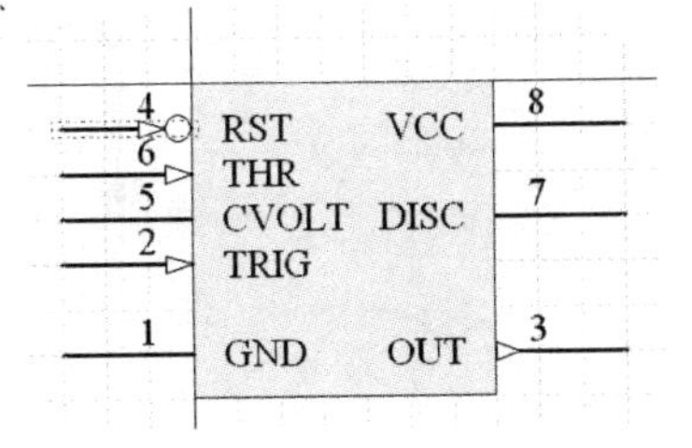

图 4-31　修改后引脚属性的图形

5. 命名新建元件

执行【Tools】→【Rename Component】菜单命令，打开【Rename Component】即元件命名对话框，如图 4-32 所示，将新建元件名称改为"GU555"，执行【File】→【Save】菜单命令，将新建元件 GU555 定时器保存到当前元件库"Schlib1.Schlib"文件中。

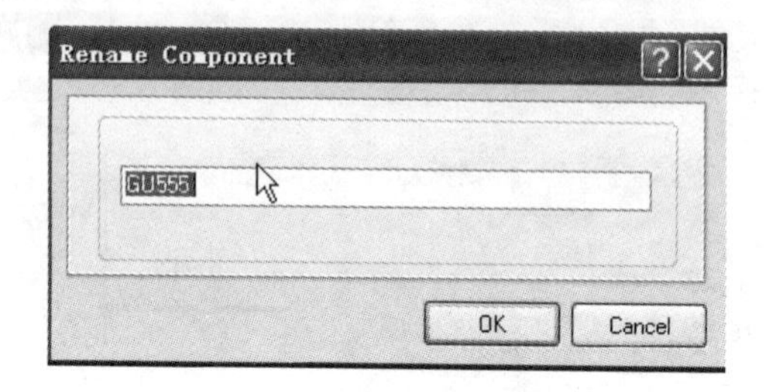

图 4-32　元件命名对话框

6. 添加封装

执行【Tools】→【Component】菜单命令，打开库元件"GU555"属性对话框，如图 4-33 所示。

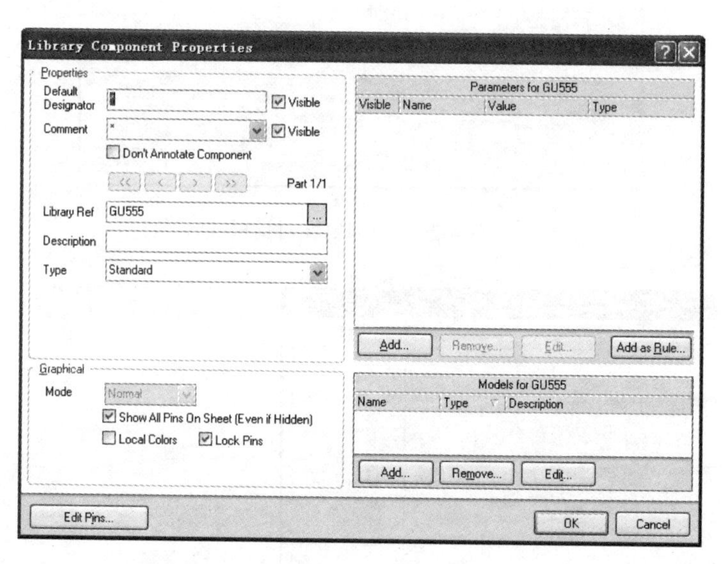

图 4-33　库元件"GU555"属性对话框

单击 Add... 按钮，打开添加新模式对话框，如图 4-34 所示。

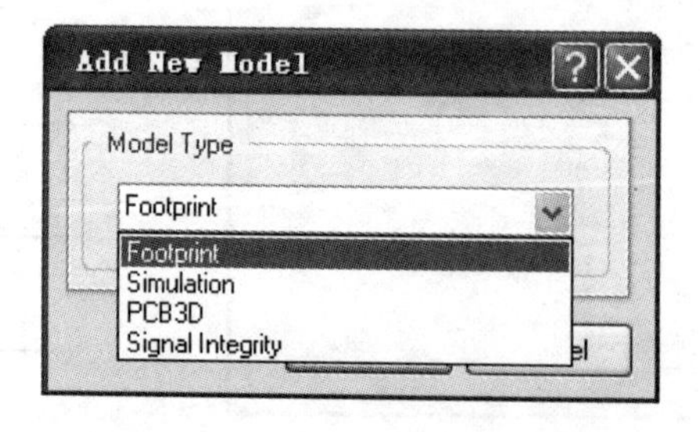

图 4-34　添加新模式对话框

有 4 种模式，PCB 封装、仿真、3D 模型和信号完整性。在此只介绍 PCB 封装，其他模型在后边介绍。单击 OK 按钮，打开 PCB 封装浏览框，如图 4-35 所示。

单击 Browse... 按钮，再选中 DIP8，打开 PCB 封装库浏览框，如图 4-36 所示。

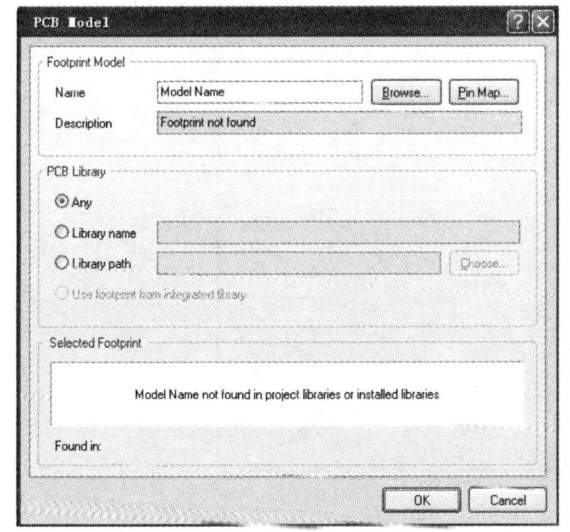

图 4-35　PCB 封装浏览框

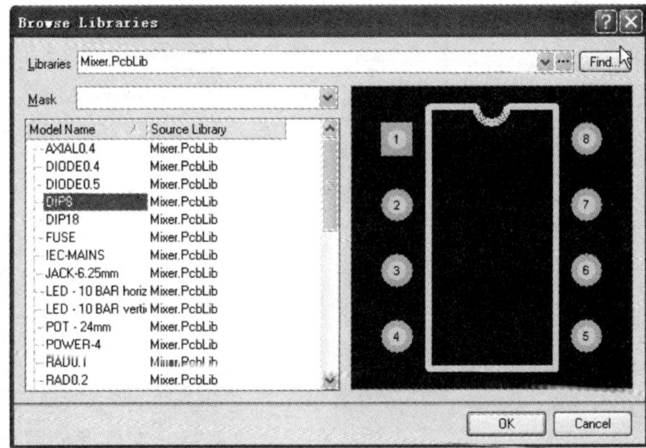

图 4-36　PCB 封装库浏览框

再单击 OK 按钮确认，即可给“GU555”元件添加上封装。

7. 引脚的集成编辑

单击库元件属性框上的 Edit Pins... 按钮，打开引脚编辑器，如图 4-37 所示。

Component Pin Editor

Designator	Name	Desc	Model Name	Type	Owner	Show	Number	Name
1	GND		1	Power	1	✓	✓	✓
2	TRIG		2	Input	1	✓	✓	✓
3	OUT		3	Output	1	✓	✓	✓
4	RST		4	Input	1	✓	✓	✓
5	CVOLT		5	Passive	1	✓	✓	✓
6	THR		6	Input	1	✓	✓	✓
7	DISC		7	OpenCollector	1	✓	✓	✓
8	VCC		8	Power	1	✓	✓	✓

Add...　Remove...　Edit...　OK　Cancel

图 4-37　引脚编辑器

在此可以对引脚进行集中或一次性的编辑。

4.4　新建元件库

在原理图库元件编辑器过程中，执行【Save】→【As】菜单命令，出现文件存储目标文件夹对话框，在文件名一栏上输入“自建原理图符号库”，如图 4-38 所示。

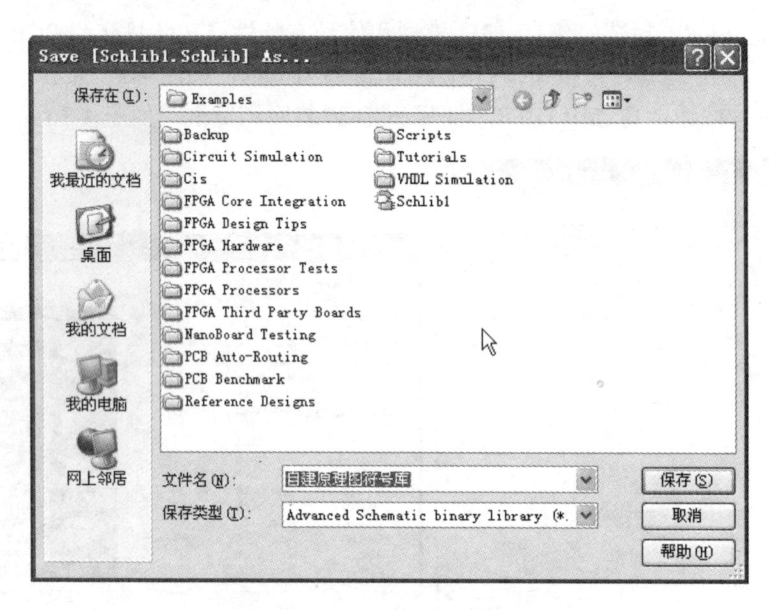

图 4-38　文件存储目标文件夹对话框

单击 保存(S) 按钮，如图 4-39 所示，生成新建元件库。

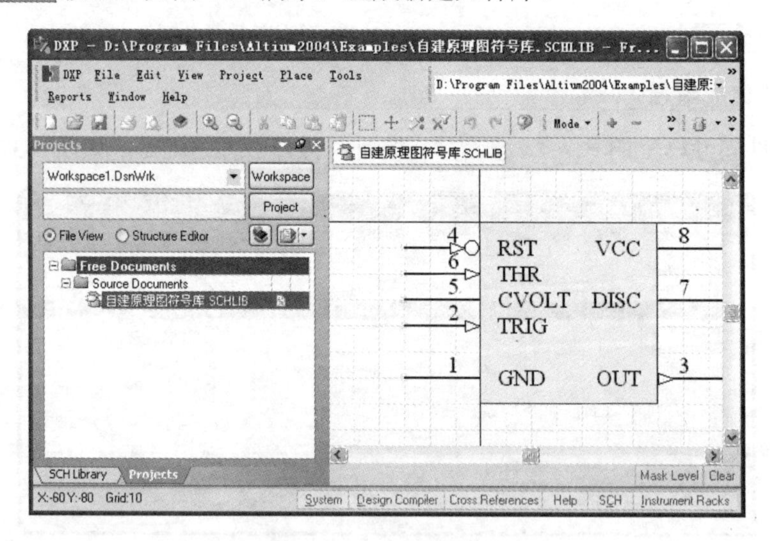

图 4-39　生成新建元件库

元件“GU555”就包含在“自建原理图符号库”的元件库中，如果要调用“GU555”元件，只需将“自建原理图符号库”加载到系统中，取用“GU555”即可。

4.5　生成项目元件库

当绘制好原理图后，若原理图中有自己新建的原理图元件符号，就有必要生成该项目的元件库。下面以第 3 章原理图设计实例“声控变频电路为例”来说明新建库的操作步骤。

（1）打开设计原理图项目文件“声控变频电路.PRJPCB”，如图 4-40 所示。

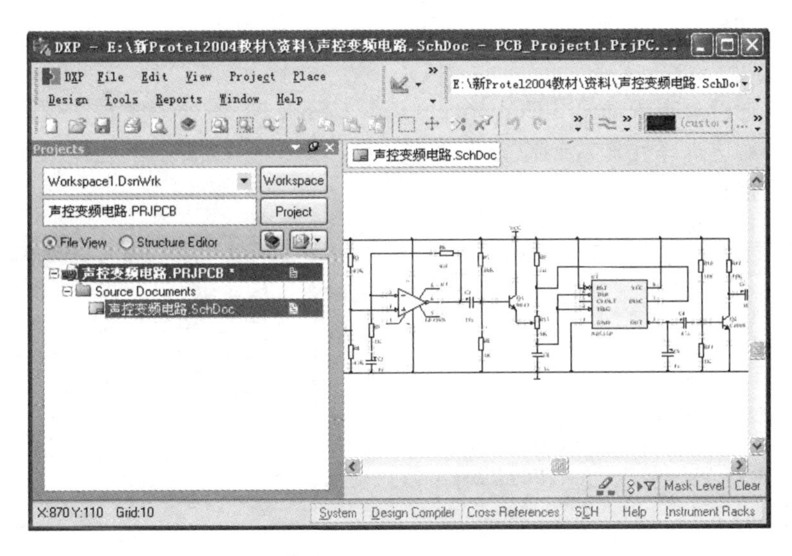

图 4-40　原理图项目文件—声控变频电路.PRJPCB

（2）执行【Design】‣【Make Project Library】菜单命令，确认后系统即可生成同项目名称相同的元件库文件。并打开原理图库元件编辑器编辑画面，如图 4-41 所示。

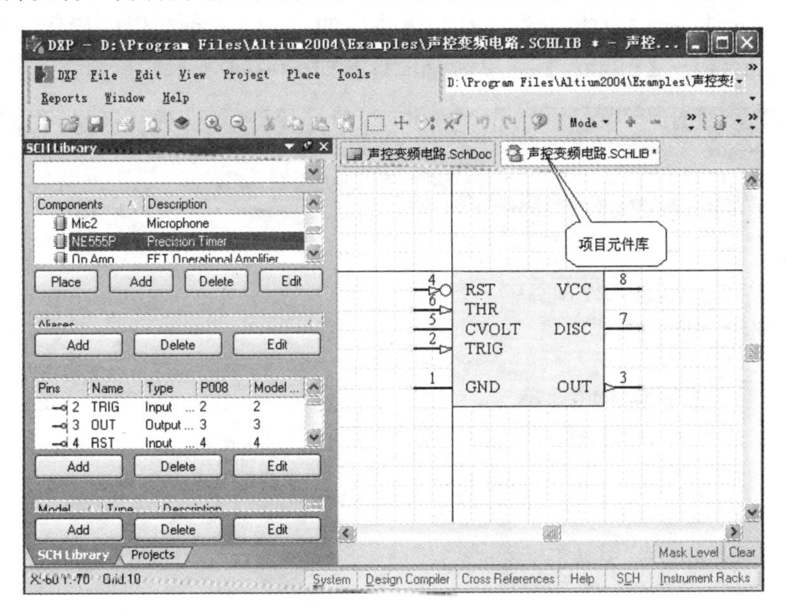

图 4-41　原理图库元件编辑器

4.6　生成元件报表

在元件库编辑器编辑环境中，可以生成 3 种报表：元件报表（Component Report）、元件库报表（Library Report）和元件规则检查报表（Component Rule Check Report）。

【Reports】菜单命令

（1）元件报表命令【Component】用来生成当前元件的报表文件，执行该命令后，系统直接建立元件报表文件，并成为当前文件。报表中显示元件的相关参数，如与元件名称、组件等信息。

（2）元件规则检查报表命令【Component Rule Check...】用来生成元件规则检查的错误报表，执行该命令后进入库元件规则检查选择对话框，如图 4-43 所示。选择不同的检查选项将输出不同的检查报告。

图 4-42　元件库报表子菜单

图 4-43　库元件规则检查选择对话框

（3）元件库报表命令【Library】用来生成当前元件库的报表文件，内容有元件总数、元件名称和描述。执行该命令后，系统直接建立元件库报表文件，并成为当前文件。

下面以生成元件库报表为例介绍 3 种报表生成的方法，其他报表的操作与此类似。

执行【Reports】→【Library】菜单命令，打开如图 4-44 所示的窗口。

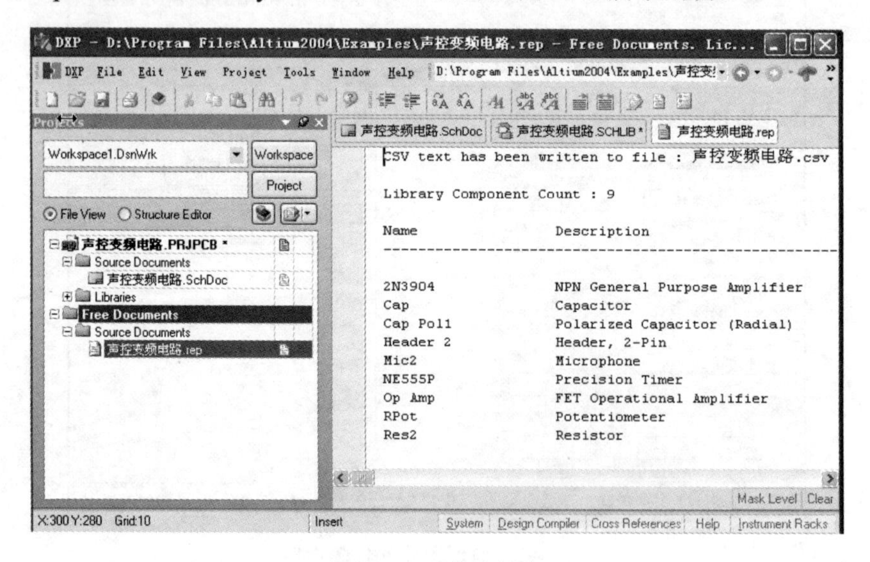

图 4-44　元件库报表

4.7　修订原理图符号

所谓的修订原理图符号就是调整元件符号的引脚位置。

电工技术人员在绘制电路图时，为恰当表达设计思想，增强图纸的可读性；同时使绘制出的电路紧凑而不凌乱。常常需要调整原理图元件库元件符号的引脚位置。下面举例介绍。

在如图 4-41 所示的原理图元件库编辑环境中，用鼠标指向要移动的引脚，按住鼠标左键不放，移动鼠标，引脚也随着移动，若转动时可同时按空格键，将该引脚放置在预定位置，释放鼠标左键，便完成了一次引脚移动。本例移动“1”号引脚和“8”号引脚，与图 4-41 相比，可以看出，两引脚交换了位置，如图 4-45 所示。

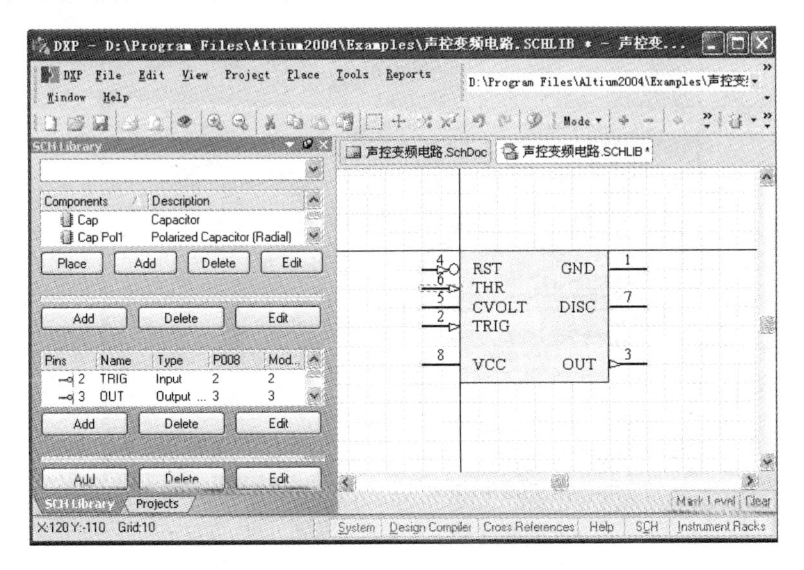

图 4-45　修订后的 GU555 元件符号

4.8　其他 Protel 版本库元件的调用

在所有的 Protel 版本中，Protel 99 的库元件比较丰富，但是由于文件的格式不同，Protel 2004 不能直接调用，本节介绍如何调用 Protel 99 的库元件并利用 Protel 99 中的库文件，创建集合（配有 PCB 封装的原理图符号）元件库的方法。

4.8.1　调用 Protel 99 元件库

Protel 99 中的库文件是以“.ddb”为后缀的文件，要在 Protel 2004 中使用，必须将其转换为后缀为“.lib”的文件。

（1）执行【File】→【Open...】菜单命令，打开 Protel 99 安装目录下的\Library\Sch\Intel Databooks.ddb 文件。打开如图 4-46 所示的对话框。

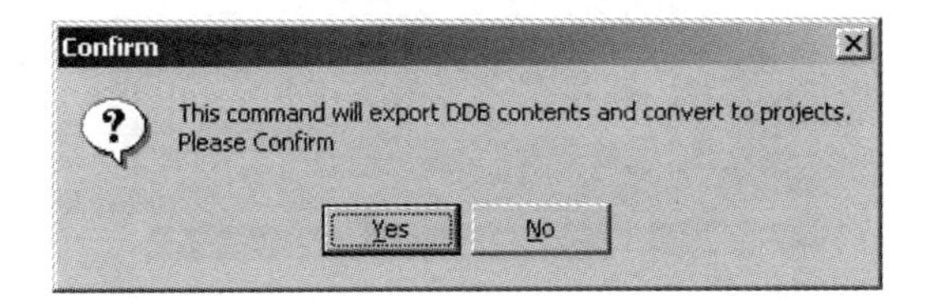

图 4-46　库文件转换确认对话框

（2）单击 Yes 按钮，系统将自动转换 ddb 文件为 lib 文件，并在源文件夹中建立与文件同名的文件夹“Intel Databooks”，转换生成的 lib 文件就保存在该文件夹中。同时在项目面板中显示系统自动建立的集合库项目临时文档，其中包含导出的 6 个库文件，如图 4-47 所示。双击库文件名称，即可启动原理图库文件编辑器对其进行编辑、浏览等操作（单击 Yes 按钮时，如果此时库编辑器中有其他库文件处于编辑状态，则会关闭这些库文件。如果没有其他库文件打开，则系统直接执行导出功能）。

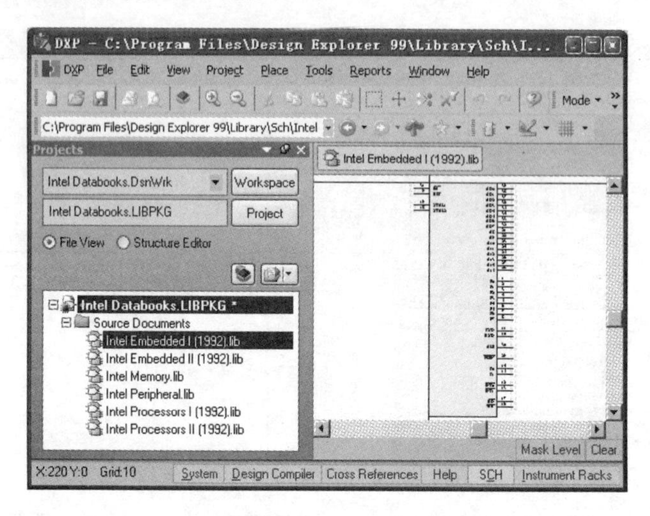

图 4-47　导出的库文件

（3）生成的 Lib 库文件可以被系统调用，但其中只有原理图符号，没有附带 PCB 封装，使用起来不太方便。将文件夹“Intel Databooks”复制到系统的 Examples 文件夹中，作为新创建集合库的源文件。

（4）使用同样的方法将 Protel 99 的封装库 Advpcb.lib 导出，并将生成的文件夹 Advpcb 复制到系统的 Examples 文件夹中，作为新创建集合库的源文件。

4.8.2　创建新集合元件库

1．创建新集合（元件）库

（1）执行【File】→【New】→【Integrated Library】菜单命令，打开项目面板，如图 4-48 所示。

（2）执行【File】→【Save Project As...】菜单命令，保存集合库为“我的集合库.LIBPKG”，保存路径为系统的 Library 文件夹。

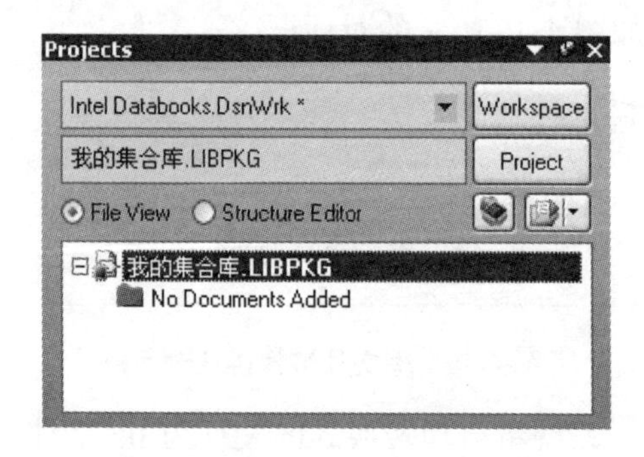

图 4-48　新建集合库临时文档

2．为新建集合库添加源文件

执行【Project】→【Add Existing to Project...】菜单命令或执行右键菜单命令【Add Existing to Project...】，将文件夹 Examples\Intel Databooks 和 Examples\Advpcb 中的所有文件添加到项目面板“我的集合库.LIBPKG”中，如图 4-49 所示。

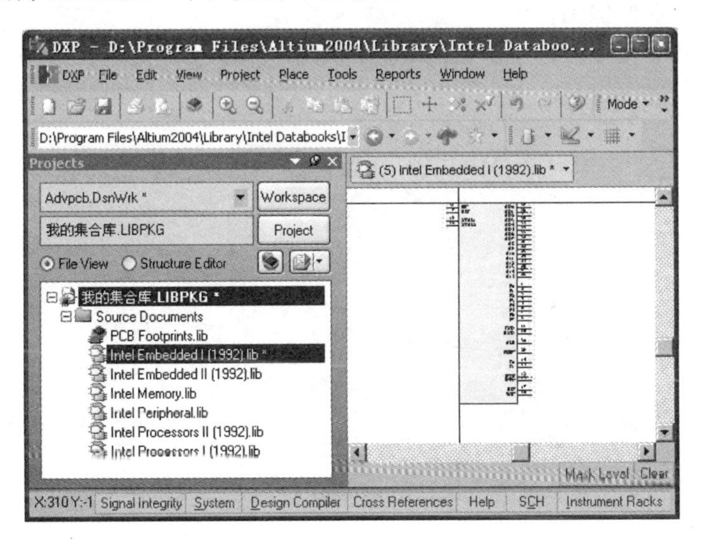

图 4-49　添加源文件后的库编辑器

3．为元件添加 PCB 封装

双击图 4-49 中的 lib 文件，进入原理图库文件编辑器，并打开【SCH Library】面板，为每一个元件添加 PCB Footprints.lib 中的 PCB 封装。每个元件库添加封装完成后应保存一次。Protel 99 的元件库在 Protel 2004 编辑器中编辑后，第一次保存时会打开文件格式选择对话框，如图 4-50 所示。一般使用默认文件格式即可。单击 OK 按钮，保存库文件。

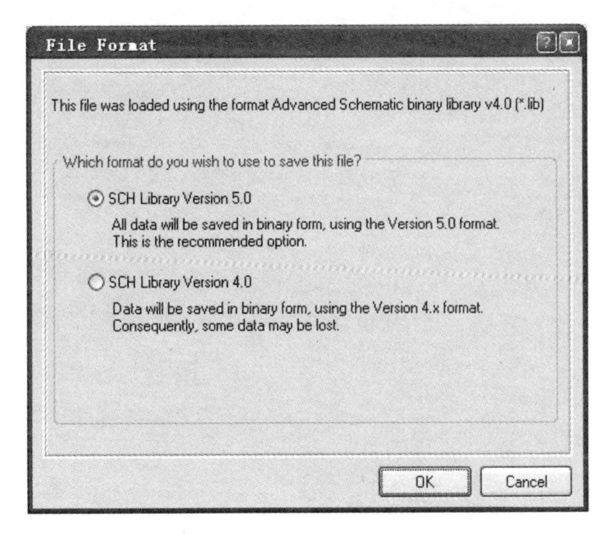

图 4-50　文件格式选择对话框

※ 练　　习

1．熟悉原理图库文件编辑器的菜单命令。

2．创建一个元件原理图符号。

3．用常用原理图元件创建一个自己的元件库。

4．修改一个原理图符号。

第 5 章　原理图设计常用工具

所谓的常用工具一般包括工具栏工具、窗口显示设置和各种面板功能等内容，这些工具或操作内容在绘制电路原理图时经常被使用。为此，本章将介绍原理图绘制中常用的工具和操作方法。

5.1　原理图编辑器工具栏简介

工具栏中的工具按钮，实际上是菜单命令的快捷执行方式。大部分菜单命令前带有图标的，都可以在工具栏中找到对应的图标按钮。

原理图编辑器的工具栏共有 7 种类型。所有工具栏的打开和关闭都由菜单命令【View】→【Toolbars】来管理。【Toolbars】菜单命令如图 5-1 所示（在有工具栏显示的位置单击鼠标右键也可以打开此菜单）。

图 5-1　“Toolbars”菜单命令

工具类型名称前有“√”的表示该工具栏已被激活，在编辑器中显示，否则没有显示。工具栏的激活习惯上叫做打开工具栏。单击【Toolbars】菜单命令，切换工具栏的打开和关闭状态。

原理图编辑器的工具栏图标如图 5-2 所示。

图 5-2　原理图编辑器的工具栏图标

原理图编辑器工具栏从属性上大致可分为 3 类，即电路图绘制类，信号相关类和文本编辑类。最常用的工具栏是电路图绘制类。

电路图绘制类包括布线工具栏（Wiring）和辅助工具栏（Utilities）。

信号相关类包括混合信号仿真工具栏（Mxed Sim）和原理图标准工具栏（Schematic Standard）中的探针。

文本编辑类包括文本格式工具栏（Fomatting）、导航工具栏（Navigation）和原理图标准工具栏（Schematic Standard）中的大部分工具。

图形绘制类工具绘制的图形没有电气属性，只起标注作用，这是图形绘制工具“Drawing”和布线工具“Wiring”的区别。

5.2 工具栏的使用方法

（1）工具栏在原理图编辑器中可以有两种状态，固定状态和浮动状态，如图 5-3 所示。光标在工具栏中，且未选中任何工具时，按下鼠标左键不放，光标变为 ✥ 时，工具栏即可被拖走。将工具栏拖到编辑窗口的四周，都可以使其处于固定状态。

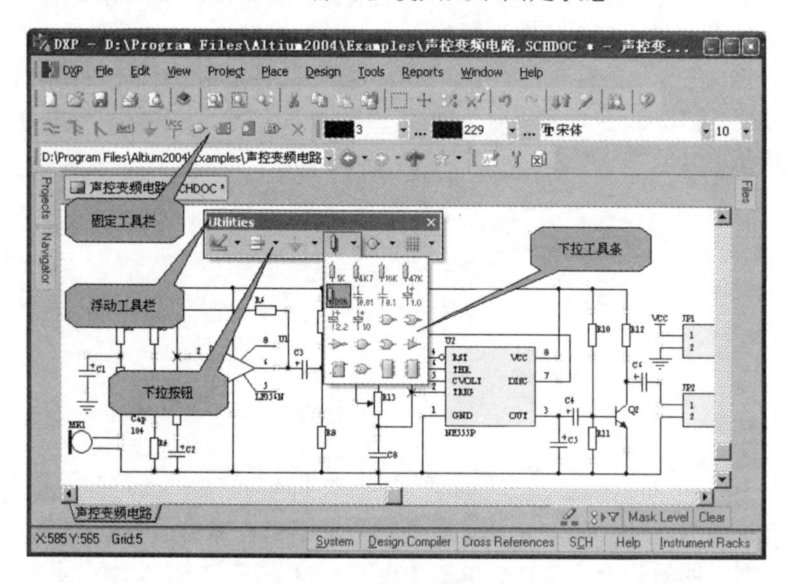

图 5-3 工具栏放置状态

（2）工具栏中带有下拉按钮的工具，单击该工具时，其下拉工具条即打开，从打开的工具条中选择工具进行操作。

（3）工具栏中带有颜色框时（主要指文本格式工具栏），单击颜色框即打开颜色选择条或颜色选择对话框，可以选择需要的颜色。

5.3 设置窗口显示

有关窗口显示设置的命令全部在【Window】菜单中，如图 5-4 所示。

【Window】菜单命令主要是针对编辑器同时打开多个文件而言的。下面以同时打开 3 个文件为例，介绍有关命令的使用方法。

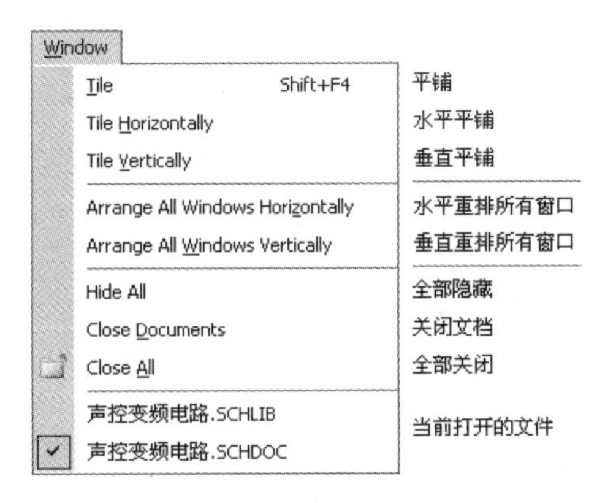

图 5-4 【Window】菜单

打开系统自带的设计示例“Example/d Modulator/ Amplified Modulator.PRJPCB”项目中的 3 个设计文件：“Amplified Modulator.schdoc”、“Amplifiere.schdoc”和“Modulator.schdoc”。在打开文件时，编辑器的编辑窗口以默认的层叠方式显示，使每个窗口的文件标签可见，当前窗口是活动窗口，它被显示在其他窗口之上，文件标签为浅色。要改变当前窗口，只需单击相应窗口的文件标签即可。

5.3.1　平铺窗口

执行【Window】→【Tile】菜单命令，系统将打开的所有窗口平铺，并显示每个窗口的部分内容，如图 5-5 所示。文件标签为浅色的是活动窗口，单击窗口的任意位置都可以使该窗口切换为活动窗口，即当前窗口。

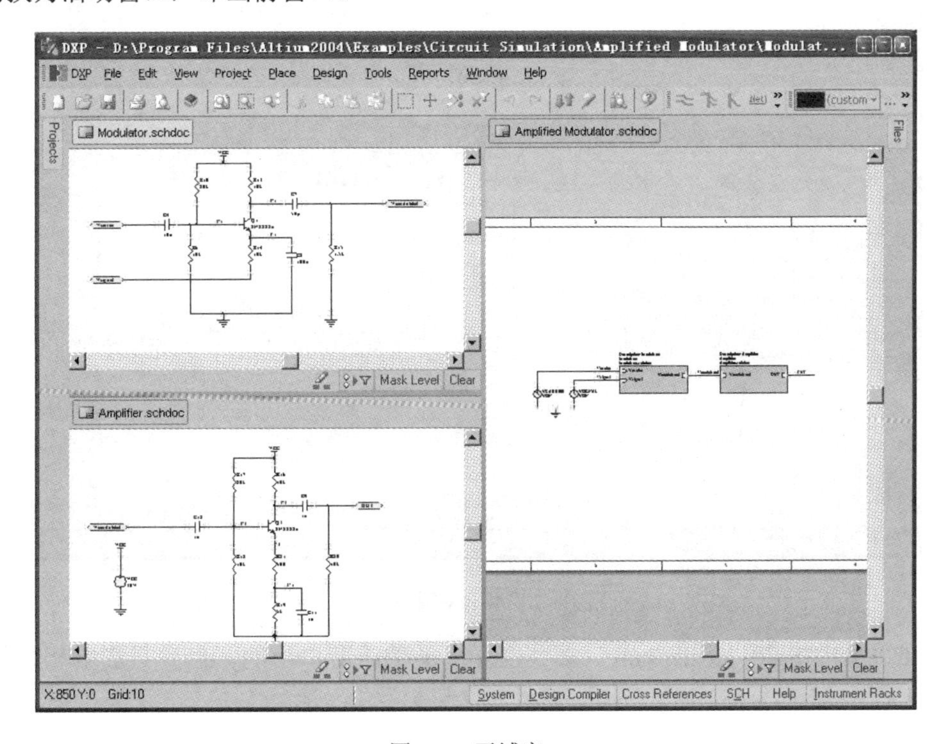

图 5-5　平铺窗口

调用窗口显示模式命令的另一种方法是在窗口的文件标签处单击鼠标右键，从打开的显示模式右键菜单中选择显示模式，如图 5-6 所示。单击"Tile All"命令，也可平铺所有窗口。

图 5-6　窗口显示模式的右键菜单

5.3.2　水平平铺窗口

执行【Window】→【Tile Horizontally】菜单命令，系统将打开的所有窗口进行水平平铺，并显示每个窗口的部分内容，如图 5-7 所示。文件标签为浅色的是活动窗口，单击窗口的任意位置都可以使该窗口切换为活动窗口。

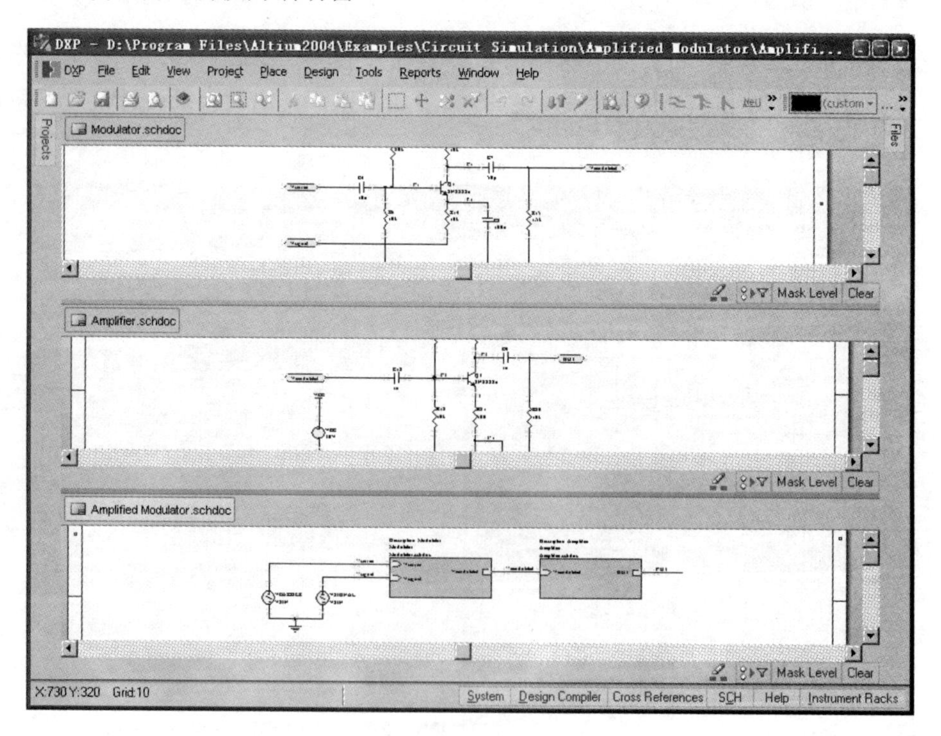

图 5-7　水平平铺窗口

图 5-6 中的"Split Horizontal"命令也有水平平铺窗口功能，但其只影响相邻的两个窗口。

5.3.3 垂直平铺窗口

执行【Window】→【Tile Vertically】菜单命令，系统将打开的所有窗口垂直平铺，并显示每个窗口的部分内容，如图 5-8 所示。文件标签为浅色的是活动窗口，单击窗口的任意位置都可以使该窗口切换为活动窗口。

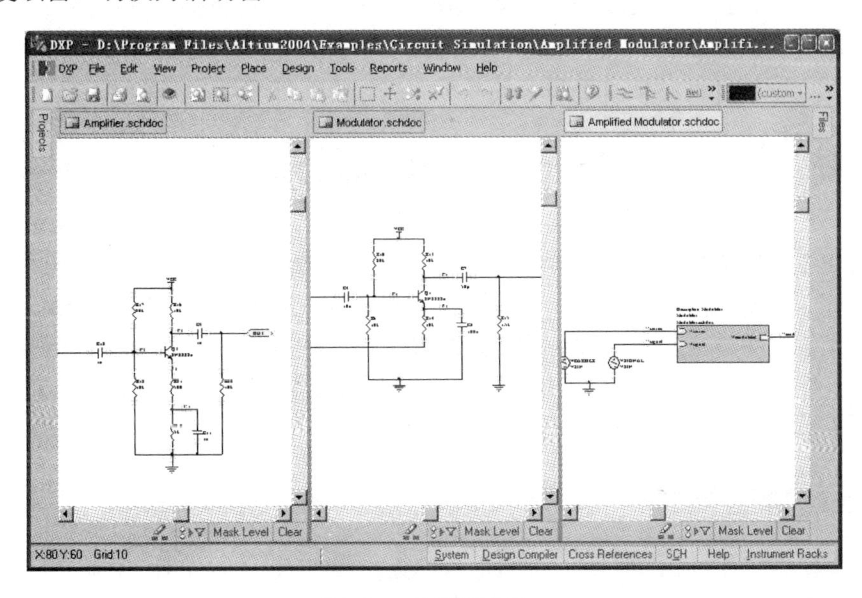

图 5-8 垂直平铺窗口

图 5-6 中的“Split Vertical”命令也有垂直平铺功能，但其只影响相邻的两个窗口。

5.3.4 恢复默认的窗口层叠显示状态

图 5-6 中的“Merge All”命令具有恢复窗口层叠显示状态的功能，执行此命令后，窗口即恢复为默认的层叠显示状态。

5.3.5 在新窗口中打开文件

Protel 2004 具有支持当前文件在新窗口中显示的功能。在当前文件的文件标签处单击鼠标右键，打开其右键菜单（见图 5-6），单击在新窗口打开（Open In New Window），则当前文件在新打开的 Protel 2004 设计窗口中显示，即此时在桌面上会有两个 Protel 2004 设计界面。

5.3.6 重排设计窗口

当桌面上有两个或两个以上 Protel 2004 设计窗口时，可以用重排窗口命令使这些设计界面全部显示在桌面上。

执行【Window】→【Arrange All windows Horizontally】菜单命令，所有设计界面以水平平铺显示，类似“Tile Horizontally”命令的操作结果。

执行【Window】→【Arrange All windows Vertically】菜单命令，所有设计界面以垂直平铺显示，类似【Tile Vertically】命令的操作结果。

5.3.7　隐藏文件

Protel 2004 具有支持隐藏当前文件的功能。在当前文件的文件标签处单击鼠标右键，打开右键菜单（见图 5-6）。

执行【Hide Current】命令，隐藏当前文件（包括文件标签）。

执行【Hide All Documents】命令，隐藏所有打开的文件（包括文件标签）。

执行隐藏文件命令后，【Window】菜单中会新出现一个恢复隐藏命令【Unhide】。【Unhide】中包含所有被隐藏的文件名称，单击文件名称即可使该文件处于显示状态。

5.4　工 作 面 板

Protel 2004 在各个编辑器中大量地使用了工作面板（Workspace Panel），所谓工作面板是指集同类操作于一身的隐藏式窗口。这些面板按类区分，放置在不同的面板标签中。

本节以第 3 章中建立的“声控变频电路.PRJPCB”为例，介绍工作面板的使用方法。

首先打开“声控变频电路.PRJPCB”项目，进入原理图编辑器，执行【Project】→【Compiler PCB Project】菜单命令，编译该项目。

5.4.1　面板标签简介

原理图编辑器共有 6 个面板标签，系统面板标签 System，设计编译器面板标签 Design Compiler，交叉引用面板标签 Cross References，原理图面板标签 SCH，帮助面板标签 Help 和仪器架面板标签 Instrument Racks。

1．打开面板的方法

（1）从菜单【View】→【Workspace Panels】下面的两级子菜单中选择要打开的面板。

（2）单击原理图编辑器右下角的面板标签，从打开的菜单中选择要打开的面板。

2．面板标签及面板的名称

（1）系统面板标签 System 中共有 8 个面板，如图 5-9 所示。

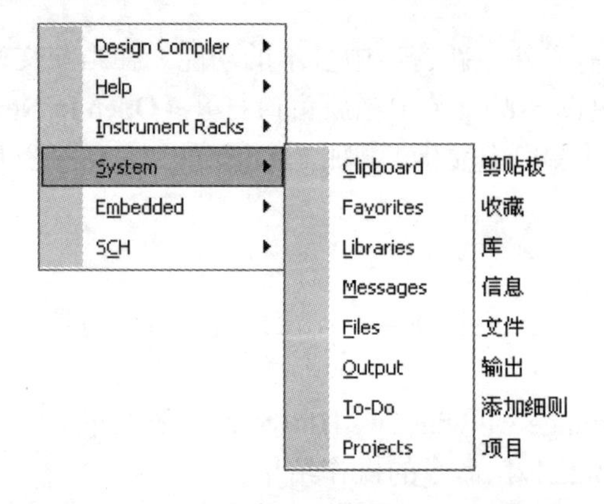

图 5-9　系统面板标签包含的面板

（2）设计编译器面板标签 Design Compiler 中共有 4 个面板，如图 5-10 所示。

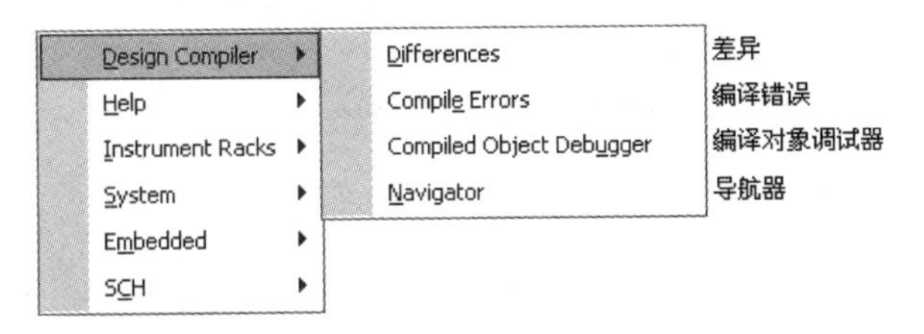

图 5-10 编译器面板标签包含的面板

（3）交叉引用面板标签 Cross References，本身就是一个面板启动按钮。单击它就可以打开交叉引用面板。在菜单中，它的上一级菜单是 Embedded，即嵌入式。交叉引用面板主要针对嵌入式系统的开发。

（4）原理图面板标签 SCH 中共有 3 个面板，如图 5-11 所示。

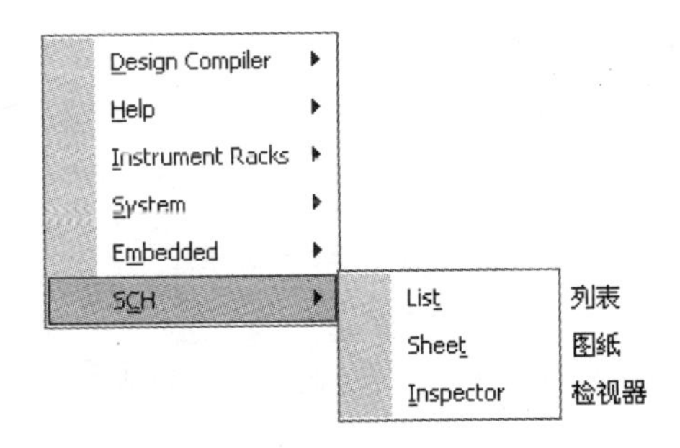

图 5-11 原理图面板标签包含的面板

（5）帮助面板标签 Help 的功能与菜单【Help】→【Search】的功能相同。

（6）仪器架面板标签 Instrument Racks 中共有 3 个面板，如图 5-12 所示。这 3 个面板主要是针对系统外挂开发设备的。

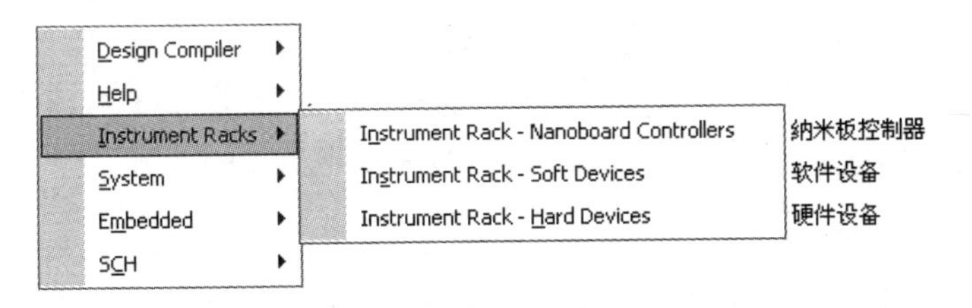

图 5-12 仪器架面板标签包含的面板

5.4.2 剪贴板面板（Clipboard）功能简介

1. 剪贴板面板的保存功能

在原理图绘制和编辑过程中，所有的复制操作都会在剪贴板面板中被依次保存，最近操作的一次在最上面，如图 5-13 所示。

在系统参数设置对话框中，如果选中了图形编辑参数的带模板复制（Add Template to Clipboard）功能（参见图 2-22），剪贴板面板中将连同图纸信息一起保存，如图 5-13 中的第三次复制。

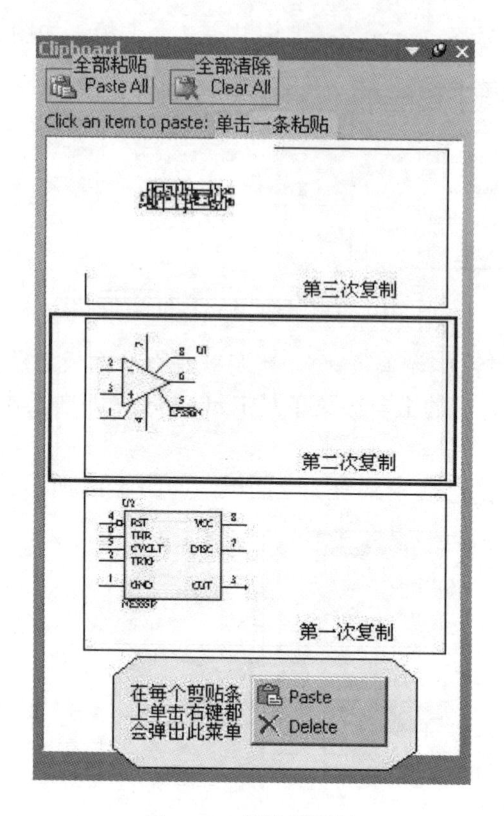

图 5-13　剪贴板面板

2. 剪贴板面板的粘贴功能

（1）单独粘贴功能。单击剪贴板面板中要粘贴的一条内容，该剪贴条中保存的图件就会附着在光标上，在图纸的适当位置单击鼠标左键，图件即被粘贴到图纸上。在一个剪贴条上单击鼠标右键会打开一个右键菜单，选择 Paste，也具有同样功能。

（2）全部粘贴功能。单击剪贴板面板的 Paste All 按钮，在图纸中可依次粘贴剪贴板中所保存的全部内容，粘贴顺序与剪贴板中从上至下的保存顺序相同。

3. 清除剪贴板的内容

（1）单独清除。在要删除的剪贴条上单击鼠标右键，从打开的右键菜单中选择 Delete，即可清除该条内容。

（2）全部清除。单击剪贴板面板的 Clear All 按钮，剪贴板面板中所保存的全部内容都会被清除。

5.4.3 收藏面板（Favorites）功能简介

收藏面板（Favorites）的功能类似网页浏览器中的收藏夹，可以将常用的文件放在里面以方便调用。

1. 为收藏面板添加内容

（1）打开要收藏的文件（原理图文件、库文件、PCB 文件等），打开收藏面板（Favorites）。

光标指向编辑器窗口的文件标签，按住鼠标左键，将其拖动到收藏面板窗口，如图 5-14 所示。

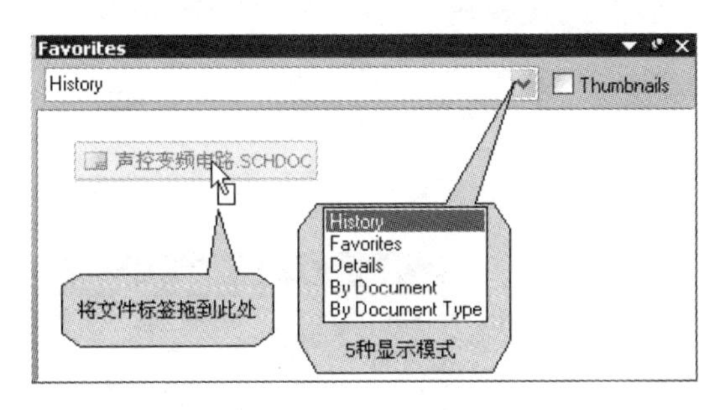

图 5-14　收藏面板

（2）放开鼠标左键，打开添加收藏对话框，如图 5-15 所示。单击 OK 按钮，文件即被添加到收藏面板中，如图 5-16 所示。

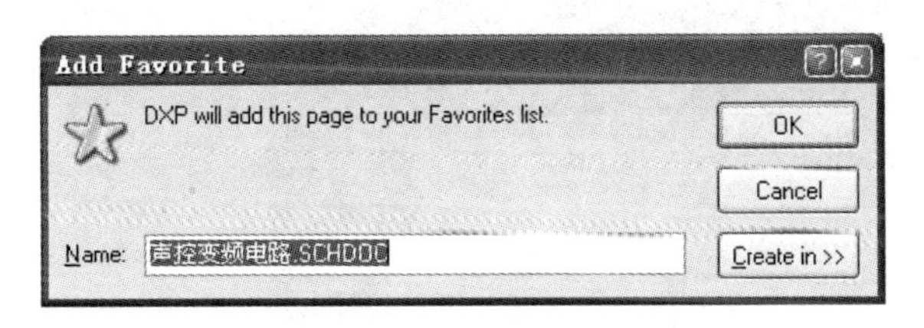

图 5-15　添加收藏对话框

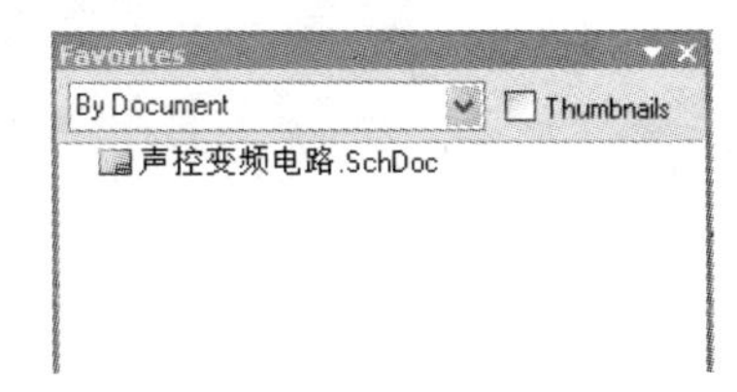

图 5-16　添加收藏后的收藏面板

（3）在收藏面板中选择不同的显示模式，可改变收藏面板的显示风格，如图 5-17 所示。

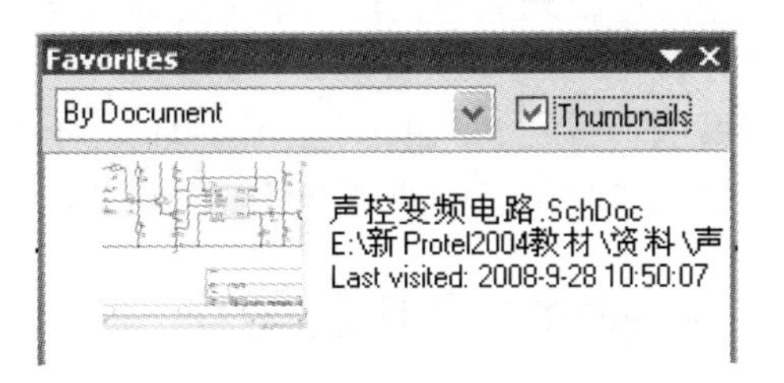

图 5-17　收藏面板的一种显示模式

2．利用导航工具栏添加收藏

（1）导航工具栏的 按钮也能够实现添加收藏的功能。单击 ，从下拉菜单中单击 Add to Favorites... 按钮，打开图 5-15 所示的添加收藏对话框。其文本框中显示当前激活的文件名称，单击 OK 按钮，文件即被添加到收藏面板中。

（2）单击图 5-15 添加收藏对话框中的 Create in >> 按钮，收藏对话框完全打开。单击 New Folder... 按钮，在打开的创建新文件夹对话框“Create New Folder”中输入文件夹名称（见图 5-18）。单击 OK 按钮，返回到添加收藏对话框。单击 OK 按钮，收藏面板中就创建了一个新命名的文件夹，文件夹中包含有收藏的文件。

3．清除收藏面板的内容

（1）单击导航工具栏的 按钮，从下拉菜单中单击 Organize Favorites... 按钮，打开整理收藏对话框，如图 5-19 所示。

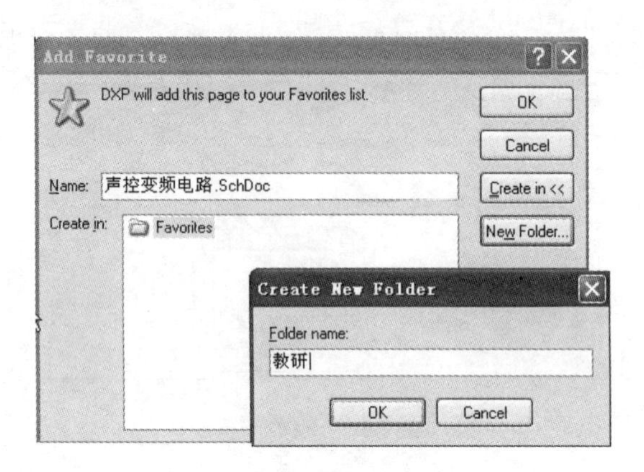

图 5-18　创建新收藏文件夹

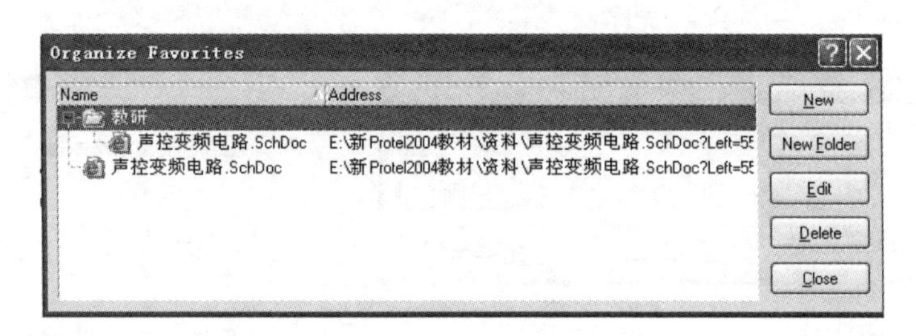

图 5-19　整理收藏对话框

（2）在整理收藏对话框中选中要删除的文件（单击变为高亮），单击 Delete 按钮，即从收藏面板中删除了选中的文件。

（3）单击整理收藏对话框的 Close 按钮，关闭整理收藏对话框。

（4）整理收藏对话框可以完成收藏面板的所有设置，此处不再赘述。

5.4.4　导航器面板（Navigator）功能简介

在原理图编辑器中，导航器面板的主要功能是快速定位，包括元件、网络分布等。导航器面板（Navigator）位于编译面板标签 Design Compiler 中，编译面板标签中面板功能是针对编译器设置的，所以要想使用其中的面板功能，必须先对文件或项目进行编译。

单击原理图编辑器面板标签 Design Compiler，选中 Navigator，打开导航器面板，如图 5-20 所示。

1. 导航器面板（Navigator）定位功能

定位功能是指图件的高亮放大显示功能，目的是突出显示相关图件。

（1）元件定位功能。单击导航器面板第二栏 Instance 列表中的元件，编辑器窗口放大显示该元件（变焦显示），其他图件变为浅色（掩膜功能），如图 5-21 所示。

（2）网络定位功能。单击导航器面板第三栏网络/总线（Net/Bus）列表中的网络名称，编辑器窗口放大显示该网络的导线、元件引脚（包括引脚名称和序号）和网络名称，其他图件被掩膜，变为浅色（包括被选中引脚所属元件的实体部分）。该功能仅针对具有电气特性的图件，如图 5-22 所示。

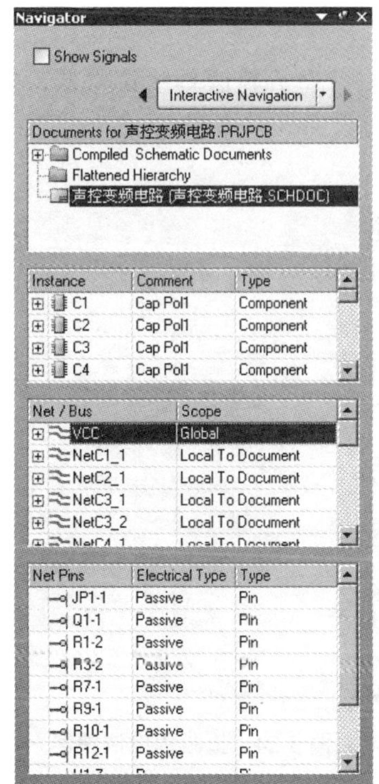

图 5-20　导航器面板

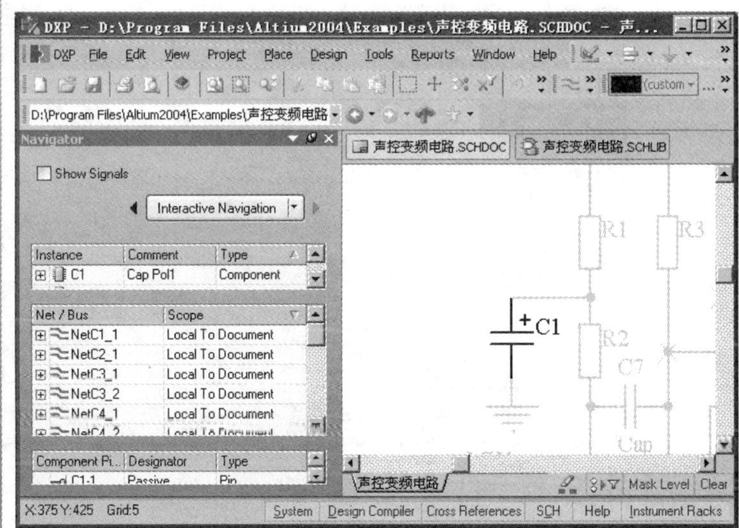

图 5-21　导航器面板的元件定位功能

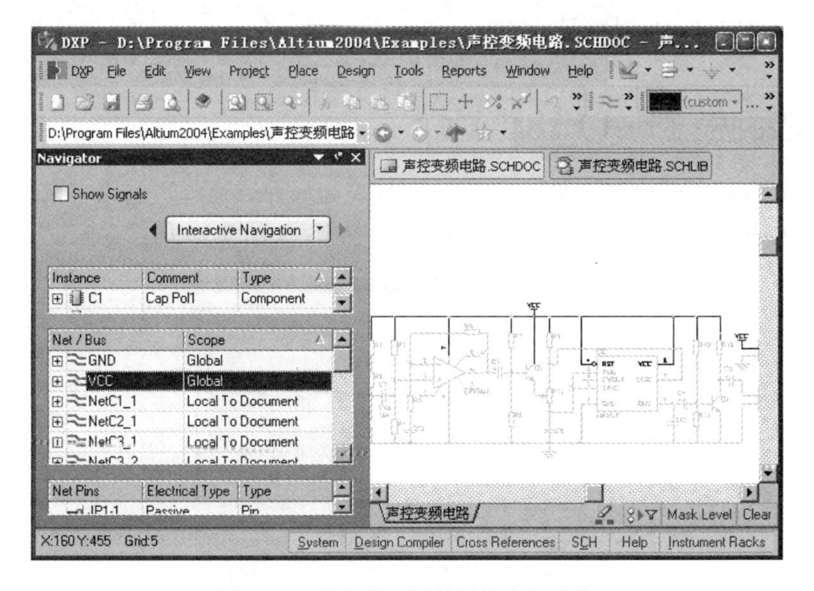

图 5-22　导航器面板的网络定位功能

（3）交互导航功能。单击导航器面板的交互导航 Interactive Navigation 按钮，出现大“十”字光标，接着单击原理图中的图件，与之关联的图件被定位，如图 5-23 所示。同时导航器面板各栏也显示相应内容。

（4）导航器面板的定位功能在 PCB 编辑器中也适用。

2. 调整掩膜程度

（1）单击编辑器窗口右下角的掩膜程度调整器 Mask Level 按钮，打开掩膜程度调整器，如图 5-24 所示。

（2）用光标拖动 Dim 滑块，向上减小，向下增大。

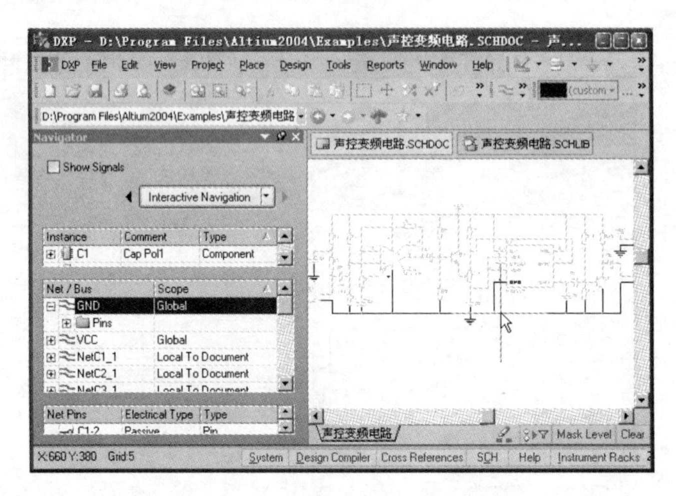

图 5-23　导航器面板的交互导航功能

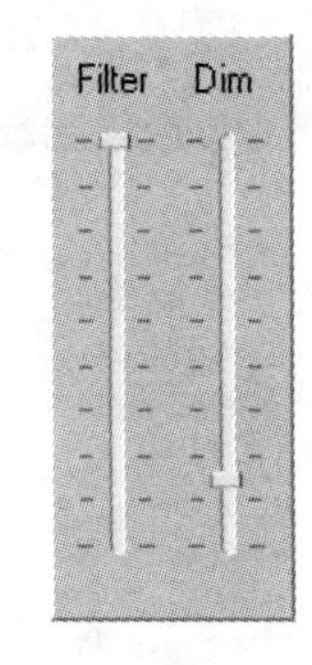

图 5-24　掩膜程度调整器

3. 取消掩膜

取消掩膜的方法有 3 种，在编辑器窗口的任何位置单击鼠标左键，或单击标准工具栏的按钮，或单击编辑器窗口右下角的 Clear 按钮都可以取消掩膜。PCB 编辑器中只有后两种方法有效。

5.4.5　列表面板（List）功能简介

列表面板（List）位于面板标签 Sch 中。列表面板允许通过逻辑语言来设置过滤器，即设置过滤器的过滤条件，从而使过滤更准确、更快捷，如图 5-25 所示。

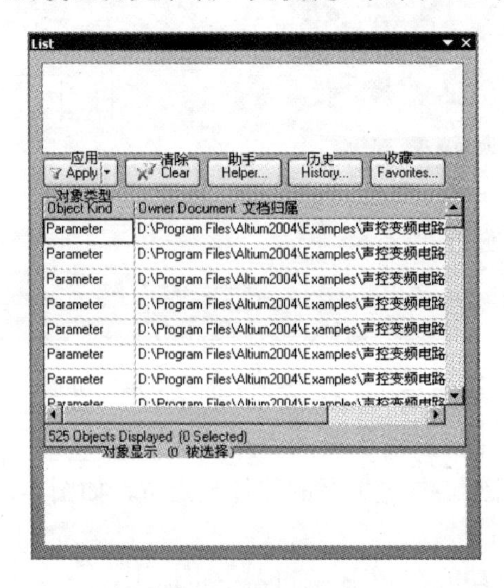

图 5-25　列表面板（List）

过滤是指快速定位元件、网络等相关图件，被过滤的相关图件以编辑器窗口的中心为中心放大显示（变焦显示），其他图件采用掩膜功能变为浅色。

1．列表面板（List）的互动显示功能

（1）单击面板标签 Sch 中的列表面板 列表，打开列表面板。初始状态的列表面板各栏无显示内容。单击应用 Apply 按钮，当前图纸的全部信息都会在第二栏中显示（包括隐藏的信息）。如图 5-25 所示，共列出"声控变频电路.SchDoc" 525 个设计数据。

（2）单击列表面板第二栏中的各项，图纸中相应的图件出现选中虚线框（前提是该图件在图纸中是可视的），同时第二栏下侧的信息栏显示 1 个被选中（如果出现多选，则显示相应数目）。

（3）单击图纸中的图件，列表面板中的显示内容会同时跳转。

2．列表面板（List）的过滤功能

（1）列表面板的第一栏可输入查询条件，以便更准确地显示要查看的信息。填写的查询条件，必须符合系统的语法规则。如果不会填写，可以请助手帮助。单击助手 Helper... 按钮，打开查询助手对话框，如图 5-26 所示。

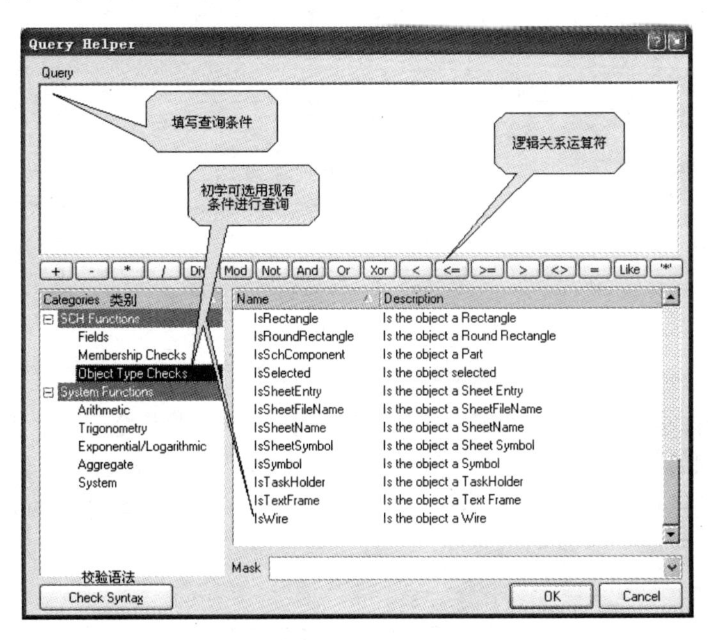

图 5-26　查询助手对话框

（2）查询助手对话框中填写查询条件语句的语法要求比较严格，初学者可利用类别分组框中列出的类别和与之对应的名称来填写。

（3）例如，选择类别原理图功能（SCH Functions）中的对象类型表单（Object Type Checks）。双击右侧名称（Name）列表框中的 IsWire，IsWire 即被填写到查询条件框（Query）中。单击 OK 按钮，退回到列表面板。单击 Apply 按钮，列表面板中列出所有符合条件的信息，如图 5-27 所示。同时原理图中所有符合条件的图件被选中，如图 5-28 所示。

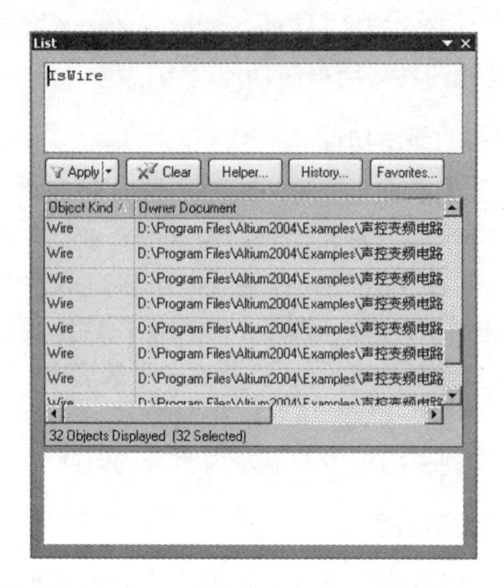

图 5-27　添加查询条件的列表面板

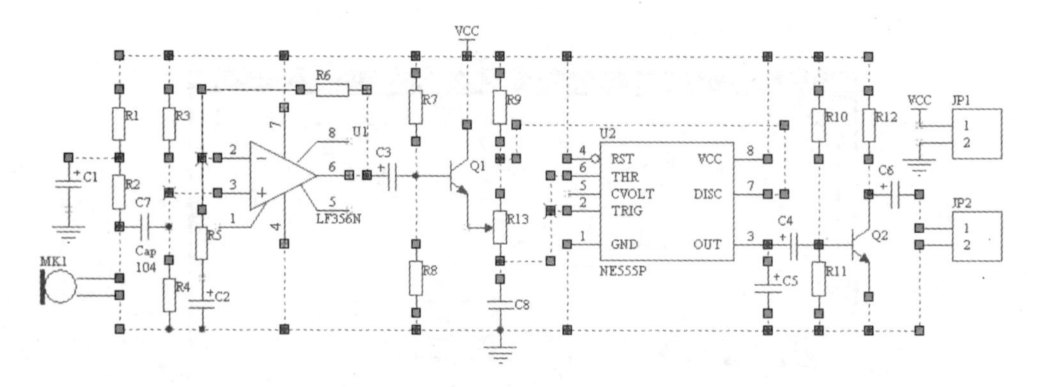

图 5-28　符合查询条件的图件被选中

（4）单击应用 Apply 按钮中的下拉按钮，会弹出一个过滤模式选择对话框，如图 5-29 所示。选择其中不同的选项，系统按不同的模式过滤。如不选中“Zoom”项，过滤器不会以变焦方式显示选中的图件。如不选中“Select”项，被选中图件不以被选取的方式显示，而是将未选中的图件进行掩膜，如图 5-30 所示。

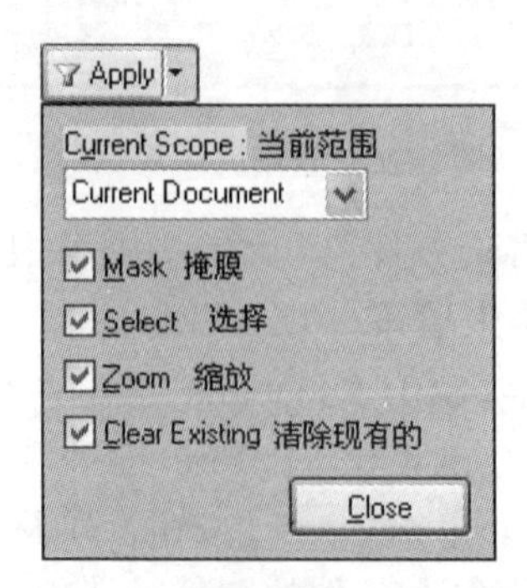

图 5-29　过滤模式选择对话框

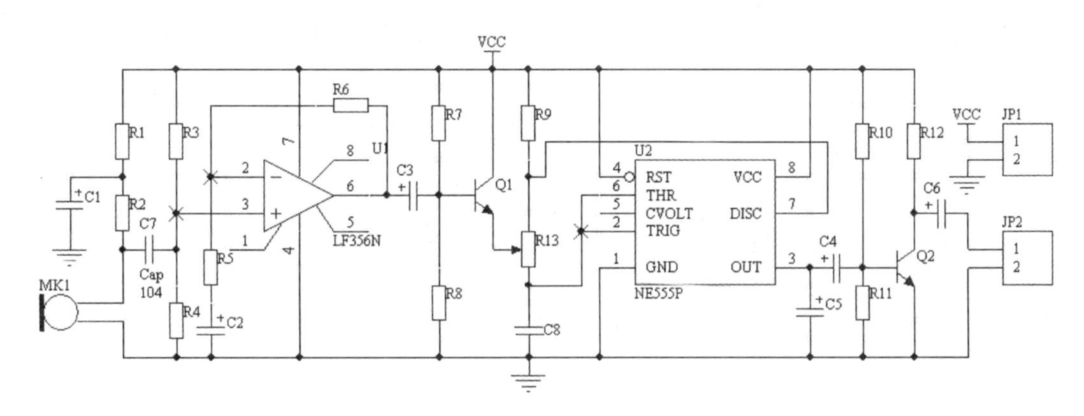

图 5-30　未选择“Select”项的过滤模式显示

3. 列表面板（List）的锁定功能

上述过滤功能执行后，编辑器自动锁定未被选中图件（即被掩膜图件），此时只能对过滤出的图件进行编辑操作。

4. 调整过滤器的掩膜程度

调节图 5-24 掩膜程度调整器中 Filter 滑块，向上减小，向下增大。

5. 取消过滤

取消过滤的方法有 3 种，单击列表面板的 Clear 按钮，或单击标准工具栏的按钮，或单击编辑器窗口右下角的 Clear 按钮。

6. 列表面板（List）的其他功能

列表面板对已执行的操作有记忆功能，单击 History... 按钮和 Favorites... 按钮，在打开的对话框中可以实现对历史操作进行编辑、重复调用、加入收藏等功能。

5.4.6 图纸面板（Sheet）功能简介

图纸面板（Sheet）中可以实现图纸的放大、缩小、移动显示中心等功能，如图 5-31 所示。

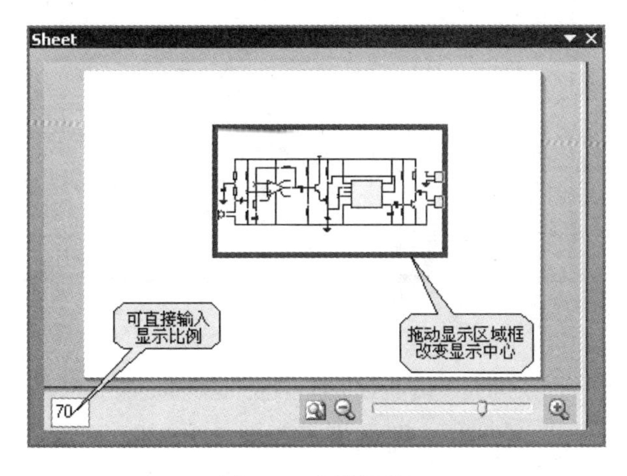

图 5-31　图纸面板

（1）单击 按钮，实现适合全部图件的显示功能，与执行“View”→“Fit All Objects”菜单命令的作用相同。

（2）单击 和 按钮或拖动显示比例调节滑块，实现缩小和放大功能。直接在比例文本框中输入数字，视图按该比例显示。

（3）将光标移到图纸面板预览框的显示区域框（默认为红色）内时，光标变为“✥”，按住鼠标左键，可拖动显示区域框，从而改变显示中心的位置。

5.5　导线高亮工具——高亮笔

编辑器窗口右下角的 按钮是一个导线高亮工具：高亮笔。高亮笔具有以下几项功能。

（1）与元件关联导线的高亮显示功能。单击 按钮，出现“十”字光标，单击原理图中的元件实体部分，与该元件关联的导线以高亮显示，如图 5-32 所示。

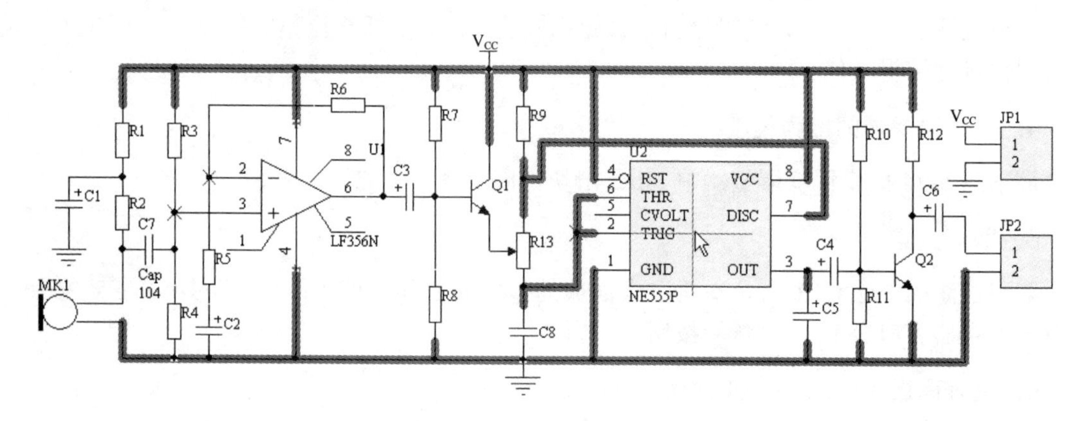

图 5-32　与元件关联导线高亮显示

（2）关联导线的高亮显示功能。单击 按钮，出现“十”字光标，单击原理图中的导线或引脚，与该导线或引脚相连的导线以高亮显示，如图 5-33 所示。

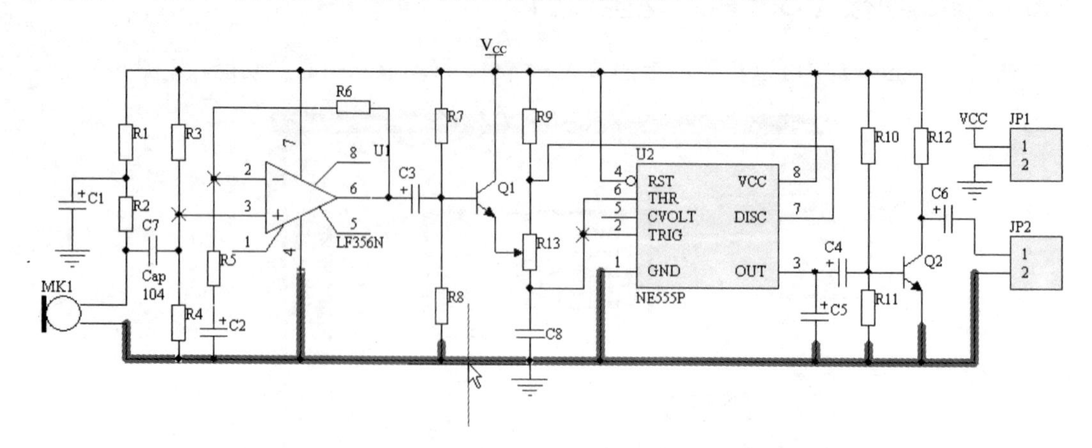

图 5-33　与导线或引脚相连的导线高亮显示

（3）取消导线高亮显示功能。单击编辑器窗口右下角的 Clear 按钮，取消高亮显示。

（4）默认状态下，编辑器窗口只能高亮显示选中的一组关联导线。如果要高亮显示多次选中的导线，使用高亮笔的同时按下【Shift】键或【Ctrl】键即可。

（5）导线高亮显示时，与之相连的元件引脚不会高亮显示。

（6）导线高亮显示不具有变焦显示功能。

高亮笔有效时，空格键切换高亮笔的颜色；【Shift】+空格键切换高亮笔的模式（连接模式和网络模式）；【Ctrl】+【Shift】+鼠标左键单击 I/O 端口或图纸入口，高亮目标图纸中相关连接或网络。

※ 练　　习

1．练习文件显示方式。

2．练习工作面板打开或关闭方式。

3．练习高亮笔的使用方法。

第 6 章　原理图编辑常用方法

在原理图设计时，时常要对原理图中的图件进行调整，也称编辑。Protel 2004 提供了对原理中的图件进行编辑的方法。例如，某一元件或某一组元件或某一区域内（外）的元件的选取、复制、删除、移动或排列等。

本章将介绍这些通用编辑方法；还将介绍原理图的全局编辑方法。

6.1 【Edit】菜单

通用编辑方法包括选取、剪切、复制、粘贴、删除、移动、排列等，这些命令集中在菜单【Edit】中，如图 6-1 所示。

图 6-1 【Edit】菜单

6.2 选 取 图 件

选取图件是其他编辑功能实现的前提，只有图件被选取后才能对其进行编辑操作。图件处于被选取的状态时也称为选中。

Protel 2004 共有 3 种选中状态指示：句柄、文本框、高亮条。高亮条适用于图件主要是命令、文件名称等；文本框适用于图件主要是字符串、标记、节点、电源端子等；其余的原理图图件主要由句柄指示其选中状态，如图 6-2 所示。选中状态指示中，句柄和文本框的颜色在系统参数设置中的图形编辑参数设置对话框中进行设置。

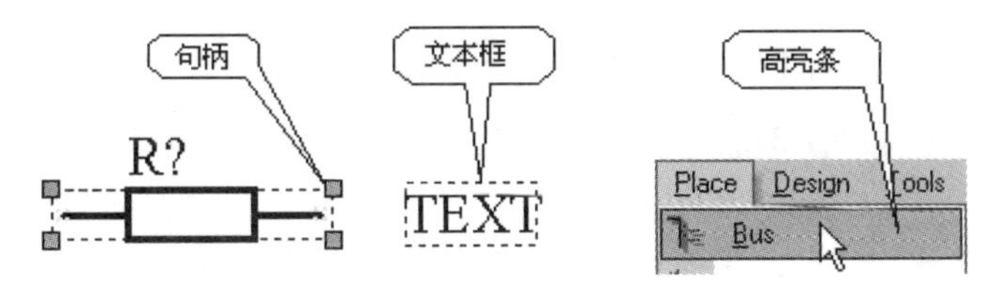

图 6-2　选中状态的 3 种指示形式

6.2.1 【Select】菜单命令

在菜单【Edit】→【Select】中有 4 个选取命令和 1 个选取状态切换命令，如图 6-3 所示。

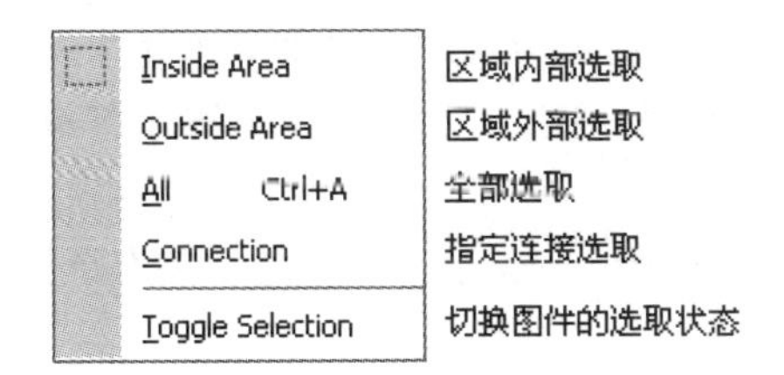

图 6-3 【Select】菜单

1．区域内部选取【Inside Area】命令

执行【Inside Area】命令后，出现“十”字光标，在图纸上单击鼠标左键，移动光标会出现一个矩形虚线框。再单击鼠标左键，矩形虚线框内的所有图件都被选中。但如果一个图件超出一半的部分在虚线框外时，该图件将不被选中。也就是说，要用区域内部选取命令选取图件时，被选取图件的 1/2 以上部分必须包含在虚线框内。

2．区域外部选取【Outside Area】命令

执行该命令的结果和上一个命令正好相反，它选中的是虚线框外部的图件。

3．全部选取【All】命令

执行【Inside Area】命令后，当前图纸中的所有图件都被选中。

4．指定连接选取【Connection】命令

指定连接选取命令只能选取有电气连接的相关图件。无电气属性的图件不能被该命令选中。它的操作图件是导线、节点、网络标号、输入/输出端口和元件引脚（不包括元件实体部分）等。

执行【Connection】命令后，出现“十”字光标，在操作图件上单击鼠标左键，与被单击图件相连接的有电气属性的图件都被选中，并且高亮显示（过滤器功能）。此时只能对过滤出的图件进行编辑，高亮的元件引脚只是元件的一部分，不能算作完整的图件，所以不能对其进行编辑。该命令是一个多选命令，即可以连续选取多个图件。

注意：与该命令选取图件相连的元件也会出现一个类似句柄的方框，但它只是提示性符号，提示该元件与选取图件有连接关系，而不是说该元件被选取。元件被选取时，句柄的小方块是实心的，此处则是空心的。

5. 切换图件的选取状态【Toggle Selection】命令

该命令用于切换图件的选取状态，即在选取和不选取两种状态间进行切换。

执行该命令后，出现“十”字光标，在图件上单击鼠标左键。如果该图件原来被选中，则它的选中状态被取消，如果该图件原来未被选中，则它变为选中状态。

6.2.2 直接选取方法

直接选取是指不执行菜单命令或单击工具栏按钮，而在图纸上用光标直接进行选取。

（1）在图纸上按住鼠标左键，拖动光标，当出现一个虚线框时，放开左键，虚线框内的图件即被选中。这种方法是区域内选取命令的快速操作，主要用于多个图件的选取。

（2）将光标放在图件上，单击鼠标左键，图件即被选中。

（3）在操作上述两种选取时，按住键盘的【Shift】键，可执行多次选取操作。【Shift】键同时也对其他选取命令有效。

（4）系统参数中可以设置【Shift】+鼠标左键单击，作为直接选取方法。参见设置图形编辑参数一节。

6.2.3 【DeSelect】菜单命令

在菜单【Edit】→【DeSelect】中有 4 个取消选择命令和 1 个选取状态切换命令，如图 6-4 所示。

图 6-4 【DeSelect】菜单

1. 用菜单命令取消选择

与【Select】选取子菜单命令相比较，前 3 个命令功能恰好相反，最后 1 个命令功能完全相同。【All Open Documents】是将所有打开文件中图件的选取状态取消。

2. 直接取消选择的方法

当多个图件被选中时，如果想解除个别图件的选取状态，将光标移到相应的图件上，单击鼠标左键即取消该图件的选取状态。对取消单个图件的选中状态也有效。

当多个图件被选中时，如果想解除全部图件的选取状态，在图纸的未选中区域，单击鼠标左键即可。最好是在空白处单击鼠标左键，如果在原理图图件上单击鼠标左键，在取消原选中图件时，被单击图件将被选中（系统参数设置中的图形编辑参数设置对话框里必须勾选 ☑ Click Clears Selection 项）。

6.3　剪 贴 图 件

Protel 2004 能够使用 Windows 操作系统的共享剪贴板，更方便用户在不同的文档间“复制”、“剪切”和“粘贴”图件。如将原理图复制到 Word 文档，编辑报告或论文。

Protel 2004 系统自带的剪贴板面板（Clipboard），功能非常强大，使用方法见 5.4.2 节。

6.3.1　剪切

剪切是将选取的图件删除并存放到剪贴板中的过程，其操作步骤如下。

（1）选取要剪切的图件。

（2）执行【Edit】→【Cut】菜单命令或单击标准工具栏上的 按钮。

（3）出现“十”字光标，将光标指向被选取的图件，单击鼠标左键，即可将图件移存到剪贴板中，同时选取的图件被删除。

注意：系统自带的剪贴板面板（Clipboard）对剪切命令无效，即不会保存剪切的内容。剪切内容被暂存在操作系统的剪贴板中，且只能保存一项，如果有新的剪切操作就会覆盖已有的内容。如果 Office 2000 是打开的，剪切内容同时也会保存在 Office 2000 的剪贴板中。Office 2000 的剪贴板可以保存 12 次内容。

6.3.2　复制

复制是将选取的图件复制到剪贴板中，原理图上仍保留被选取图件，具体操作步骤如下。

（1）选取要复制的图件。

（2）执行【Edit】→【Copy】菜单命令或单击标准工具栏上的 按钮。

（3）出现“十”字光标，将光标指向被选取的图件，单击鼠标左键，即可将图件复制到剪贴板中。

（4）同时被复制图件也保存在系统的剪贴板面板中。如果设置带模板复制（Add Template to Clipboard）有效，则在剪贴板面板中连同模板一起保存。

6.3.3　粘贴

粘贴是将剪贴板中的内容作为副本，放置在当前文件中，具体操作步骤如下。

（1）执行【Edit】→【Paste】菜单命令或单击标准工具栏上的 按钮。

（2）出现“十”字光标，并且光标上附着剪切或复制的图件，将光标移到合适的位置，单击鼠标左键，即可在该处粘贴图件。

（3）在执行粘贴操作时，可以按空格键旋转光标上所粘附的图件，按【X】键左右翻转，按【Y】键上下翻转。

如果在复制时是带模板复制的，在 Protel 2004 系统内的图纸上粘贴时，模板不会出现。如果是粘贴到系统外其他文档中（如 Word 文档），则会连同模板一起粘贴。

6.3.4 阵列粘贴

对于只进行一次复制粘贴的操作，使用 6.3.3 节的操作方法是比较方便的。但是，如果需要多次粘贴同一个图件，且要同时修改元器件的标识符时，要不断重复执行粘贴命令，就显得很不方便。使用 Protel 2004 中的阵列粘贴，就可以很好地解决这个问题。当剪切或复制图件时可按如下步骤进行操作。

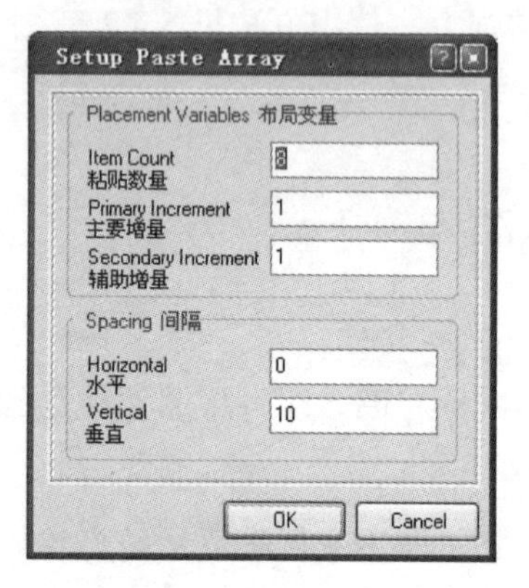

图 6-5 阵列式粘贴参数设置对话框

（1）执行【Edit】→【Paste Array】菜单命令或单击辅助工具栏中的按钮，启动阵列式粘贴命令，打开阵列式粘贴参数设置对话框，如图 6-5 所示。

【Placement Variables】布局变量分组栏中有下列 3 个选项。

- “Item Count”：粘贴数量，要重复粘贴图件的个数。
- “Primary Increment”：主要增量，当要粘贴的图件中含有结尾为数字的序号时，填写增量数字后，粘贴的新图件将以此数为递增量形成新序号。可以为正数（递增），也可以为负数（递减），主要指元件标识符。
- “Secondary Increment”：辅助增量，在原理图库文件编辑器中，阵列粘贴元件引脚时的增量值，原理图编辑器中无效。

【Spacing】间隔分组栏中有以下两项。

- 【Horizontal】：参考点之间的水平间距，正数向右偏移，负数向左偏移。
- 【Vertica1】：参考点之间的垂直间距，正数向上偏移，负数向下偏移。

（2）设置完阵列粘贴属性对话框后，单击 OK 按钮，出现“十”字光标，在绘图区选定位置并单击鼠标左键，阵列将从单击鼠标处开始粘贴。

6.4 删 除 图 件

删除图件有两种方法：一种是个体删除；另一种是组合删除。具体功能和操作如下。

6.4.1 个体删除【Delete】命令

使用该命令可连续删除多个图件，且不需要选取图件。

执行【Edit】→【Delete】菜单命令，出现“十”字光标，将光标指向所要删除的图件，单击鼠标左键删除该图件。此时仍处于删除状态，光标仍为“十”字光标，可以继续删除下一个图件，单击鼠标右键（也可以按【Esc】键）退出删除状态。

6.4.2 组合删除【Clear】命令

该命令的功能是删除已选取的单个或多个图件。

（1）选取要删除的图件。

（2）执行【Edit】→【Clear】菜单命令，已选图件将立刻被删除。

除以上两个删除命令之外，也可以把剪切功能看成是一种特殊的删除命令。

6.5　移动与排列图件

在绘制原理图过程中，经常要移动已放置的原理图图件，以使它们的位置更合理。在元器件的位置调整过程中，Protel 2004 提供了一组移动命令和一组排列对齐命令，分别在菜单【Edit】→【Move】和【Edit】→【Align】的子菜单中，如图 6-6 和图 6-7 所示。

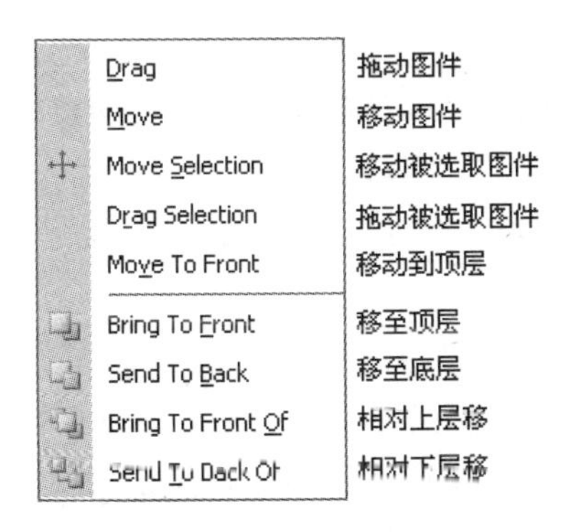

图 6-6 【Move】菜单

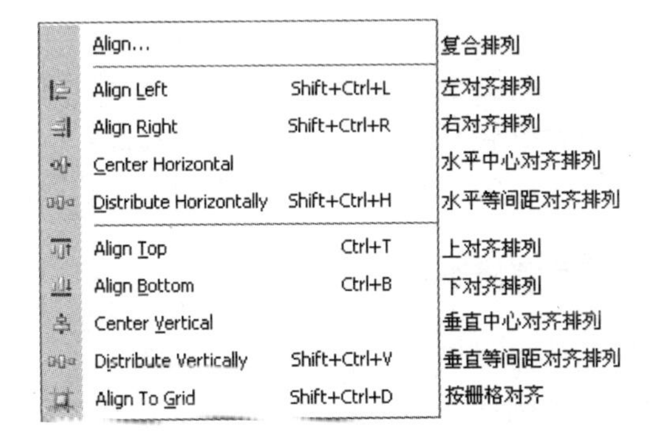

图 6-7 【Align】排列菜单

从图 6-6 中可以知道，Protel 2004 将图件的移动分为平移和层移两种类型。

- “平移”：图件在同一个平面里移动。
- “层移”：当原理图图件相互叠加在一起时，需要调整上下叠加次序的移动。

6.5.1　平移图件

1. 拖动【Drag】命令及组合拖动【Drag Selection】命令

拖动是指用光标拖动图件，只适用于单一图件的移动。这种方法移动原理图图件时，与之相连的导线也会发生移动变形而保持其连通性。

（1）执行【Edit】→【Move】→【Drag】菜单命令。

（2）出现“十”字光标，将光标指向要拖动的图件（不需要预先选中），单击鼠标左键，被单击图件即被粘在光标上而处于拖动状态。移动光标图件和与图件相连的导线会跟随光标移动。将图件拖到目标位置，再单击鼠标左键即可将图件放置在新位置上。

还有一种快速执行该命令的方法是，先按住键盘的【Ctrl】键，在要拖动的图件上按住鼠标左键，此时该图件即处于被拖动状态，移动到新位置放开鼠标左键即可。

（3）对于有电气连接点的图件，拖动时光标会自动滑到最近的电气点上；对于没有电气连接点的图件，拖动时光标相对于图件的位置不变。

在导线上单击拖动光标，光标位置不会滑动，因为导线上的任何一点都可以作为电气连接点。

（4）当图件处于拖动状态时，按键盘上的空格键可以切换与之相连导线的走线角度。图件被拖动时，按【X】键左右翻转，按【Y】键上下翻转。

（5）【Drag Selection】命令是拖动预先选取的所有图件。

2．移动【Move】及组合移动命令

移动【Move】命令的功能是只移动图件，与之相连接的导线不会跟着它一起移动，具体操作步骤如下：

（1）执行【Edit】→【Move】→【Move】菜单命令。

（2）出现“十”字光标，操作过程同拖动命令。

还有一种快速执行该命令的方法是，直接在要拖动的图件上按住鼠标左键，此时该图件即处于选中和移动状态，移动到新位置放开鼠标左键，该图件即被移动到新位置且仍处于选中状态。

（3）当图件处于移动状态时，按键盘上的空格键可以切换图件的放置角度，每按一次空格键，逆时针旋转 90°，按【X】键左右翻转，按【Y】键上下翻转。

（4）【Move Selection】命令是移动预先选取的所有图件。

6.5.2　层移图件

层移图件命令共有 5 个，现在分别介绍各个命令的功能和用法。

（1）移动到顶层【Move To Front】命令是移动重叠在一起的某一个图件到顶层。该命令同时具有平移和层移两种功能。执行该命令后，出现“十”字光标，单击要移动的图件，图件即附着在“十”字光标上，同时图件被置为顶层，此时移动光标到合适的位置，单击鼠标左键放置图件。此命令可连续执行，单击鼠标右键退出。

（2）移至顶层【Bring To Front】命令也是移动重叠在一起的某一个图件到顶层，与上一个命令的不同之处是它不具备平移功能（以下几个层移命令都没有平移功能）。执行该命令后，出现“十”字光标，单击要层移的图件，该图件立即被置为重叠图件的顶层。单击鼠标右键，退出当前状态。

（3）移至底层【Send To Back】命令是移动重叠在一起的某一个图件到底层。执行该命令后，出现“十”字光标，单击要层移的图件，该图件立即被移到重叠图件的底层。单击鼠标右键，结束该命令。

（4）相对上层移【Bring To Front Of】命令是将指定图件层移到某图件的上层。启动该命令后，出现“十”字光标，单击要层移的图件。光标仍是“十”字形，选择参考图件，单击鼠标左键，第一次单击的图件被置于参考图件的上层。单击鼠标右键，结束该命令。

（5）相对下层移【Send To Back Of】命令是将指定图件层移到某图件的下层。操作方法同【Bring To Front Of】命令。

6.5.3　排列图件

Protel 2004 为设计者提供了一系列具有排列功能的命令（如图 6-7 所示），使图件的布局更加方便、快捷。在启动排列命令之前，首先要选择需要排列的一组图件，所有排列对齐命令仅针对被选取图件，与其他图件无关。

（1）左对齐排列【Align Left】命令是将选取图件，向最左边的图件对齐。

（2）右对齐排列【Align Right】命令是将选取的图件，向最右边的图件对齐。

（3）水平中心对齐排列【Center Horizontal】命令是将选取的图件，向最右边图件和最左边图件的中间位置对齐。执行命令后，各个图件的垂直位置不变，水平方向都汇集在中间位置，所以有可能发生重叠。

（4）水平等间距对齐排列【Distribute Horizontal】命令是将选取的图件，在最右边图件和最左边图件之间等间距放置，垂直位置不变。

（5）上对齐排列【Align Top】命令是将选取的图件，向最上面的图件对齐。

（6）下对齐排列【Align Bottom】命令是将选取的图件，向最下面的图件对齐。

（7）垂直中心对齐排列【Center Vertical】命令是将选取的图件，向最上面图件和最下面图件的中间位置对齐。执行命令后，各个图件的水平位置不变，垂直方向都汇集在中间位置，所以也有可能发生重叠。

（8）垂直等间距对齐排列【Distribute Vertically】命令是将选取的图件，在最上面和最下面图件之间等间距放置，水平位置不变。

（9）按栅格对齐【Align To Grid】命令是使未位于栅格上的电气点移动到最近的栅格上（图件本身作为一个整体也会发生移动）。这个命令主要用在放置完原理图图件后，修改过栅格参数，从而使元件等原理图图件的电气连接点不在栅格点上，给连线造成一定困难时，可用该功能使其修正。

（10）复合排列【Align...】命令，可以将选取的图件在水平和垂直两个方向上同时排列。

执行【Edit】→【Align】→【Align...】菜单命令，进入复合排列设置对话框，如图 6-8 所示。

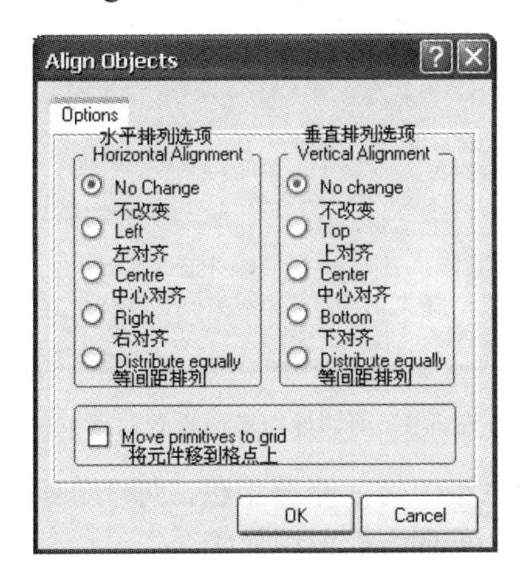

图 6-8　复合排列设置对话框

复合排列设置对话框中的水平排列选项（Horizontal Alignment 单选项）分组栏、垂直排列选项（Vertical Alignment 单选项）分组栏和将元件移到格点上（Move Primitives to grid）复选项，各个选项的含义与上面讲解的各项功能相同。

复合排列同时执行两个方向上的对齐功能，效率较高。

6.6　剪切导线

剪切导线【Break Wire】命令是用来将导线中一部分切除的命令。

系统确认一条导线是以放置时的起点和终点为标记的，无论中间是否有转折点。对于导线的编辑，系统是按一条导线进行的，不能编辑一根导线中的一部分。如果要对导线的一部分进行编辑操作，就需要将导线剪断，剪切导线【Break Wire】命令就是完成这一功能的。

1．设置剪切参数

在剪切导线之前，需要设置导线剪切的参数。该参数在系统参数设置中进行。

（1）从右键快捷菜单中执行【Preferences】命令，启动系统参数设置对话框，单击剪切导线（Break Wire）标签，进入剪切导线参数设置对话框，如图 6-9 所示。

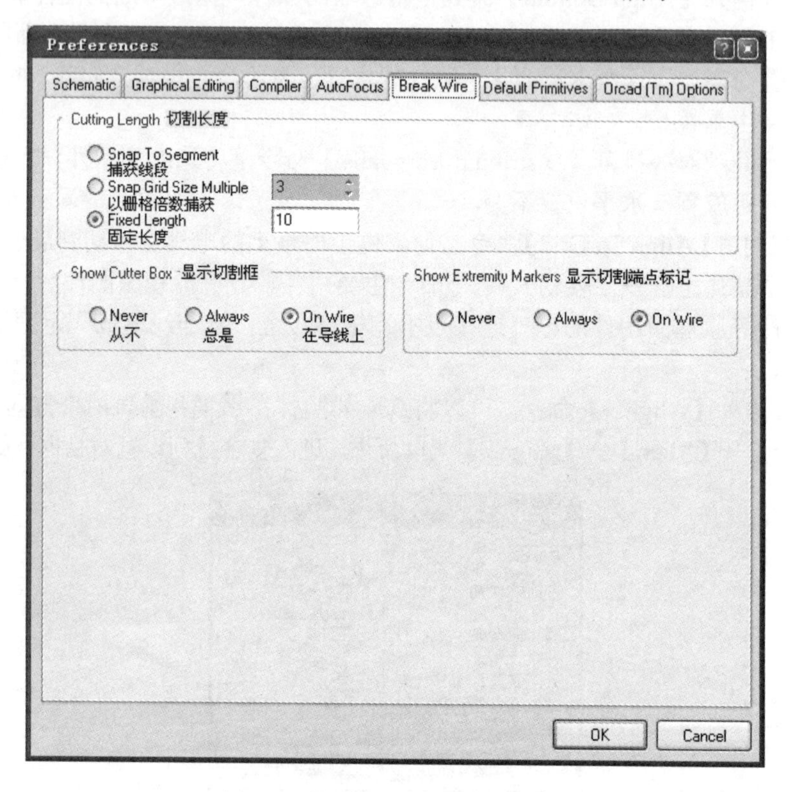

图 6-9　剪切导线参数设置对话框

（2）剪切导线参数设置对话框中有 3 个分组栏，每个分组栏中都有 3 个单选项，选择不同的组合，剪切导线命令将按不同的方式剪切导线。

（3）切割长度（Cutting Length）分组栏。

捕获线段（Snap To Segment）选项有效时，执行剪切导线命令，将剪切光标指向整条导线。

以栅格倍数捕获（Snap Grid Size Multiple）选项有效时，执行剪切导线命令，将以当前栅格值乘以其文本框中输入的倍数确定剪切长度。如当前栅格值为“10”，设置倍数为“3”，则剪切长度为“30”。

固定长度（Fixed Length）选项有效时，执行剪切导线命令，将以其文本框中设置的长度剪切导线。

（4）显示切割框（Show Cutter Box）分组栏。

从不（Never）选项有效时，执行剪切导线命令时，不显示切割框。

总是（Always）选项有效时，执行剪切导线命令时，总是显示切割框，不论光标在任何位置。

在导线上（On Wire）选项有效时，执行剪切导线命令时，光标指向导线时才显示切割框。

（5）显示切割端点标记（Show Extremity Markers）分组栏的 3 个选项与显示切割框（Show Cutter Box）分组栏相同，只是作用对象是切割端点标记。

2．剪切导线

具体操作步骤如下。

（1）执行【Edit】→【Break Wire】菜单命令。

（2）图 6-10 是以图 6-9 中参数设置形式示意的剪切导线过程。

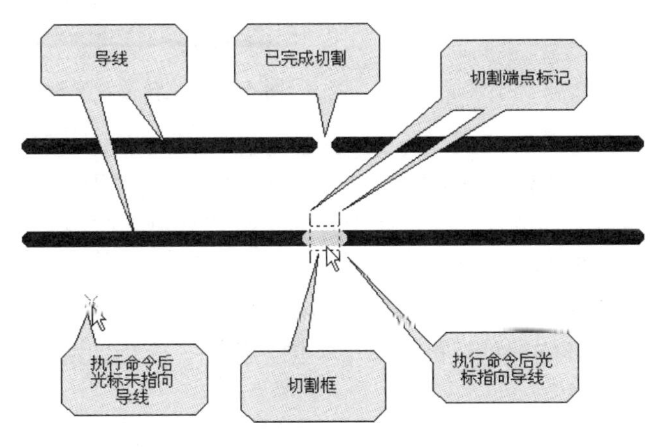

图 6-10　剪切导线过程

6.7　平 移 图 纸

在编辑原理图的过程中，随时需要改变画面的显示比例、显示部位，使用【View】菜单命令可以实现大部分所需的功能。【View】菜单中的命令大部分 Windows 软件中都有，比较常见，使用方法也比较简单。下面介绍一种非常实用的平移图纸方法。

在编辑器窗口中按住鼠标右键不放，出现一只小“手”形，此时移动光标，图纸会跟随光标在任意方向上移动，如图 6-11 所示。图纸平移到合适位置后放开鼠标右键即可。平移图纸功能在系统所有的编辑器中都可以使用。

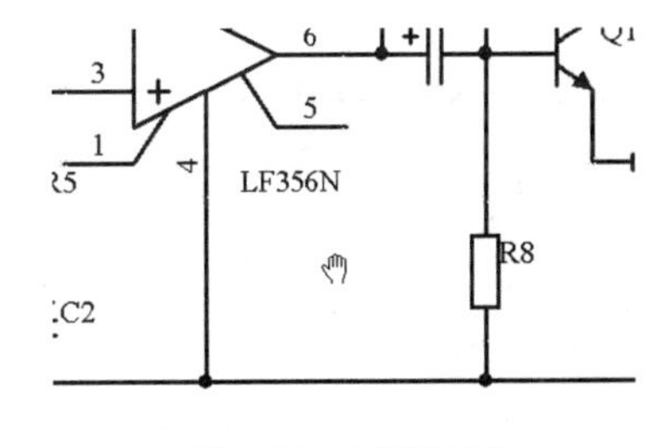

图 6-11　平移图纸

6.8　光 标 跳 转

菜单【Edit】→【Jump】中共有 4 个与光标跳转相关的命令，如图 6-12 所示。

（1）光标跳转到绝对原点命令【Origin】。执行该命令后，光标跳转到图纸的左下角，即绝对原点（0，0）。编辑窗口的显示中心同时也跳转到绝对原点，这种显示窗口跟踪光标的特性在其他几种跳转中也具备，以后不再特别介绍。

（2）光标跳转到新位置命令【New Location...】。执行该命令后，打开跳转位置坐标设置对话框（如图 6-13 所示），输入相应的坐标值，光标即跳转到设定位置。

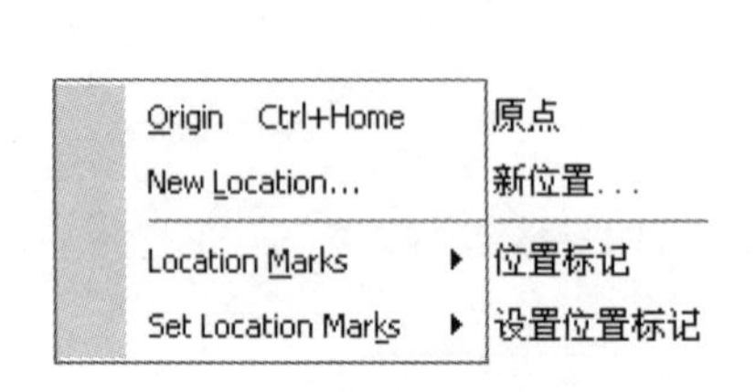

图 6-12 跳转子菜单

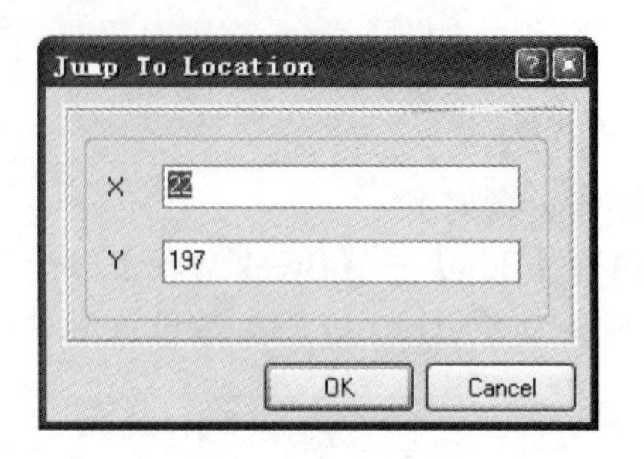

图 6-13 跳转位置坐标设置对话框

（3）设置位置标记命令【Set Location Marks】。执行该命令后，打开一个位置标记框，其中共有 10 个位置标记。单击某一个位置标记（如“1”），出现“十”字光标，移动光标在图纸某一位置单击鼠标左键，该位置的坐标即被存储在位置标记“1”中。位置标记作为原理图的一部分信息，在原理图保存时被同时保存。

（4）光标跳转到位置标记命令【Location Marks】。该命令必须与设置位置标记命令配合使用。执行该命令后，打开位置标记框，单击某位置标记，光标即跳转到该位置号标记所存储的位置坐标处。

6.9 特殊粘贴命令

Protel 2004 有两个特殊的粘贴命令，也可以叫做复制命令：复写命令【Duplicate】和橡皮图章命令【Rubber Stamp】。这两个命令实际上是复制、粘贴命令的组合，操作更快捷、方便。

6.9.1 复写命令

使用复写【Duplicate】命令，不需要将被选图件进行剪切或复制，可以直接在图纸中复制出被选图件，具体操作步骤如下。

（1）选取要复写的图件。

（2）执行菜单命令【Edit】→【Duplicate】。

（3）在被选图件右下方创建了一个复制件，并处于选中状态，原选中的图件取消选中状态。同时将图件放到剪贴板中，但系统本身的剪贴板模板不保存该命令的结果。

6.9.2 橡皮图章命令

橡皮图章命令【Rubber Stamp】与复写命令【Duplicate】相似，使用该功能复制图件时，不需要将被选图件进行剪切或复制，可以直接进行复制，具体操作步骤如下。

（1）选取要复制的图件。

（2）执行【Edit】→【Rubber Stamp】菜单命令或直接单击标准工具栏上的 按钮。

（3）出现“十”字光标，将光标指向已选取图件（也可以不指向），单击鼠标左键，此时被选图件的复制件将粘贴在光标上，移动光标到合适位置后单击鼠标左键，立即在光标位置放置一个复制件。如果需要，还可以继续在其他位置放置复制件，或者直接按鼠标右键退出当前状态。

（4）启动该命令时，如果系统参数带基点复制“Clipboard Reference”复选项被选中，则出现“十”字光标，等待用户单击，单击位置即是基点。如果“Clipboard Reference”复选项未选中，则不出现“十”字光标，而是被选图件的复制件直接附着在光标上。

（5）使用该命令，复制件会自动放到剪贴板上，使用橡皮图章所放置的复制件处于非选中状态。系统本身的剪贴板模板不保存该命令的结果。

6.10　修 改 参 数

修改命令（Change）的功能等同于双击图件，即执行【Edit】→【Change】菜单命令，出现“十”字光标后，在原理图图件上单击鼠标左键，进入属性设置对话框进行参数修改。属性设置方法见第 7 章。

6.11　全 局 编 辑

Protel 2004 的全局编辑功能可以实现对当前文件或所有打开文件（包括已打开项目）中具有相同属性图件同时进行属性编辑的功能。

Protel 2004 全局编辑功能的启动方式有两种：一种是执行【Edit】→【Find similar Objects】菜单命令，出现“十”字光标后，移动“十”字光标在编辑图件上单击鼠标左键，进入查找相似图件对话框“Find Similar Objects”；另一种是在编辑图件上单击鼠标右键，执行右键菜单中的【Find Similar Objects...】命令，进入查找相似图件对话框“Find Similar Objects”。

原理图中的任何图件都可以实现全局编辑功能。本节以“声控变频电路.SCHDOC”为例，介绍原理图元件和字符的全局编辑方法。

全局编辑功能在原理图编辑器和 PCB 编辑器中都可以使用，使用方法也基本相同，因此在 PCB 编辑器中将不再介绍。

6.11.1　原理图元件的全局编辑

以更换全部电阻元件符号为例，介绍全局编辑功能的使用。

1. 查找相似图件对话框“Find Similar Objects”的设置

将光标指向图 3-2 中的任何一个电阻实体（如 R1），单击鼠标右键打开右键菜单，执行命令【Find Similar Objects...】，即可打开“Find Similar Objects”对话框，如图 6-14 所示。

（1）按图 6-14 设置有关选项，将当前封装、元件名称和对象类型作为搜索条件，选择匹配关系为相同“Same”，复选项全部勾选，其他参数使用默认设置。对象类型的匹配关系默认为“Same”，当前封装和元件名称可以只设置其中一个的匹配关系为“Same”。

（2）6 个复选项的选择与否可有多种组合，不同的组合会产生不同的运行结果。

（3）选择匹配项（Select Matching）对全局编辑功能的影响较大，如果该项无效，检查器无检查结果，后续编辑工作将无法进行。

（4）建立表达式选项（Create Expression）有效时，将在列表面板（List）中建立一个搜索条件的逻辑表达式，可以利用列表面板显示满足条件的图件。

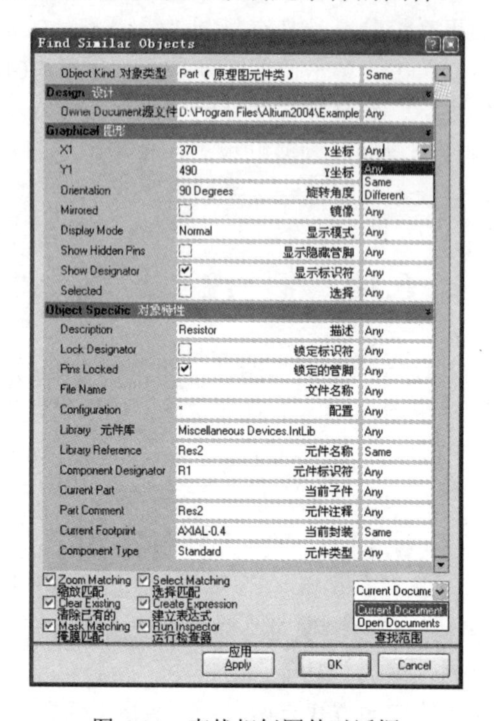

图 6-14　查找相似图件对话框

2. 操作方法

设置完成后，有两种执行方法：第一种是先单击 Apply 按钮执行，不关闭对话框，再单击 OK 按钮关闭对话框，打开检查器；第二种是单击 OK 按钮执行，直接关闭对话框，打开检查器。本例用第二种方法执行搜索，打开检查器，如图 6-15 所示，只有符合条件的元件被选中，其他的图件都变为浅色（掩膜功能）。

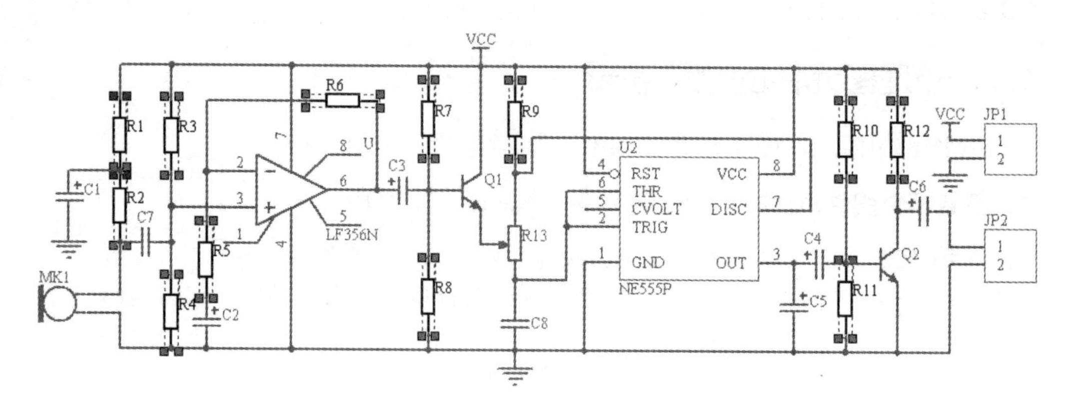

图 6-15　查找相似图件结果

3. 列表面板（List）和检查器面板（Inspector）

此时列表面板（List）和检查器面板（Inspector）也处于打开状态。

（1）单击 List 标签，打开【List】面板。在表达式文本框中列出了由上一步操作建立的表达式，如图 6-16 所示。中间是检索结果列表栏，此时为空。

（2）单击 Apply 按钮，检索结果列表栏列出符合条件的 12 个结果，如图 6-16 所示。

（3）双击检索结果列表栏列出的 12 个结果，都可以打开相应的属性设置对话框，可在其中修改元件参数。

4．利用检查器面板的全局编辑功能

用上述方法逐个修改元件参数的方法比较慢，现在介绍利用检查器面板的全局编辑功能修改所有符合检索条件的元件参数。

（1）单击“Inspector”标签，打开检查器面板，如图 6-17 所示。按照图中所示修改相应参数。

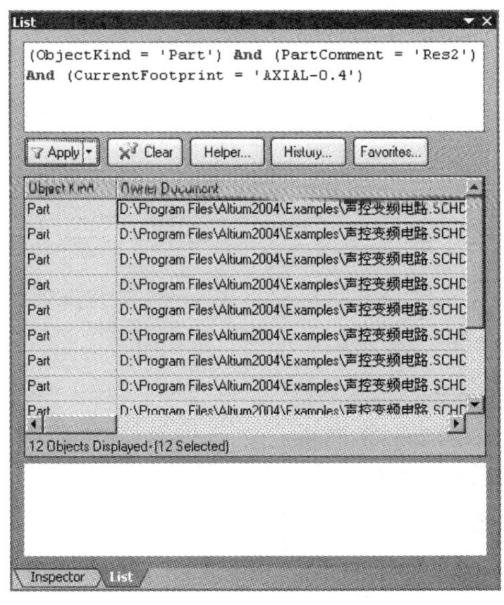

图 6-16　列表面板显示查找结果

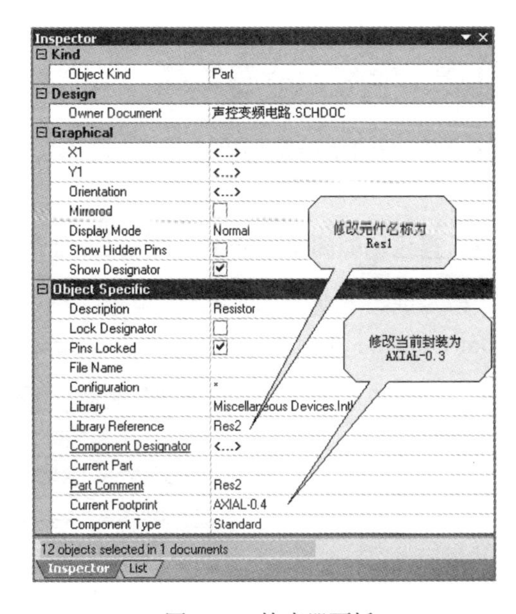

图 6-17　检查器面板

（2）修改完成后，按【Enter】键确定，原理图中选中的元件将按修改后的参数值更改，如图 6-18 所示。检查器面板不会自动关闭，单击其右上角关闭按钮，关闭检查器。

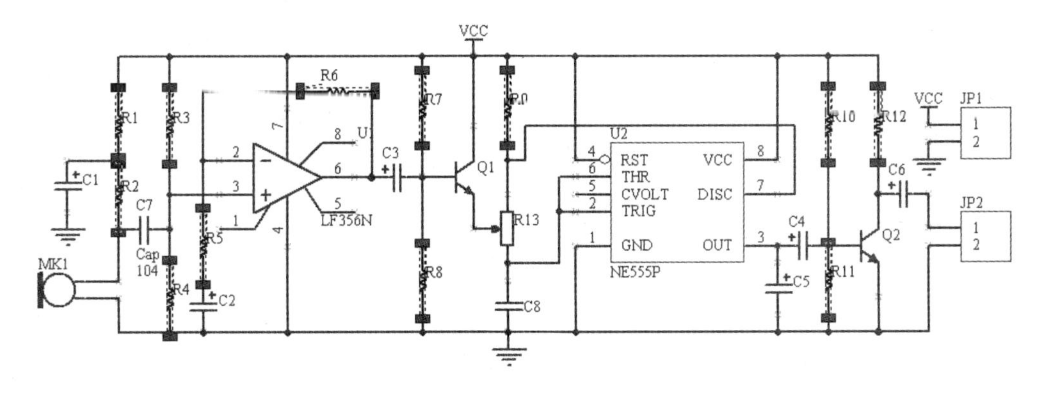

图 6-18　全局修改电阻符号

（3）单击编辑器右下角的清除 Clear 按钮，取消过滤器，使窗口恢复正常，如图 6-19 所示。

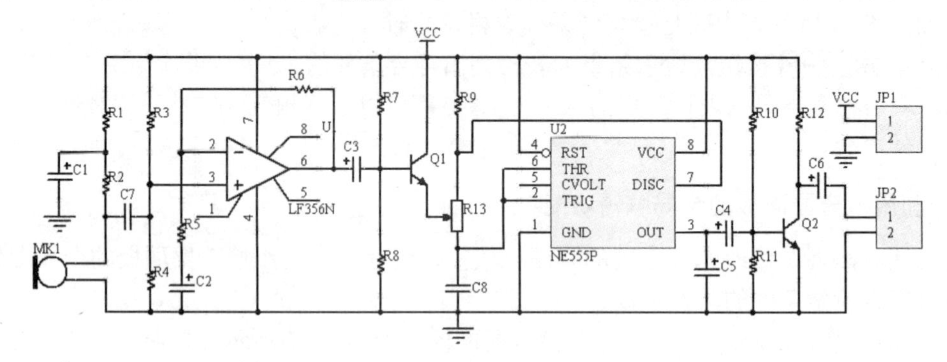

图 6-19　全局编辑后的电路图

6.11.2　字符的全局编辑

相同类型的字符都可以进行全局编辑，如隐藏、改变字体等。下面介绍将元件编号字体改为粗体的方法。

1．查找相似图件对话框“Find Similar Objects”的设置

（1）将光标指向“U1”字符，单击鼠标右键打开右键菜单，然后从右键菜单中执行【Find Similar Objects...】命令，打开“Find Similar Objects”对话框，如图 6-20 所示。

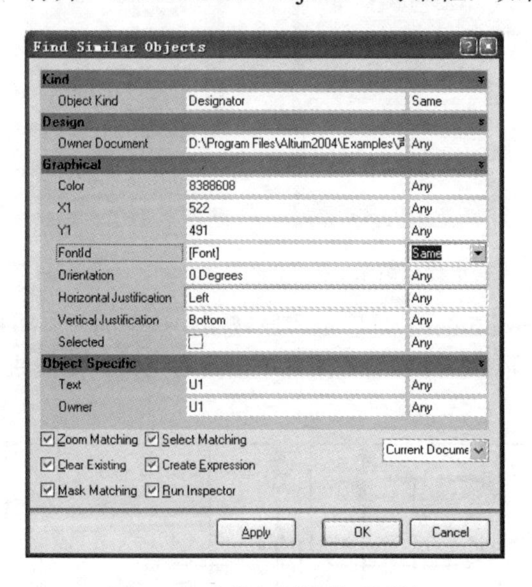

图 6-20　查找相似图件对话框

（2）在对话框中选择字体“Font”的匹配关系为相同“Same”，单击 OK 按钮，选中所有元件的标识符，如图 6-21 所示。

2．利用检查器面板的全局编辑功能修改元件标识符字体

（1）单击“Inspector”标签或按【F11】键，打开检查器面板，如图 6-22 所示。

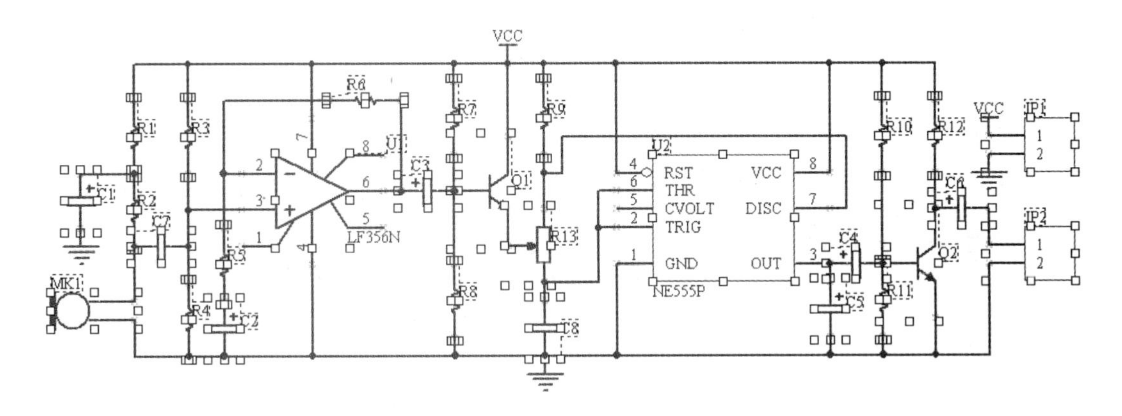

图 6-21 查找相似图件结果

Inspector

⊟ Kind	
Object Kind	Designator
⊟ Design	
Owner Document	声控变频电路.SCHDOC
⊟ Graphical	
Color	
X1	<...>
Y1	<...>
FontId	1
Orientation	0 Degrees
Horizontal Justification	Left
Vertical Justification	Bottom
⊟ Object Specific	
Text	<...>
Owner	<...>

28 objects selected in 1 documents

Inspector / List

图 6-22 检查器面板

（2）单击“Fontld”栏后出现字体选择按钮 ...。单击 ... 按钮，打开字体选择对话框，如图 6-23 所示。

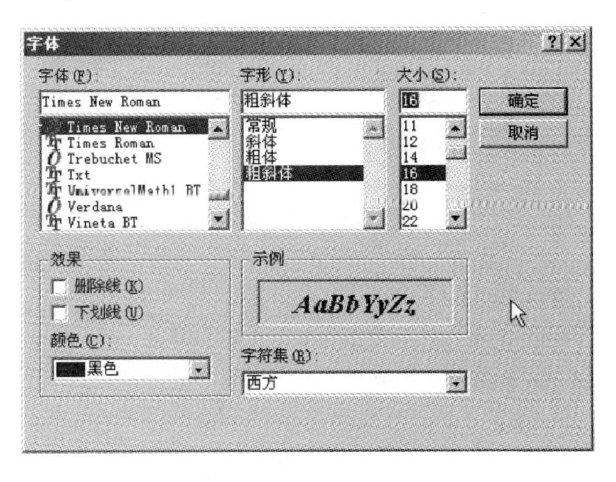

图 6-23 字体选择对话框

（3）选中字形分组栏中的“粗斜体”，大小为“16”号，单击 确定 按钮，图中所有元件的标识符均改为 16 号粗斜体，接着关闭检查器面板。

（4）单击编辑器右下角的清除按钮 Clear，取消掩膜功能使窗口恢复正常，如图 6-24 所示。

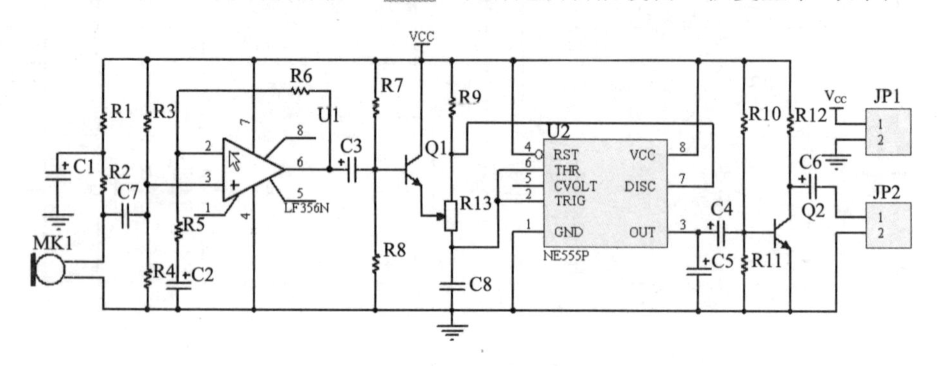

图 6-24　元件标识符改为 16 号粗斜体的原理图

（5）全局编辑不能隐藏元件标识符，但可以隐藏元件的注释文字和标称值，操作方法与改变字体的方法基本相似，只是在检查器面板中选中“Hide”项即可。隐藏字符不影响元件的属性，而且使图面干净、整洁。

（6）如果一定要用全局编辑隐藏元件标识符，可以把标识符的颜色设置成同图纸底色一样的颜色，也可以达到隐藏的效果。

注意：图 6-18、图 6-19、图 6-21 和图 6-24 中电阻的符号使用了非国标符号，只是为了直观地认识全局编辑的效果，在实际应用中请使用国标符号。

※ 练　　习

1．练习原理图中图件的复制方法。
2．熟悉特殊粘贴命令的使用方法。
3．练习元件修改的方法。
4．练习元件全局修改的方法。

第 7 章　原理图常用图件及属性

在 Protel 2004 系统中，绘制电路原理图的实质就是放置合适属性的图件，并将它们进行有效合理的连接。这里需要注意的一是如何放置图件，二是怎样设置图件的属性。

放置图件的方法很多，最直接就是利用【Place】菜单命令。本章除了介绍利用【Place】菜单命令放置图件的操作方法外，还介绍绘制电路原理图常用的图件属性的设置方法。

7.1 【Place】菜单

放置图件的命令主要集中在【Place】菜单中，如图 7-1 所示。

图 7-1 【Place】菜单

7.2 元件放置与其属性设置

在第 3 章中介绍了利用库文件面板放置元件的方法，这里介绍利用菜单命令放置元件的方法。

7.2.1 元件的放置

（1）执行【Place】→【Part...】菜单命令或单击布线工具栏的按钮，打开放置元器件对话框，如图 7-2 所示。

（2）如果知道欲放置元件在已加载元件库中的准确名称和封装代号，可以直接在放置元器件对话框中输入相关内容。其中元件名称（Lib Ref）栏中输入所放置元件在元件库中的名称，标识符（Designator）栏中输入所放置元件在当前原理图中的标识，元件注释（Comment）栏中输入所放置元件的注释信息，元件封装（Footprint）栏中输入所放置元件的 PCB 封装代号。

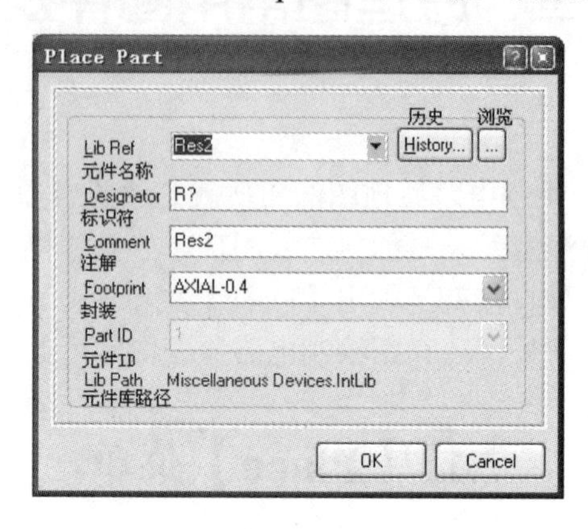

图 7-2　放置元器件对话框

（3）要记清楚每个元件在元件库中的准确名称是很困难的，所以应当充分利用系统提供的工具，快速放置元件。

如果不知道元件在元件库中的准确名称，也不知道所在库，则可以用第 4 章元件检索的方法添加元件库。

在放置元器件对话框中，单击元件库浏览按钮[...]，打开元件库浏览对话框，如图 7-3 所示。

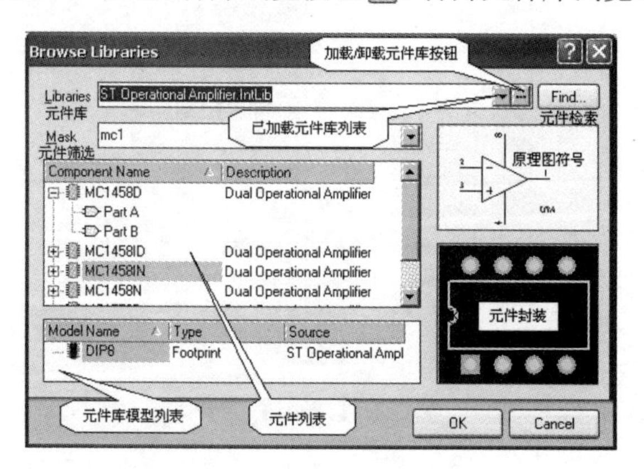

图 7-3　元件库浏览对话框

在元件库浏览对话框中，单击已加载元件库列表的下拉式按钮，在下拉列表中单击元件库名称，可将该元件库置为当前元件库。元件筛选（Mask）的功能是，当元件筛选文本框清空或输入“*”号时，元件列表框中显示当前元件库中的所有元件。当输入一个字母或数字时，元件列表框中就会将其他的元件去除，只保留元件名称以输入字母或数字为起始的元件。如在元件筛选文本框中输入“mc1”，则元件列表窗口中只显示以“mc1”为起始的元件，这一功能可快速地找到要放置的元件。

（4）找到要放置的元件后，单击元件列表框中的元件名称使元件处于选中状态时（有高亮条）。单击[OK]按钮，重新回到放置元器件对话框，此时对话框中的参数即为刚才选中的元件参数，如图 7-4 所示。

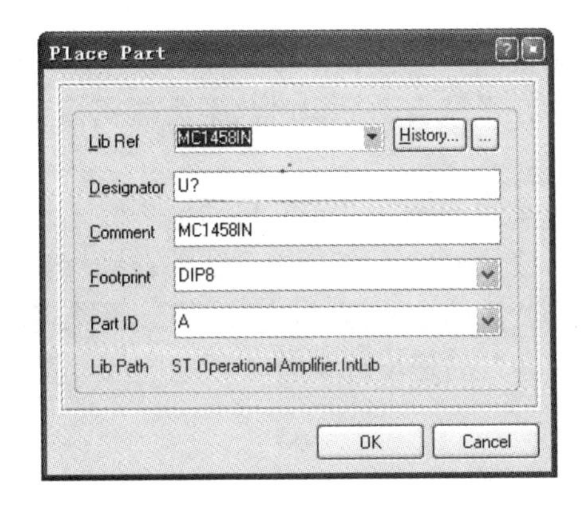

图 7-4　选中元件时的放置元件对话框

（5）单击 OK 按钮，进入元件放置状态，元件的原理图符号呈浮动状态跟随鼠标指针移动，在图纸中适当的位置单击鼠标左键可放置元件。

7.2.2　元件属性设置

双击放置的元件或在元件放置状态时按键盘上的【Tab】键，打开元件属性设置对话框，如图 7-5 所示。

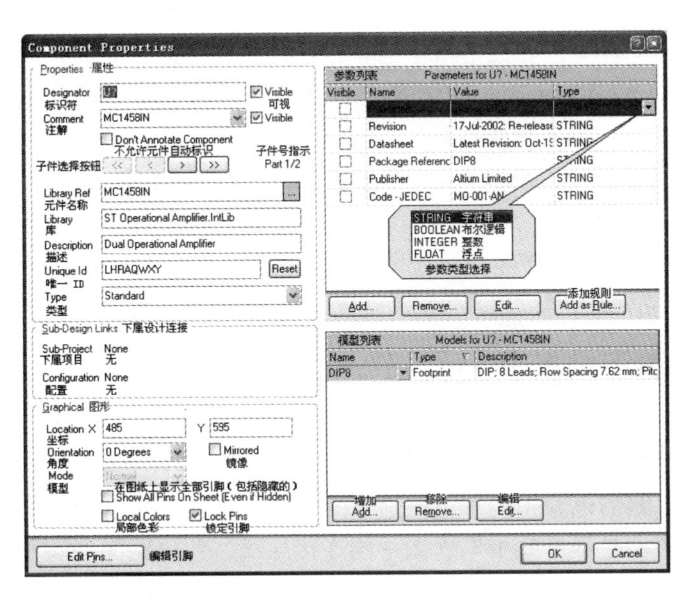

图 7-5　元件属性设置对话框

设置元件属性实质上是在元件属性设置对话框中编辑元件的参数。

7.2.3　属性分组框各参数及设置

1．标识符的设置方法

如果希望系统对元件进行自动标识，此项不必修改，一般使用系统的默认值。系统默认的标识是元件类型分类加问号的形式，如集成电路为“U?”，电阻为“R?”，电容为“C?”等。

如果不希望该元件参加系统的自动标识，可以在其文本框中输入标识符，同时勾选不允许元件自动标识选项。该元件在系统自动标识时，不会改变标识符，但其标识符将是同类标识符中的一个。

另外，当指定了标识符，又勾选不允许元件自动标识时，连续放置多个该元件符号时，系统会自动递增标识符，且这些元件都不会参加系统的自动标识，除非取消该功能（这一特性不会影响到元件库中元件的默认属性）。只指定标识符，不勾选不允许元件自动标识时，在连续放置多个元件时，系统也会自动递增标识符，且这些元件都可以进行自动标识。

2. 元件注释

一般用元件型号来注释，如果使用由系统产生 Protel 网络表时，这些注释文字将在网络表中出现，这样便于检查标识符和元件型号的对应关系。标识符和元件注释文本框后都有一个显示复选项，勾选该项时，则对应的文本内容在原理图中显示，否则将不显示。参数列表分组框的显示复选项也具有同样的功能。

3. 子件选择

子件选择是选择多子件元件的第几个子件。所谓的多子件元件主要是指一个集成电路中包含多个相同功能的电路模块。如图 7-3 中 PartA 和 PartB，是 MC1458D 中共有的两个相同模块，通过鼠标单击其对应的图标可以选择多子件元件中的不同子件。

连续放置多子件元件时，如果不指定标识符，只能放置系统默认的第 1 个子件。放置后可用菜单命令【Edit】→【Increment Part Number】切换子件。如果指定了标识符，如“U1”，在连续放置时，第 1 次放置时标识符是“U1A”，第 2 次放置时标识符是“U1B”。当这个元件的所有子件都放置完后，再继续放置时标识符会递增，如本例中第 3 次放置时标识符是“U2A”。

图 7-5 中元件属性分组框内的其他几项参数一般不必修改。其中元件 ID 是由系统产生的元件唯一标识码，原理图中的每个元件都不同。

7.2.4 图形分组框各参数及设置

1. 显示隐藏引脚

主要针对集成电路的电源引脚和电源地（0 电位）引脚。系统中的集成电路元件将这两种引脚隐藏起来，目的是尽量减少原理图中的连接导线，使电路图看起来简洁明了。系统默认电源引脚的网络标号为“VCC”，电源地引脚的网络标号为“GND”。所以在绘制原理图时，相应的电源端子中一定要有这两个网络标号。

2. 锁定引脚

锁定引脚功能在默认状态下是勾选有效的。此时在原理图中，元件引脚不能单独移动，要想改变引脚在元件中的位置，必须到原理图库文件编辑器中编辑。

当锁定引脚功能不勾选时，在原理图中，元件的引脚可以任意移动。这项功能为原理图的绘制提供了极大的方便。在用导线连接两个元件引脚时，如果引脚位置不合适，可以用鼠标左键点选住引脚，将其摆放在元件的其他位置。

3. 旋转角度和镜像

一般不用改变此设置，在放置元件状态时或元件处于拖动状态时，用空格键可以使元件以光标为中心，逆时针旋转，每按一次空格键旋转 90°；按【Y】键上下翻转，按【X】键左右翻转。

7.2.5 参数列表分组框各参数及设置

图 7-5 中参数列表分组框中的参数，主要是为仿真设置的模型参数和 PCB 制板的设计规则。

1. 添加参数

添加参数列表中缺少的参数。单击参数添加 Add... 按钮，打开元件参数属性编辑对话框，如图 7-6 所示。在元件参数属性编辑对话框中添加参数的名称和标称值。

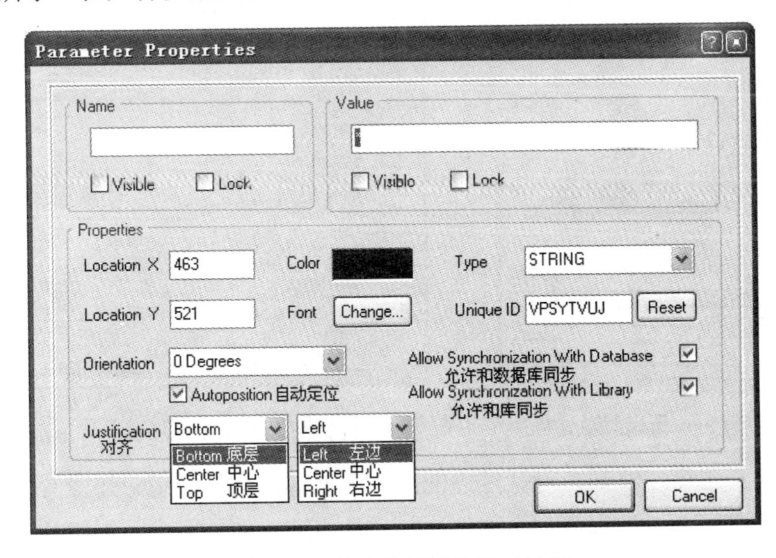

图 7-6　元件参数属性编辑对话框

2. 编辑参数

对已有的参数进行编辑时，单击编辑 Edit... 按钮或双击参数都可打开如图 7-6 所示的元件参数属性编辑对话框，在其中进行编辑。

3. 添加规则

添加规则是指元件在 PCB 制板时所要求的布线规则。单击添加规则 Add as Rule... 按钮，打开元件参数编辑对话框，单击编辑规则参数 Edit Rule Values... 按钮，打开选择设计规则类型对话框。有关 PCB 设计规则的内容，详见后面章节的相关介绍。

7.2.6 模型列表分组框各参数及设置

模型列表分组框中主要设置封装模型。

图 7-5 中列出了一种元件封装 DIP8。如果元件与封装不匹配时，可以为元件添加或删除封装。

1. 删除模型

删除模型时，选中要删除的模型（单击为高亮），单击 Remove... 按钮删除该模型。

2. 添加模型

单击添加模型 Add... 按钮，打开添加新模型对话框，如图 7-7 所示。

（1）在添加新模型对话框中，从模型类型下拉列表中选择要添加的模型，如封装模型（Footprint），单击 OK 按钮，打开 PCB 封装模型对话框，如图 7-8 所示。

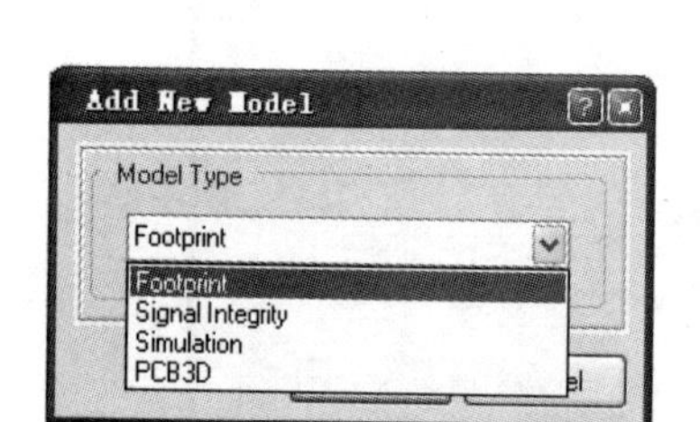

图 7-7　添加新模型对话框

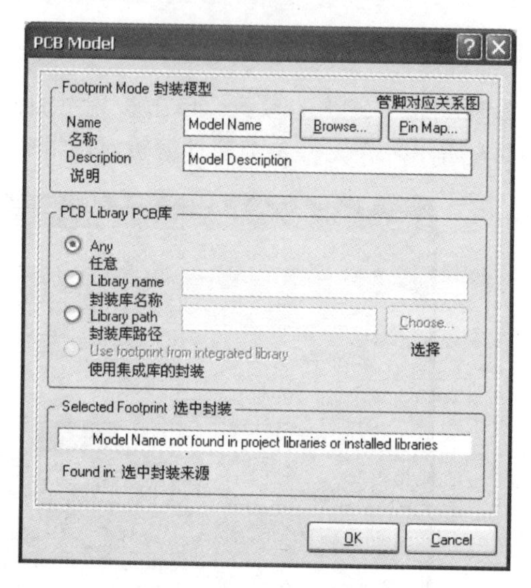

图 7-8　PCB 封装模型对话框

（2）从图 7-8 中可以看到，对话框中的所有选项都是空的，因为还没有选择封装。单击浏览器 Browse... 按钮，打开浏览库对话框，如图 7-9 所示。如果要添加的封装不在当前库，使用右上角的 3 个功能 Find... 按钮调用相应库，其使用方法与元件检索方法类似。

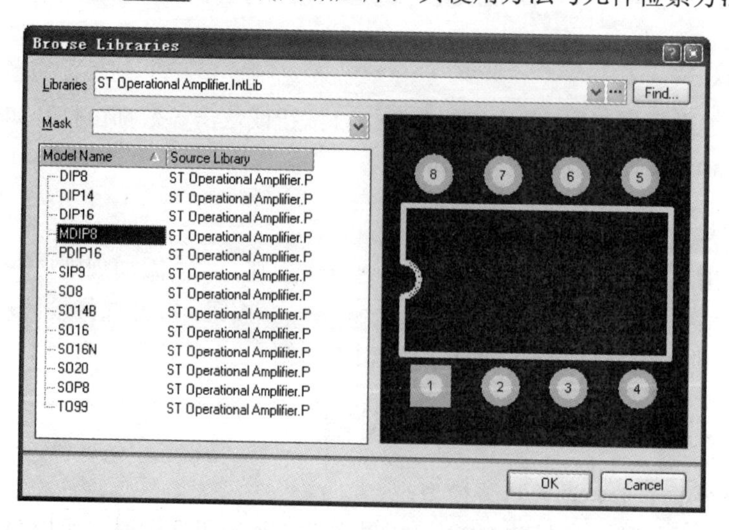

图 7-9　浏览封装库对话框

（3）在浏览封装库对话框的模型列表框中选择封装模型 MDIP8（单击变为高亮）。单击 OK 按钮，回到 PCB 封装模型对话框，此时对话框中有关信息已加载，如图 7-10 所示。

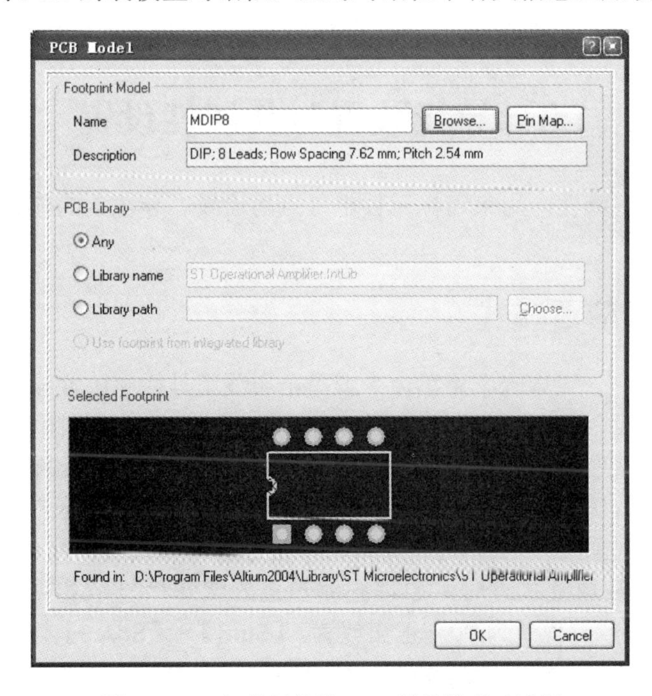

图 7-10　已加载封装的 PCB 封装模型对话框

（4）图 7-10 中的“PCB Library”分组框内可以直接指定封装所在库。单击 OK 按钮，返回图 7-5 所示的元件属性设置对话框。此时元件属性设置对话框中模型列表分组框内的封装名称变为“MDIP8”，如图 7-11 所示。单击其下拉列表按钮，可以在自带封装和添加封装间进行选择（自带封装未删除时），在名称栏中显示的为有效封装。

（5）图 7-10 中的引脚对应关系图按钮的功能是查看元件的原理图符号和封装（PCB 符号）中的引脚对应情况。单击 Pin Map... 按钮，打开元件引脚对应关系图对话框，如图 7-12 所示。

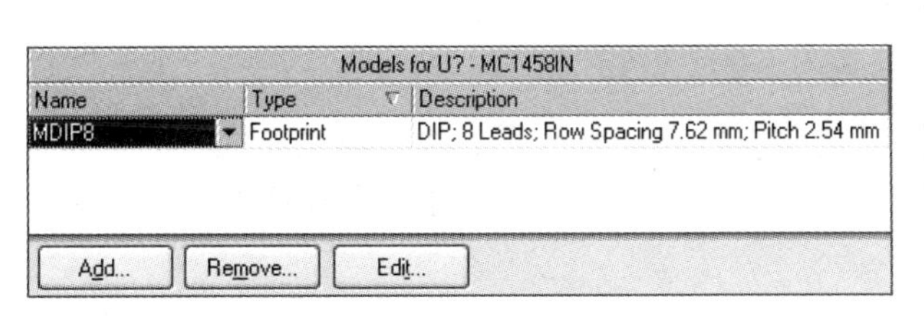

图 7-11　元件属性设置对话框模型列表分组框

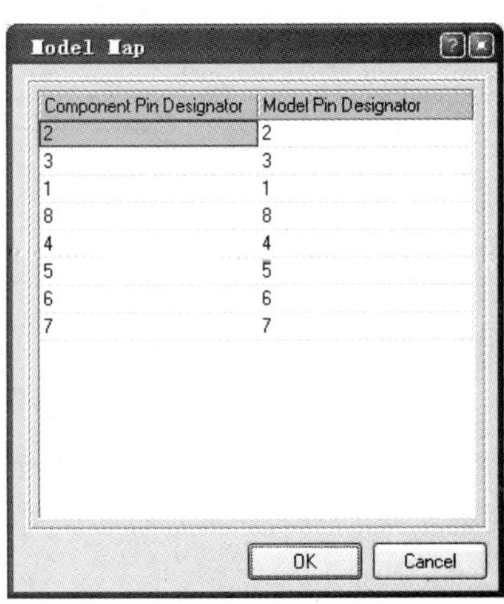

图 7-12　元件引脚对应关系图对话框

对话框中的两列数字分别是原理图元件符号和封装符号的引脚标识（引脚号），两者必须一一对应，完全相符，否则元件的电气连接将出现错误。

元件的属性设置是比较复杂的，如果能熟练地掌握，将极大地提高设计水平和设计效率。

7.3　导线放置与其属性设置

导线是指具有电气特性，用来连接元件电气点的连线。导线上的任意点都具有电气点的特性。

7.3.1　普通导线放置模式

（1）执行“Place”→“Wire”菜单命令或单击布线工具栏中放置导线按钮。

（2）执行放置导线命令后，出现“十”字光标，有一个“×”号跟随着。“×”号就是导线的电气点指示，它按图纸设置的捕获栅格跳跃。当“×”号落在元件引脚的电气点上时，它将变为红色（系统默认颜色）的“米”字形。“×”号变为红色“米”字形时才是有效的电气连接（自动导线模式除外），否则连接无效，不论是导线的起点、终点还是中间点。

（3）系统处于导线放置状态时，原理图编辑器的状态栏显示 Shift + Space to change mode : 90 Degree start，即当前放置模式为 90° 正交放置，【Shift】+【Space】切换放置模式。系统提供了 4 种放置模式，其他 3 种分别是 45°、任意角度和点对点自动布线模式。前 3 种的放置方法与第 3 章中已介绍的方法相同，本节重点介绍第 4 种放置模式。

7.3.2　点对点自动布线模式

（1）【Shift】+【Space】组合键切换放置模式至点对点自动布线模式 Auto Wire。在元件 MK?的下侧引脚上单击鼠标左键以确定导线的起点，然后将光标指向 JP?的下侧引脚上（不出现红色“米”字形），作为导线的终点，如图 7-13 所示。

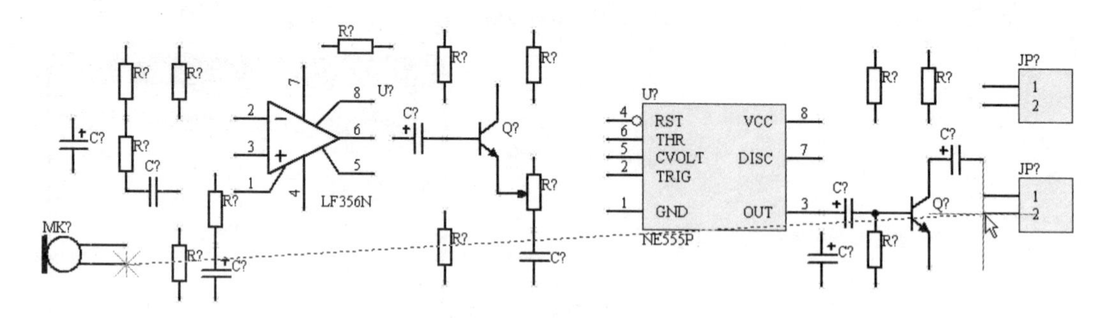

图 7-13　点对点自动布线模式

（2）单击鼠标左键（如果此时光标未指向电气点，系统不会执行自动布线，并且发出声音警示），系统经过运算，自动在两个引脚上放置一条导线，且导线自动绕开元件放置，如图 7-14 所示。

（3）在点对点自动布线模式中，系统只识别两端的电气点，而不识别中间的电气点，不管中间是否出现红色“米”字形提示。

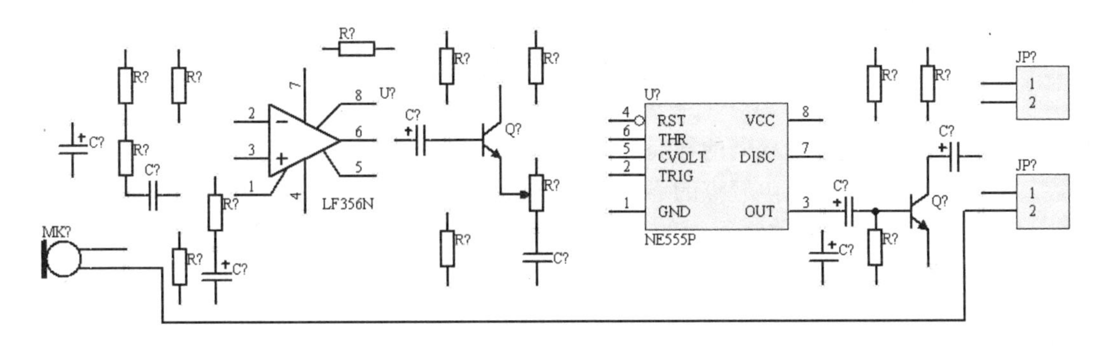

图 7-14　自动导线放置结果

（4）点对点自动布线模式对两个端点的引脚电气点有锁定功能，即用点对点自动布线模式放置的导线，两端引脚的电气点不能重复使用点对点自动布线。如果需要和其他元件或导线连接，只能利用已放置导线的其他点作为电气连接点（如果随后将放置模式切换到其他几种模式，锁定解除）。

7.3.3　导线属性设置

（1）在放置导线时，按键盘的【Tab】键或双击已放置好的导线，打开导线属性设置对话框，如图 7-15 所示。

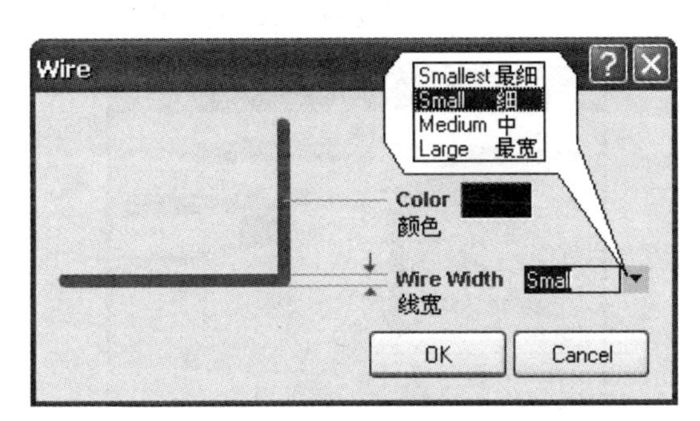

图 7-15　导线属性设置对话框

在对话框中可以设置导线的颜色和线宽。在导线属性设置对话框中，将光标移到线宽选择（Wire Width）右侧时，会打开一个下拉按钮 ▼。

单击下拉按钮 ▼，从下拉列表中选择直线宽度。共有 4 种直线宽度可供选择。在很多图件的属性设置中都用到这种下拉线宽选择列表，以后不再一一介绍，请读者自己练习掌握并在不同图件中运用。

下拉式线宽模式列表中共有 4 种线宽模式，最细（Smallest）、细（Small）、中（Medium）和最宽（Large）。单击需要的线宽模式，它就会出现在线宽文本框中，以后放置的导线或被编辑的导线的线宽就是该线宽模式。

（2）单击已放置好的导线，使导线处于选中状态，文本格式工具栏中的对象颜色设置项激活（显示选中对象的颜色），单击其下拉按钮或浏览按钮，从打开的颜色设置框中选择颜色，可以改变选中导线的颜色。

7.4 总线放置与其属性设置

总线是若干条电气特性相同的导线的组合。总线没有电气特性，它必须与总线入口和网络标号配合才能够确定相应电气点的连接关系。总线通常用在元件的数据总线或地址总线的连接上，利用总线和网络标号进行元件之间的电气连接不仅可以减少原理图中的导线的绘制，也使整个原理图清晰、简洁。

7.4.1 总线放置

放置总线的方法一般有两种：一是执行【Place】→【Bus】菜单命令；二是单击布线工具栏中的 按钮。

执行放置总线命令后，放置过程与导线相同，但要注意总线不能与元件的引脚直接连接，必须经过总线入口。

放置总线和放置导线一样也有 4 种放置模式，其操作方法相同。

7.4.2 总线属性设置

（1）在放置总线时，按键盘的【Tab】键或双击已放置好的总线，打开总线属性设置对话框，如图 7-16 所示。其设置方法与导线属性设置方法基本相同。

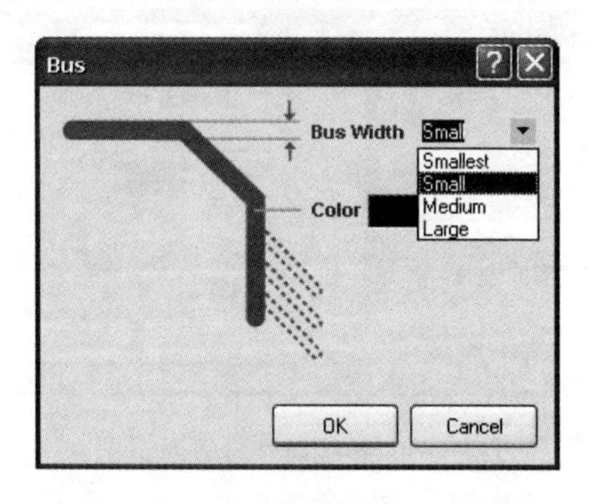

图 7-16 总线属性设置对话框

（2）使用文本格式工具栏对总线进行颜色设置的方法与导线相同。

7.5 总线入口放置与其属性设置

总线与元件引脚或导线连接时必须通过总线入口才能连接。

7.5.1 总线入口的放置

放置总线入口的方法一般有两种：一种是执行【Place】→【Bus Entry】菜单命令，另一种是单击布线工具栏中的 按钮。均可出现“十”字光标并带着总线入口线，如图 7-17 所示。

如果需要改变总线入口的方向，在放置状态时（未放置前）按【Space】键，切换总线入口线的角度(共有 45°、135°、225°、315°四种角度选择)。按【X】键左右翻转，按【Y】键上下翻转。放置时，将“十”字光标移动到需要放置的位置，单击鼠标左键，即可将总线入口放置在光标当前位置，此时仍处于放置状态，可以继续放置其他的入口线。

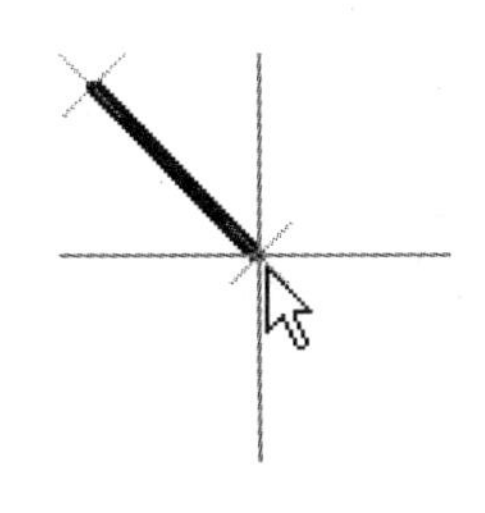

图 7-17　放置总线入口光标

总线入口的两个端点是两个独立的电气点，互相没有联系，中间部分没有电气特性，这是和导线的最大区别。放置时一端和总线连接，另一端可以直接和元件引脚连接，也可以通过导线和元件引脚连接。

7.5.2　总线入口属性设置

（1）在放置总线入口时，按键盘的【Tab】键或双击已放置好的总线入口，打开总线入口属性设置对话框，如图 7-18 所示。

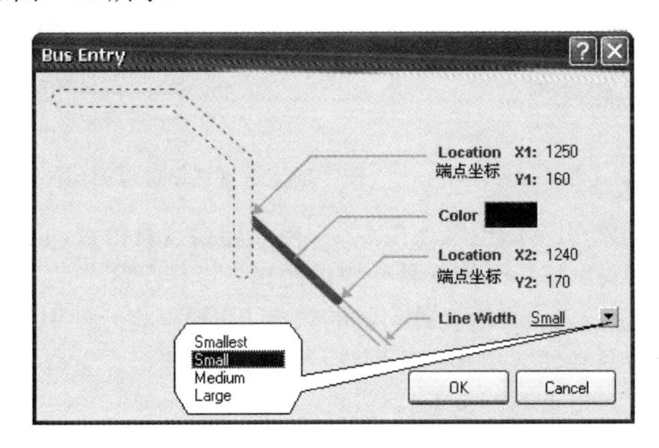

图 7-18　总线入口属性设置对话框

（2）总线入口的属性设置与导线的属性设置基本相同，需要注意的是它的两个端点坐标一般不用设置，随着总线入口位置的移动会相应的改变，总线入口的角度和长度会根据输入的坐标值发生变化，这是改变总线入口长度和角度（除去 4 种标准角度）的唯一方法。

7.6　放置网络标号与其属性

Protel 2004 原理图中，实现元件间的电气连接有 4 种方法：一是元件引脚直接连接，二是通过导线连接；三是使用节点；四是使用网络标号。前三种连接方式我们已经介绍过，这里只介绍使用网络标号连接。

网络标号是一种特殊的电气连接标识符。具有相同网络标号的电气点在电气关系上是连接在一起的，不管它们之间是否有导线连接。

通常网络标号的属性设置都是在放置过程中进行的。

7.6.1 网络标号的放置

1. 网络标号的放置方法

放置网络标号的一般方法有两种：一是执行【Place】→【Net Label】菜单命令；二是单击布线工具栏中的 按钮。

无论使用上述哪一种方法，均可出现“十”字光标并带着网络标号（默认名称），如图 7-19 所示。大“十”字中心的“×”号是网络标号的电气连接点，通常所说的将网络标号放在某个图件上，就是指该点与这个图件的电气连接点。

2. 网络标号放置的位置

利用图 7-20 将几种放置网络标号的情况拼接在一个示意图上，以便下面讨论将网络标号放置在什么位置合适。

NetLabel1

图 7-19 放置网络标号光标

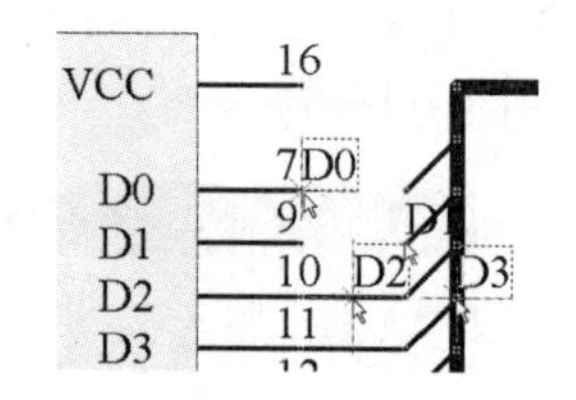

图 7-20 放置网络标号的几种情况示意图

（1）“D0”放置在元件引脚的电气连接点上。电气连接没有错误，但其距离引脚标号太近，不易分辨。使引脚标号与网络标号间保持一定的距离，以便于区分两者。

（2）“D1”放置在总线入口靠近元件引脚的端点上。如果将元件引脚与总线入口用导线连接起来后，导线的端点与总线入口端点和网络标号的电气连接点重合，所以电气连接也没有错误，但其序号与总线入口重叠，也不易分辨。

（3）“D2”放置在导线上，电气连接正确，位置合适，是最好的一种放置位置。

（4）“D3”放置在总线入口与总线的交点上，虽然放置时系统捕获到电气点（“米”字形标志），但由于该电气点与元件引脚电气点没有任何电气连接，所以是一种错误的放置。另外，系统禁止将网络标号放置在总线上，否则，编译时会出错。

3. 网络标号放置角度选择

放置网络标号时按【Space】键，切换放置角度（共有 0°、90°、180°、270°四种角度供选择）。按【X】键左右翻转，按【Y】键上下翻转。

4. 网络标号的序号

连续放置网络标号时，系统会自动递增序号，所以在放置第一个时应选定相应的序号。

7.6.2 网络标号属性设置

网络标号属性设置主要是网络标号的名称设置。

网络标号处于放置状态时，按键盘的【Tab】键，打开网络标号属性设置对话框，如图 7-21 所示。在网络（Net）文本框中输入欲放置网络标号的最小序号，如“D0”，单击 OK .

按钮，开始放置网络标号。

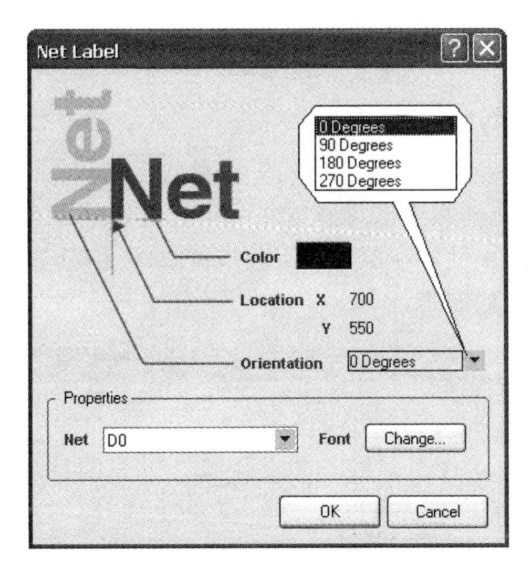

图 7-21　网络标号属性设置对话框

7.7　节点放置与其属性设置

节点是具有电气特性的图件出现交叉时，指示其交叉点具有电气连接属性的标识符。系统默认设置时，T 形交叉自动放置节点，“十”字交叉不自动放置节点，如果需要，必须手工放置。

7.7.1　节点放置

（1）执行【Place】→【Manual Junction】菜单命令。

（2）出现“十”字光标并带着节点，如图 7-22 所示。节点的电气连接点在节点中心。将节点移动到两条导线的交叉处，单击鼠标左键，即可将节点放置在交叉处，此时两导线就具有电气连接属性。

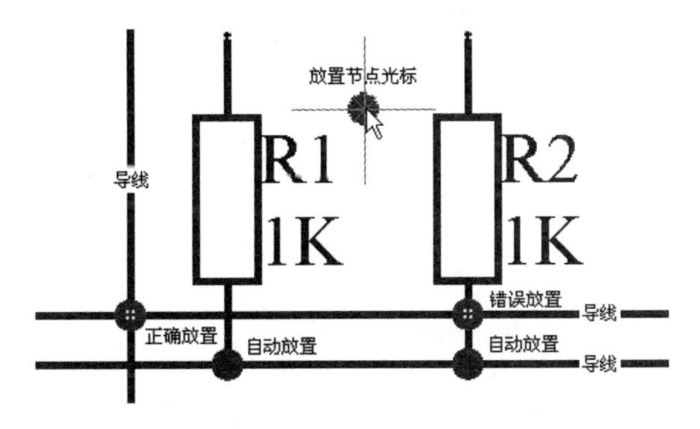

图 7-22　放置节点示意图

（3）图 7-22 中，T 形交叉的节点由系统自动放置，“十”字交叉的节点必须手工放置。其中导线与导线“十”字交叉的节点放置正确，导线与 R2 引脚“十”字交叉的节点放置错误。

因为只有在两个具有电气属性图件交叉时，放置的节点才有效，而元件引脚上的电气点在外侧端点上，其他部位是没有电气连接属性的。

7.7.2　节点属性设置

（1）设置自动放置节点属性，在系统参数设置的编译器参数设置对话框中的“Auto-Junctions”分组框中，可以设置导线或总线上自动放置节点的大小和颜色。

（2）设置手工放置节点属性，在放置节点时按键盘的【Tab】键或双击已放置好的节点，打开节点属性设置对话框，如图 7-23 所示。

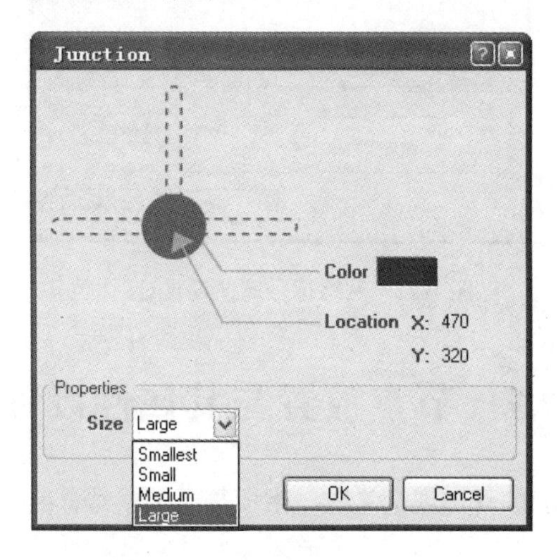

图 7-23　节点属性设置对话框

在属性设置对话框中可以设置节点的大小、颜色。

7.8　电源端子放置与其属性设置

在 Protel 2004 系统中，电源端子是一种特殊的符号，它具有电气属性，类似于网络标号，因此也可以把它看成是一种特殊的网络标号。电源端子像元件一样有符号，但它不是一个元件实体，所以它不能构成一个完整的电源回路，必须和实际的电源配合使用。

7.8.1　电源端子简介

在 Protel 2004 系统中，电源端子有 11 种不同的形状可供用户选择，集中在辅助工具栏中，如图 7-24 所示。布线工具栏中也有两个电源端子 。

这 11 个电源端子按放置时网络名称的变化规律可分为两组，前 5 个和后两个在放置时的默认网络标号是固定的，即前 4 个分别是 GND、VCC、+12、+5、–5，后两个都是 GND。其余 4 个的网络标号是上一个电源端子名称的复制，即和上一个放置的电源端子网络标号相同。布线工具栏中的两个电源端子在放置时的默认网络标号也是固定的。执行【Place】→【Power Port】菜单命令放置的电源端子是上一个放置的完全复制，即形状和网络名称与上一个放置的电源端子完全相同。

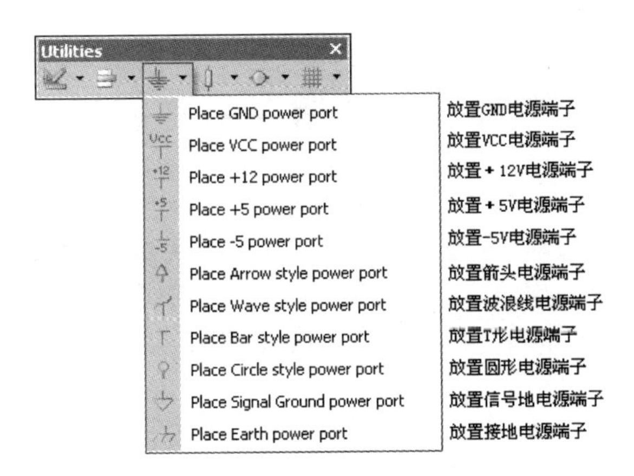

图 7-24　电源端子

7.8.2　电源端子的放置

（1）连续放置。执行【Place】→【Power Port】菜单命令，光标出现大“十”字形并带有电源端子符号，电气点在大“十”字中心。在需要放置电源端子的位置单击鼠标左键，电源端子即放置在原理图中。此时仍处于放置电源端子状态，可以继续放置。

（2）单次放置。利用工具栏放置电源端子时，每次只能放置一个，要想放置下一个，必须再次单击工具栏中的相应按钮。如果需要重复放置的次数较多，可以利用菜单命令【Place】→【Power Port】的完全复制特性来放置。

（3）角度变换。在放置状态时，按键盘上【Space】键可旋转其固定角度。

7.8.3　电源端子属性设置

在放置状态时，按【Tab】键或双击放置好的电源端子，打开电源端子属性设置对话框，如图 7-25 所示。

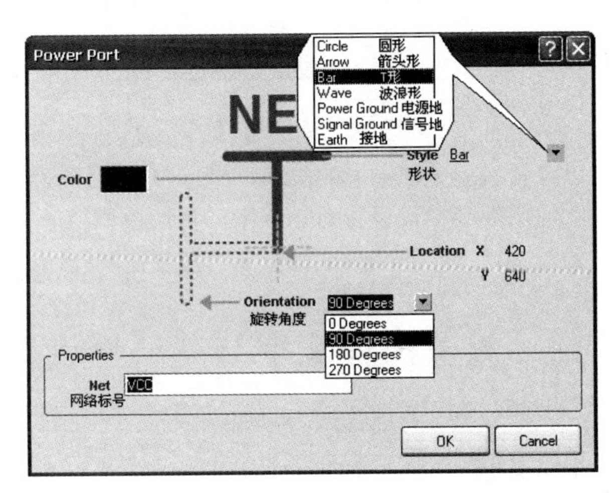

图 7-25　电源端子属性设置对话框

在电源端子属性设置对话框中，可以设置电源端子的形状、颜色、旋转角度和网络标号。设置好后，单击 OK 按钮确认。

7.9　放置 No ERC 指令与其属性设置

忽略电气规则检查命令 No ERC 放置在原理图中以红“×”号标志显示，目的是使系统在电气规则检查时，忽略对被标识点的电气检查。系统默认元件的输入型引脚不能空置，否则编译时就会出错。在实际应用中，一些元件的输入型引脚可以不用，因此需要在这些空置的输入型引脚上放置 No ERC 指令（通常称为放置 No ERC 标志）。

7.9.1　No ERC 指令的放置

（1）执行【Place】→【Directives】→【No ERC】菜单命令或单击布线工具栏中的按钮。

（2）出现“十”字光标并带有一个红“×”号，将红“×”号放置在要标志图件的电气点上（如元件引脚的外端点）即可，此命令可以连续放置，单击鼠标右键可取消放置状态。

注意：放置过程中该命令没有自动捕获电气点的功能，可以在任何一个位置上放置（特别是图纸的捕获栅格设置较小时），但只有准确的放置在要忽略电气检查的电气点上才有效。当放置了 No ERC 标志的图件移动时，No ERC 标志不会跟着移动，所以通常是最后放置 No ERC 标志。

7.9.2　No ERC 属性设置

（1）在放置状态时按键盘的【Tab】键或双击已放置的 No ERC 标志的红“×”号，打开 No ERC 标志属性设置对话框，如图 7-26 所示。

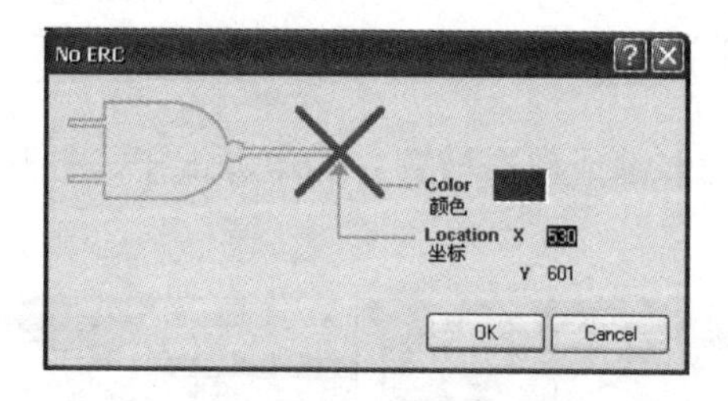

图 7-26　No ERC 标志属性设置对话框

（2）双击颜色框可以设置 No ERC 标志的颜色，坐标一般不用设置。

（3）在系统参数设置的原理图参数设置对话框中，剪切板和打印（Include with Clipboard and Prints）分组框参数的设置，决定 No ERC 标志能否被复制和打印。

7.10　放置注释文字与其属性设置

7.10.1　注释文字的放置

（1）执行【Place】→【Text String】菜单命令，或单击辅助工具栏中的按钮，在打开的工具条中单击按钮，出现大“十”字状态，“十”字中心带有系统默认的文字“Text”，如图 7-27 所示。

（2）将光标移到需要放置注释文字的位置，单击鼠标左键放置一个注释文字，可以连续放置，每单击一次鼠标左键放置一个注释文字。

（3）单击鼠标右键取消放置注释文字状态。

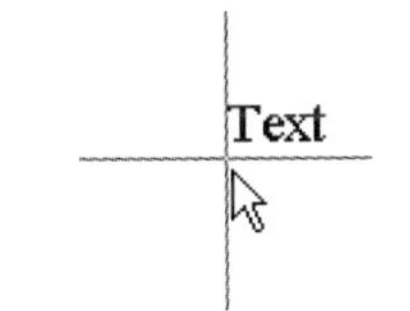

图 7-27　放置注释文字光标

7.10.2　注释文字属性设置

（1）在放置注释文字状态下按【Tab】键或双击放置好的注释文字，打开字符属性设置对话框，如图 7-28 所示。

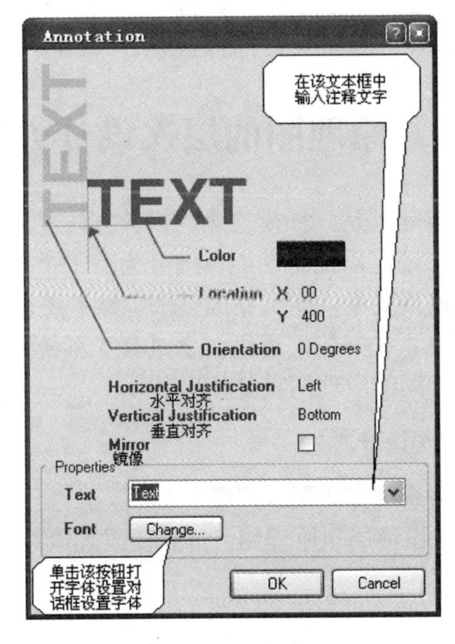

图 7-28　字符属性设置对话框

（2）在字符属性设置对话框的文本编辑框中输入注释文字。

（3）字符属性设置对话框中可以选择字体、颜色，以及文字对齐方式。

（4）注释文字的另外一种编辑方法是在图纸上直接编辑，如元件标称值修改的方法。

（5）当放置的注释文字内容较多时，应选择放置文本框（Text Frame），其放置方法和属性设置类似。

※ 练　　习

1．练习原理图元件的放置方法。
2．练习导线的放置方法。
3．练习各种图件的属性设置方法。

第8章　原理图层次设计

对于一个非常庞大的原理图，称之为项目，不可能将它一次完成，也不可能将这个原理图画在一张图纸上，更不可能由一个人单独完成。Protel 2004 提供了一个很好的项目设计工作环境。可以把整个非常庞大的原理图划分为基本原理图，或者说划分为多个层次。这样，整个原理图就可以分层次同时并行设计。由此产生了原理图层次设计，使得设计进程大大加快。

8.1　原理图的层次设计方法

原理图的层次设计方法实际上是一种模块化的设计方法。用户可以将电路系统根据功能划分为多个子系统，子系统下还可以根据功能再细分为若干个基本子系统。设计好子系统原理图，定义好子系统之间的连接关系，即可完成整个电路系统设计过程。

设计时，用户可以从电路系统开始，逐级向下进行子系统设计，也可以从子系统开始，逐级向上进行，还可以调用相同的原理图重复使用。

1．自上而下的原理图层次设计方法

所谓自上而下就是由电路系统方块图（习惯称母图）产生子系统原理图（习惯称子图），因此，采用自上而下的方法来设计层次原理图，首先要放置电路系统方块图，其流程如图 8-1 所示。

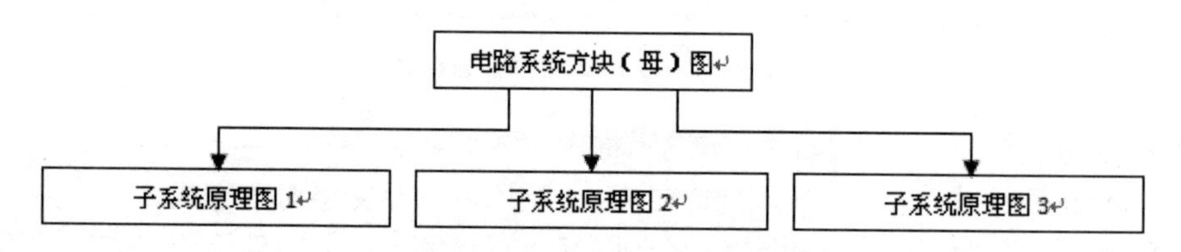

图 8-1　自上而下的原理图层次设计流程

2．自下而上的原理图层次设计方法

所谓自下而上就是由子系统原理图产生电路系统方块图，因此，采用自下而上的方法来设计层次原理图，首先需要绘制子系统原理图，其流程如图 8-2 所示。

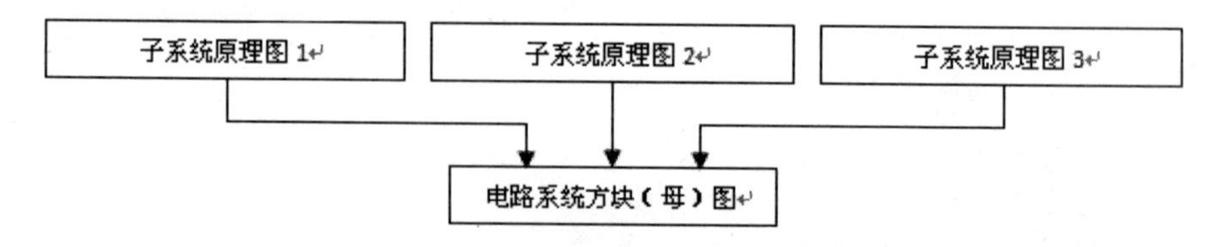

图 8-2　自下而上的原理图层次设计流程

8.2　自上而下原理图层次设计

下面通过一个例子来学习自上而下原理图的层次设计方法及其相关图件的放置方法。在第 3 章绘制的声控变频电路中没有设计电源电路，现在用层次设计的方法为其增加电源电路，如图 8-3 所示。

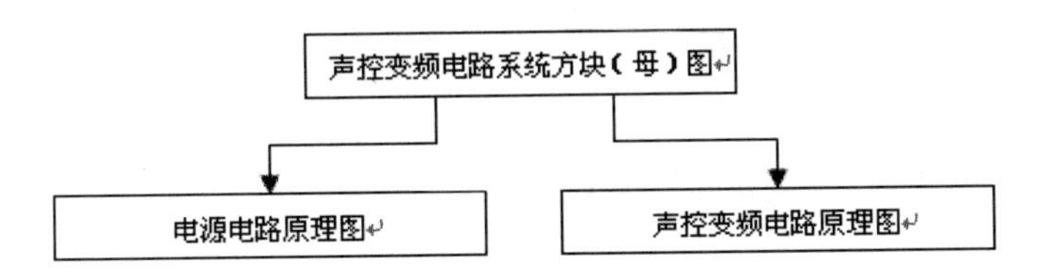

图 8-3　自上而下的声控变频电路层次系统

自上而下的原理图层次设计方法是先建立电路系统方块图，以下称母图；再产生子系统原理图，以下称子图；然后在子图中添加元件、导线等图件，即绘制原理图。

8.2.1　建立母图

（1）执行【File】→【New】→【PCB Project】菜单命令，建立项目并保存为“层次声控变频电路设计.PRJPCB”。

（2）执行【File】→【New】→【Schematic】菜单命令，为项目新添加一张原理图纸并保存为“母图.SCHDOC”。

8.2.2　建立子图

在母图中绘制代表电源和声控变频电路的两个子图符号。首先放置子图符号（Sheet Symbol）。

1．放置子图图框

（1）执行【Place】→【Sheet Symbol】菜单命令或单击布线工具栏中的按钮，出现“十”字光标并带有方框图形，如图 8-4（a）所示。

（2）单击鼠标左键确定方框图符号的左上角，如图 8-4（b）所示，移动光标确定方块的大小，单击鼠标左键确定方框图形的右下角，如图 8-4（c）所示，一个子图图框就放置好了。

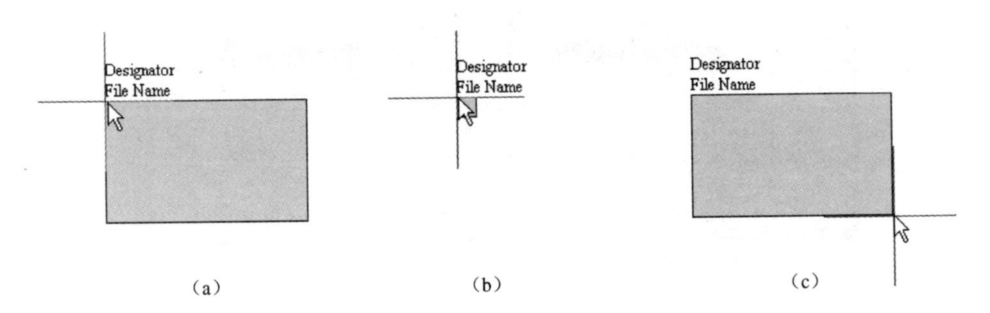

图 8-4　放置子图图框

（3）使用同样的方法再放置一个，本例中共需电源和声控变频电路两个子图图框。

2．定义子图名称并设置属性

（1）一种方法是双击图中已放置的子图图框，打开其属性设置对话框（处于放置状态时按【Tab】键也可以），编辑图纸符号的属性，如图 8-5 所示。

图纸符号属性设置对话框中的选项大多没必要修改，需要修改的两项是标识符和文件名称，直接在它们的文本框中输入即可。这里将标识符用英文全称或缩写标注，将文件名称用中文标注。将图纸标识符编辑为“POWER”，文件名称为“电源”；另一个图纸标识符编辑为“FC”，文件名称为“声控变频电路”，如图 8-6 所示。

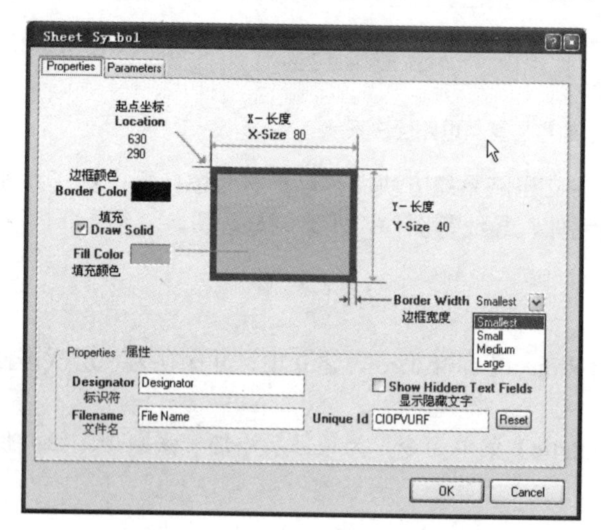

图 8-5　图纸符号属性设置对话框

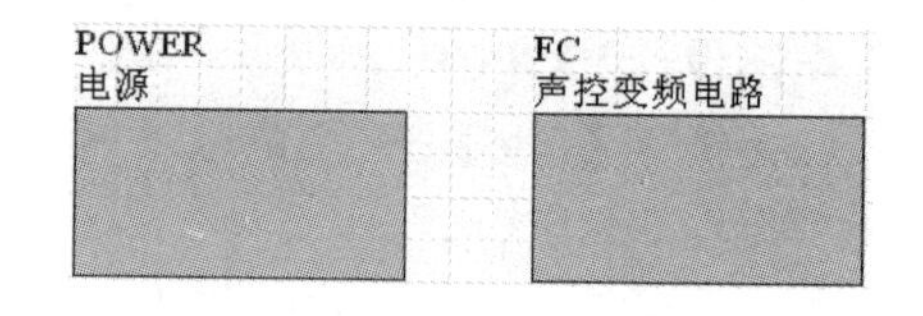

图 8-6　给定名称的子图图框

（2）另一种方法是在子图图框上双击标识符或文件名称进入各自的属性设置对话框进行编辑，这两个属性设置对话框的界面和选项基本相同，只是名称不同，如图 8-7（a）和（b）所示。

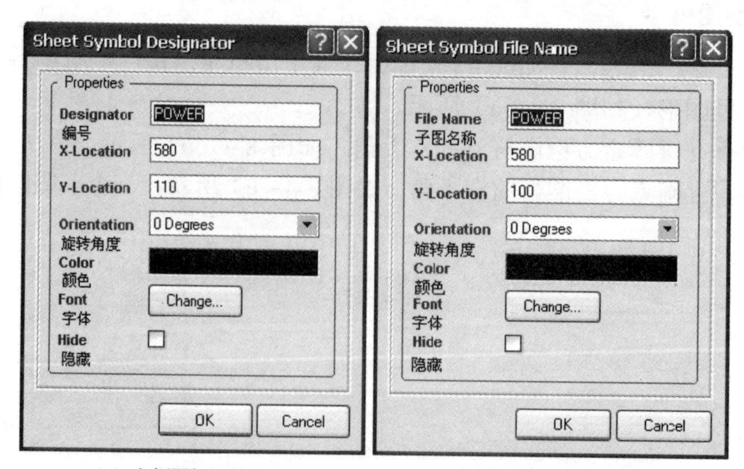

（a）方框图标识符设置　　（b）子图名称设置

图 8-7　属性设置对话框

在属性设置对话框中可以编辑的选项中，比较特殊的是隐藏（Hide）选项，当选中该项时，被编辑图件不在图纸上显示，处于隐藏状态；当该项无效时，图纸上显示被编辑图件。处于隐藏状态的选项（或参数）在系统中仍然起作用，这和删除是不同的。

3．添加子图入口

（1）执行【Place】→【Add Sheet Entry】菜单命令或单击布线工具栏中的按钮。出现“十”字形时，系统处于放置图纸入口状态。图纸入口只能在电路图纸符号中放置，此时如果在图纸符号方块外单击鼠标左键系统会发出操作错误警告声。

（2）将光标移到“电源”方块中，单击鼠标左键，“十”字光标上将出现一个图纸入口的形状，它跟随光标的移动在方块的边缘移动（系统规定了图纸入口唯一的电气点只能在图纸符号的边框上）。此时即使将光标移到方块以外，图纸入口仍然在方块内部。单击鼠标左键放置，首次放置的入口名称默认为“0”，以后放置的入口系统会递增名称。本例中每个图纸符号方块中需放置两个图纸入口，如图 8-8 所示。

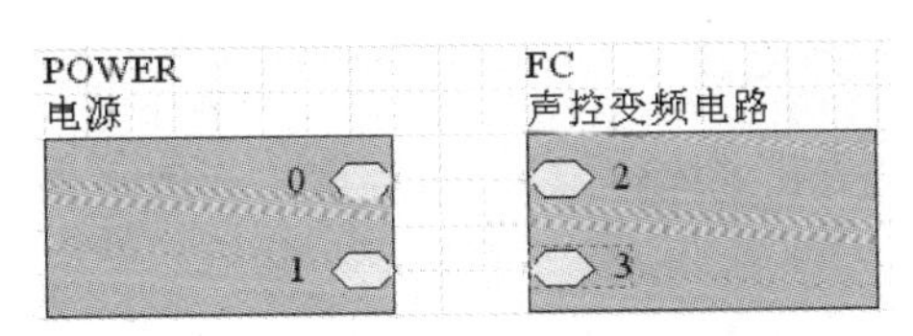

图 8-8　放置图纸入口的图纸符号

4．编辑子图入口属性

子图入口放置好后，需要对其进行编辑，以便满足设计要求。子图符号和子图入口构成了完整的子图符号，一个子图符号中的图纸入口要想与另一个子图符号中的图纸入口实现电气连接，那么这两个图纸入口的名称必须相同。图纸入口名称的作用与网络标号的作用基本相同，它实际上也是一种特殊的网络标号。

（1）双击图中已放置的图纸入口进入其属性设置对话框（处于放置状态时按【Tab】键也可以），编辑图纸入口的属性，如图 8-9 所示。

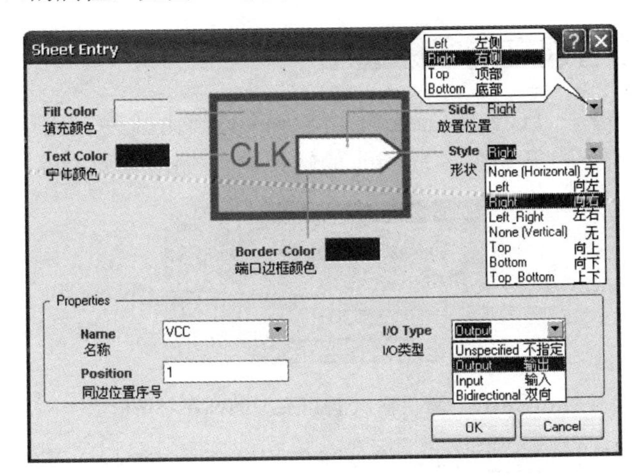

图 8-9　图纸入口属性设置对话框

在图 8-9 图纸入口属性设置对话框中较特殊的参数设置如下。

- Side——放置位置是指图纸入口与图纸符号边框连接点的位置，共有 4 种（从下拉列表中选择）：左侧、右侧、顶部和底部。通常图纸中用鼠标移动更方便。
- Style——形状是指图纸入口的形状，共有 8 种选择，分为两组。前 4 个为水平组，后 4 个为垂直组。水平组的选项用来设置水平方向的入口（放置位置为左侧或右侧），垂直组的选项用来设置垂直方向的入口（放置位置为顶部或底部）。其中“None (Horizontal)”是将入口设置为没有箭头的矩形，但其连接点仍在图纸符号的边框上，“Left”是将入口设置为左侧有箭头的形状，箭头端为连接点并连接在图纸符号的边框上，其他各项的用法类似。

注意：水平方向的入口只能由水平组的选项来设置，垂直方向的入口只能由垂直组的选项来设置，用垂直组的选项设置水平方向的入口时，入口形状将变成矩形。反之，结果也一样。

- Position——同边位置序号是指在图纸符号的一个边上系统自动给定的入口位置顺序号。每条边除端点外以 10mil 为间隔单位，顺时针方向从小到大给定位置序号，入口只能在位置序号上放置，其他点不能放置。同一图纸符号中各边的位置序号互相独立，即都是从 1 开始。
- Name——名称是图纸入口的网络标号，两块或多块图纸符号的入口要实现电气连接必须同名。
- I/O Type——I/O 类型是图纸入口的信号类型。本例中入口名称为 VCC 和 GND，I/O 类型根据电流流向确定为 Output 和 Input，形状如图 8-10 所示，即箭头向外为输出，箭头向内为输入。

（2）按如图 8-10 所示编辑子图入口。

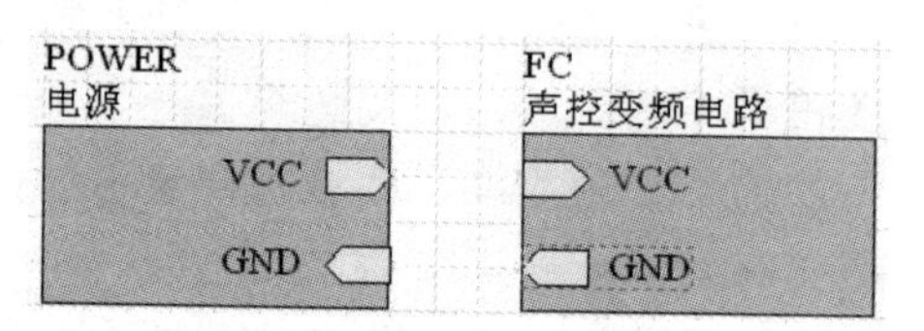

图 8-10　完成设计的子图符号

8.2.3　由子图符号建立同名原理图

（1）执行【Design】→【Create Sheet From Symbol】菜单命令，出现“十”字光标，在子图符号“电源”上单击，打开如图 8-11 所示的转换输入/输出类型的询问对话框。

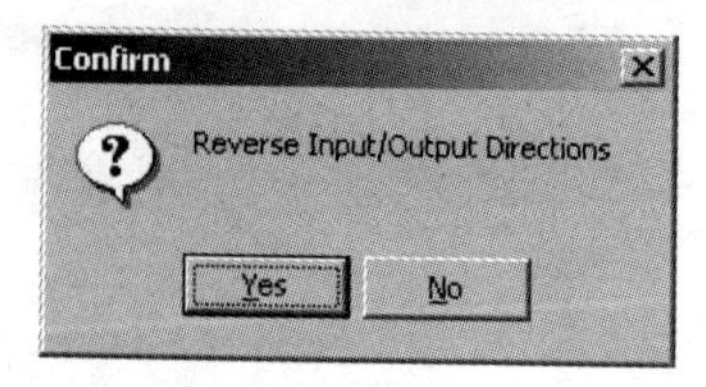

图 8-11　转换输入/输出类型的询问对话框

（2）单击对话框中的 Yes 按钮，将使建立的电源.SCHDOC 原理图中自动生成的 I/O 端口类型与该子图符号中图纸入口类型相反，即输出变为输入，输入变为输出。单击 No 按钮，则保持不变（通常应保持原类型）。

（3）单击 No 按钮，系统生成电源.SCHDOC 原理图文件，并将“电源”子图符号中的图纸入口转换为 I/O 端口添加到电源.SCHDOC 原理图中，如图 8-12 所示。

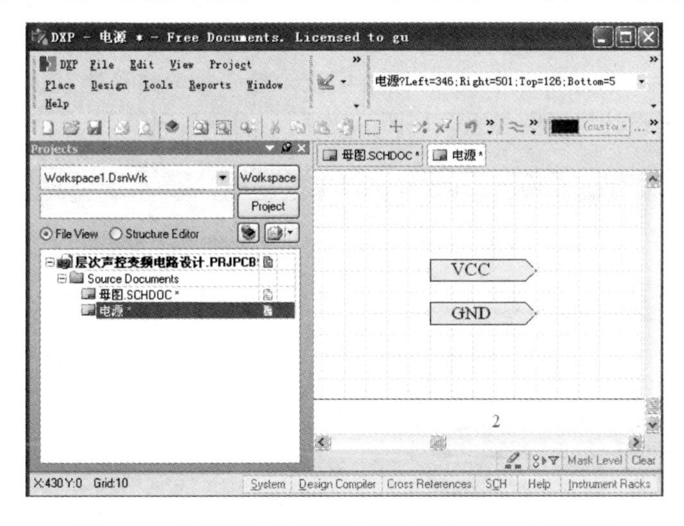

图 8-12 带有输入/输出端口的电源.SCHDOC 原理图

注意：由子图符号生成原理图时，所有的图纸入口都转换成输入/输出端口。I/O 端口有 2 个电气点，分别位于其两端的中心点。默认设置状态时，如果图纸入口的形状是单箭头，在建立的原理图中生成 I/O 端口的排列方式是输入型的箭头向右，输出型的箭头向左。如果在原理图参数设置时选中端口从左向右排列（Unconnected Left To Right），则箭头都向右。

（4）使用同样的方法在子图符号原理图声控变频电路.SCHDOC 添加 I/O 端口。

8.2.4 绘制子系统原理图

分别在电源和声控变频子图中放置元件和导线，完成子图的绘制，如图 8-13 和图 8-14 所示。

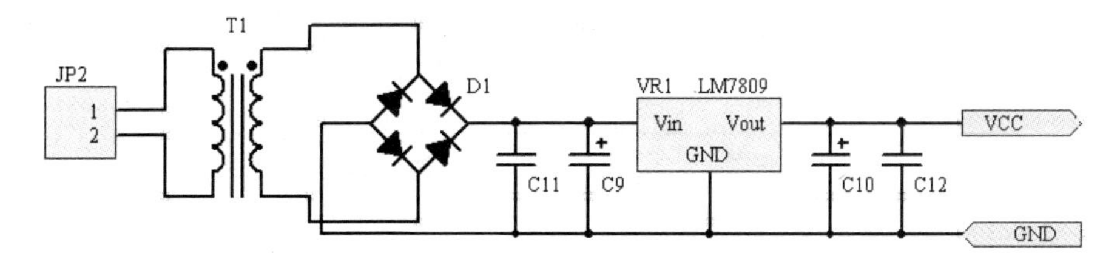

图 8-13 电源.SCHDOC 了图

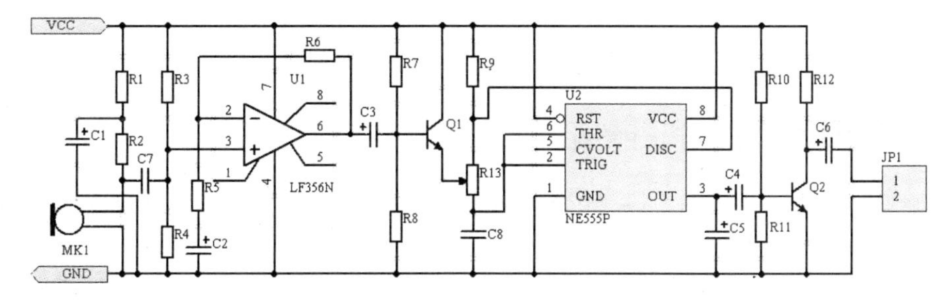

图 8-14 声控变频电路.SCHDOC 子图

8.2.5 确立层次关系

对所建的层次项目进行编译，就可以确立母子图的关系。具体操作如下。

执行【Project】→【Compile PCB Project 层次声控变频电路设计.PRJPCBStructure】菜单命令，系统产生层次设计母子图关系，如图 8-15 所示的项目面板。

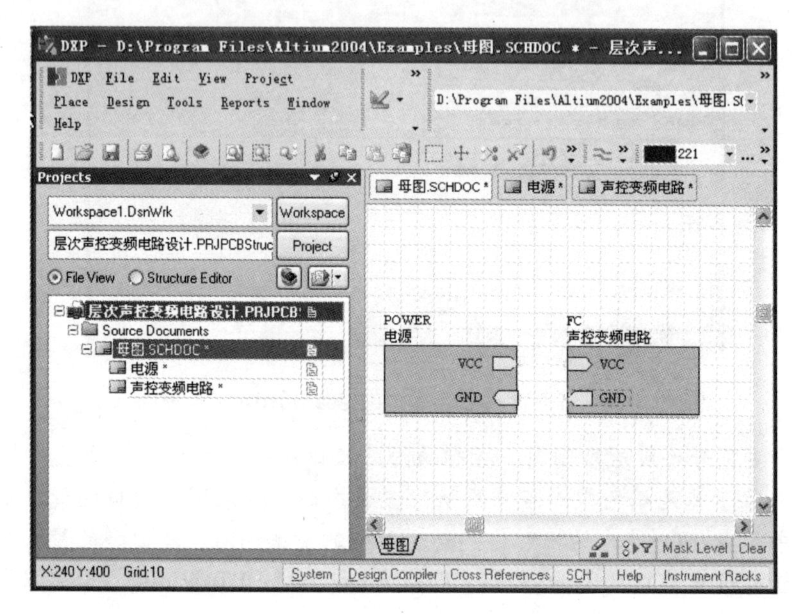

图 8-15　层次声控变频电路设计层次关系

8.3 自下而上的原理图层次设计

自下而上的原理图层次设计方法是先绘制实际电路图作为子图，再由子图生成子图符号，如图 8-16 所示。子图中需要放置各子图建立连接关系使用的 I/O 端口（输入/输出端口）。

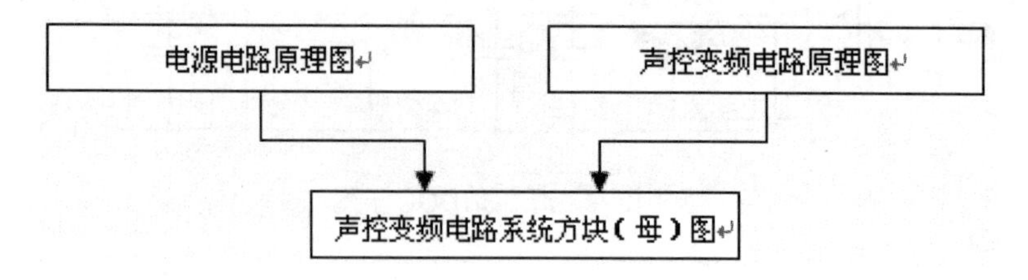

图 8-16　自下而上的层次声控变频电路系统

8.3.1 建立项目和原理图图纸

（1）执行【File】→【New】→【PCB Project】菜单命令，建立项目并保存为“声控变频电路层次设计 1.PRJPCB”。

（2）执行【File】→【New】→【Schematic】菜单命令，为项目新添加 3 张原理图纸并分别保存为“母图 1.SCHDOC”、“电源 1.SCHDOC”和“声控变频电路 1.SCHDOC”。

8.3.2　绘制原理图

参照图 8-13 和图 8-14 完成两张原理图的绘制。原理图中元件的放置和连接前面已讲解；图 8-13 和图 8-14 中的输入/输出端口是由子图符号的图纸入口生成的，不需要放置和编辑，但自下而上的层次原理图设计需要放置输入/输出端口，现在只介绍输入/输出端口的放置和属性设置。

（1）执行【Place】→【Port】菜单命令或单击布线工具栏中的按钮。出现“十”字形，并带有一个默认名称为“Port”的输入/输出端口，如图 8-17（a）所示。

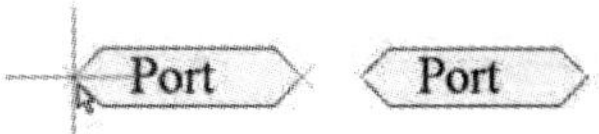

（2）单击鼠标左键确定端口的起点，移动光标使 00 端口的长度合适，单击鼠标左键确定端口的终点，一个端口即放置完毕，如图 8-17（b）所示。系统仍处于放置状态，可以继续放置下一个，单击鼠标右键退出放置状态。

Port　　Port

（a）　　（b）

图 8-17　输入/输出端口放置光标和放置好的端口

（3）双击放置好的输入/输出端口或在放置状态时按键盘的【Tab】键，打开输入/输出端口属性设置对话框，如图 8-18 所示。

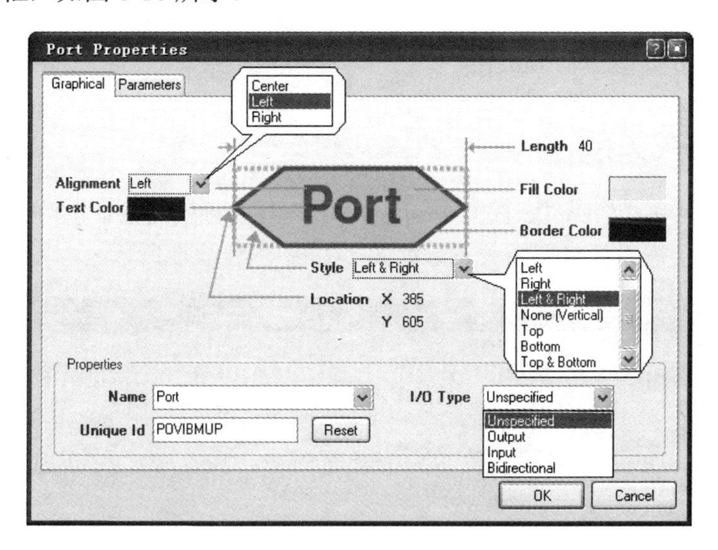

图 8-18　输入/输出端口属性设置对话框

输入/输出端口属性设置对话框与图 8-9 图纸入口属性设置对话框基本相同，设置方法类似。

设置 I/O 端口名称时，要保证两张图纸中需要连接在一起的端口名称相同；绘制完成后保存项目。

8.3.3　由原理图生成子图符号

（1）将“母图 1.SCHDOC”置为当前文件。

（2）执行【Design】→【Create Sheet Symbol From Sheet】菜单命令，打开选择文档对话框，如图 8-19 所示。

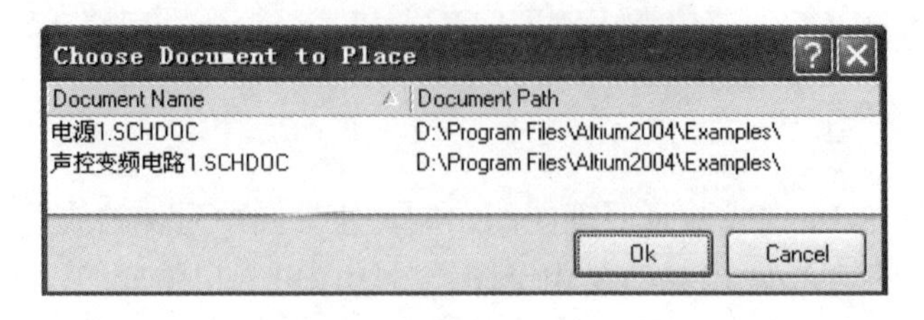

图 8-19　选择文档对话框

（3）将光标移至文件名“电源 1.SCHDOC”上，单击鼠标左键选中该文件（高亮状态）。单击 Ok 按钮确认，打开如图 8-11 所示的转换输入/输出类型询问对话框，单击 No 按钮，系统生成代表该原理图的子图符号，如图 8-20 所示。

（4）在图纸上单击鼠标左键，将其放置在图纸上。使用同样的方法将“声控变频电路 1.SCHDOC”生成的子图符号放置在图纸上，如图 8-21 所示。

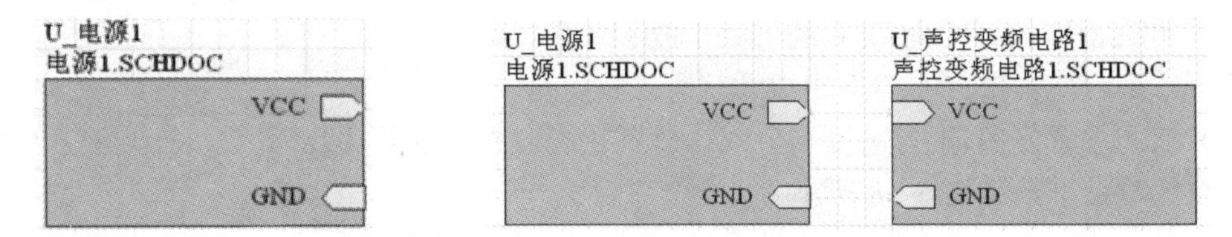

图 8-20　由电源 1.SCHDOC 生成的子图符号　　　　图 8-21　由原理图生成的子图符号

8.3.4　确立层次关系

执行【Project】→【Compile PCB Project 层次声控变频电路设计 1.PRJPCBStructure】菜单命令，系统产生层次设计母子图关系，如图 8-22 中项目面板所示。

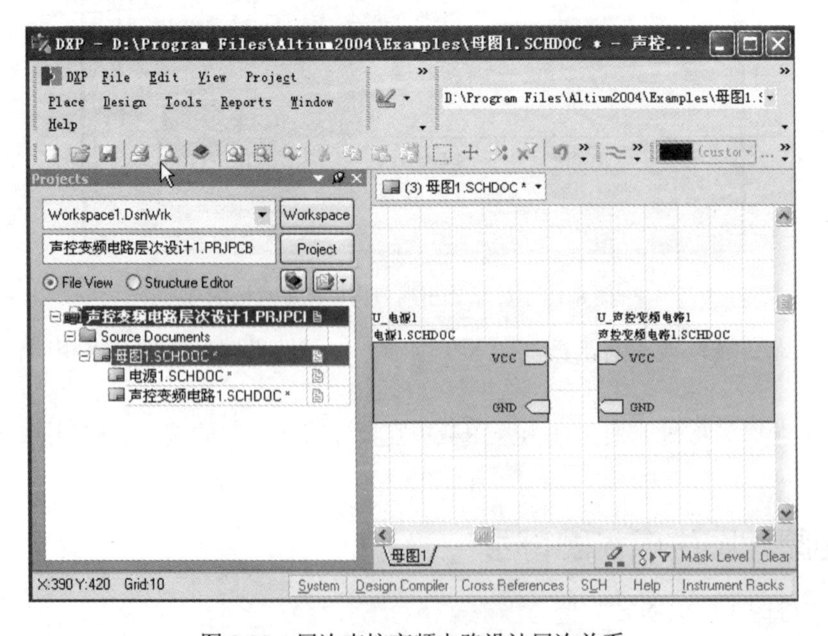

图 8-22　层次声控变频电路设计层次关系

8.4　层次电路设计报表

层次设计由于是使用多张原理图进行一个较大的项目设计，所以关于层次设计的报表主要反映各原理图之间的关系，以便于整个设计项目检查。

层次设计报表主要包括元件引用参考报表、层次报表、端口引用参考报表。

8.4.1　元件交叉引用报表

元件交叉引用报表的主要内容是元件标识、元件名称，以及所在电路原理图。

（1）打开设计项目“声控变频电路层次设计.PRJPCB”，并打开有关原理图。

（2）执行【Reports】→【Component Cross Reference】菜单命令，系统扫描设计项目的所有文件，生成元件交叉引用报表，并打开报表管理器对话框，如图 8-23 所示。

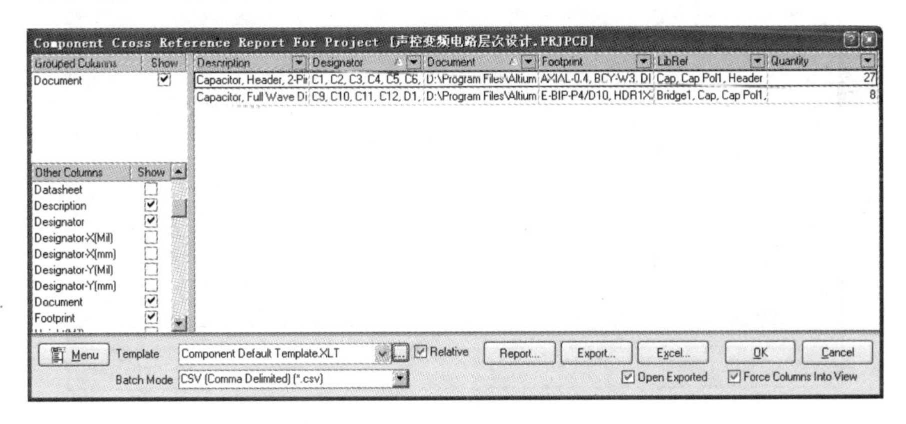

图 8-23　元件交叉引用报表管理器对话框

（3）单击模板（Template）右侧的浏览按钮 ，从“D:\Program Files\Alitum2004\Template”文件夹中选择【Component Default Template.XLT】模板。选中复选项【Open Exported】。

（4）单击 Excel... 按钮，打开元件交叉引用报表预览对话框，如图 8-24 所示。

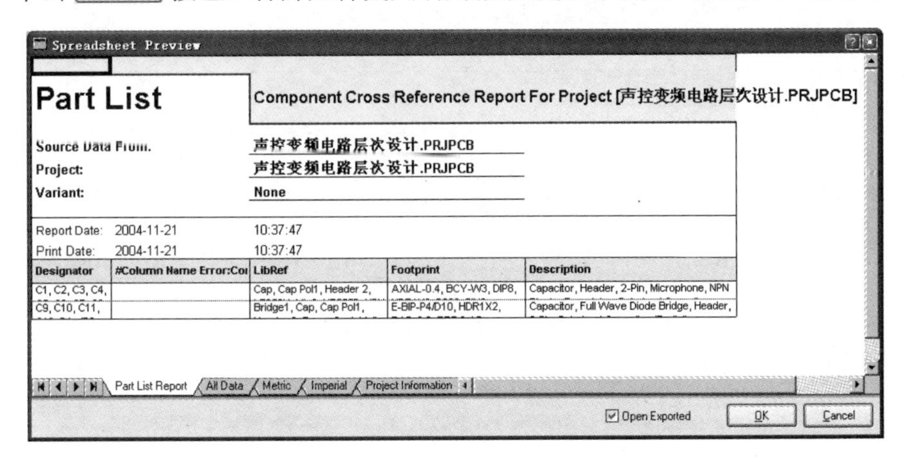

图 8-24　元件交叉引用报表预览对话框

（5）单击标签 All Data，浏览所有元件的数据资料，如图 8-25 所示。

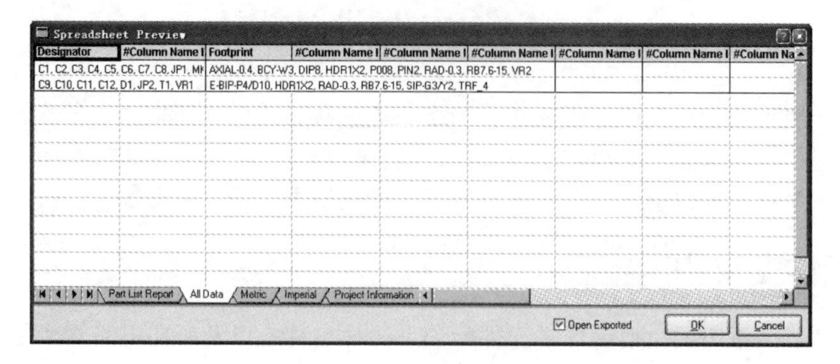

图 8-25　所有元件数据资料浏览窗口

（6）单击标签“Project Information”，浏览项目信息，如图 8-26 所示。

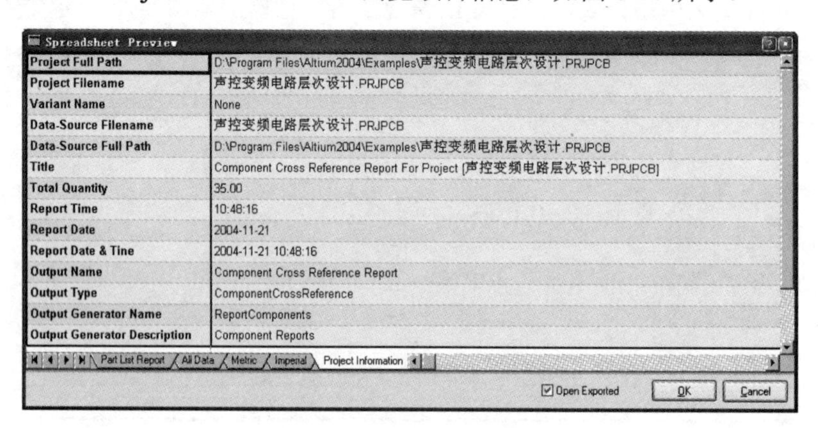

图 8-26　项目信息浏览窗口

（7）单击 OK 按钮，系统按指定模板生成元件交叉引用报表，同时启动 Excel，如图 8-27 所示。

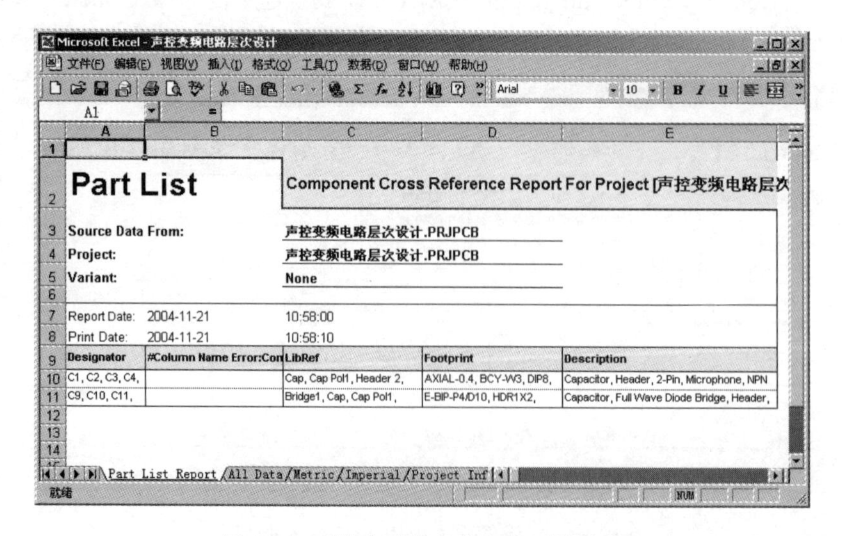

图 8-27　系统生成的元件交叉引用报表

8.4.2　层次报表

层次报表主要描述层次设计中各电路原理图之间的层次关系。

（1）打开设计项目“声控变频电路层次设计.PRJPCB”，并打开有关原理图。

（2）执行【Reports】→【Report Project Hierarchy】菜单命令，系统创建层次报表，并将层次报表文件（声控变频电路层次设计.REP）添加到当前设计项目中，如图 8-28 所示。

图 8-28　系统生成的层次报表文件

（3）双击“声控变频电路层次设计.REP”，打开文件，如图 8-29 所示。报表包含了本设计项目中各个原理图之间的层次关系，可以打印、存档，以便于项目管理。

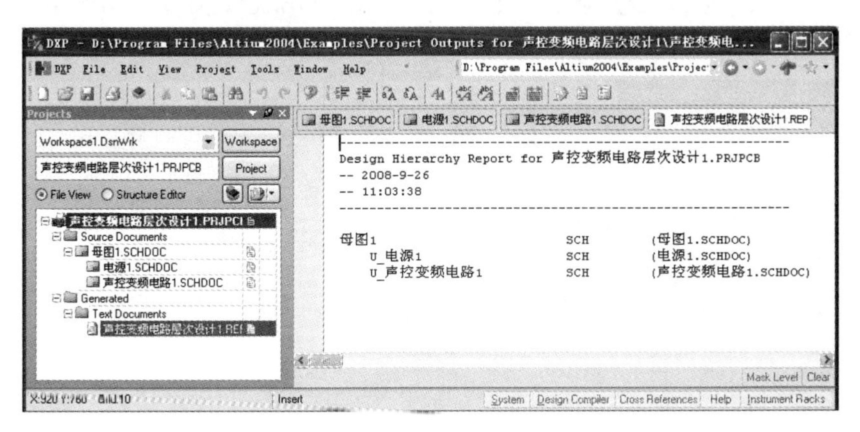

图 8-29　层次报表内容

8.4.3　端口引用参考报表

端口引用参考用来指示层次设计时使用的各种端口的引用关系。它没有一个独立的文件输出，而是将引用参考作为一种标识添加在子图的输入/输出端口旁边。

（1）打开设计项目“声控变频电路层次设计.PRJPCB”，并打开有关原理图。

（2）在菜单【Reports】→【Port Cross Reference】下有 4 个子菜单，如图 8-30 所示。

Add To Sheet	为图纸添加端口引用参考
Add To Project	为项目所有图纸添加端口引用参考
Remove From Sheet	删除图纸端口引用参考
Remove From Project	删除项目所有图纸端口引用参考

图 8-30 【Port Cross Reference】子菜单

（3）执行【Reports】→【Port Cross Reference】→【Add To Sheet】菜单命令，系统为当前原理图文件中的输入/输出端口添加引用参考，如图 8-31 所示。

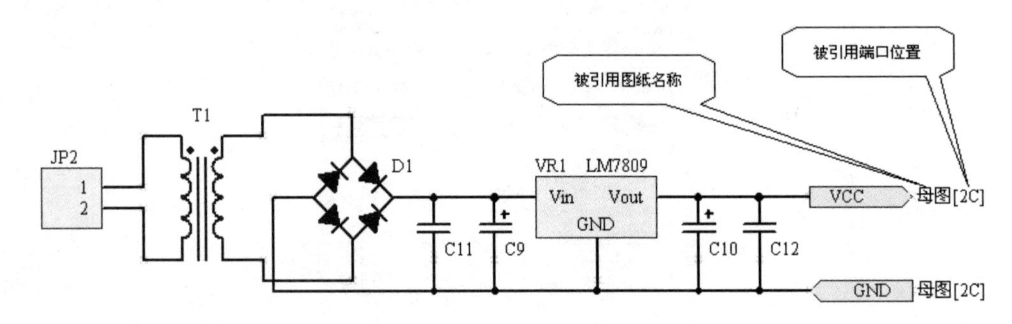

图 8-31　添加端口引用参考的原理图

从图中可以看出，端口引用参考实际上是子图输入/输出端口在母图中的位置指示。

（4）执行【Reports】→【Port Cross Reference】→【Add To Project】菜单命令，系统为当前项目中所有原理图文件中的输入/输出端口添加引用参考。

（5）【Remove From Sheet】命令和【Remove From Project】命令是删除端口引用参考的命令。

※ 练　　习

1．练习自上而下的原理图层次设计。
2．练习自下而上的原理图层次设计。
3．练习层次原理图报表的操作方法。

第 9 章　电子电路仿真

Protel 2004 系统不但可以绘制电子电路原理图，而且还可以对所绘制的电子电路进行仿真。Protel 2004 系统对电子电路进行仿真的操作简便易行，本章将讲述 Protel 2004 系统的电子电路仿真的概念、环境及其设置；通过简单实例介绍 Protel 2004 系统电子电路仿真分析的基本操作方法。

9.1　仿真的基本概念

通过前面对绘制原理图和制作印制电子电路板的学习，我们知道，电子电路设计者在设计完电子电路后，可以用电气规则检查的方法（ERC）检查电子电路编辑中是否有错误缺陷，但不能对电子电路的性能做出判断。Protel 2004 提供了电子电路仿真功能模块，可用于综合分析电子电路的性能。

所谓的电子电路仿真是以电子电路分析理论为基础，通过建立数学模型，借助数值计算的方法在计算机上对电子电路性能指标进行分析运算，然后以文字、表格及图形等方式在屏幕上显示出来。

由于电子电路仿真不需要实际的元件和仪器仪表设备，设计者就可以对所涉及的电子电路进行性能分析和校验，降低了开发费用，减轻了劳动强度，缩短了产品的开发周期。所以，采用电子电路仿真可以提高电子电路的设计质量和可靠性。

9.2　仿真的常用元件及属性

9.2.1　常用元件

Protel 2004 为用户提供了一个常用元件库，即 Miscellaneous Devices.IntLib。该元件库包括电阻、电容、电感、振荡器、三极管、二极管、电池和熔断器等，所有元件均定义了仿真特性，仿真时只要选择默认属性或者修改为自己需要的仿真属性即可。

9.2.2　元件仿真属性编辑

在电子电路仿真时，所有元件必须具有仿真属性。如果没有，那么在电子电路仿真操作时会提出警告或错误信息。下面介绍为元件添加仿真属性的方法。

（1）使用鼠标双击当前元件，打开“元件属性”对话框，如果该元件没有定义仿真属性，则在元件的模式列表框中不会显示 Simulation（仿真）属性，否则，在元件的模式列表框中会显示仿真属性，如图 9-1 所示。

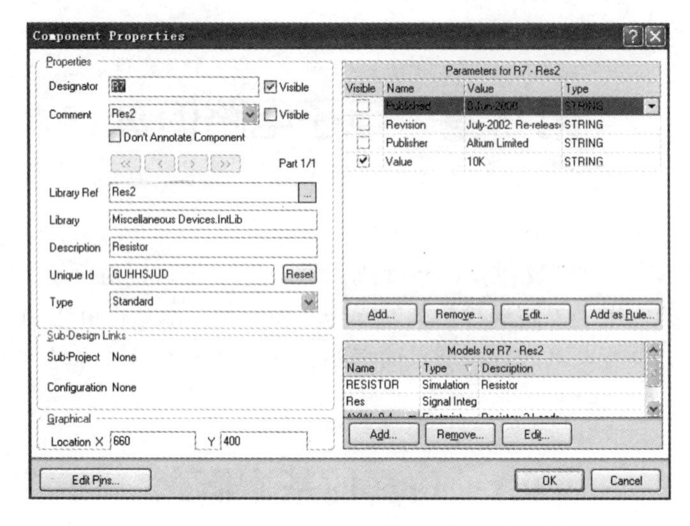

图 9-1　元件属性对话框

（2）为了使添加元件具有仿真特性，可以按“模式（Models）”列表框下的【Add】按钮，系统将打开如图 9-2 所示的添加新模式对话框。

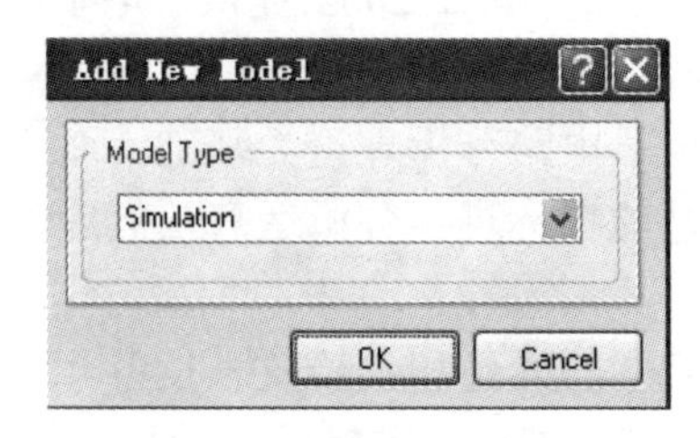

图 9-2　添加新模式对话框

（3）在图 9-2 所示的对话框中选择“Simulation”（仿真）类型，单击【OK】按钮，系统会打开如图 9-3 所示的仿真模式参数设置对话框。

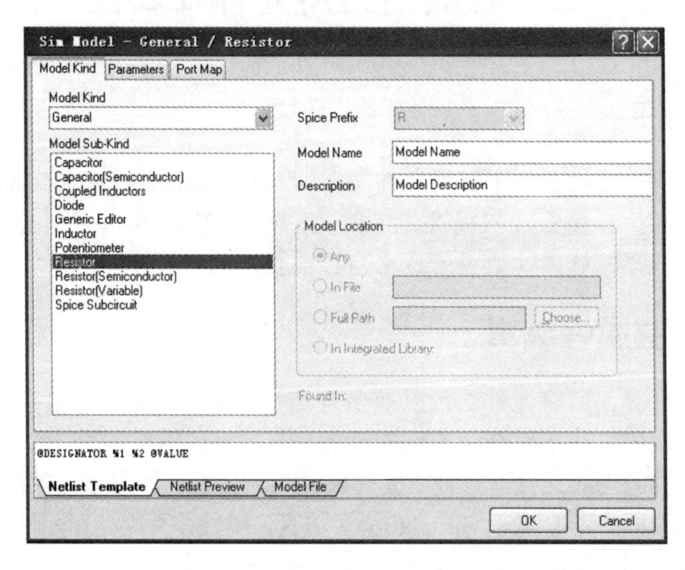

图 9-3　仿真模式参数设置对话框

其中：

General 选项卡——显示的是一般信息，用户可以在 Main Kind 下拉列表中选择元件的总类别，然后在 Model Sub-Kind 列表框中选择模型的子类，并可以在 Model Name 文本框中输入元件仿真模型名称。

Parameters 选项卡——用来设置相应元件仿真模型的仿真参数。

Pin Mapping 选项卡——用来显示元件引脚的连接属性。

9.3　仿真常用激励源

在绘制完仿真电子电路图后，要根据仿真的需要添加激励源，仿真激励源可以视为一个特殊的元件，其放置、属性设置及位置调整等操作方法与一般元件相同。可以利用工具栏上的工具添加，也可以从激励源库中选用。

9.3.1　仿真激励源工具栏

Protel 2004 为仿真提供一个激励源工具栏，便于用户进行仿真操作，具体打开工具栏的方法是，执行“View”→“Toolbars”→“Utilities”菜单命令，打开实用工具栏，然后选择激励源工具栏命令，如图 9-4 所示。在仿真时，可以从工具栏中选取合适的激励源添加到电子电路图中。

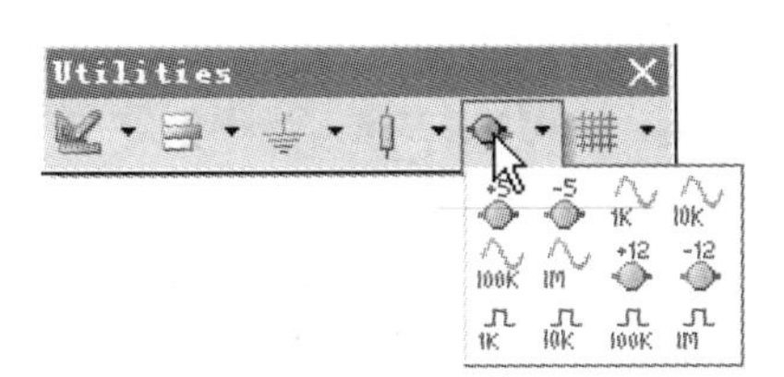

图 9-4　仿真激励源工具栏

9.3.2　仿真激励源库

Protel 2004 为用户提供了大部分常用的仿真元件，这些仿真元件库在 Library\Simulation 目录中。其中，仿真激励源库为 Simulation Sources.IntLib。下面就其主要内容做一些介绍。

1．直流源

两个直流源元件，即 VSRC 电压源和 ISRC 电流源，这些源提供了用来激励电子电路的一个不变的电压或电流输出。

2．正弦仿真源

两个正弦源元件，即 VSIN 正弦电压源和 ISIN 正弦电流源，这些仿真源可创建正弦电压和电流源。

3．周期脉冲源

两个周期脉冲源元件，即 VPULSE 电压周期脉冲源和 IPULSE 电流周期脉冲源，利用这些源可以创建周期性的连续的脉冲。

4. 分段线性源

两个分段线性源元件，即 VPWL 分段线性电压源和 IPWL 分段线性电流源，使用分段线性源可以创建任意形状的波形。

5. 指数激励源

两个指数激励源元件，即 VEXP 指数激励电压源和 IEXP 指数激励电流源，这些激励源可创建带有指数上升沿和（或）下降沿的脉冲波形。

6. 单频调频源

两个单频调频源元件，即 VSFFM 单频调频电压源和 ISFFM 单频调频电流源，这些源可创建一个单频调频波。

7. 线性受控源

4 个线性受控源元件，即 HSRC 线性电流控制电压源、GSRC 线性电压控制电流源、FSRC 线性电流控制电流源和 ESRC 线性电压控制电压源。

8. 非线性受控源

两个非线性受控源元件，即 BVSRC 非线性受控电压源和 BISRC 非线性受控源电流源，

9.4 初始状态的设置

设置初始状态是为计算偏置点而设定一个或多个电压值（或电流值）。在分析模拟非线性电子电路、振荡电子电路及触发器电子电路的直流或瞬态特性时，常出现求解的不收敛现象。当然，实际电子电路是有解的，其原因是点发散或收敛的偏置点不能适应多种情况。设置初始值最通常的原因就是在两个或更多的稳定工作点中选择一个，使仿真顺利进行。

初始状态的设置方法有多种，一般可归为 2 类，一是定义元件属性设置，二是利用特殊元件设置，下面分别给予介绍。

9.4.1 定义元件属性设置初始状态

通过定义元件属性可以对节点电压设置（NS，Node Set）和初始条件（IC，Initial Condition）设置。

1. 节点电压（NS）设置

该设置使指定的节点固定在所给定的电压下，仿真器按这些节点电压求得直流或瞬态的初始解。

该设置对双稳态或非稳态电子电路收敛性的计算是必要的，它可使电子电路摆脱“停顿”状态，而进入所希望的状态。一般情况下，设置是不必要的。

节点电压可以在“元件属性”对话框中设置，即打开如图 9-1 所示的对话框后，对元件仿真属性进行编辑，系统打开如图 9-3 所示的对话框，在“Model Kind”下拉列表中选择“Initial

Condition”选项，然后在“Model Sub-Kind”列表框中选择“Initial Node Voltage Guess”选项，然后进入“Parameters”选项卡设置其初始值。

2．初始条件（IC）设置

初始条件设置是用来设置瞬态初始条件的，不要把该设置和上述的设置相混淆。NS 只是用来帮助直流解的收敛，并不影响最后的工作点（对多稳态电子电路除外）。IC 仅用于设置偏置点的初始条件，它不影响 DC 扫描。

瞬态分析中，一旦设置了参数“Use Initial Conditions”和“IC”时，瞬态分析就先不进行直流工作点的分析（初始瞬态值），因而应在 IC 中设定各点的直流电压。如果瞬态分析中没有设置参数“Use Initial Conditions”，那么在瞬态分析前要计算直流偏置（初始瞬态）解。这时，IC 设置中指定的节点电压仅当作求解直流工作点时相应节点的初始值。

仿真元件的初始条件设置与节点电压的设置类似，具体操作如下：

首先打开如图 9-1 所示的对话框后，对元件仿真属性进行编辑，系统打开如图 9-3 所示的对话框，在“Model Kind”下拉列表中选择“Initial Condition”选项，然后在“Model Sub-Kind”列表框中选择【Set initial Condition】选项，然后进入“Parameters”选项卡设置其初始值。

9.4.2　特殊元件设置初始状态

Protel 2004 在“Simulation Sources.IntLib”库中还提供了两个定义初始状态特殊元件，如图 9-5 所示。

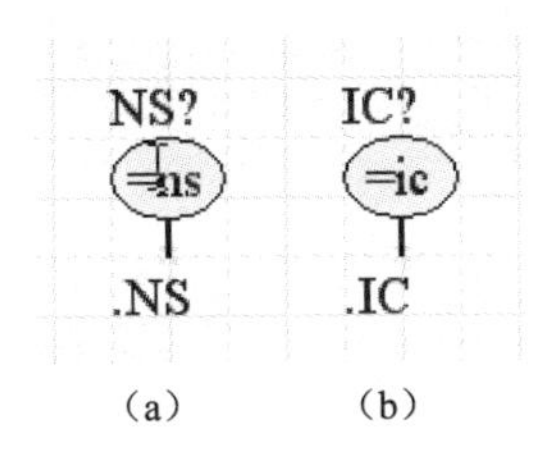

图 9-5　定义初始状态元件

其中，(a) 节点电压设置元件——.NS，即 NODE SET（节点设置）；

(b) 初始条件设置元件——.IC，即 Initial Condition（初始条件）。

这两个特别的符号可以用来设置电子电路仿真的节点电压和初始条件。只要向当前的仿真原理图添加这两个元件符号，然后进行设置，即可实现整个仿真电子电路的节点电压和初始条件设置。具体操作方法如下。

1．节点电压的设置

(1) 在仿真电子电路原理图上用鼠标双击节点电压设置元件符号，打开类似于图 9-1 所示的元件属性对话框，在 Models for NS 栏中单击 Edit... 按钮，打开仿真初始状态选择框，如图 9-6 所示。

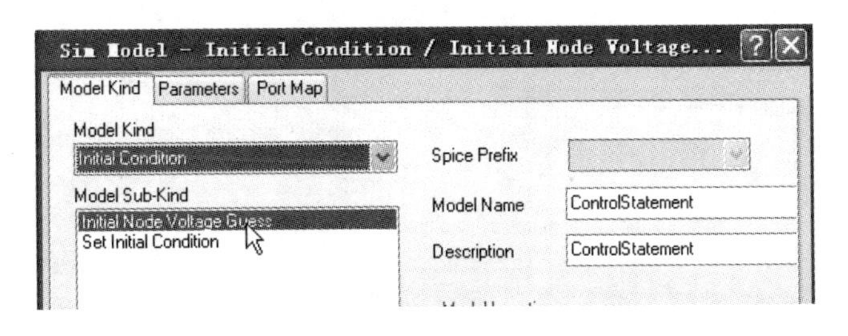

图 9-6　仿真初始状态选择框

（2）按图 9-6 所示选定设置节点电压设置，单击 Parameters 选项卡，打开节点电压参数设置对话框，如图 9-7 所示。

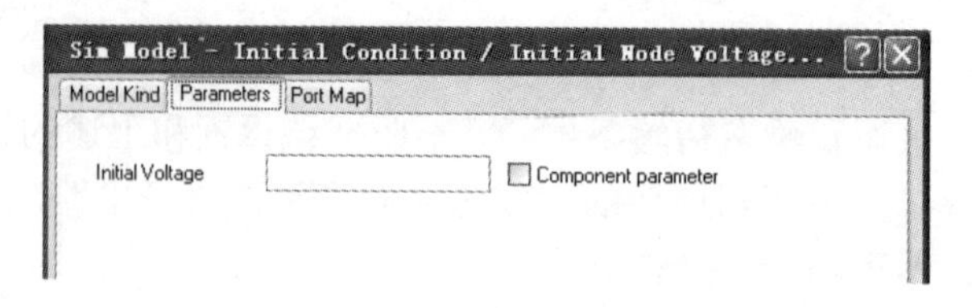

图 9-7 节点电压参数设置对话框

（3）在 Initial Voltage 的栏内设置节点电压的初始幅值。

2. 初始状态的设置

初始状态的设置与节点电压的设置步骤相同，差别只是在图 9-6 仿真初始状态选择框中选择“Set Initial Condition”。

综上所述，初始状态的设置途径有多种。在电子电路仿真中，如有两种以上共存时，在分析中优先考虑的次序是：定义元件属性、.IC 设置、.NS 设置。如果.NS 和.IC 共存时，则.IC 设置将取代.NS 设置。

9.5 仿真器的设置

在进行仿真前，用户必须选择对电子电路进行哪种分析，需要收集哪个变量数据，以及仿真完成后自动显示哪个变量的波形等。

9.5.1 分析设置对话框

当完成了对仿真电子电路的编辑后，可进行仿真分析对象的选择和设置，其操作是在仿真分析对话框中进行的。

执行【Design】→【Simulate】→【Mixed Sim】菜单命令，打开分析设置对话框，如图 9-8 所示。

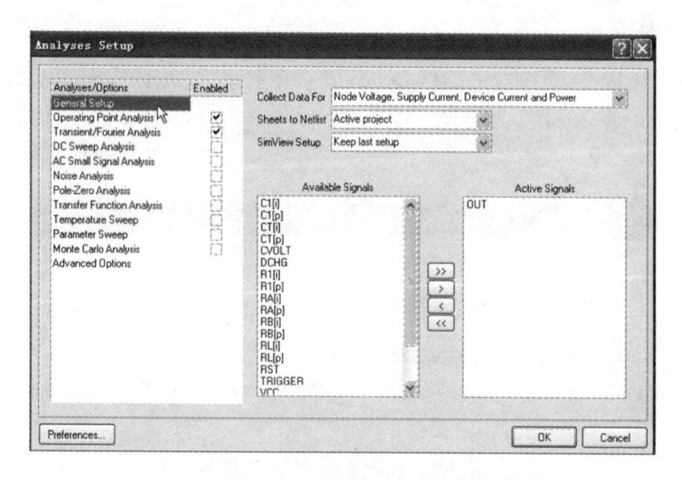

图 9-8 分析设置对话框

分析设置对话框左边的“Analyses /Options”栏中的项目为分析类别，选中不同的分析项目，分析设置对话框右边根据分析内容会有变化。在此我们只对一般设置，瞬态特性分析和傅里叶分析设置做详细说明，其他类分析的设置与这 3 种大同小异，只做简要说明。

9.5.2　一般设置

选择【General Setup】选项，在对话框中显示的是仿真分析的一般设置，如图 9-8 所示。用户可以选择分析对象，在 Available Signals 列表中显示的是可以进行仿真分析的信号；Active Signals 列表框中显示的是激活的信号，即将要进行仿真分析的信号；按左和右按钮可添加或移去激活的信号。

9.5.3　瞬态特性分析

瞬态特性分析（Transient Analysis）是从时间零开始到用户规定的时间范围内进行的。用户可规定输出的开始到终止的时间和分析的步长，初始值可由直流分析部分自动确定，所有与时间无关的源，用它们的直流值，也可以用设计者规定的各元件的电平值作为初始条件进行瞬态分析。

激活【Transient/Fourier】选项，打开瞬态分析/傅里叶分析参数设置对话框，如图 9-9 所示。

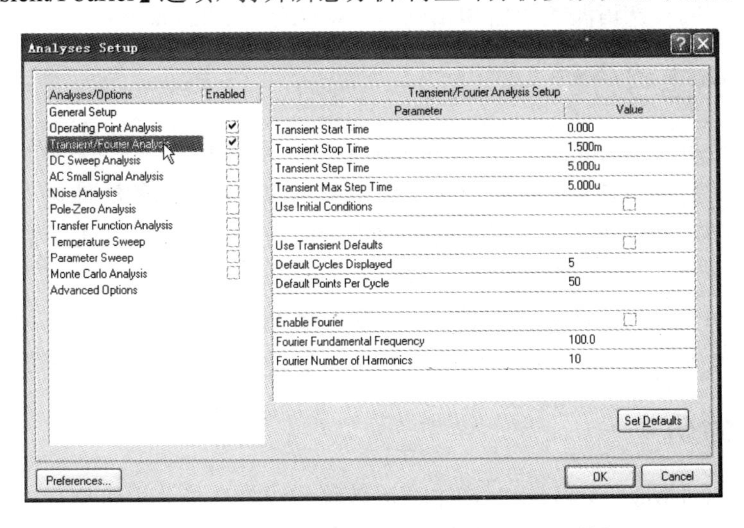

图 9-9　瞬态分析/傅里叶分析参数设置对话框

瞬态分析的输出是在一个类似示波器的窗口中，在设计者定义的时间间隔内计算变量瞬态输出电流或电压值。如果不使用初始条件，则静态工作点分析将在瞬态分析前自动执行，以测得电子电路的直流偏置。

瞬态分析通常从时间零开始。在时间零和开始时间（Start Time）之间，瞬态分析照样进行，但并不保存结果。在开始时间（Start Time）和终止时间（Stop Time）的间隔内将保存结果，用于显示。

步长（Step Time）通常是用在瞬态分析中的时间增量。实际上，该步长不是固定不变的。采用变步长，是为了自动完成收敛。最大步长（Max Step Time）限制了分析瞬态数据时的时间片的变化量。

瞬态分析中，如果选择了 Use Initial Conditions 选项，则瞬态分析就先不进行直流工作点的分析（初始瞬态值），因而应在 IC 中设定各点的直流电压。

仿真时，如果设计者并不确定所需输入的值，可选择默认值，从而自动获得瞬态分析用参数。开始时间（Start Time）一般设置为 0。Stop Time、Step Time 和 Max Step Time 与显示周期（Cycles Displayed）、每周期中的点数（Points Per Cycle）以及电子电路激励源的最低频率有关。如选中 Use Transient Defaults 选项，则每次仿真时将使用系统默认的设置。

9.5.4 傅里叶分析

傅里叶分析（Fourier Analysis）是计算瞬态分析结果的一部分，得到基频、DC 分量和谐波。不是所有的瞬态分析结果都要用到，只用到瞬态分析终止时间之前的基频的一个周期。若 PERIOD 是基频的周期，则 PERIOD=1/FREQ。就是说，瞬态分析至少要持续 1/FREQ（s）。

如图 9-9 所示，要进行傅里叶分析，必须选中【Transient/Fourier Analysis】选项。在此对话框中，可设置傅里叶分析的参数。

（1）Enable Fourier——选中该项，可以进行傅里叶分析；

（2）Fourier Fundamental Frequency——设置傅里叶分析的基频；

（3）Fourier Number of Harmonics——设置所需要的谐波数。

傅里叶分析中的每次谐波的幅值和相位信息将保存在 File name.sim 文件中。

9.5.5 交流小信号分析

交流小信号分析（AC Small Signal Analysis）将交流输出变量作为频率的函数计算出来。先计算电子电路的直流工作点，决定电子电路中所有非线性元件的线性化小信号模型参数，然后在设计者所指定的频率范围内对该线性化电子电路进行分析。交流小信号分析所希望的输出通常是一个传递函数，如电压增益、传输阻抗等。

在 Protel 2004 仿真时，要定义扫描类型（Sweep Pipe）和测试点数（Test Points）；并且在进行交流小信号分析前，原理图必须包括至少一个交流源，且该交流源已适当设置。

9.5.6 直流分析

直流分析（DC Sweep Analysis）产生直流转移曲线。直流分析将执行一系列的静态工作点的分析，从而改变前述定义的所选源的电压。设置中，可定义可选辅助源。

9.5.7 蒙特卡罗分析

蒙特卡罗分析（Monte Carlo Analysis）是使用随机数发生器按元件值的概率分布来选择元件，然后对电子电路进行模拟分析。蒙特卡罗分析可在元件模型参数赋给的容差范围内，进行各种复杂的分析，包括直流分析、交流及瞬态特性分析。这些分析结果可以用来预测电子电路生产时的成品率及成本等。

蒙特卡罗分析是用来分析在给定电子电路中各元件容差范围内的分布规律，然后用一组组的随机数对各元件取值。Protel 2004 中元件的分布规律（Distribution）有以下几种：

（1）Uniform——平直的分布，元件值在定义的容差范围内统一分布。

（2）Gaussian——高斯曲线分布，元件值的定义中心值加上容差±3，在该范围里呈高斯分布。

（3）Worst Case——与 Uniform 类似，但只使用该范围的结束点。

（4）Number of Runs 选项，为用户定义的仿真数，如定义 10 次，则将在容差允许范围内，每次运行将使用不同的元件值来仿真 10 次。

（5）用户如果希望用一系列的随机数来仿真，则可设置 Seed 选项，该项的默认值为-1。

9.5.8 参数扫描分析

参数扫描分析（Parameter Sweep Analysis）允许用户以自定义的增幅扫描元件的值。参数扫描分析可以改变基本的元件和模式，但并不改变电子电路的数据。

在 Sweep Variable（参数域）中输入参数，该参数可以是一个单独的标识符，如 R1；也可以是带有元件参数的标识符，如 R1[resistance]，可以直接从下拉列表中选择。

Start Value 和 Stop Value 定义了扫描的范围，Step Value 定义了扫描的步幅。

用户可以在 Sweep Type（扫描类型）项中选择扫描类型。如果选择了 Use Relative Values 选项，则将用户输入的值添加到已存在的参数中或作为默认值。

9.5.9 温度扫描分析

温度扫描分析（Temperature Sweep Analysis）是和交流小信号分析、直流分析及瞬态特性分析中的一种或几种相连的，该设置规定了在什么温度下进行仿真。如用户给出了几个温度，则对每个温度都要做一遍所有的分析。

Start/Stop Temperature 定义了扫描的范围，Step Temperature 定义了扫描的步幅。

在仿真中，如要进行温度扫描分析，则必须定义相关的标准分析；温度扫描分析只能用在激活变量中定义的节点计算。

9.5.10 传递函数分析

传递函数分析（Transfer Function Analysis）用来计算直流输入阻抗、输出阻抗及直流增益。

Source Name 中定义了参考的输入源；Reference Node 设置了参考源的节点。

9.5.11 噪声分析

噪声分析（Noise Analysis）是同交流分析一起进行的。电子电路中产生噪声的元件有电阻器和半导体元件，对每个元件的噪声源，在交流小信号分析的每个频率上计算出相应的噪声，并传送到一个输出节点，所有传送到该节点的噪声进行 RMS（均方根）值相加，就得到了指定输出端的等效输出噪声。同时计算出从输入源到输出端的电压（电流）增益，由输出噪声和增益就可得到等效输入噪声值。

可以设置噪声源（Noise Source）、起始频率、中止频率、扫描类型、测试点数、输出节点和参考节点等参数值。

9.5.12　极点-零点分析

极点-零点分析（Pole-Zero Analysis）是针对设定的分析对象，分析其输入/输出的信号，并获取其极点-零点的相关分析信息。

可以设置 Input Node（输入节点）、Input Reference Node（输入参考节点）、Output Node（输出节点）、Output Reference Node（输出参考节点）、Transfer Function Type（传递函数类型）和 Analysis Type（分析类型）等参数值。

9.6　电子电路仿真实例

在介绍了 Protel 2004 电子电路仿真的基本功能和设置方法后，为使读者能够掌握电子电路原理图仿真的基本方法，在这节先介绍电子电路仿真的一般流程，再通过 3 个具体电子电路仿真过程，进一步熟悉电子电路仿真方法。

9.6.1　电子电路仿真流程

电子电路仿真一般按下面的步骤或流程进行，如图 9-10 所示。

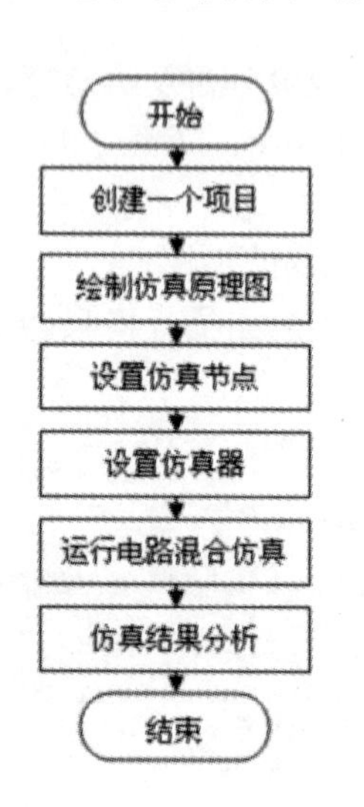

图 9-10　仿真流程图

（1）创建一个项目。在使用 Protel 2004 进行电子电路的设计过程中，一般要建立一个工程项目，在工程项目中再建立一个原理图文件。

（2）绘制仿真原理图。在项目中的原理图上绘制用于仿真的电子电路，注意的是所用的元器件要有仿真属性；所用的电源要由仿真库中提取。

（3）设置仿真节点。一般有 2 种，一种是在仿真原理图上放置网络标号，有了仿真节点才能测试、观察该点电参数或波形；另一种是设置初始节点。

（4）设置仿真器。仿真器的设置主要是在电子电路仿真分析设置对话框中进行，一般是根据仿真的需要，选择要进行仿真项目等参数。

（5）运行电路混合仿真。在仿真项目的设置中，一般都设置多项，因此被称为混合仿真。项目设置完后，即可运行仿真器，随即显示仿真信息。

（6）仿真结果分析。运用电子电路理论，对其仿真信息即数据或波形进行分析讨论。

9.6.2　共射极放大电路仿真实例

1．创建一个项目

创建项目的方法已在第 1 章介绍过，操作后可见共射极放大电路项目如图 9-11 所示。

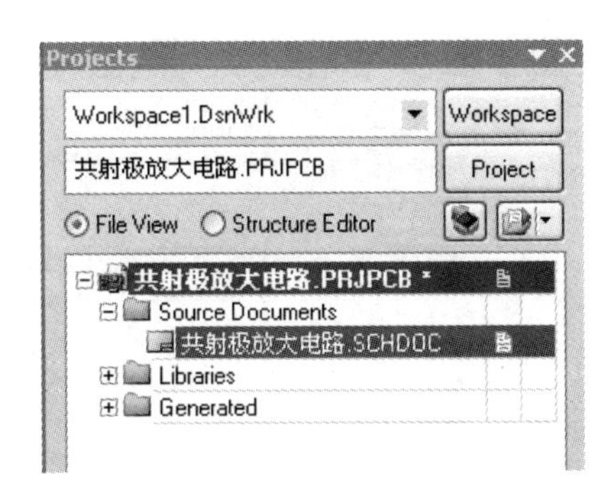

图 9-11　创建共射极放大电路项目

2. 绘制仿真电路图

共射极放大电路如图 9-12 所示。

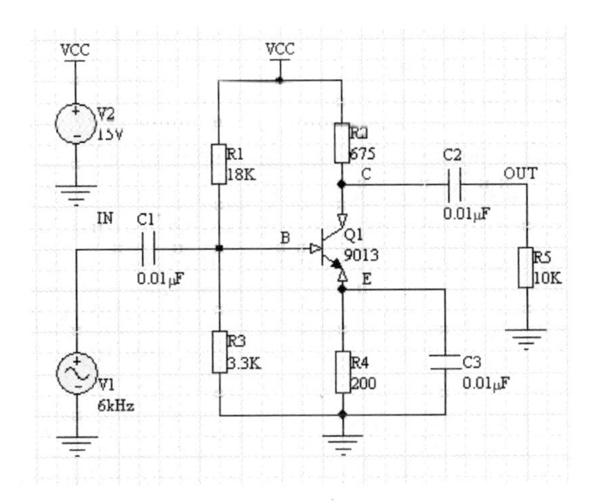

图 9-12　共射极放大电路

其中，电阻、电容、三极管和电源端子符号从 Miscellaneous Devices.IntLib 库中提取，直流电压源和正弦电压源从 Simulation Sources.IntLib 库中提取，也可直接从如图 9-4 所示的仿真激励源工具栏选取，并对上述元器件的参数进行设置，其中正弦波电压源的幅值为 240mV，其他参数按图 9-12 中所示设置。

3. 设置仿真节点

在共射极放大电路中设置 IN、B、C、D、和 OUT 网络标号，如图 9-12 所示。用来测试相应点的仿真数据，保存仿真原理图文件。

注意，仿真节点一定要放在元器件的引脚外端点或导线上，否则在“Analyses Setup”对话框中“Available Signals”列表栏内将不显示。

4. 设置仿真器

执行【Design】→【Simulate】→【Mixed Sim】菜单命令，打开分析设置对话框，选中相应的分析项目；并在“Active Signals”列表框中移入 OUT 仿真节点后；再选中设置参数扫描分析项目，如图 9-13 所示。

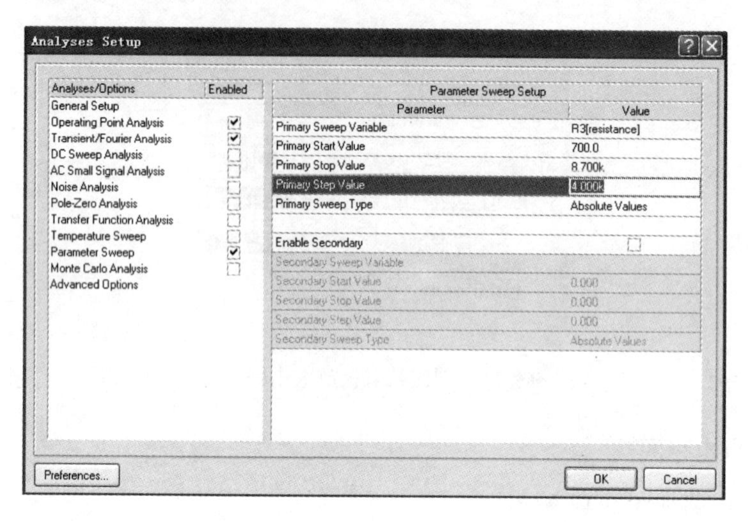

图 9-13　设置参数扫描分析项目对话框

5．运行电路混合仿真

在仿真器设置完成后，单击图 9-13 中的 OK 按钮，立刻进行仿真，并在仿真器上显示相应的输出波形，如图 9-14 所示。

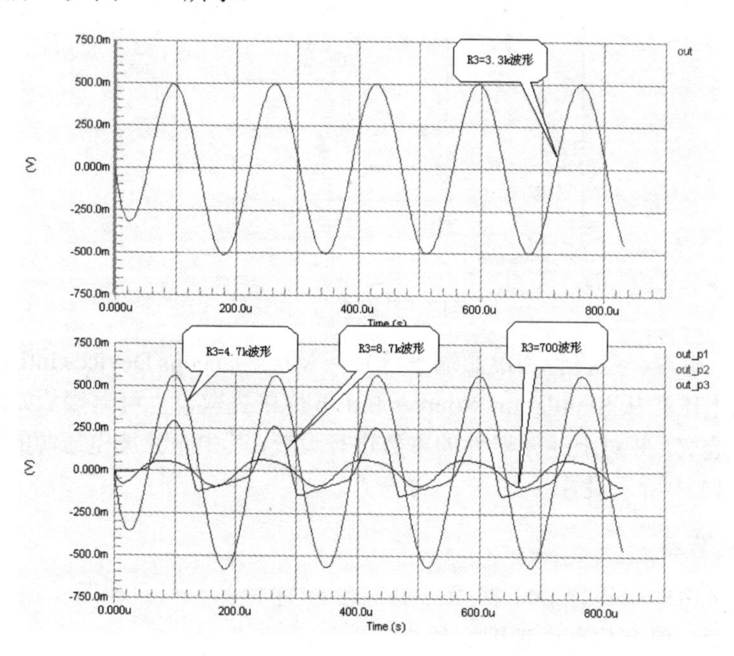

图 9-14　共射极放大电路输出波形

6．仿真结果分析

从共射极放大电路的仿真波形可以看出，当共射极放大电路的下偏置电阻 R3=3.3kΩ 时，输出幅度最大，放大电路处于最大不失真状态；当 R3=700Ω 时，放大电路工作在截止状态，输出波形截止失真；当 R3=8.7kΩ 时，放大电路工作在饱和状态，输出波形饱和失真。

9.6.3　单稳态触发器电路仿真实例

1．创建一个项目

该操作步骤同 9.6.2 节。

2．绘制仿真原理图

单稳态触发器电路如图 9-15 所示。

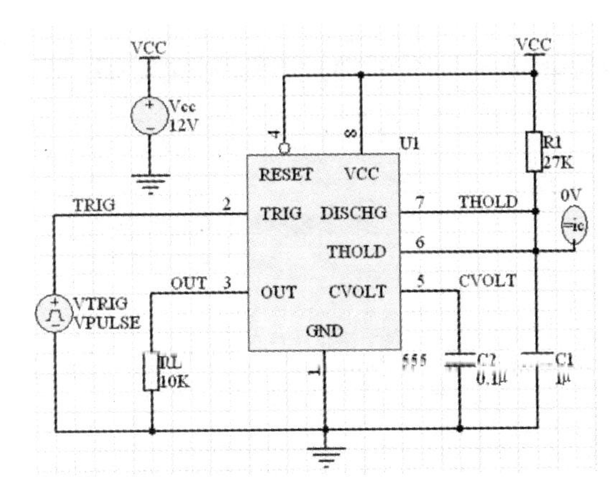

图 9-15　单稳态触发器电路

其中，电阻、电容和电源端子符号从 Miscellaneous Devices.IntLib 库中提取，直流电压源和电压脉冲源从 Simulation Sources.IntLib 库中提取，也可直接从如图 9-4 所示的仿真激励源工具栏选取，并对上述元器件的参数按如图 9-15 中所示进行设置，其中，电压脉冲源的设置如下。

用鼠标双击电压脉冲源（VPULSE）符号，打开元件属性对话框，执行该元件仿真属性编辑，打开电压脉冲源仿真模式编辑对话框，单击参数（Parameters）选项卡设置参数，打开电压脉冲源仿真参数设置对话框，进行设置参数，如图 9-16 所示。

Sim Model - Voltage Source / Pulse

Model Kind | Parameters | Port Map

		Component parameter
DC Magnitude	0	☐
AC Magnitude	1	☐
AC Phase	0	☐
Initial Value	12	☐
Pulsed Value	0	☐
Time Delay	5m	☐
Rise Time	100u	☐
Fall Time	100u	☐
Pulse Width	2m	☐
Period	50m	☐
Phase		☐

图 9-16　电压脉冲源仿真参数设置对话框

3．设置仿真节点

在单稳态触发器电路中设置 TRIG、THOLD、CVOLT 和 OUT 网络标号外，还要给电容 C1 设置初始电压，此处利用初始条件设置符号设置该电容初始电压为 0V，如图 9-15 所示。

4．设置仿真器

执行【Design】→【Simulate】→【Mixed Sim】菜单命令，打开分析设置对话框，选中相应的分析项目；并在 Active Signals 列表框中移入 OUT 和 TRIG 仿真节点后；再选中设置参数扫描分析项目，如图 9-17 所示。

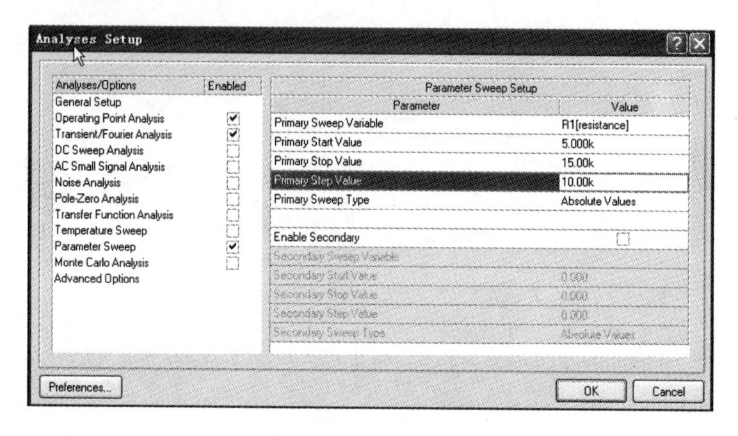

图 9-17　设置参数扫描分析项目对话框

5．运行电路混合仿真

在仿真器设置完成后，单击图 9-17 中的 OK 按钮，立刻进行仿真，并在仿真器上显示相应的输出波形，如图 9-18 所示。

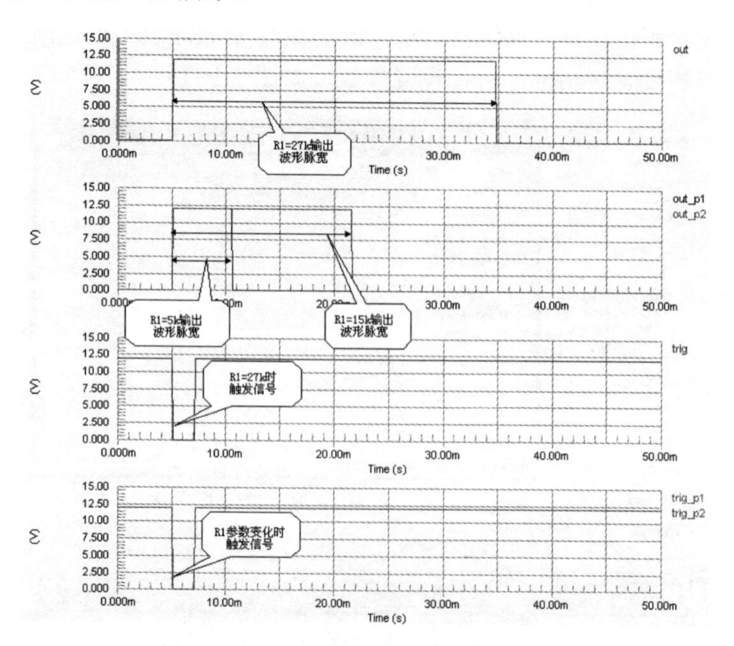

图 9-18　单稳态触发器电路仿真波形

6. 仿真结果分析

从单稳态触发器电路的仿真波形可以看出，当电阻 R1 阻值不同时，输出波形的宽度也会发生变化，调节 R1 的阻值可调节输出脉冲的宽度。

9.6.4 数字电路仿真实例

在实际应用中，除了模拟电子电路外，还有数字电子电路和数字/模拟混合电子电路。与模拟电子电路不同，在数字电子电路中，设计者主要关心的是各数字节点的逻辑（电平）状态。

数字节点就是仅与数字电子电路元器件相连的节点，仿真该电路的结果是了解该电路各个节点的逻辑（电平）状态。

尽管设计者对数字电子电路检测方式与模拟电子电路有所不同，但是这两种电子电路仿真步骤基本上是一样的，下面通过实例说明。

1. 创建一个项目

该操作步骤同上例相同。

2. 绘制仿真原理图

该数字电子电路实际是分频电路，在此基础上增加了反相隔离器和三极管驱动电路，如图 9-19 所示。

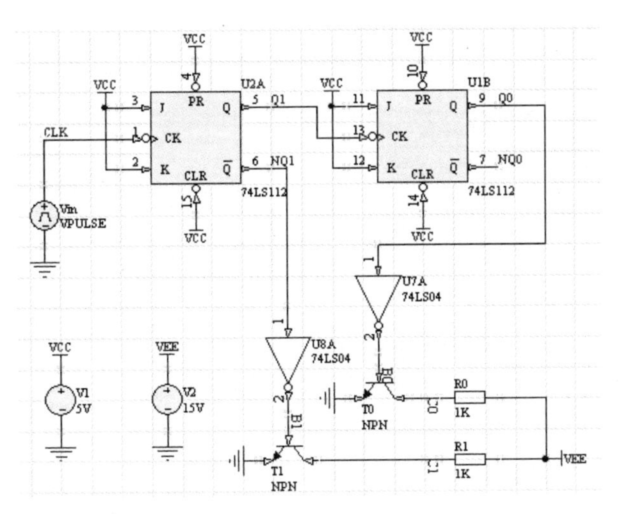

图 9-19　数字电子电路实例

3. 设置仿真数字节点

在电路中设置 CLK、Q1、Q0、C1、C0、B1 和 B0 等网络标号作为数子电子电路的数字节点，即观测点。

4. 设置仿真器

执行【Design】→【Simulate】→【Mixed Sim】菜单命令，打开分析设置对话框，选中相应的分析项目；并在 Active Signals 列表框中移入 C0、C1、CLK、Q0 和 Q1 仿真数字节点后，设置电压脉冲源。和上例操作相同，打开电压脉冲源仿真模式参数设置对话框，设置其参数，如图 9-20 所示。

Sim Model - Voltage Source / Pulse

Model Kind | Parameters | Port Map

		Component parameter
DC Magnitude	0	☐
AC Magnitude	1	☐
AC Phase	0	☐
Initial Value	0	☐
Pulsed Value	5	☐
Time Delay	10n	☐
Rise Time	5n	☐
Fall Time	5n	☐
Pulse Width	50n	☐
Period	100n	☐
Phase	0	☐

OK　Cancel

图 9-20　电压脉冲源参数设置

5．运行电路混合仿真

仿真器设置完成后，单击图 9-20 中的 OK 按钮，立刻进行仿真，并在仿真器上显示相应的输出波形，如图 9-21 所示。

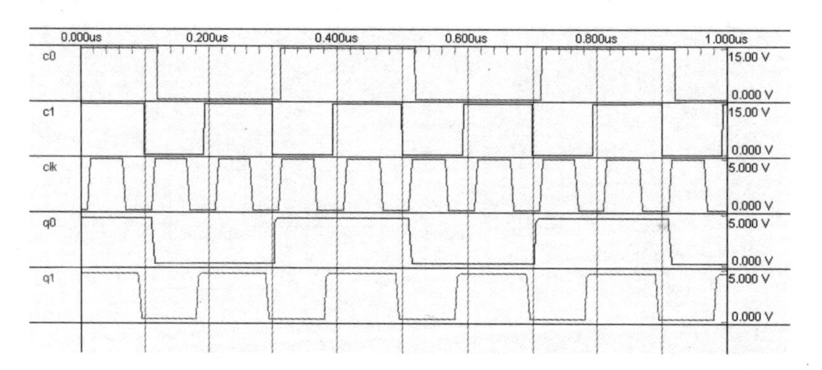

图 9-21　数字电子电路实例仿真波形

6．仿真结果分析

从数字电子电路的仿真波形可以看出，Q1 为时钟脉冲 CLK 的二分频；Q0 为时钟脉冲 CLK 的四分频。

综合上述 3 种电子电路的仿真实例，Protel 2004 提供了一种方便的电子电路仿真方式。设计者通过该仿真程序可以在制板前发现原理图设计中可能存在的问题，减少重复设计的可能性。

※ 练　　习

1．对基本共基极放大电路进行仿真分析。

2．对用 555 定时器为核心元件组成的多谐振荡器进行仿真分析。

第 10 章　PCB 设计基础

PCB 是“印制电路板”英文名称“Printed Circuit Board”的缩写。它不仅是固定或装配各种电子零件的基板，更重要的是实现各种电子元器件之间的电气连接或电绝缘，提供电路要求的电气特性（特性阻抗等）。可以这么说，印制电路板是当今电子技术应用系统中不可替代的重要部件。本章将介绍 PCB 的结构、与 PCB 设计相关的知识、PCB 设计的原则、PCB 编辑器的启动方法及界面。

10.1　印制电路板（PCB）的结构

印制电路板也称做印制板，就是通常所说的 PCB。印制板是通过一定的制作工艺，在绝缘度非常高的基材上覆盖上一层导电性能良好的铜薄膜构成覆铜板，然后根据具体 PCB 图的要求，在覆铜板上蚀刻出 PCB 图上的导线，并钻出印制板安装定位孔及焊盘和导孔。

印制板的分类方法比较多。根据板材的不同可以分为纸制覆铜板、玻璃布覆铜板和挠性塑料制作的挠性覆铜板，其中挠性覆铜板能够承受较大的变形。有些电路的功能和特性可能会对板材有特殊的要求，在这种情况下，应该考虑板材的类型。

根据电路板的结构可以分为单面板（Signal Layer PCB）、双面板（Double Layer PCB）和多层板（Multi Layer PCB）3 种。

单面板是一种一面覆铜，另一面没有覆铜的电路板，只可在它覆铜的一面布线和焊接元件。单面板结构比较简单，制作成本较低。但是对于复杂的电路，由于只能在一个面上走线并且不允许交叉，单面板布线难度很大，布通率往往较低，因此，通常只有电路比较简单时才采用单面板的布线方案。

双面板是一种包括顶层（Top Layer）和底层（Bottom Layer）的电路板。顶层一般为元件面，底层一般为焊接面。双面板两面都覆上铜箔，因此 PCB 图中两面都可以布线，并且可通过导孔在不同工作层中切换走线，相对于多层板而言，双面板制作成本不高。对于一般的应用电路，在给定一定面积的时候通常都能 100%布通，因此目前一般的印制板都是双面板。

多层板就是包含多个工作层面的电路板。最简单的多层板有 4 层，通常是在“Top Layer”层和“Bottom Layer”层中间加上了电源层和地线层。通过这样处理，可以极大程度地解决电磁干扰问题，提高系统的可靠性，同时也可以提高布通率，缩小 PCB 的面积。

整个电路板将包括顶层（Top Layer）、底层（Bottom Layer）、内层和中间层。层与层之间是绝缘层，绝缘层用于隔离电源层和布线层，绝缘层的材料不仅要求绝缘性能良好，而且要求其可挠性和耐热性能良好。

通常在印制电路板上布上铜膜导线后，还要在上面印上一层防焊层（Solder Mask），防焊层留出焊点的位置，而将铜膜导线覆盖住。防焊层不黏焊锡，甚至可以排开焊锡，这样在焊接时，可以防止焊锡溢出造成短路。另外，防焊层有顶层防焊层（Top Solder Mask）和底层防焊层（Bottom Solder Mask）之分。

有时还要在印制电路板的正面或反面印上一些必要的文字，如元件符号、公司名称等，能印这些文字的一层为丝印层（Silkscreen Overlay），该层又分为顶层丝印层（Top Overlay）和底层丝印层（Bottom Overlay）。

10.2　PCB 元件封装

元件封装是指实际的电子元器件焊接到电路板时所指示的轮廓和焊点的位置。它是使元件引脚和印制电路板上的焊盘一致的保证。纯粹的元件封装只是一个空间的概念，不同的元件有相同的封装，同一个元件也可以有不同的封装。所以在取用焊接元件时，不仅要知道元件的名称，还要知道元件的封装。

1．元件封装的分类

元件的封装形式很多，但一般情况下可以分为两大类，针脚式封装和表贴式（SMT）封装。

（1）针脚式元件封装。针脚式元件封装是针对针脚类元件的，如图 10-1 所示。针脚类元件焊接时先要将元件针脚插入焊盘导孔中，然后再焊锡。由于焊盘导孔贯穿整个电路板，所以其焊盘的属性对话框中，Layer 板层属性必须为 Multi-Layer，如图 10-2 所示。

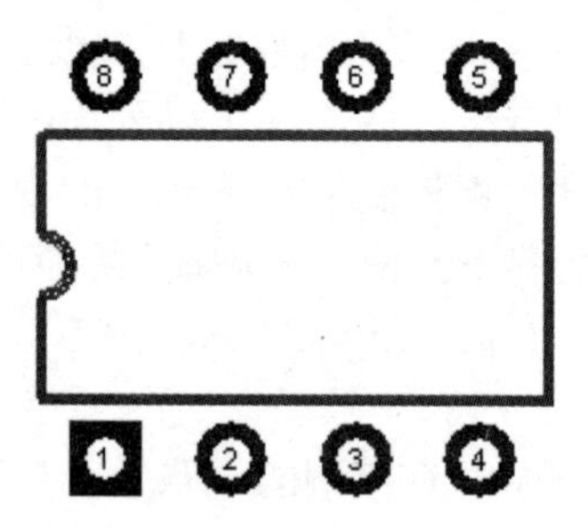

图 10-1　针脚类元件封装

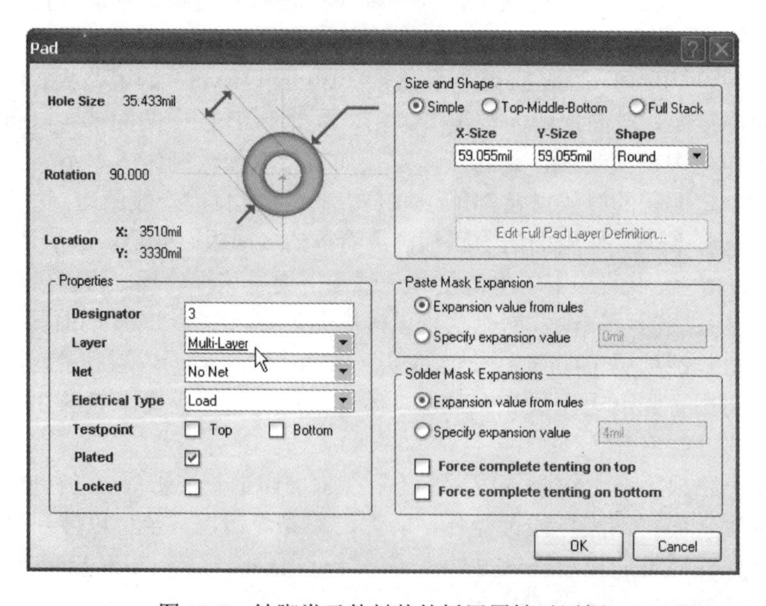

图 10-2　针脚类元件封装的板层属性对话框

（2）表贴式（SMT）封装。表贴式（SMT）封装，如图 10-3 所示。此类封装的焊盘只限于表层，即顶层（Top Layer）或底层，其焊盘的属性对话框中，Layer 板层属性必须为单一表面，如图 10-4 所示。

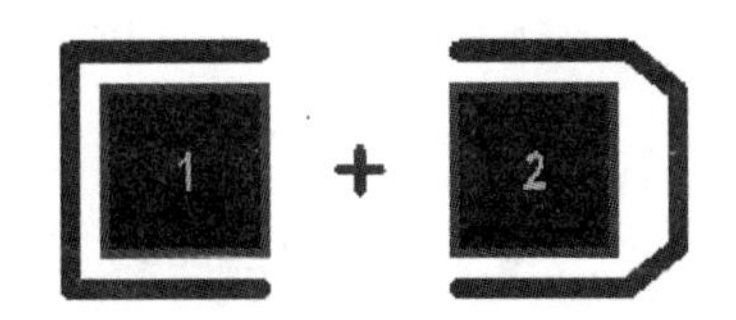

图 10-3 表贴式元件封装

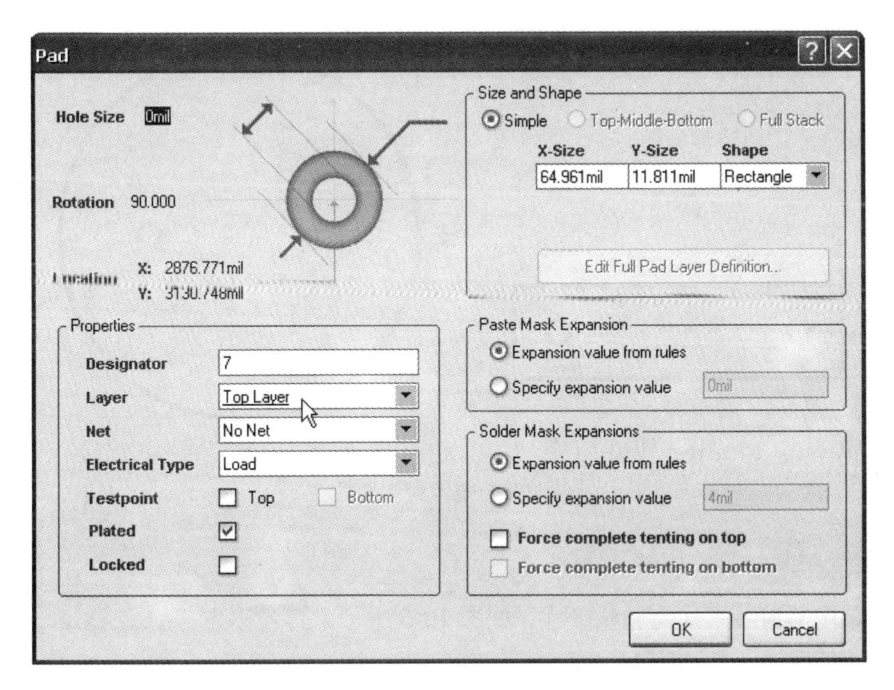

图 10-4 表贴式元件封装的板层属性对话框

2. 元件封装的名称

元件封装的名称原则为：元件类型+焊盘距离（焊盘数）+元件外形尺寸。可以根据元件的名称来判断元件封装的规格。例如电阻元件的封装为 AXIAL-0.4，表示此元件封装为轴状，两焊盘间的距离为 400mil（约等于 10mm）；DIP-16 表示双列直插式元件封装，数字“16”为焊盘（或称引脚）的个数。RB.2/.4 表示极性电容元件封装，引脚间距为 200mil，元件直径为 400mil。

10.3 常用元件的封装

因为元件的种类繁多，其封装也很繁杂，即便是同一功能元件，厂家不一样，也有不同的封装，所以无法一一列举。详细资料请参看本书附录——常用原理图元件符号与 PCB 封装。在这里只简单介绍几例分立元件和小规模集成电路的封装。

常用的分立元件封装有极性电容类（RB5-10.5～RB7.6-15）、非极性电容类（RAD-0.1～RAD-0.4）、电阻类（AXIAL-0.3～AXIAL-1.0）、可变电阻类（VR1～VR5）、晶体三极管类（BCY-W3）、二极管类（DIODE-0.5～DIODE-0.7）和常用的集成电路 DIP-XXX 封装、SIL-XXX 封装等，这类封装大多数可以在“Miscellaneous Devices PCB.PcbLib”元件库中找到。

1. 电容类封装

电容可分为无极性电容和有极性电容，与其对应的封装形式也有两种，无极性电容的封装如图 10-5（a）所示，其名称为 RAD-XX，有极性电容封装形式如图 8-5（b）所示，其名称为 RB7.6-15 等。

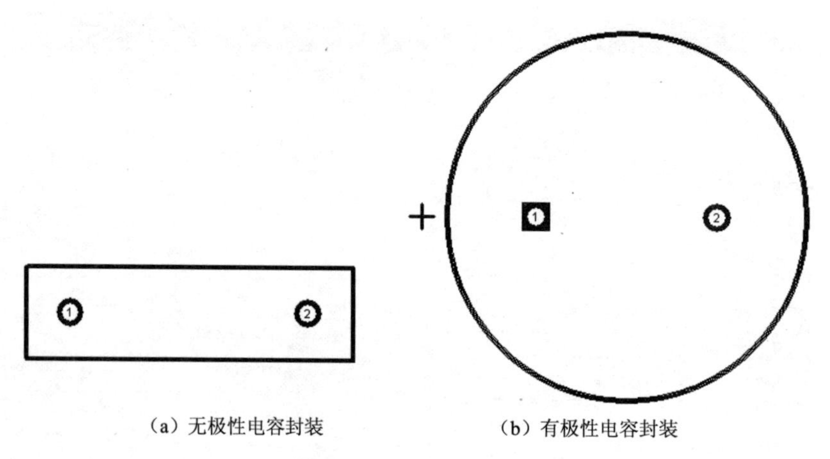

（a）无极性电容封装　　（b）有极性电容封装

图 10-5　电容封装形式

2. 电阻类封装

电阻类常用的封装形式为轴状形式，如图 10-6 所示，其名称为 AXIAL-XX，数字 XX 表示两个焊盘间的距离，如 AXIAL-0.3。

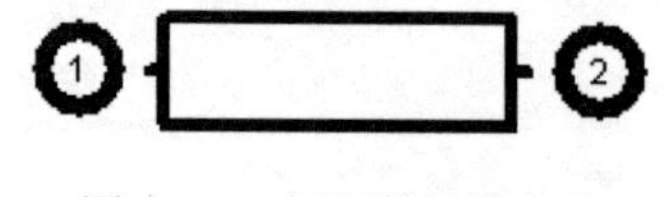

图 10-6　电阻类封装形式

3. 晶体三极管类封装

该类封装形式比较多，在此，仅列举 3 个，其样式和名称分别如图 10-7（a）、（b）、（c）所示。

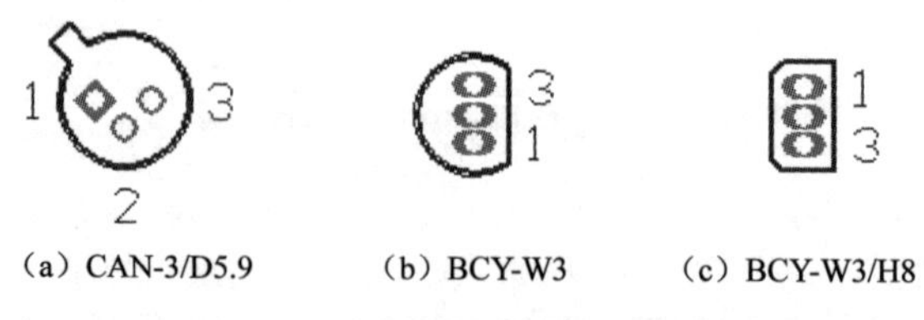

（a）CAN-3/D5.9　　（b）BCY-W3　　（c）BCY-W3/H8

图 10-7　晶体管类元件封装

4. 二极管类封装

二极管常用的封装名称为 DIODE-XX，数字 XX 表示二极管引脚间的距离，如 DIODE-0.7 如图 10-8 所示。

5. 集成电路封装

集成电路的封装形式除了已叙述过的针脚类元件的封装为 DIP-XX（双列直插式）、表贴式元件的封装为 SO-GXX 外，还有单排集成元件封装为 SIL-XX（单列直插式）如图 10-9 所示。数字 XX 表示集成电路的引脚数。

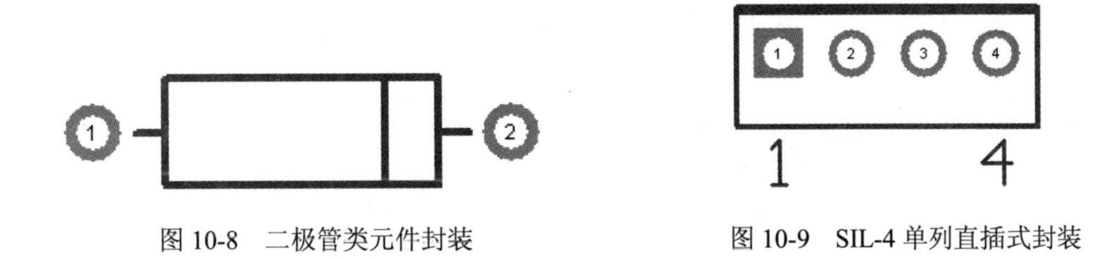

图 10-8　二极管类元件封装　　图 10-9　SIL-4 单列直插式封装

6. 电位器封装

电位器常用的封装如图 10-10 所示，其名称为 VRX，如 VR4、VR5 等。

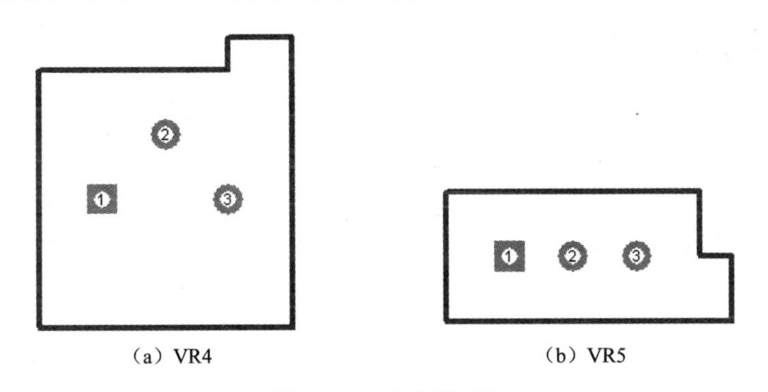

（a）VR4　　（b）VR5

图 10-10　电位器封装

10.4　PCB 的其他术语

1. 铜膜导线与飞线

铜膜导线是覆铜板经过加工后在 PCB 上的铜膜走线，又简称为导线，用于连接各个焊点，是印制电路板重要的组成部分，可以说印制电路板的设计几乎是围绕布置导线进行的。与布线过程中出现的预拉线（又称为飞线）有本质的区别，飞线只是形式上表示出网络之间的连接，没有实际的电气连接意义。

2. 焊盘和导孔

焊盘是用焊锡连接元件引脚和导线的 PCB 图件。其形状可分为 3 种，即圆形（Round）、方形（Rectangle）和八角形（Octagonal），如图 10-11 所示；焊盘主要有两个参数：孔径尺寸（Hole Size）和焊盘大小，如图 10-12 所示。

图 10-11　焊盘的形状

导孔，也称为过孔。它是连接不同的板层间导线的 PCB 图件。导孔有 3 种，即从顶层到底层的穿透式导孔、从顶层通到内层或从内层通到底层的盲导孔和内层间的屏蔽导孔。导孔只有圆形，尺寸有两个，即通孔直径和导孔直径，如图 10-13 所示。

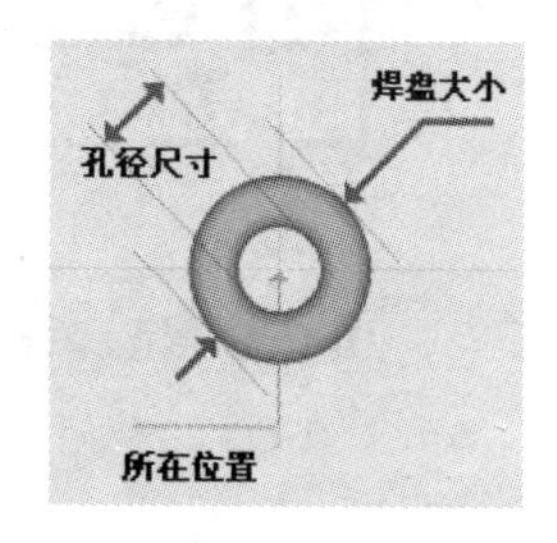

图 10-12　焊盘的尺寸

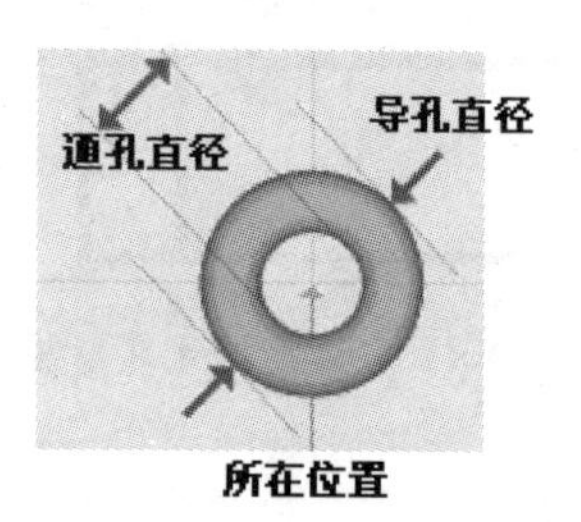

图 10-13　过孔的尺寸

3．网络、中间层和内层

网络和导线是有所不同的，网络上还包含焊点，因此在提到网络时，不仅指导线而且还包括和导线连接的焊盘、导孔。

中间层和内层是两个容易混淆的概念。中间层是指用于布线的中间板层，该层中布的是导线；内层是指电源层或地线层，该层一般情况下不布线，它是由整片铜膜构成的电源线或地线。

4．安全距离

在印制电路板上，为了避免导线、导孔、焊盘之间相互干扰，必须在它们之间留出一定的间隙，即安全距离，其距离的大小可以在布线规则中设置，具体参见有关部分。

5．物理边界与电气边界

电路板的形状边界称为物理边界，在制板时用机械层来规范；用来限定布线和放置元件的范围称为电气边界，它是通过在禁止布线层绘制边界来实现的。一般情况下，物理边界与电气边界取得一样，这时就可以用电气边界来代替物理边界。

10.5　PCB 设计的基本原则

在进行 PCB 设计时，必须遵守 PCB 设计的一般原则，并应符合抗干扰设计的要求。即便是电路原理图设计得正确，由于印制电路板设计不当，也会对电子设备的可靠性产生不利的影响。

10.5.1　PCB 设计的一般原则

要使电子电路获得最佳性能，零件的布局和导线的安排是很重要的。为了设计质量好、造价低的 PCB，应遵循以下一般原则。

1．布局

首先，要考虑 PCB 尺寸大小。PCB 尺寸过大时，印刷线路因线条太长，会增加阻抗，抗干扰能力就会下降，成本也会增加；PCB 尺寸过小，则散热不好，并且临近的线路容易受到干扰。在确定 PCB 尺寸后，再考虑确定特殊组件的位置。最后，根据电路的功能单元，对电路的全部零件进行布局。元器件布局一般要符合以下原则：

（1）按照电路的流程安排各个功能电路单元的位置，使布局便于信号流通，并使信号尽可能保持一致的方向。

（2）以每个功能电路的核心组件为中心，围绕它来进行布局。零件应均匀、整齐、紧凑地排列在 PCB 上。尽量减少和缩短各零件之间的引线和连接。

（3）在高频信号下工作的电路，要考虑零件之间的分布参数。一般电路应尽可能是零件平行排列。这样，不但美观，而且装焊容易，易于批量生产。

（4）位于电路板边缘的零件，离电路板边缘一般不小于 2mm。电路板的最佳形状为矩形。长宽比为 3:2 或 4:3。电路板面尺寸大于 200mm×150mm 时，应考虑电路板所受的机械强度。

（5）时钟发生器、晶振和 CPU 的时钟输入端应尽量相互靠近且远离其他低频器件。

（6）电流值变化大的电路尽量远离逻辑电路。

（7）印制板在机箱中的位置和方向，应保证散热量大的器件处在正上方。

2．特殊组件

（1）尽可能缩短高频器件之间的连线，设法减少他们的分布参数和相互间的电磁噪声。易受噪声影响的零件不能靠得太近，输入和输出组件应尽量远离。

（2）应加大电位差较高的某些器件之间或导线之间的距离，以免因放电引起意外短路。带高电压的器件应尽量布置在维修时手不易触及的位置。

（3）质量超过 15g 的器件，应当用支架加以固定，然后焊接。那些又大又重、较易发热的零件，不宜装在印刷电路板上，而应装在整机的机箱底板上，且应考虑散热问题。热敏组件应远离发热组件。

（4）对于电位器、可调电感线圈、可变电容器、微动开关等可调组件的布局应考虑整机的结构要求。若是机内调整，应放在印刷电路上方便于调整的地方；若是机外调整，其位置要与调整旋钮在机箱面板上的位置相配合。

（5）应留出印制电路板定位孔及固定支架所占用的位置。

3．布线

（1）输入输出端用的导线应尽量避免相邻平行。最好加线间地线，以免发生反馈耦合。

（2）印制电路板导线间的最小宽度主要由导线与绝缘基板间的黏附强度和流过他们的电流值决定。只要允许，尽可能用宽线，尤其是电源线和地线。导线的最小间距主要由最坏情况下的线间绝缘电阻和击穿电压决定。对于集成电路，尤其是数字电路，只要制作技术允许，可使间距小至 5～6mm。

印刷导线拐弯处一般取圆弧形，尽量避免使用大面积铜箔，否则，长时间受热时，易发生铜箔膨胀和脱落现象。必须用大面积铜箔时，最好用栅格状的，这样有利于排除铜箔与板间黏合剂受热产生的挥发性气体。

（3）功率线、交流线尽量布置在和信号线不同的板上，否则应和信号线分开走线。

4. 焊点

焊点中心孔要比器件引线直径稍大一些。焊点太大易形成虚焊。焊点外径 D 一般不小于（d+1.2）mm，其中 d 为引线孔径。对高密度的数字电路，焊点最小直径可取（d+1.0）mm。

5. 电源线

根据印刷电路板电流的大小，尽量加粗电源线宽度，使电源线、地线的走向和数据传递的方向一致。在印刷板的电源输入端应接上 10～100μF 的去耦电容，这样有助于增强抗噪声能力。

6. 地线

在电子设备中，接地是抑制噪声的重要方法。

（1）正确选择单点接地与多点接地。在低频电路中，信号的工作频率小于 1MHz，它的布线和组件间的电感影响较小，而接地电路形成的环流对噪声影响较大，因而应采用一点接地。当信号工作频率大于 10MHz 时，地线阻抗变得很大，此时应尽量降低地线阻抗，应采用就近多点接地。当工作频率在 1～10MHz 时，如果采用一点接地，其地线长度不应超过波长的 1/20，否则应采用多点接地法。

（2）将数字电路电源与模拟电路电源分开。若线路板上既有逻辑电路又有线性电路，应使他们尽量分开。两者的地线不要相混，分别与电源端地线相连。要尽量加大线性电路的接地面积。低频电路应尽量采用单点并联接地，实际布线有困难时可部分串联后再并联接地。高频电路宜采用多点串联接地，地线应短而粗。

（3）尽量加粗接地线。若接地线很细，接地电位则随电流的变化而变化，导致电子设备的定时信号电平不稳定，抗噪声性能变差。因此应将接地线尽量加粗，使它能通过 3 倍于印刷电路板的允许电流。如有可能，接地线的宽度应大于 3mm。

（4）将接地线构成死循环路。在设计只由数字电路组成的印刷电路板的地线系统时，将接地线做成死循环路可以明显地提高抗噪声能力。其原因在于将接地结构成环路，则会缩小电位差值，提高电子设备的抗噪声能力。

7. 去耦电容配置

在数字电路中，当电路以一种状态转换为另一种状态时，就会在电源线产生一个很大的尖峰电流，形成瞬间的噪声电压。配置旁路电容可以抑制因负载变化而产生的噪声，是印刷电路板的可靠性设计的一种常规做法，配置原则如下。

（1）印刷板电源输入端跨接一个 10～100μF 的电解电容器，如果印刷电路板的位置允许，采用 100μF 以上的电解电容器的抗噪声效果会更好。

（2）每个集成芯片的 VCC 和 GND 之间跨接一个 0.01～0.1μF 的陶瓷电容。如空间不允许，可为每 4～10 个芯片配置一个 1～10μF 的钽电容或聚碳酸酯电容，这种组件的高频阻抗特别小，在 500kHz～20MHz 范围内阻抗小于 1Ω，而且漏电流很小（0.5μA 以下）。最好不采用电解电容，电解电容是两层薄膜卷起来的，这种卷起来的结构在高频时表现为电感。

（3）对抗噪声能力弱、关断电流变化大的器件以及 ROM、RAM，应在 VCC 和 GND 间接去耦电容。集成电路电源和地之间的去耦电容有两个作用：一方面是作为集成电路的蓄能电容；另一方面旁路掉该器件的高频噪声。去耦电容的选用并不严格，可按 C=1/F 选用，即 10MHz 取 0.1μF，100MHz 取 0.01μF。

（4）在单片机复位端“RESET”上配以 0.01μF 的去耦电容。

（5）去耦电容的引线不能太长，尤其是高频旁路电容不能带引线。在焊接时去耦电容的引脚要尽量短，长的引脚会使去耦电容本身发生自共振。

（6）在印刷电路中有开关、继电器、按钮等组件时，操作它们时均会产生火花放电，必须采用 RC 电路来吸收放电电流。一般 R 取 1～2kΩ，C 取 2.2～47μF。

8. 电路板的尺寸

印刷电路板大小要适中，过大时印刷线条长，阻抗增加，不仅抗噪声能力下降，成本也高；过小，则散热不好，同时易受临近线路干扰。

9. 热设计

从有利于散热的角度出发，印刷线路板最好是直立安装，板与板之间的距离一般不应小于 2cm，而且组件在印刷板上的排列方式应遵循一定的规则。

对于采用自由对流空气冷却的设备，最好是将集成电路（或其他组件）按纵长方式排列，如图 10-14 所示。

对于采用强制空气冷却的设备，最好是将集成电路（或其他组件）按横长方式排列，如图 10-15 所示。

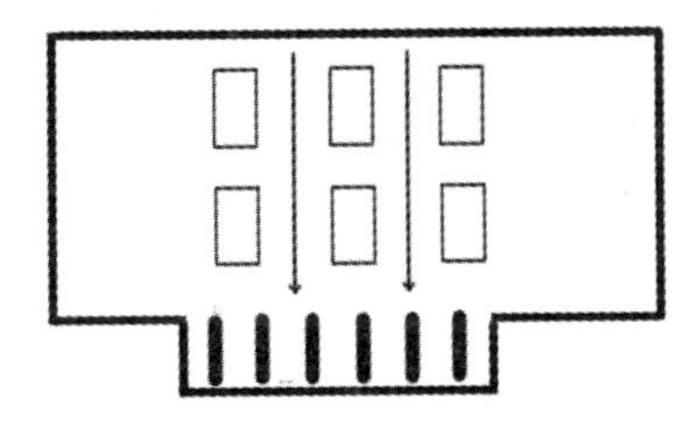

图 10-14　纵长方式排列

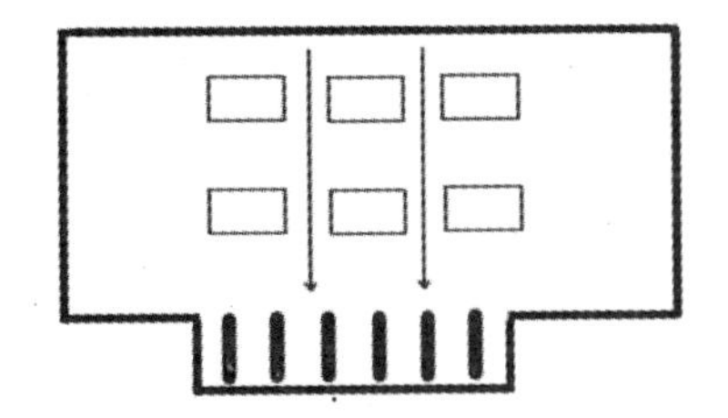

图 10-15　横长方式排列

同一块印刷板上的组件应尽可能按其发热量大小及散热程度分区排列，发热量小或耐热性差的组件（如小信号晶体管、小规模集成电路、电解电容等）放在冷却气流的最上方（入口处），发热量大或耐热性好的组件（如功率电晶体、大规模集成电路等）放在冷却气流的最下方。在水平方向上，大功率组件尽量靠近印刷板边缘布置，以便缩短传热路径；在垂直方向上，大功率组件尽量靠近印制板的上方布置，以便减少这些组件工作时对其他组件温度的影响。对温度比较敏感的组件最好安置在温度最低的区域（如设备的底部），千万不要将它们放在发热组件的正上方，多个组件最好是在水平面上交错布局。

以上所述只是印刷电路板可能性设计的一些通用原则，印刷电路板可靠性与具体电路有着密切的关系，在设计中必须根据具体电路进行相应处理，才能最大程度地保证印刷电路板的可靠性。

10.5.2　PCB 的抗干扰设计原则

在电子系统设计中，为了少走弯路和节省时间，应充分考虑并满足抗干扰性的要求，避免在设计完成后再去进行抗干扰的补救措施。印制电路板的抗干扰设计的一般原则如下。

1．抑制干扰源

抑制干扰源就是尽可能地减小干扰源的 du/dt，di/dt。这是抗干扰设计中最优先考虑和最重要的原则，常常会起到事半功倍的效果。减小干扰源的 du/dt 主要是通过在干扰源两端并联电容来实现。减小干扰源的 di/dt 则是在干扰源回路串联电感或电阻以及增加续流二极管来实现。常用措施如下：

（1）继电器线圈增加续流二极管，消除断开线圈时产生的反电动势干扰。

（2）在继电器接点两端并接火花抑制电路（一般是 RC 串联电路，电阻一般选择几千欧到几十千欧，电容选择 0.01μF），减小电火花影响。

（3）给电机加滤波电路，应注意电容、电感引线要尽量短。

（4）布线时避免 90° 折线，减小高频噪声发射。

（5）可控硅两端并接 RC 抑制电路，减小可控硅产生的噪声（这个噪声严重时可能会把可控硅击穿）。

2．切断干扰传播路径

按干扰的传播路径可分为传导干扰和辐射干扰两类。所谓传导干扰是指通过导线传播到敏感器件的干扰。所谓辐射干扰是指通过空间辐射传播到敏感器件的干扰。一般的解决方法是增加干扰源与敏感器件的距离，用地线把它们隔离和在敏感器件上加蔽罩。常用措施如下：

（1）充分考虑电源对单片机的影响。许多单片机对电源噪声很敏感，要给单片机电源加滤波电路或稳压器，以减小电源噪声对单片机的干扰。可以利用磁珠和电容组成 π 形滤波电路，当然条件要求不高时也可用 100Ω 电阻代替磁珠。

（2）如果单片机的 I/O 口用来控制电机等噪声器件，在 I/O 口与噪声源之间应加隔离（增加 π 形滤波电路）。

（3）注意晶振布线。晶振与单片机引脚尽量靠近，用地线把时钟区隔离起来，晶振外壳接地并固定。

（4）电路板合理分区，如强、弱信号，数字、模拟信号。尽可能把干扰源（如电机，继电器）与敏感器件（如单片机）远离。

3．提高敏感器件的抗干扰性能

提高敏感器件的抗干扰性能是指从敏感器件这边考虑尽量减小对干扰噪声的拾取，以及从不正常状态尽快恢复的方法。常用措施如下：

（1）布线时尽量减少回路环的面积，以降低感应噪声。

（2）布线时，电源线和地线要尽量粗。除减小压降外，更重要的是降低耦合噪声。

（3）对于单片机闲置的 I/O 口，不要悬空，要接地或接电源。其他 IC 的闲置端在不改变系统逻辑的情况下接地或接电源。

10.5.3　PCB 可测性设计

可测性设计是指能使测试生成和故障诊断变得容易的设计，是电路本身的一种设计特性，是提高可靠性和维护性的重要保证。对于 PCB 的可测性要求是在系统中实现易检测和故障诊断，在使用 ATE 测试时，易实现测试生成和故障诊断。

PCB 可测性设计包括两个方面的内容，结构的标准化设计和应用新的测试技术。

1．结构的标准化设计

PCB 接口的标准化和信号的规范化是实现 ATE 对其检测和测试的前提和基础时，有利于实现测试总线的连接，测试系统的组织以及测试系统中的层次化测试。

（1）进行模块划分。在印刷板上进行模块划分是一种容易实现和行之有效的可测性设计方法，通常可按以下方法进行划分：（a）根据功能划分（功能划分）；（b）根据电路划分（物理划分）；（c）根据逻辑系列划分；（d）按电源电压的分隔划分。不同的 PCB 在设计时，可根据其具体情况选择适合的划分方法。

（2）测试点和控制点的选取。测试点和控制点是故障检测、隔离和诊断的基础，测试点和控制点选取的好坏将直接影响到其可测性和维修性。提高 PCB 可测性的一种最简单的方法是提供更多的测试点和控制点，而且这些点分布越合理，其故障检测率就越高。

（3）尽可能减少外部电路和反馈电路。外部电路和反馈电路的使用虽然能够使 PCB 的设计简便、性能稳定，但却不利于测试和维修。因此，从可测性的角度考虑应尽可能不使用外部电路和反馈电路，如必须使用，则须注明外接元器件的类型、参数和作用；对于反馈电路，必须采取必要的可测性措施，如开关、三态器件等，在测试和检测时断开反馈电路，并设计测试点和控制点。

2．应用新的测试技术

常用的可测性设计技术有扫描通道、电平敏感扫描设计、边界扫描等。

10.6　启动 PCB 编辑器

进入印制电路板的设计，首先需要创建一个空白的 PCB 文件，在 Protel 2004 中，创建一个新 PCB 文件的方式有多种如 1.5.3 节中 PCB 文件的添加。但是，对于使用 Protel 2004 系统软件的新用户来说，最简单的方法是利用 Protel 2004 新电路板生成向导。在利用新电路板向导生成 PCB 文件的过程中，可以选择标准的模板，也可以自定义 PCB 的参数。具体操作步骤如下。

（1）单击工作面板标签处的【Files】标签，打开如图 10-16 所示的【Files】面板。

（2）在【Files】面板最下部“New from template”标题栏中，单击选项“PCB Board Wizard…”，即可进入 Protel 2004 新电路板生成向导，如图 10-17 所示。

（3）单击 Next> 按钮，在打开的对话框中可以设置 PCB 的尺寸使用单位，如图 10-18 所示。选中“Imperial”单选按钮，系统尺寸为英制单位“mil”；选中“Metric”单选按钮，系统尺寸为公制单位“毫米”。

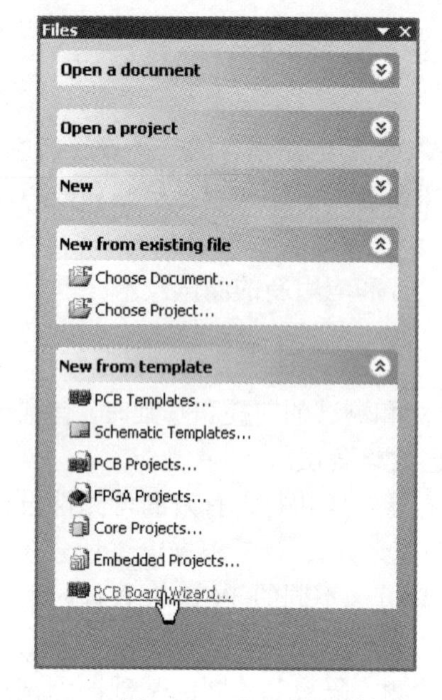

图 10-16 “Files”面板

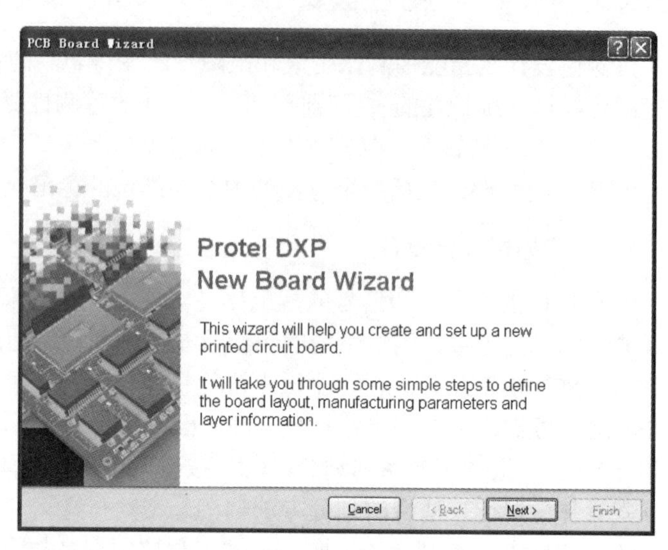

图 10-17 Protel 2004 新电路板生成向导

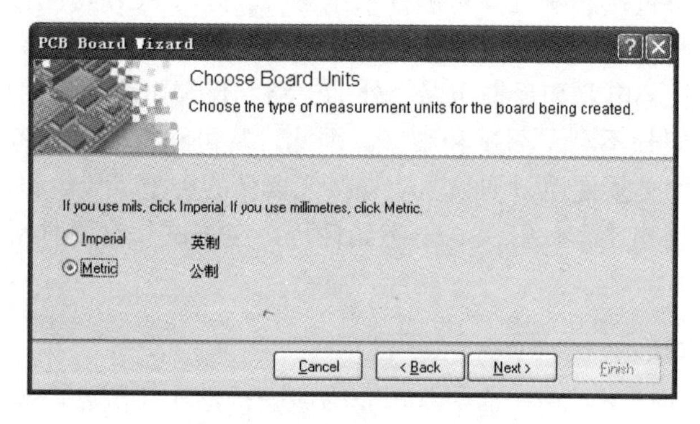

图 10-18 度量单位的设置

（4）单击 Next> 按钮，打开 PCB 模板的选择对话框，如图 10-19 所示。在对话框中，可以从 Protel 2004 提供的 PCB 模板库中为正在创建的 PCB 文件选择一种标准模板，如图 10-19 所示；也可以根据用户的需要输入自定义尺寸，即选择“Custom”选项。例如，选中“Custom”选项。

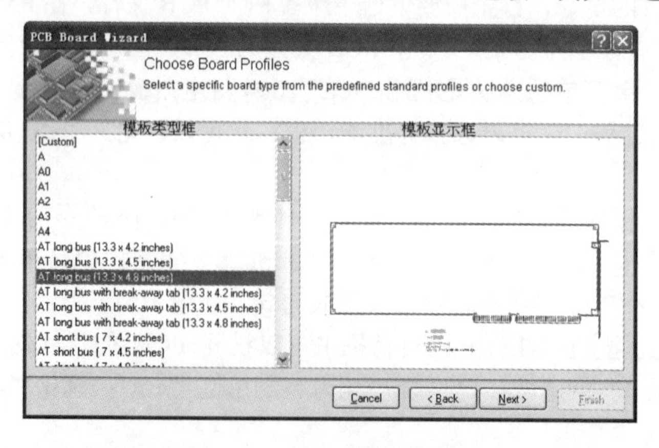

图 10-19 PCB 模板的选择

（5）单击 Next> 按钮，打开 PCB 外形尺寸设定对话框，如图 10-20 所示，在此可以设定 PCB 一些参数。

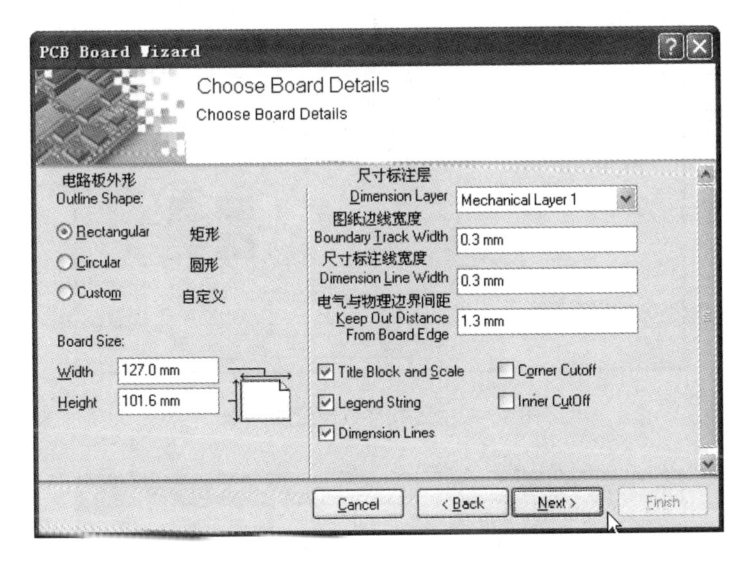

图 10-20　PCB 外形尺寸设定对话框

（6）单击 Next> 按钮，进入 PCB 的结构（层数）设置对话框，如图 10-21 所示。在该对话框中，用户可以根据设计的需要设定信号层（Signal Layers）和电源层（Power Planes）的数目。此例为双面板，将信号层的数目设为“2”，电源层的数目设为“0”。

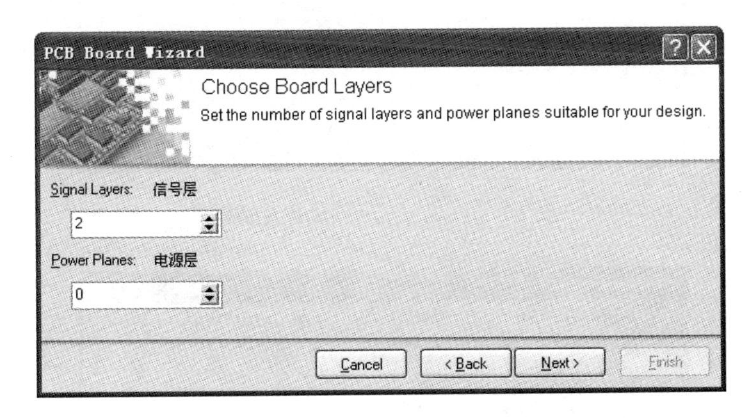

图 10-21　PCB 的结构（层数）设置对话框

（7）单击 Next> 按钮，打开如图 10-22 所示的导孔样式设置对话框。用户根据设计的需要，可以将导孔设定为通孔（Thruhole Vias only）或盲孔和深埋过孔（Blind and Buried Vias only）。

（8）单击 Next> 按钮，打开如图 10-23 所示的 PCB 上元器件放置形式设置对话框。此图选用表贴式元件，电路板单面放置元件。

如果选用直插式元件，PCB 设置对话框如图 10-24 所示。

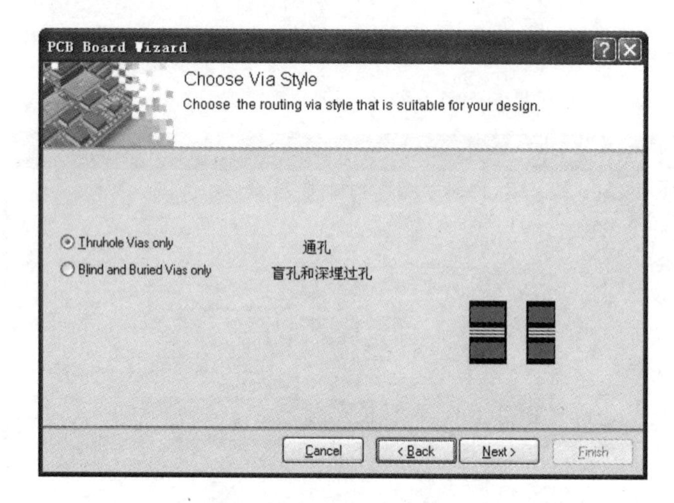

图 10-22　过孔样式设置对话框

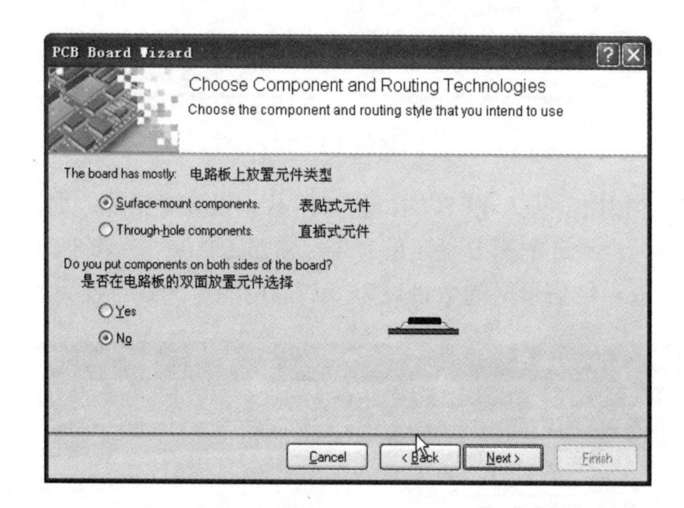

图 10-23　表贴式元件设置对话框

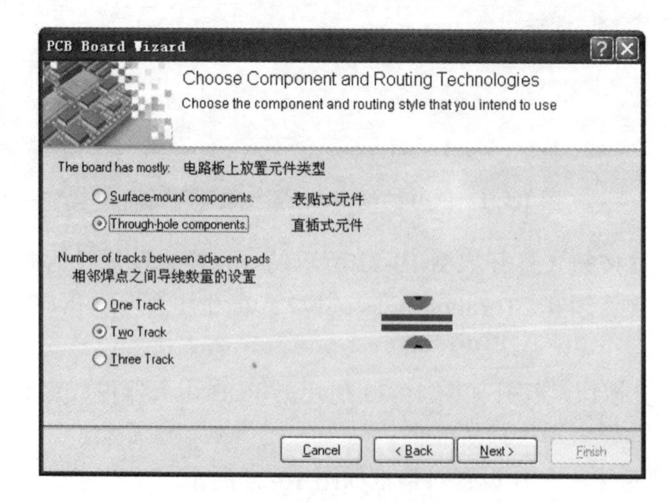

图 10-24　直插式元件设置对话框

(9) 单击 Next > 按钮，打开如图 10-25 所示导线和过孔属性设置对话框。在该对话框中，可以设置导线和导孔的尺寸，以及最小线间距等参数。用户使用鼠标右键单击对话框中相应选项后的数字，即可改变相应的设置。

(10) 单击 Next > 按钮，打开如图 10-26 所示的 PCB 生成向导设置完成对话框。如果用户对已经设置的参数不满意，在任意步骤中都可以单击返回按钮 < Back，重新设置参数。

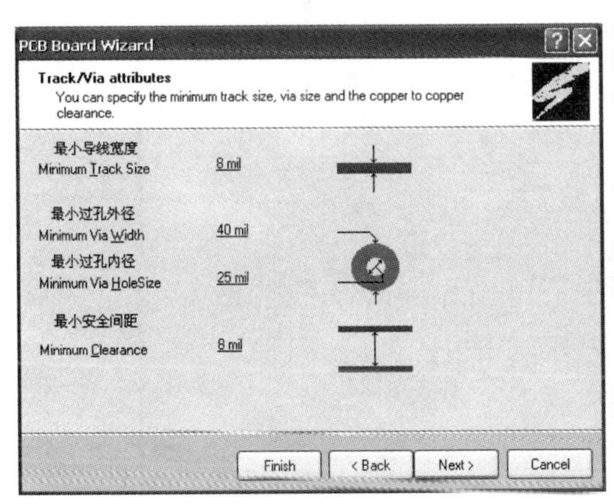

图 10-25　导线和过孔属性设置对话框

图 10-26　PCB 生成向导设置完成对话框

(11) 单击 Finish 按钮，打开如图 10-27 所示的画面。即完成 PCB 文件的创建并启动 PCB 编辑器，同时自动将该文件保存为“*.pcbDoc”，其默认的名字为“PCB1”。生成的 PCB 文件会自动加入到当前的文件中，并且列在项目面板【Project】工作区的列表下。

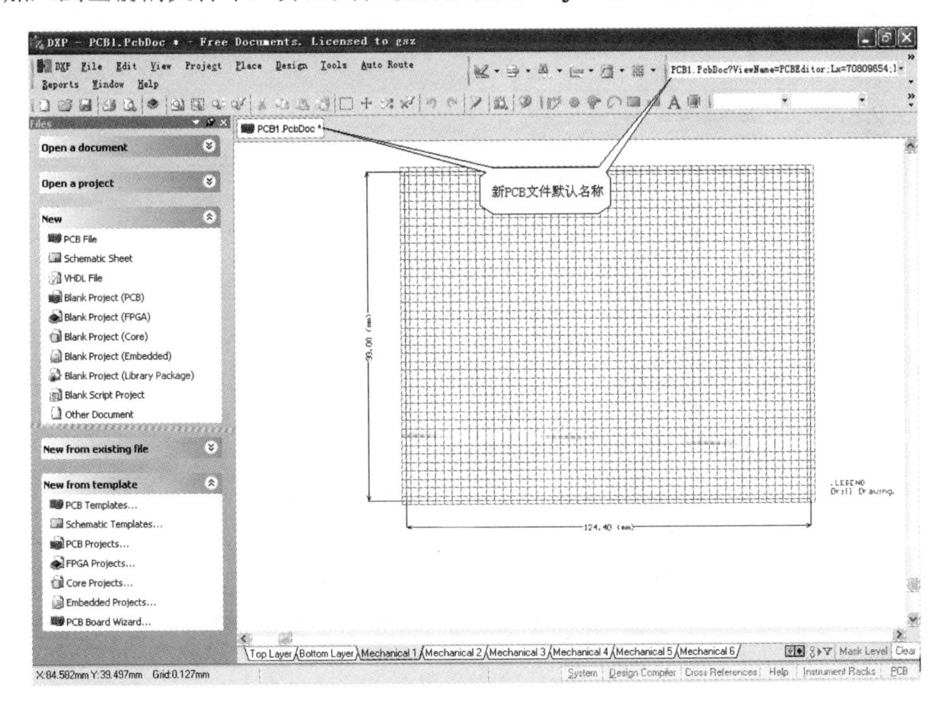

图 10-27　生成 PCB1 文件

(12) PCB 文件的保存与重命名文件名。执行【File】→【Save As】菜单命令将文件的保存路径定位到指定的文件夹，然后在文件名栏中输入“新 PCB1”文件名，单击 保存(S) 按钮即可，如图 10-28 所示。

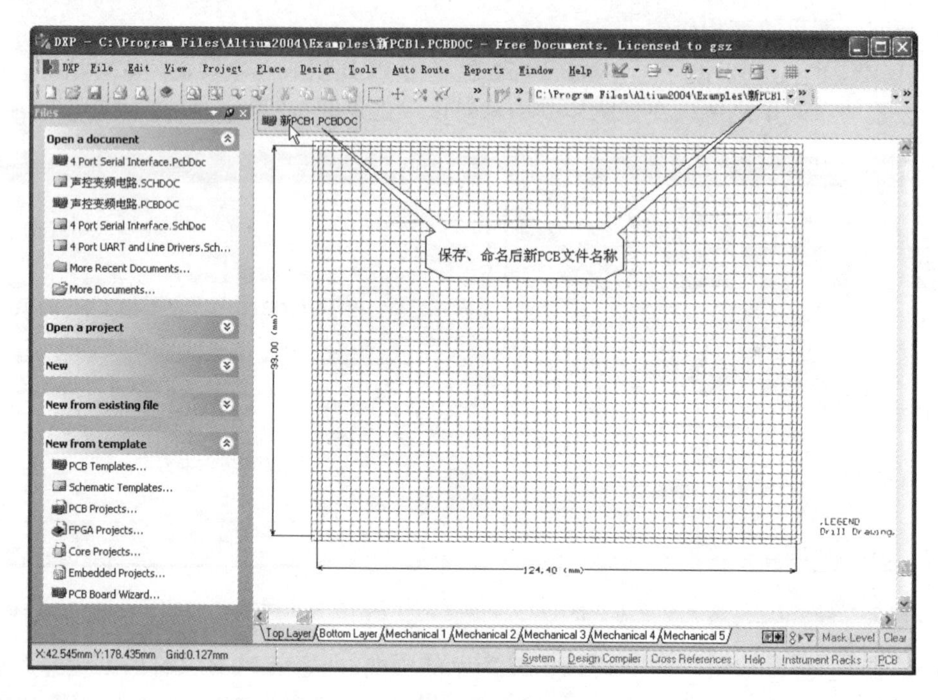

图 10-28　PCB 文件的重命名与存储

创建新的 PCB 文件还有其他的方法，执行【File】→【New】→【PCB】菜单命令；或者单击【Files】面板下部的 New 栏中的选项“PCB File”都可以创建 PCB 文件并启动 PCB 编辑器。

10.7　PCB 编辑器界面与管理

PCB 编辑器是编辑 PCB 文件的操作界面。只有熟悉了这个界面之后，才能方便地进行印制电路板的设计。

10.7.1　PCB 编辑器界面

为了介绍 PCB 编辑器的界面和编辑区的管理，选择了 Protel 2004 系统下的一个示例。在 Protel 2004 主窗口上，单击下拉菜单【File】中的【Open Project】选项，会显示一个对话窗口，按提示操作也可以打开已有印制电路板文件，例如“4 Port Serial Interface”。则可获得如图 10-29 所示较为典型的 PCB 编辑器界面。

（1）主菜单栏：PCB 的主菜单与 SCH 编辑器的主菜单类似，含系统所有的操作命令，菜单中有下画线字母为热键。

（2）标准工具栏：主要用于文件操作，与 Windows 工具栏的使用方法相同。

（3）工具栏：主要用于 PCB 的编辑。

（4）文件标签：激活的每个文件都会在编辑窗口顶部有相应的标签，单击标签可以对文件进行管理。

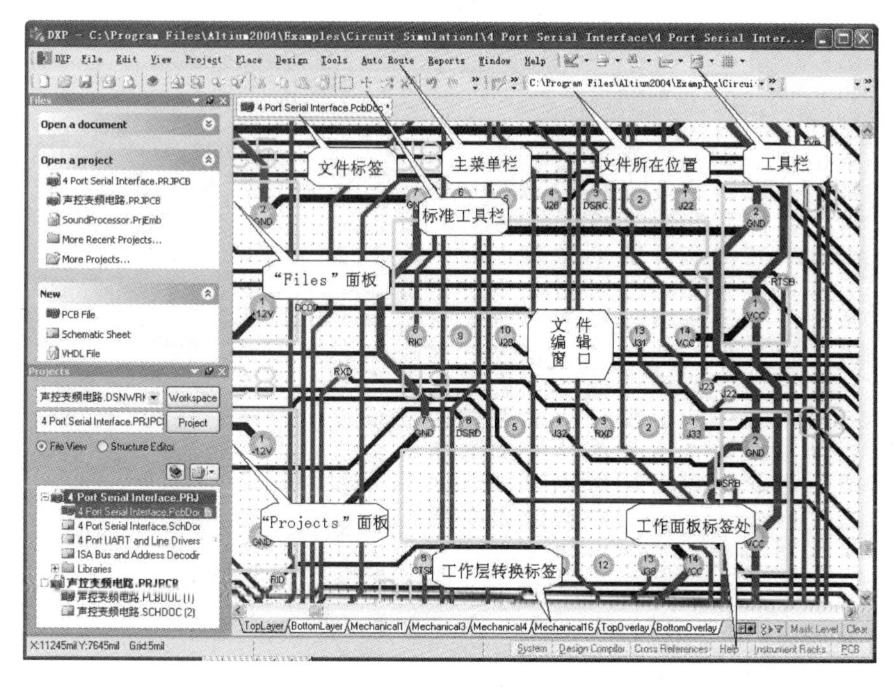

图 10-29　PCB 编辑器界面

（5）工作面板标签栏：单击工作面板标签可以激活其相应的工作面板。

（6）文件编辑窗口：各类文件显示、编辑的地方。与 SCH 相同，PCB 编辑区的形式也以图纸的方式出现，其大小也可以设置。

（7）工作层转换标签：单击标签改变 PCB 设计时的当前工作层面。

10.7.2 【View】菜单

所谓编辑区的管理就是指画面的放大、缩小、移动和刷新等操作。

单击【View】菜单，打开其下拉菜单。其中有显示功能的选项，如图 10-30 所示。

当需要观察图纸局部线路图的具体情况，或对线路图做出进一步调整、修改时，往往要对这部分线路图做局部放大。在 Protel 2004 的 PCB 编辑器中，可以通过以上的方法放大画面。现将一些主要命令选项的操作说明如下。

（1）放大待选区域：执行【View】→【Area】菜单命令，光标会变成"十"字形。将光标移到工作窗口内想要放大的线路图画面的区域边沿，单击鼠标左键确定想要放大区域的一角，同时按住鼠标左键，然后用光标拖出一个适当的虚线框选定所要放大的区域，最后松开鼠标左键，这时所选定的区域就会被放大一次；用鼠标左键单击主工具栏的按钮 也可以执行任选区域放大。

（2）放大待选中心区域：执行【View】→【Around Point】菜单命令，光标会变成"十"字形。将光标移到工作窗口内想要放大的线路图的画面上，以此为中心，单击鼠标左键并按住，然后用光标拖出一个适当的虚线框，选定所要放大区域，最后松开鼠标左键，这时所选定的区域就会被放大一次。

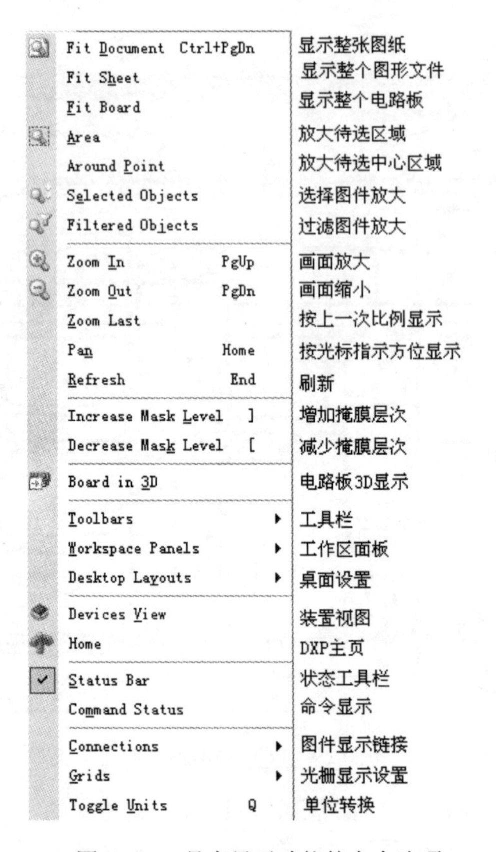

图 10-30 具有显示功能的命令选项

（3）选择图件放大：在 PCB 编辑器的图纸上选中图件后，执行【View】→【Selected Objects】菜单命令，即可放大所选中的图件；用鼠标左键单击主工具栏的按钮 也可以执行选定物体放大。

（4）过滤图件放大：在导航器上选中需要放大的过滤物体后，执行【View】→【Filtered Objects】菜单命令，即可放大所选中的过滤物体；使用鼠标左键单击主工具栏的按钮 ，也可以放大过滤物体。

（5）使用快捷键放大或缩小画面：在利用键盘快捷键【Page Up】或【Page Down】对画面进行放大或缩小时，最好将光标置于工作平面上的适当位置，这样画面将以光标为中心进行缩放。

10.7.3 编辑区图件的查找

在 PCB 编辑器上进行电路板的编辑中，有时需要在编辑窗口寻找某个图件，如某个元件、某个元件的引脚及某个网络等。简单的电子电路可以利用工作窗口的滚动条移动显示画面，帮助查找图件。但是，若电子电路复杂，即元器件多，这样查找就很困难。Protel 2004 为用户设立工作区导航器【Navigator】面板，利用导航器【Navigator】查找图件非常方便。下面以“4 Port Serial Interface.PcbDoc”电路板文件为例介绍其使用方法，具体操作步骤如下。

（1）打开“4 Port Serial Interface.PcbDoc”电路板文件并激活工作区面板导航器【Navigator】，如图 10-31 所示。

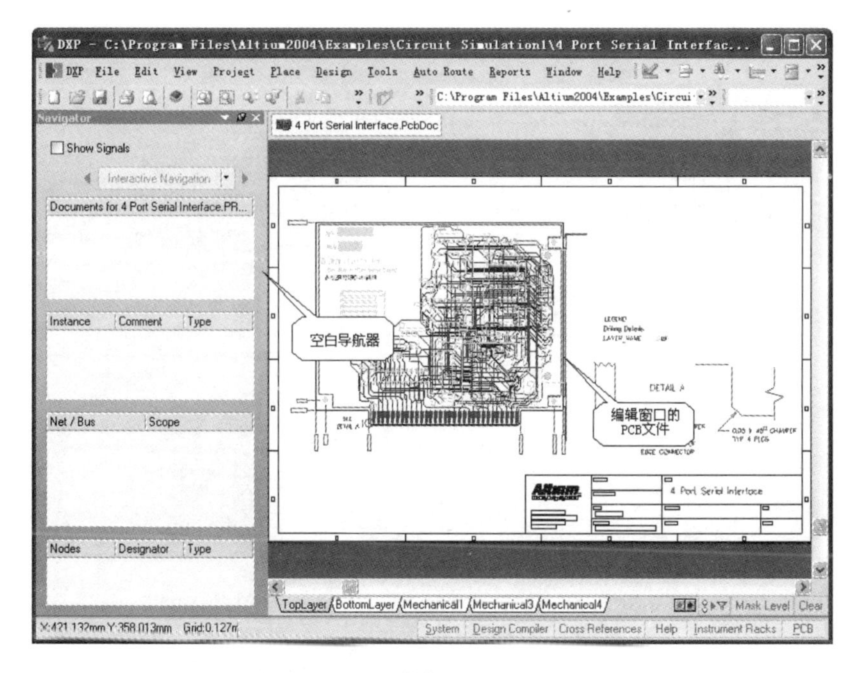

图 10-31　激活导航器 PCB 编辑窗口

（2）给导航器填充文件，也就是对编辑窗口文件进行编译。单击主菜单【Project】的下拉菜单中的“Compile Document 4 Port Serial Interface.PcbDoc”命令，导航器【Navigator】变为如图 10-32 所示。

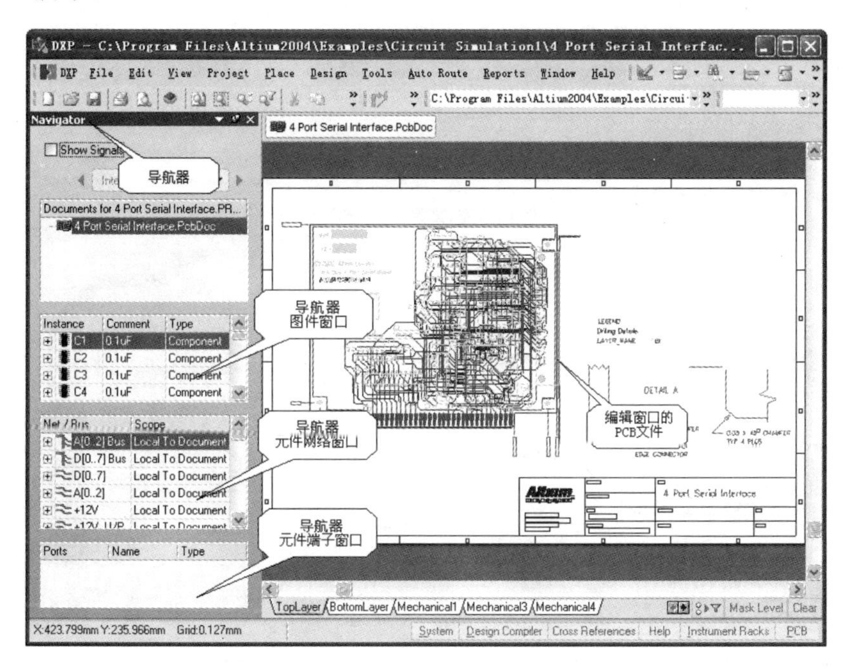

图 10-32　导航器与 PCB 编辑窗口

（3）在 PCB 图中查找元器件。以 C2 为例，用鼠标单击导航器图件窗口中 C2 元件名称，编辑窗口中的 PCB 文件显示立即进行相应的调整，如图 10-33 所示。

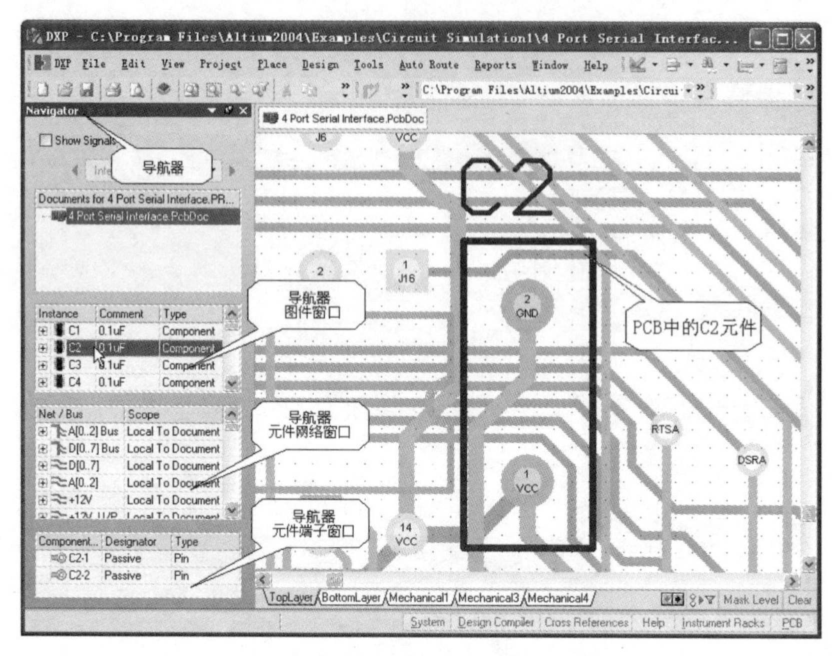

图 10-33　利用导航器查找元件

（4）在 PCB 图中查找网络。以–12V–U/P 为例，用鼠标单击导航器网络窗口中的-12V-U/P 网络名称，编辑窗口中的 PCB 文件显示立即进行相应的调整，该网络高亮显示，如图 10-34 所示。用户也可以在 PCB 编辑窗口，使用快捷键【Ctrl+鼠标左键】单击需要高亮的网络，均可达到上述高亮效果。

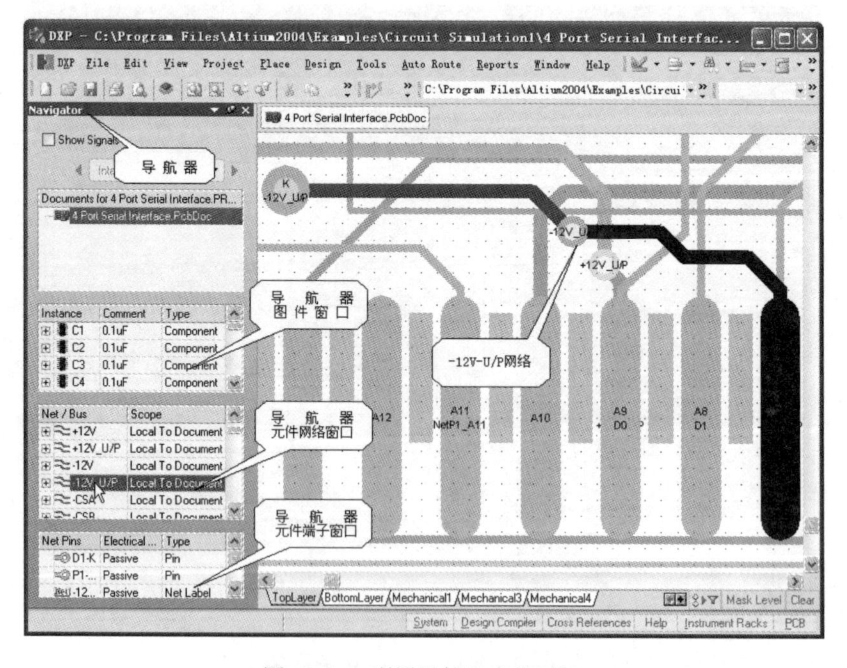

图 10-34　利用导航器查找网络

（5）在 PCB 图中查找元件端子。以 C2 的端子 C2–1 为例，用鼠标单击导航器元件端子窗口中的 C2–1 名称，编辑窗口中的 PCB 文件显示立即进行相应的调整，如图 10-35 所示。

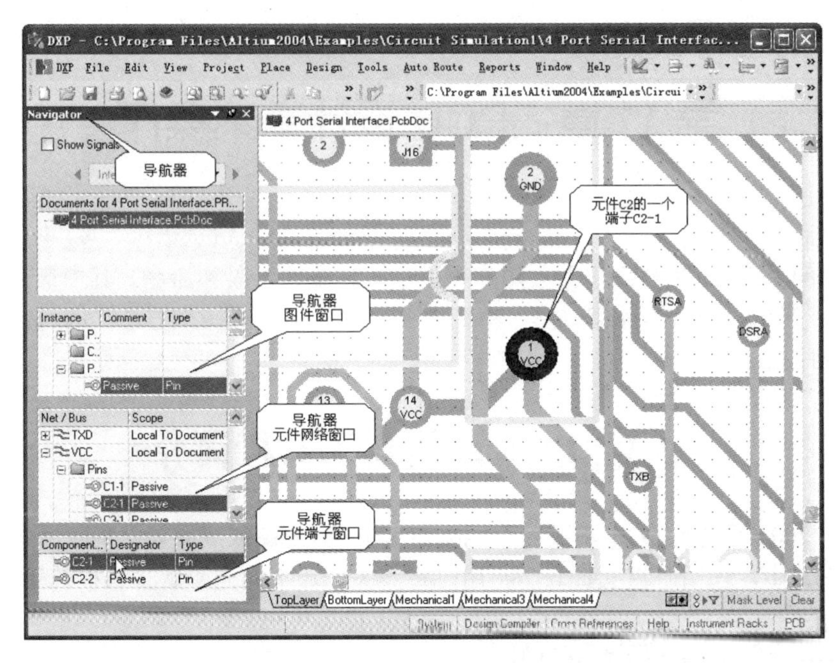

图 10-35　利用导航器查找元件端子

※ 练　　习

1．简述元件封装的分类，并回答元件封装的含义。
2．创建一个 PCB 文件并更名为“MyPCB.pcbDoc”。
3．利用导航器【Navigator】控制显示画面的各个部位。
4．熟悉多个文件在一个窗口中的显示方法。

第 11 章　PCB 设计基本操作

Protel 2004 系统的 PCB 编辑器为用户提供了多种编辑工具和命令，其中最常用的是图件放置、移动、查找和编辑等操作方法，将在本章进行介绍这些操作方法；同时，还要介绍元器件封装的自制方法。

11.1　PCB 编辑器工具栏简介

在 Protel 2004 系统的 PCB 编辑器中，将常用的一些绘图或放置元器件工具集中放在工具栏（Tool bars）中，使用时将其打开，不用时将其关闭。下面先了解工具栏的管理。

11.1.1　工具栏的打开与关闭

在 Protel 2004 系统的 PCB 编辑器中，执行【View】→【Tool bars】菜单命令，即可打开工具栏的下拉菜单，如图 11-1 所示。

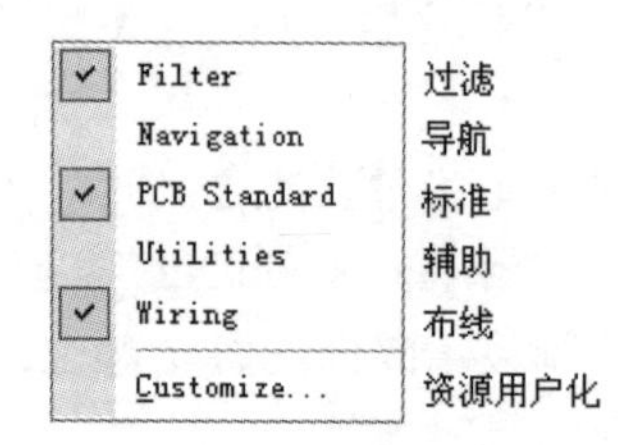

图 11-1　工具栏的下拉菜单

工具栏类型名称前有“√”的表示该工具栏激活，在编辑器中显示，否则没有显示。工具栏的激活习惯上叫做打开工具栏，单击【Tool bars】菜单命令，切换工具栏的打开和关闭状态。

PCB 编辑器工具栏图标如图 11-2 所示。

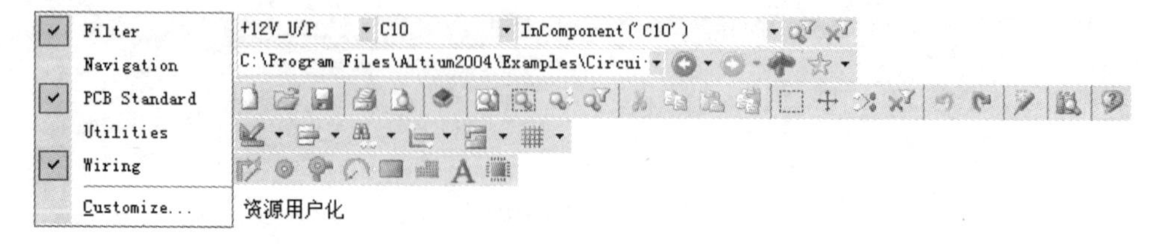

图 11-2　工具栏的下拉菜单分类工具的图标

PCB 编辑器工具栏从属性上大致可分为 4 类：过滤栏（Filter）——分类显示类，布线栏（Wiring）——电路图件绘制类，辅助栏（Utilities）——图形、标识绘制类，导航栏（Navigation）和标准栏（PCB Standard）——窗口文件管理或文本编辑类。

过滤栏（Filter）——分类显示类操作类似于利用导航器在编辑区中查找图件；导航栏（Navigation）和标准栏（PCB Standard）——文件管理或文本编辑已经在原理图编辑中做过介绍；布线栏（Wiring）——电路图件绘制类；辅助栏（Utilities）——图形、标识绘制类工具的操作方法将在本章后面结合 PCB 中图件的绘制或放置予以介绍。

11.1.2 【Place】菜单

在 Protel 2004 系统的 PCB 编辑环境中，布线栏（Wiring）和辅助栏（Utilities）中的功能，可以通过执行主菜单栏放置命令“Place”的下拉菜单中相应命令来实现。菜单“Place”中的各菜单命令分别与布线栏（Wiring）和辅助栏（Utilities）工具栏中的功能有对应关系，如图 11-3 所示。

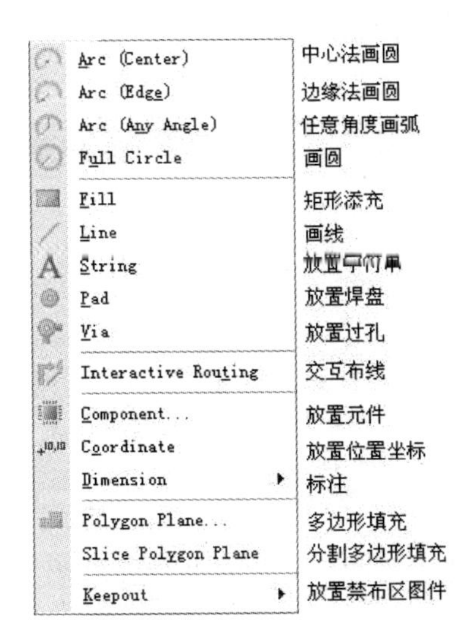

图 11-3 【Place】菜单与功能

11.2　放置图件方法

在 Protel 2004 系统的 PCB 编辑器中，虽然有自动布局和自动布线，但是手工放置图件是避免不了的。如自动布局后的手工调整，自动布线的手工调整等。因此，图件的放置和绘制方法用户必须掌握。

11.2.1　绘制导线

在 Protel 2004 系统的 PCB 编辑器中，绘制导线和 SCH 编辑器布线类似，只是操作命令有所不同。具体操作如下。

（1）绘制直线：单击主工具栏放置“Place”下拉菜单中的 按钮，或执行【Place】→【Interactive Routing】菜单命令光标出现“十”字形，即可进入绘制导线的命令状态。将光标移动到所需绘制导线的起始位置，单击鼠标左键确定导线的起点，然后移动光标，在导线的终点处单击鼠标左键，再单击鼠标右键，即可绘制出一段直导线。

（2）绘制折线：如果绘制的导线为折线，则需在导线的每个转折点处单击，重复上述步骤，即可完成折线的绘制。

（3）结束绘制：绘制完一条导线后，系统仍处于绘制导线的命令状态，可以按上述方法继续绘制其他导线，最后单击鼠标右键或按【Esc】键，即可退出绘制导线命令状态。

（4）修改导线：在导线绘制完成后，当用户对导线不是十分满意的时候，可以进行适当的调整。调整方法为用鼠标单击主工具栏编辑【Edit】→【Move】→【Move】/【Drag】命令，可修改导线。执行【Move】命令后，单击待修改的导线使其出现操控点，然后将光标放到导线上，出现“十”字光标后可以拉动导线，与之相连的导线随着移动；执行【Drag】命令后，单击待修改的导线使其出现操控点，然后将光标放到导线上，出现“十”字光标后可以拉动导线移动，与之相连的导线也随着变形，这时如果将光标放到导线的一端，出现双箭头光标后，可以拉长和缩短导线。

（5）设定导线的属性：系统处于绘制导线的命令状态时，按【Tab】键，则会出现导线属性设置对话框，如图 11-4 所示。

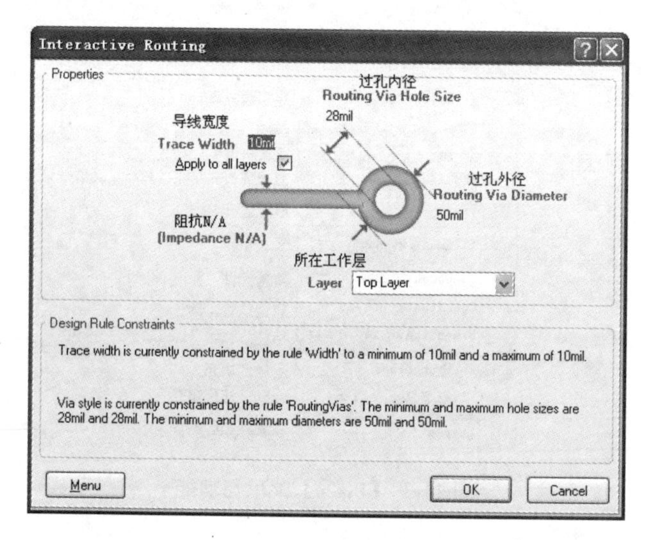

图 11-4 导线属性设置对话框

在该对话框中可以对导线的宽度、过孔尺寸和导线所处的层等进行设定，用户对线宽和过孔尺寸的设定必须满足设计规则的要求。在本例中设计法则规定最大线宽和最小线宽均为“10mil”，如果设定值超出法则的范围，本次设定将不会生效，并且系统会提醒用户该设定值不符合设计规则，如图 11-5 所示。

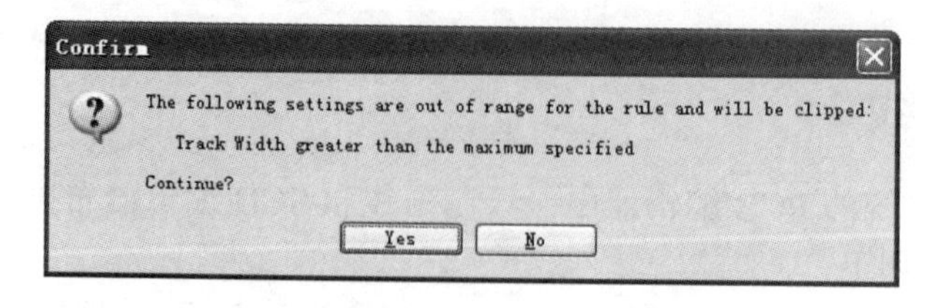

图 11-5 设定值不符合设计规则提示框

（6）编辑和添加导线设计规则：单击图 11-4 左下角 Menu 按钮，打开其下拉菜单，如图 11-6 所示。

Edit Width Rule	编辑导线宽度规则
Edit Via Rule	编辑过孔尺寸规则
Add Width Rule	添加导线宽度规则
Add Via Rule	添加过孔尺寸规则

图 11-6　编辑和添加导线设计规则菜单

单击某一选项，可以对相应的设计规则进行修改。修改方法可参照第 13 章中的相关内容。修改后可以继续对其他导线的属性进行设定。

11.2.2　放置焊盘

具体操作如下：

（1）执行【Place】→【Pad】菜单命令。

（2）执行上一步操作后，光标在 PCB 编辑窗口中出现“十”字形，并带着一个焊盘，如图 11-7 所示。移动光标到需要放置焊盘的位置处，单击确认，即可将一个焊盘放置在光标所在位置。图 11-7 中已经放置两个焊盘，第三个焊盘正在放置中。

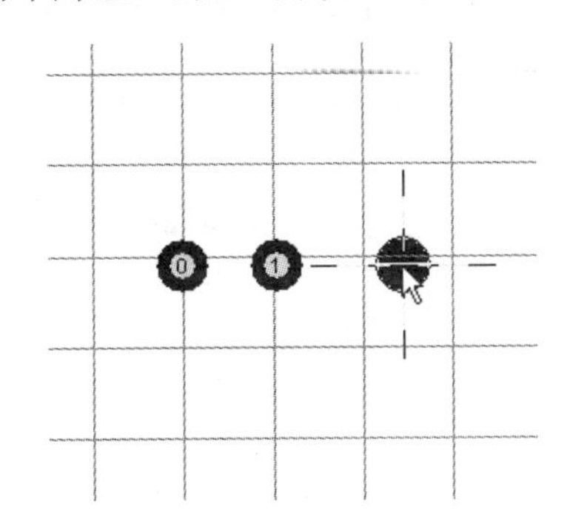

图 11-7　放置焊盘的光标状态

（3）按【Tab】键，则会打开焊盘属性设置对话框，如图 11-8 所示。

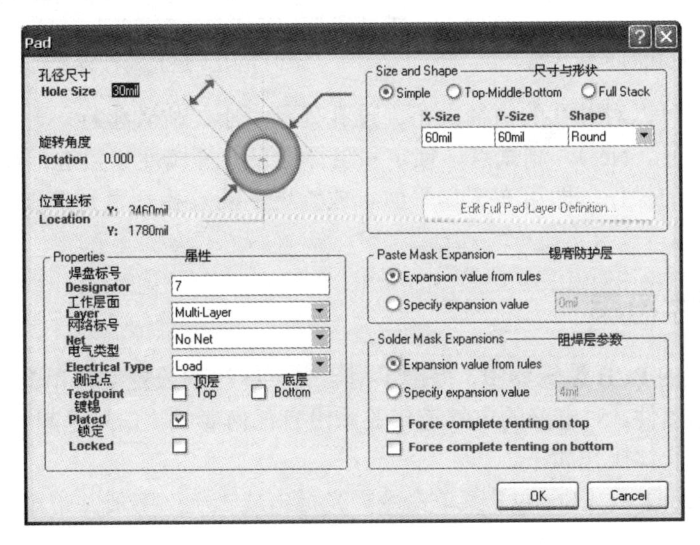

图 11-8　焊盘属性设置对话框

在该对话框中用户可以对焊盘的孔径尺寸、旋转角度、位置坐标、焊盘标号、工作层面、网络标号、电气类型、测试点、锁定、镀锡、焊盘形状、尺寸与形状、锡膏防护层和阻焊层尺寸等属性参数进行设定和选择。需要注意的是，设定的过孔尺寸必须满足设计规则的要求。

（4）重复上面的操作，即可在工作平面上放置更多的焊盘，直到单击鼠标右键退出放置焊盘的命令状态。

11.2.3　放置过孔

具体操作如下：

（1）执行【Place】→【Via】菜单命令。

（2）执行上一步操作后，光标出现“十”字形，并带着一个过孔出现在工作区，如图 11-9 所示。将光标移动到需要放置过孔的位置，单击确认，即可将一个过孔放置在光标当前所在的位置。图 11-9 中已经放置两个过孔，第三个过孔正在放置中。

（3）按【Tab】键，则会出现过孔属性设置对话框，如图 11-10 所示。

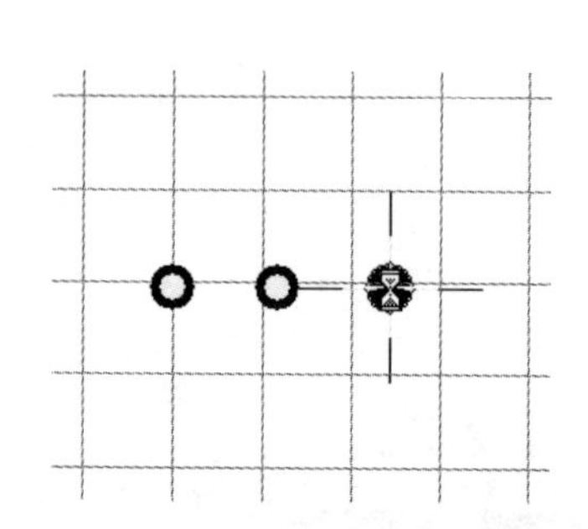

图 11-9　放置过孔的光标状态

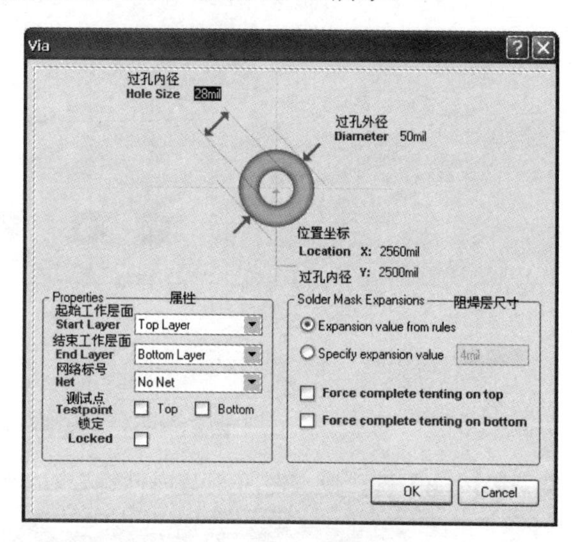

图 11-10　过孔属性设置对话框

在该对话框中可以对过孔的内径大小、过孔外径大小、位置坐标、起始工作层面、结束工作层面、网络标号（Net）、测试点、锁定和阻焊层尺寸等属性参数进行设定和选择。

（4）重复上面的操作，即可在工作平面上放置更多的过孔，直到单击鼠标右键退出放置过孔的命令状态。

11.2.4　放置字符串

在 Protel 2004 的 PCB 编辑器中，提供了用于文字标注的放置字符串命令。字符串是不具有任何电气特性的图件，对电路的电气连接关系没有任何影响，它只是起到一种标识的作用。

放置字符串的具体操作如下。

（1）执行【Place】→【String】菜单命令，光标出现“十”字形并带着一个默认的字符串出现在编辑窗口，如图 11-11 所示。

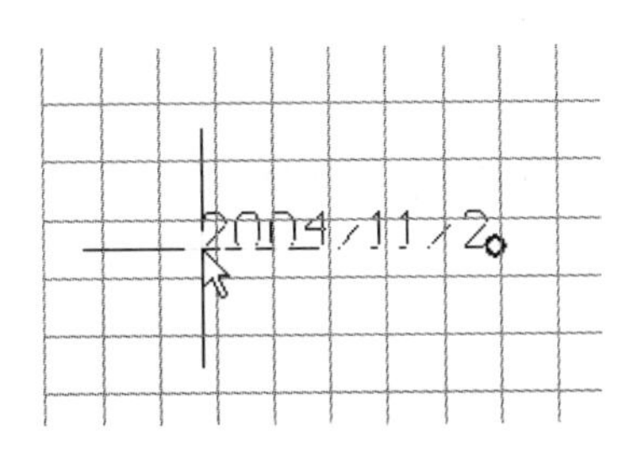

图 11-11　放置字符串的光标

（2）按【Tab】键，则会出现字符串属性设置对话框，如图 11-12 所示。

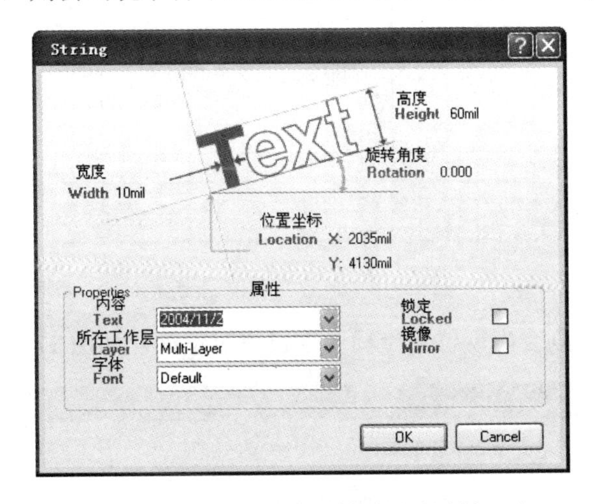

图 11-12　字符串属性设置对话框

在该对话框中可以对字符串的内容、高度、宽度、字体、所在工作层、旋转角度、放置位置坐标、镜像、锁定等参数进行选择或设定。字符串的内容既可以从下拉列表中选择，也可以直接输入。在这里输入的字符串为“2004/11/2”，所处的工作层面设定为“Top layer”，字体设定为“Sans Serif”，放置角度设定为水平，其他选项采用系统默认设置。

（3）设置字符串属性后，单击对话框中的 OK 按钮，将光标移动到所需位置，单击鼠标左键，即可将当前字符串放置在光标所处位置，如图 11-13 所示。

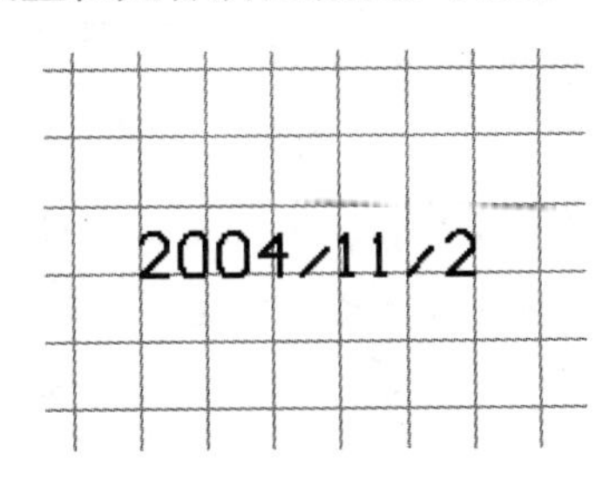

图 11-13　设置字符串属性后的效果

（4）此时，系统仍处于放置相同内容字符串的命令状态，可以继续放置该字符串，也可以重复上面的操作改变字符串的属性。还可以通过按空格键来调整字符串的放置方向。放置结束后，单击鼠标右键或按【Esc】键即可退出当前的命令状态。

11.2.5　放置位置坐标

用户可以在编辑区中的任意位置放置位置坐标，它不具有任何电气特性，只是提示用户当前的鼠标所在的位置与坐标原点之间的距离。

放置位置坐标的具体操作如下。

（1）执行【Place】→【Coordinate】菜单命令，光标出现“十”字形并带着当前位置的坐标出现在编辑区，如图 11-14 所示。随着光标的移动，坐标值也相应改变。

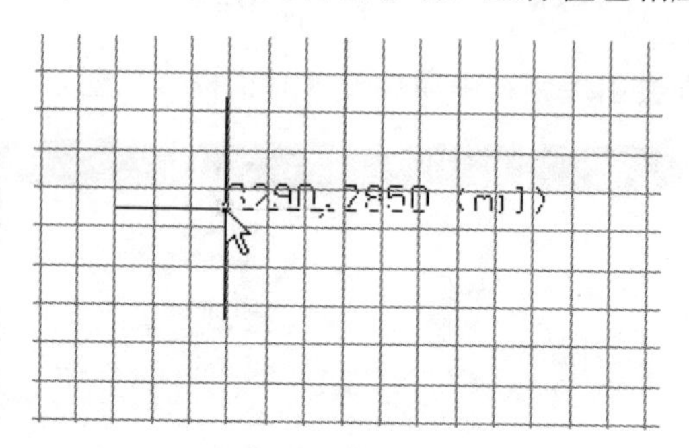

图 11-14　放置当前位置坐标

（2）按【Tab】键，则会出现位置坐标属性设置对话框，如图 11-15 所示。

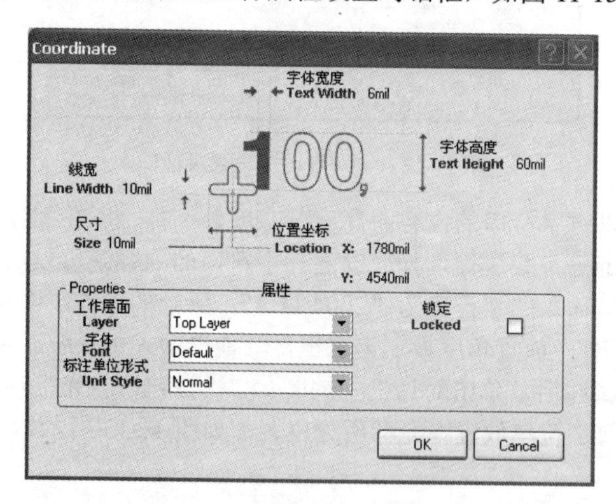

图 11-15　位置坐标属性设置对话框

在该对话框中可以设置位置坐标的有关属性，包括字体的宽度、高度、线度、尺寸、字体、工作层面、放置位置坐标等参数进行选择或设定。

（3）设置好位置坐标属性后，单击对话框的 OK 按钮，即可进入放置命令状态，将光标移动到所需位置，单击鼠标左键即可将当前位置的坐标放置在工作窗口内。

11.2.6　放置尺寸标注

在印制电路板设计过程中，为了方便制板过程的考虑，通常需要标注某些图件尺寸参数。标注尺寸不具有电气特性，只是起提示用户的作用。在 Protel 2004 系统的 PCB 编辑器中提供了 10 种尺寸标注方式，执行【Place】→【Dimension】菜单命令，即可从打开的下拉菜单上看到尺寸标注的各种方式，如图 11-16 所示。

10 种标注尺寸方法的操作方式大致相同，下面仅以线性标注尺寸为例介绍尺寸的标注方法。具体操作如下。

（1）执行【Place】→【Dimension】→【Linear】菜单命令，光标出现“十”字形并带着一个当前所测线间尺寸数值出现在编辑窗口，如图 11-17 所示。

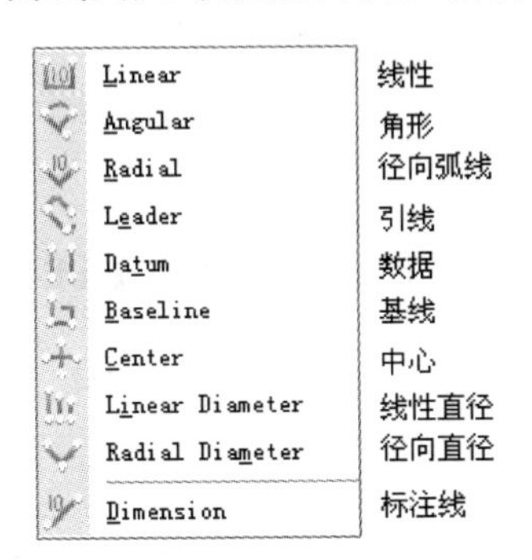

图 11-16　尺寸标注类型

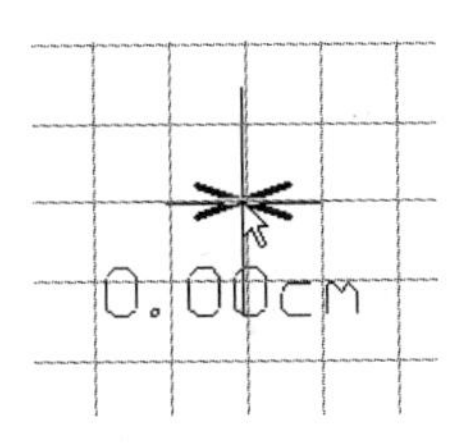

图 11-17　执行放置尺寸标注命令后的光标状态

（2）按【Tab】键，则会出现设置尺寸标注属性设置对话框，如图 11-18 所示。

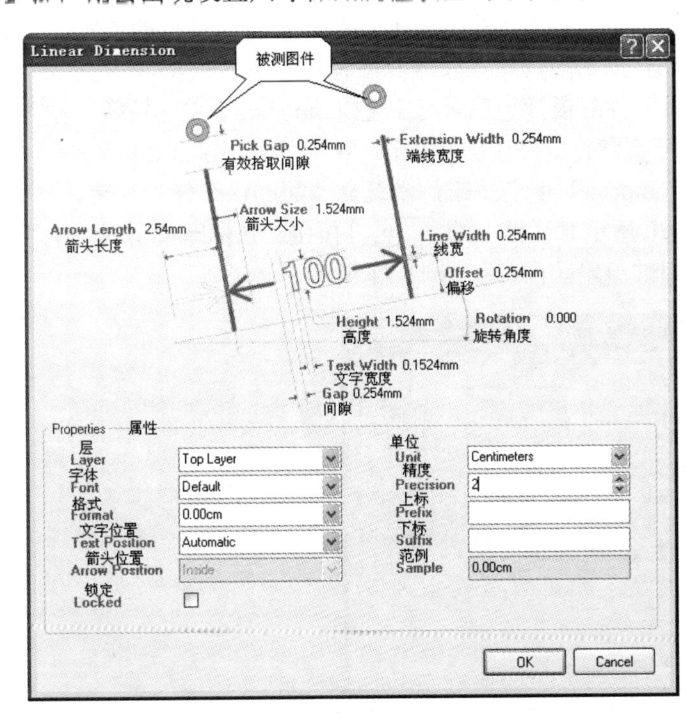

图 11-18　设置尺寸标注属性设置对话框

在该对话框中可以设置尺寸标注的有关属性，包括标注的起止点、字体的宽度、高度、线宽、尺寸、字体、所处工作层面、放置位置坐标等参数进行选择或设定。

（3）设置好尺寸标注属性后，将光标移动到被测图件的起点，单击鼠标左键。然后移动光标，在光标的移动过程中，标注线上显示的尺寸会随着光标的移动而变化，在尺寸的终点处单击鼠标左键，即可完成一次放置尺寸标注的操作，如图 11-19 所示。

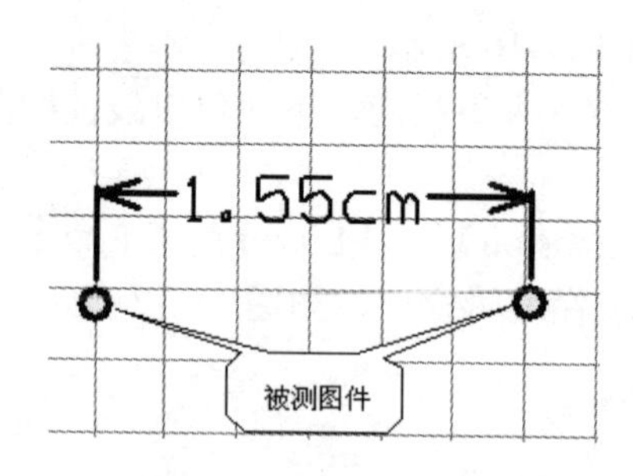

图 11-19　线性尺寸标注

（4）重复上述操作，可以继续放置其他的尺寸标注。单击鼠标右键或按【Esc】键可退出当前命令状态。

11.2.7　放置元件

在 Protel 2004 PCB 编辑器中，除了可以自动装入元件外，还可以通过手工将元件放置到工作窗口内，放置元件的具体操作步骤如下。

（1）执行【Place】→【Component】菜单命令。

（2）执行上述命令后，打开放置元件对话框，在该对话框的放置类型中，可以选择放置封装，即可以输入元件的封装形式、序号和注释等参数。

（3）在此以放置元件三极管为例。选中【Component】单选按钮，输入在元件库中的名称“2N3904”；输入该三极管在电路中的标识符“VT1”，如图 11-20 所示。

（4）再选中【Footprint】单选按钮，系统立即配制该元件的封装。

（5）单击图 11-20 所示对话框中的 OK 按钮，光标即可出现“十”字形并带着选定的元件出现在工作窗口的编辑区内，如图 11-21 所示。

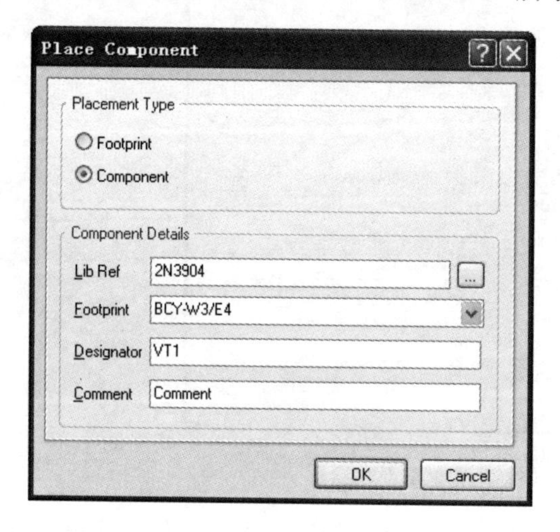

图 11-20　放置元件对话框

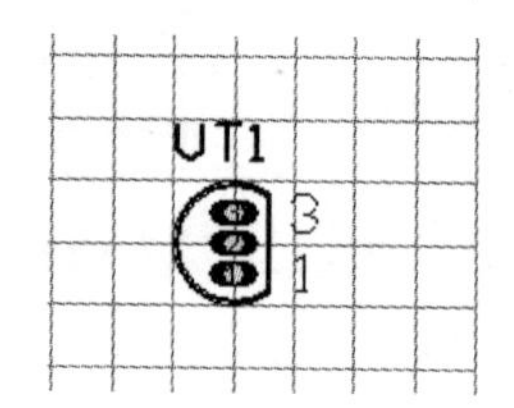

图 11-21　放置元件

（6）在此状态下，按【Tab】键，可以进入元件属性设置对话框，如图 11-22 所示。

在该对话框中，可以设定元件的属性（包括封装形式、所处工作层面、坐标位置、旋转方向和锁定等参数）、元件序号、元件注释和元件库等参数。

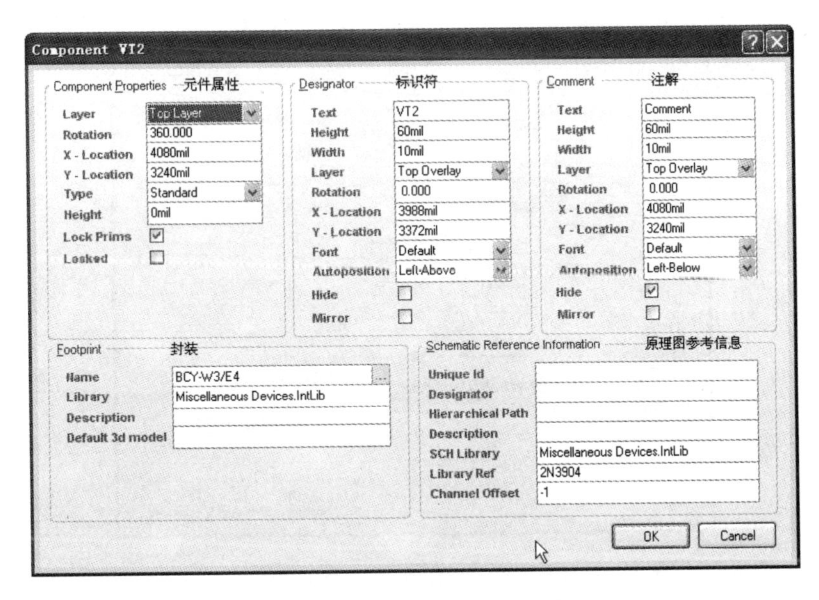

图 11-22　元件属性设置对话框

（7）设定好元件属性后，单击 OK 按钮。

（8）在工作平面上移动光标，即移动元件的放置位置，也可以按空格键调整元件的放置方向，最后单击鼠标左键，即可将元件放置在当前光标所在的位置。

上面介绍的放置元件是从已装入的元件库中查询、选择所需的元件封装形式。如果在已有的元件库中没有找到合适的元件封装，就要添加元件库。具体方法可以参照第 3 章中添加/删除元件库相关的内容。

11.2.8　放置矩形填充

在印制电路板设计过程中，为了提高系统的抗干扰和考虑通过大电流等因素，通常需要放置大面积的电源/接地区域。Protel 2004 PCB 编辑器为用户提供了填充这一功能。通常填充的方式有两种：矩形填充（Fill）和多边形填充（Polygon Plane），这里先介绍矩形填充，具体操作步骤如下。

（1）执行【Place】→【Fill】菜单命令，光标出现“十”字形。

（2）移动光标，依次确定矩形区域对角线的两个顶点，即可完成对该区域的填充，如图 11-23 所示。

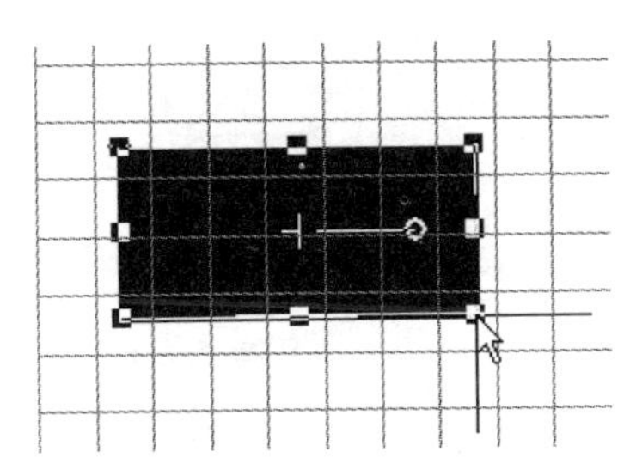

图 11-23　矩形填充

（3）按【Tab】键，会打开矩形填充属性设置对话框，如图 11-24 所示。

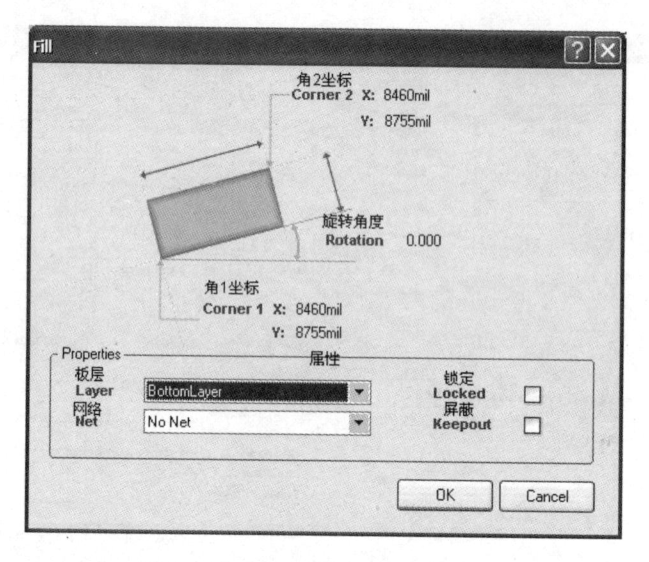

图 11-24　矩形填充属性设置对话框

在该对话框中可以对矩形填充所处工作层面、连接的网络、旋转角度、两个对角的坐标、锁定和禁止布线参数进行设定。设定完毕后单击 OK 按钮确认即可。

（4）单击鼠标右键或按【Tab】键可退出当前命令状态。

11.2.9　放置多边形填充

具体操作步骤如下。

（1）执行【Place】→【Polygon plane】菜单命令，会打开多边形填充属性设置对话框，如图 11-25 所示。

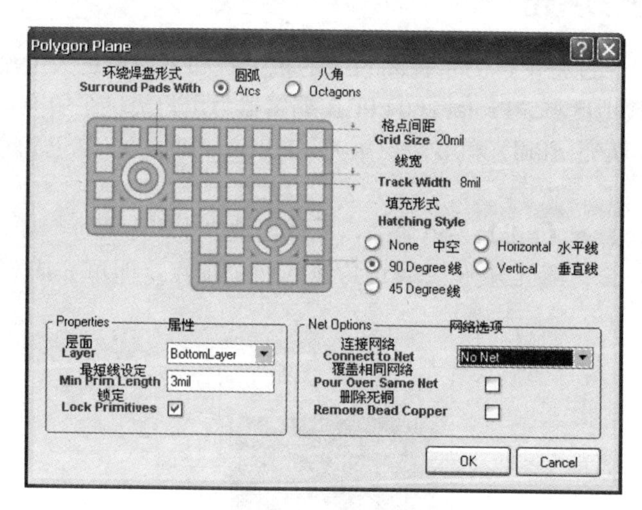

图 11-25　多边形填充属性设置对话框

在该对话框中可以选择的敷铜环绕焊盘的形式有圆弧形和八角形两种；敷铜的填充形式有中空、90° 线、45° 线、水平线和垂直线 5 种。

在该对话框中选择与填充连接网络、填充的栅格尺寸、线宽、所处工作平面、填充形式、环绕焊盘形式等参数进行设定。在此设置参数如图 11-25 所示，单击对话框中的 OK 按钮加以确定，此时光标变为“十”字形。

（2）移动光标到适当位置，单击确定多边形的起点，然后移动光标到其他位置，再单击，依次确定多边形的其他顶点。在多边形终点处单击鼠标右键，程序会自动将起点和终点连接起来形成一个多边形区域，同时在该区域内完成填充，如图 11-26 所示为 90° 多边形填充，覆盖了一个三极管和一个过孔的图形。

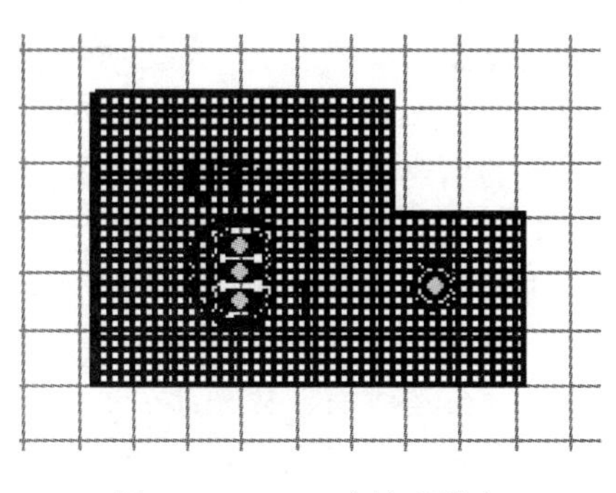

图 11-26　90° 多边形填充

11.3　图件的选取/取消选择

PCB 编辑器为用户提供了丰富而强大的编辑功能，包括对图件进行选取/取消选择、删除、更改属性和移动等操作，利用这些编辑功能可以非常方便地对印制电路板中的图件进行修改和调整。首先介绍图件的选取/取消选择。

11.3.1　选择方式的种类与功能

执行【Edit】→【Select】菜单命令，打开选择方式子菜单，其中各选项功能如图 11-27 所示。

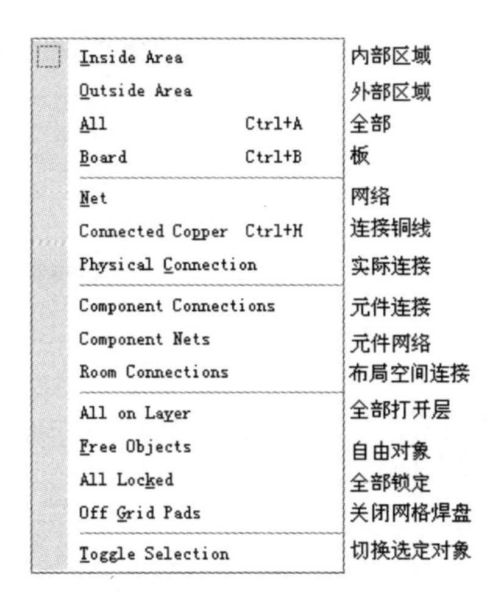

图 11-27　选择方式的种类与功能

11.3.2　图件的选取操作

常用的区域选取所有图件的命令有【Inside Area】、【Outside Area】、【A11】和【Board】选项，其中命令【Outside Area】和【Inside Area】的操作过程几乎完全一样，不同之处在于【Inside Area】选中的是区域内的所有图件，【Outside Area】选中的是区域外的所有图件；命令的作用范围仅限于显示状态工作层面上的图件。【A11】和【Board】命令则适用于所有的工作层面，无论这些工作层面是否设置了显示状态；不同之处在于“A11”选中的是当前编辑区内的所有图件，【Board】选中的是当前编辑区中的印制板中的所有图件。

具体操作步骤以选择内部区域的所有图件【Inside Area】选项为例。

（1）执行【Edit】→【Select】→【Inside Area】菜单命令，光标出现“十”字形。将光标移动到工作平面的适当位置，单击鼠标左键确定待选区域对角线的一个顶点。

（2）在工作窗口内移动光标，此时随着光标的移动，会拖出一个矩形虚线框，该虚线框即代表所选中区域的范围。当虚线框包含所要选择的所有图件后，在适当位置单击鼠标左键，确定指定区域对角线的另一个顶点。这样该区域内的所有图件即可被选中。

11.3.3　选择指定的网络

具体操作步骤如下。

（1）执行【Edit】→【Select】→【Net】菜单命令，之后光标出现“十”字形。

（2）将光标移到所要选择的网络中的线段或焊盘上，然后单击鼠标左键确认即可选中整个网络。

（3）如果在执行该命令时没有选中所要选择的网络，则会出现如图 11-28 所示的对话框。

（4）单击 OK 按钮，出现如图 11-29 所示的当前编辑 PCB 的网络窗口，在该网络窗口中选中相应的网络或在图 11-28 所示对话框中直接输入所要选择的网络名称，然后单击 OK 按钮即可选中该网络。

（5）单击鼠标右键即可退出该命令状态。

图 11-28　询问网络名对话框

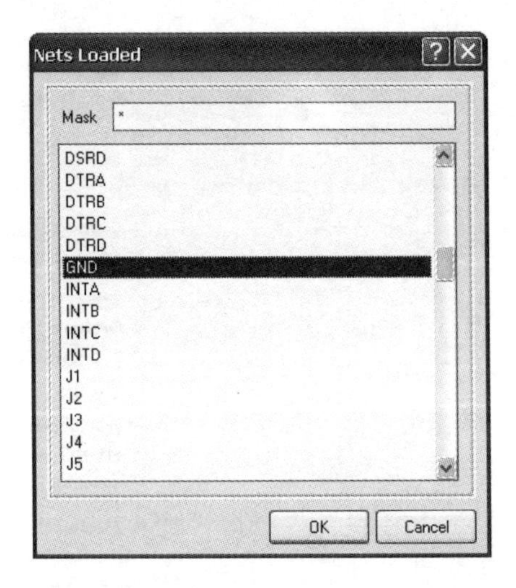

图 11-29　当前编辑 PCB 的网络窗口

11.3.4　切换图件的选取状态

在该命令状态下，可以使用光标逐个选中用户需要的多个图件。该命令具有开关特性，即对某个图件重复执行该命令，可以切换图件的选中状态。

（1）执行【Edit】→【Select】→【Toggle Selection】菜单命令，光标出现“十”字形。

（2）将光标移到所要选择的图件上，单击鼠标左键即可选中该图件。

（3）重复执行（2）的操作即可选中其他图件。如果想要撤销某个图件的选中状态，只要对该图件再次执行（2）的操作即可。

（4）单击鼠标右键即可退出该命令状态。

11.3.5　图件的取消选择

（1）取消选择方式的种类与功能。PCB 编辑器为用户提供了多种取消选中图件的方式。执行菜单【Edit】→【DeSelect】下的相应命令，即可打开如图 11-30 所示的几种取消选择方式。

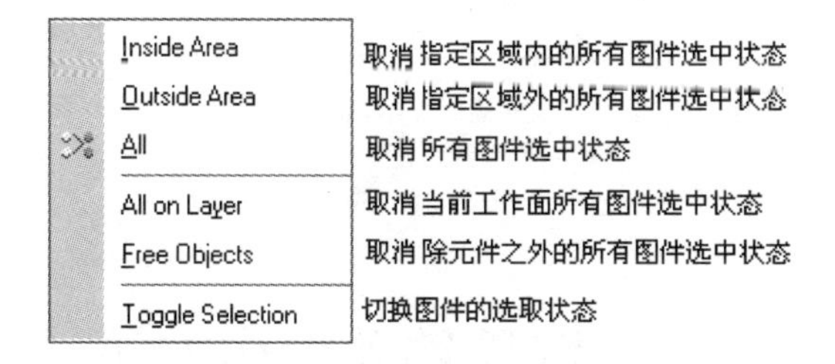

图 11-30　图件取消选择方式的种类和功能

（2）撤销选择图件的操作方法与选择图件的方法类似，读者不妨试一试。

11.4　删 除 图 件

在印制电路板的设计过程中，经常会在工作窗口内有某些不必要的图件，这时用户就可以利用 PCB 编辑器提供的删除功能来删除图件。

1. 利用菜单命令删除图件

具体操作步骤如下：

（1）执行【Edit】→【Delete】菜单命令，光标出现“十”字形。

（2）将光标移到想要删除的图件上，单击鼠标左键，则该图件就会被删除。

（3）重复（2）的操作，可以继续删除其他图件，直到用户单击鼠标右键退出命令状态为止。

2. 利用快捷键删除图件

要删除某一（些）图件，首先可以用鼠标左键单击该图件，使其处于激活状态，然后按【Delete】键即可。

11.5 移动图件的方式

在对 PCB 图进行编辑中，有时要求手工布局或手工调整。这时，移动图件是用户在设计过程中常用的操作。

执行【Edit】→【Move】菜单命令可以打开移动命令菜单，如图 11-31 所示为移动方式的种类与功能。

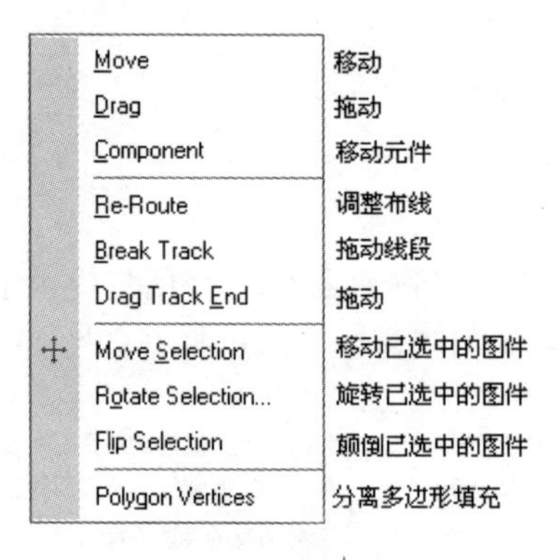

图 11-31　移动方式的种类与功能

11.6 图件移动操作方法

下面将在 PCB 设计过程中常用的几种命令的功能和操作方法分别进行介绍。

11.6.1 移动图件

该命令只移动单一的图件，而与该图件相连的其他图件不会随着移动，仍留在原来的位置。操作步骤如下。

（1）执行【Edit】→【Move】→【Move】菜单命令，光标出现“十”字形。

（2）将光标移动到需要移动的图件上，单击鼠标左键，拖动鼠标，此时该图件将会随着光标的移动而移动。移动光标将图件拖动到适当的位置，这时图件与原来连接的导线之间已断开。

（3）单击鼠标右键即可退出该命令状态。

11.6.2 拖动图件

拖动一个图件【Drag】命令与移动一个图件【Move】命令的功能基本类似但有差别，主要取决于 PCB 编辑器的参数设置。执行【Tools】→【Preferences】菜单命令，打开参数设置对话框，对话框中，“Other”分类框的元件拖动选项【Comp Drag】右侧有一下拉菜单，可对拖动方式进行设置，如图 11-32 所示。

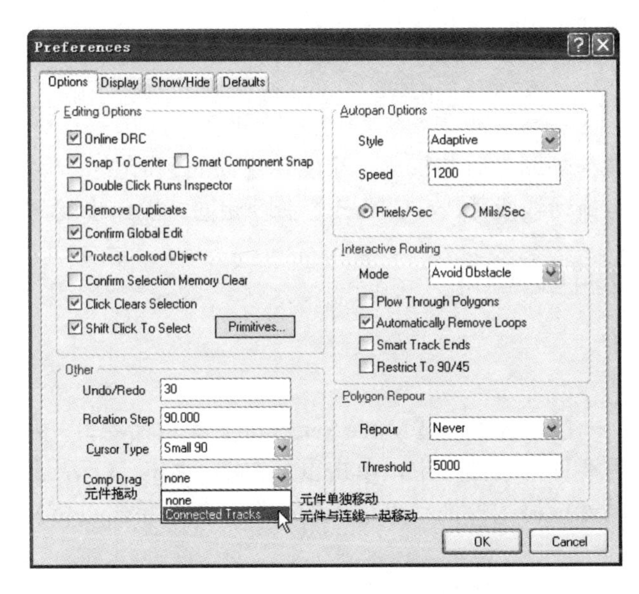

图 11-32　PCB 编辑器参数设置对话框

具体操作步骤如下。

（1）执行【Edit】→【Move】→【Drag】菜单命令，光标出现“十”字形。

（2）将光标移动到需要移动的图件上，单击鼠标左键，拖动鼠标，此时该图件将会随着光标的移动而移动。移动光标将图件拖动到适当的位置，然后单击图件即可将图件移动到当前的位置。

（3）单击鼠标右键即可退出该命令状态。

11.6.3　移动元件

具体操作步骤如下。

（1）执行【Edit】→【Move】→【Component】菜单命令，光标出现“十”字形。

（2）将光标移动到需要移动的元件上，单击鼠标左键，拖动鼠标，此时该元件将会随着光标的移动而移动，移动光标将元件拖动到适当的位置，然后单击鼠标左键，即可将元件移动到当前的位置。

（3）单击鼠标右键即可退出该命令状态。

11.6.4　拖动线段

执行该命令时，线段的两个端点固定不动，其他部分随着光标移动，当拖动线段到达新位置，单击鼠标左键确定线段的新位置后，线段处于放置状态。

具体操作步骤如下。

（1）执行【Edit】→【Move】→【Break Track】菜单命令，光标出现“十”字形。

（2）将光标移动到需要拖动的线段上，单击鼠标左键选中该段导线。

（3）拖动鼠标，此时该线段的两个端点固定不动，其他部分随着光标的移动而移动。移动光标将线段拖动到适当的位置，然后单击鼠标左键，即可将线段移动到新的位置。

（4）单击鼠标右键即可退出该命令状态。

11.6.5　拖动

该命令的功能是在拖动图件时与拖动一个图件【Drag】命令中“图件与同时移动”方式相同；在拖动导线时与拖动线段【Break Track】命令相同。操作步骤与拖动线段类似。

11.6.6　移动已选中的图件

具体操作步骤如下。

（1）选择图件。

（2）执行【Edit】→【Move】→【Move Selection】菜单命令，光标出现“十”字形。

（3）光标移动到需要移动的图件上，单击鼠标左键，拖动鼠标，此时该图件将会随着光标的移动而移动。移动光标将图件拖动到适当的位置，然后单击鼠标左键，即可将图件移动到当前的位置。

（4）单击鼠标右键即可退出该命令状态。

11.6.7　旋转已选中的图件

具体操作步骤如下。

（1）选择图件。

（2）执行【Edit】→【Move】→【Rotate Selection】菜单命令，即可出现如图 11-33 所示的对话框。在该对话框中可以输入所要旋转的角度，然后单击 OK 按钮，即可将所选择的图件按输入角度旋转。

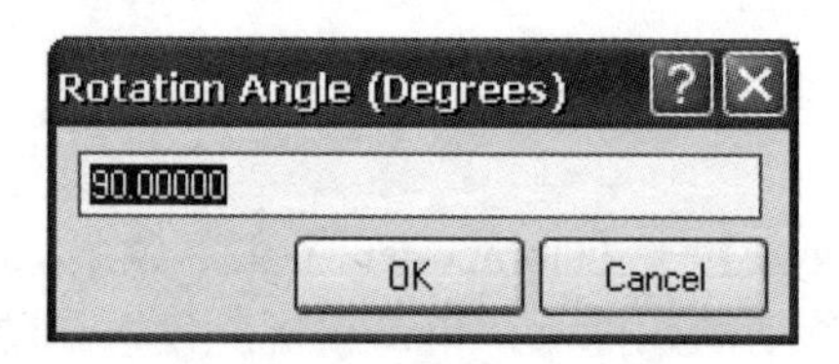

图 11-33　输入旋转角度对话框

（3）确定旋转中心位置。将光标移动到适当位置，单击鼠标左键确定旋转中心，则图件将以该点为中心旋转指定的角度。

11.6.8　分离多边形填充

该命令可将多边形填充从电路板上分离出来显示，以方便编辑多边形填充。

具体操作步骤如下。

（1）执行【Edit】→【Move】→【Polygon Vertices】菜单命令，光标出现“十”字形。

（2）将光标移到所要编辑的多边形填充上，单击鼠标左键即可将多边形填充分离出来显示。

（3）单击鼠标可打开多边形填充编辑对话框，编辑后确认即可退出命令状态。

11.7　跳转查找图件

在设计过程中，往往需要快速定位某个特定位置和查找某个图件，这时可以利用 PCB 编辑器的跳转功能来实现。

11.7.1　跳转查找方式

1. 跳转方式的种类和功能

执行【Edit】→【Jump】菜单命令即可打开跳转方式子菜单，如图 11-34 所示。

图 11-34　跳转方式种类和功能

2. 一些说明

（1）跳转到绝对原点：所谓的绝对原点即系统坐标系的原点。

（2）跳转到当前原点：所谓的当前原点有两种情况，一是若用户设置了自定义坐标系的原点，则指的是该原点；二是若用户没设置自定义坐标系的原点，则指的是绝对原点。

（3）跳转到错误标志处：所谓的错误标志是指由 DRC 检测而产生的标志。

（4）放置位置标志和跳转到位置标志处：所谓的位置标志是用数字表示的记号；这两个命令应配合使用，即先设置位置标志后，才能使用跳转到位置标志处命令。

11.7.2　跳转查找的操作方法

跳转命令的操作都很简单，这里只举几个例子给予介绍，其他类似。

1. 跳转到指定的坐标位置

（1）执行【Edit】→【Jump】→【New Location】菜单命令后，出现如图 11-35 所示的对话框。

（2）输入所要跳转到位置的坐标值，单击 OK 按钮，光标即可跳转到指定位置。

2. 跳转到指定的元件

（1）执行【Edit】→【Jump】→【Component】菜单命令后，会出现如图 11-36 所示的对话框。

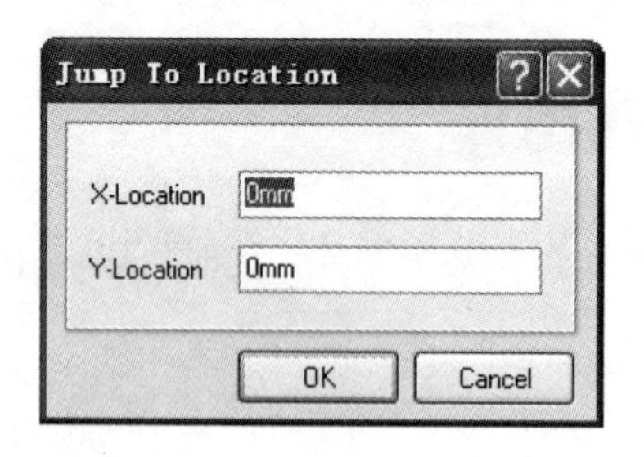

图 11-35　输入坐标位置对话框

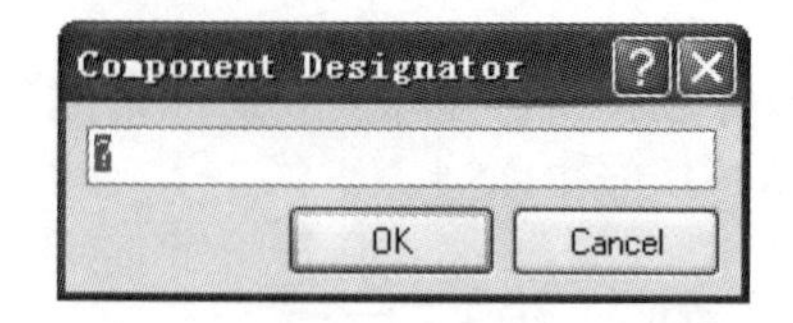

图 11-36　输入元件序号对话框

（2）输入所要跳转到的元件序号后，单击 OK 按钮，光标即可跳转到指定元件。

3．放置位置标志

（1）执行【Edit】→【Jump】→【Sst Location Marks】菜单命令后，会出现一列数字，如图 11-37 所示。

（2）选定某一数字后，单击鼠标左键确认该数字为位置标志后，光标变为“十”字形。

（3）移动光标选定放置位置标志的地方，单击鼠标左键确认该地方为放置位置标志处。

4．跳转到位置标志处

（1）执行【Edit】→【Jump】→【Location Marks】菜单命令后，也会出现一列数字单，如图 11-38 所示。

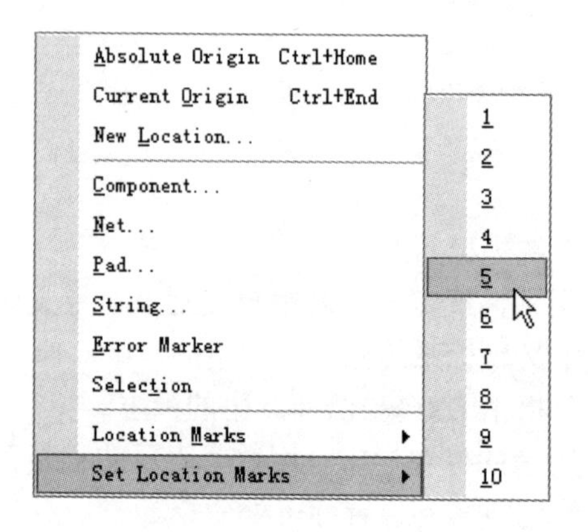

图 11-37　选定位置标志的数字

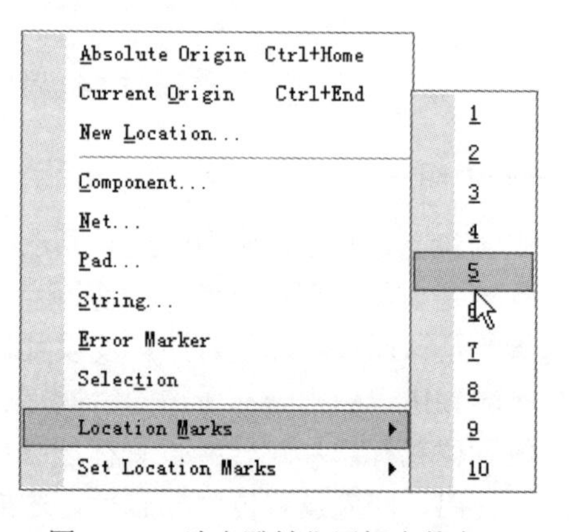

图 11-38　选定跳转位置标志数字

（2）选择已经选定作为位置标志的某个数字后，单击鼠标左键确认所选的位置，光标即可指向该数字所标识的位置。

11.8　其他操作命令

在编辑“Edit”菜单中还有其他一些操作命令，如图 11-39 所示。

图 11-39 中的编辑命令的功能与操作方法除了特殊粘贴外，其他命令的功能和操作方法与 Windows 中的相应功能相同。

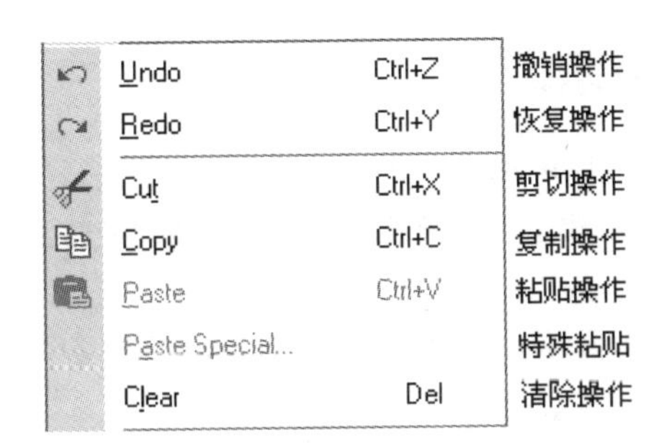

图 11-39　编辑菜单中的一些命令选项

11.9　特殊粘贴的功能与操作方法

菜单命令【Edit】→【Paste Special】用于将剪贴板中的内容根据特殊的要求复制到指定的位置。具体功能和操作步骤如下。

（1）将要粘贴的图件剪贴到剪贴板中。

（2）执行【Edit】→【Paste Special】菜单命令，即可打开特殊粘贴对话框。在此，标注其功能如图 11-40 所示。

根据需要，可以选择相应的粘贴选项，单击 Paste 按钮，即可进行粘贴操作。此外，还可以进行阵列粘贴，单击 Paste Array... 按钮会打开如图 11-41 所示的对话框。

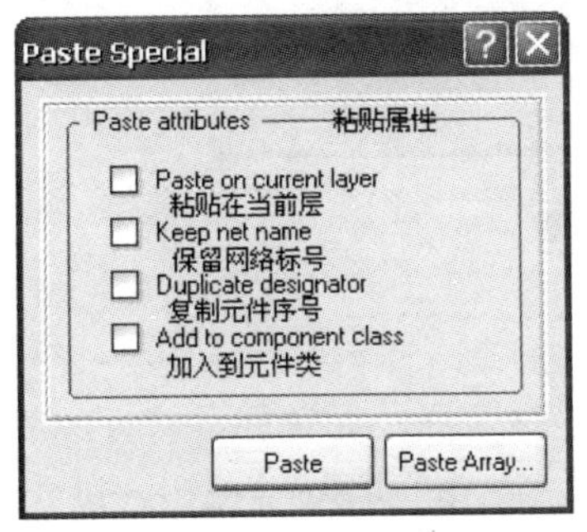

图 11-40　特殊粘贴对话框

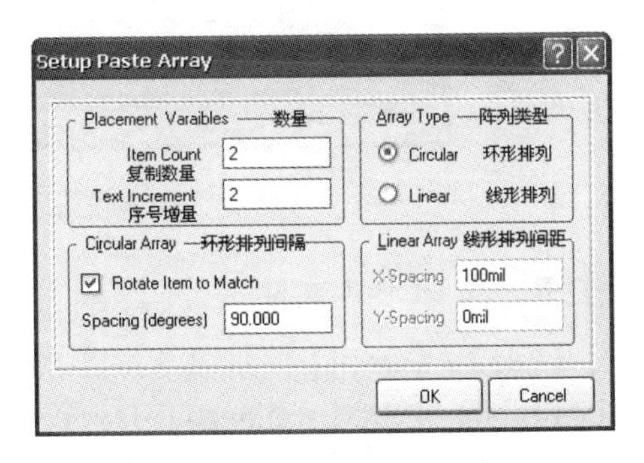

图 11-41　阵列参数设置对话框

（3）设置好相应的参数，单击 OK 按钮，光标出现“十”字形。

（4）移动光标到复制区内，单击鼠标左键即可完成复制操作。

11.10　元器件封装的制作

随着电子工业的飞速发展，新型的元器件层出不穷，元器件的封装形式也多种多样，尽管 Protel 2004 系统已提供了数百个 PCB 封装库供用户调用，但是，还是满足不了实际要求。所以，有时需要自己制作元件封装，下面给予简单介绍。

11.10.1　PCB 库文件编辑器

元器件封装的制作一般是在 PCB 库文件编辑器中进行的。因此，了解 PCB 库文件编辑器的界面，熟悉 PCB 库文件编辑器如何启动，以及掌握 PCB 库文件编辑器中的各种工具的使用是非常有必要的。

PCB 库文件编辑器启动的方法有两种，按照使用目的的不同来选择启动方法。

1．创建一个新的 PCB 封装库文件

执行【File】→【New】→【PCB Library】菜单命令，新建默认文件名为“PcbLib1.PcbLib”封装库文件（保存文件时可以更改文件名和保存路径，保存为“我的封装库.PcbLib”），同时进入 PCB 库文件编辑器，如图 11-42 所示。

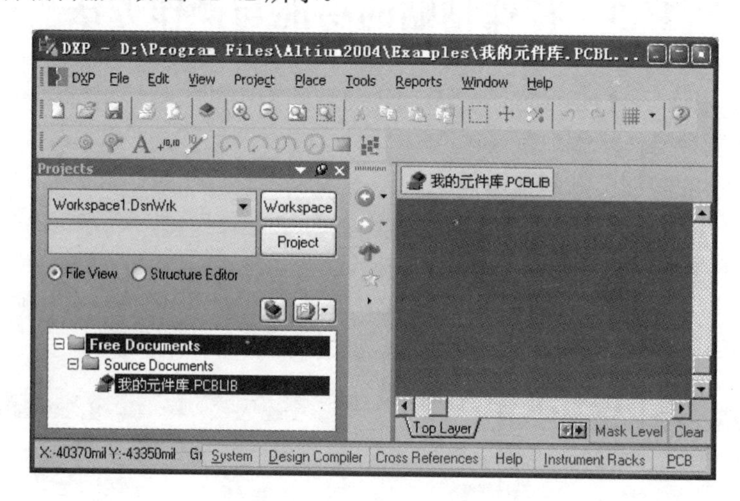

图 11-42　PCB 库文件编辑器

2．打开一个 PCB 库文件

执行【File】/【Open】菜单命令，进入选择打开文件对话框，如选择要打开的库文件名 Altium2004\Library\Pcb\Miscellaneous Devices PCB.PcbLib，单击 打开(O) 按钮，进入 PCB 封装库编辑器，同时编辑器窗口显示库文件中的第 1 个元件封装。

11.10.2 【Tools】和【Place】菜单

PCB 库文件编辑器的界面与原理图库文件编辑器中的菜单【Tools】和【Place】的差别较大，具体内容如下。

1.【Tools】菜单

【Tools】菜单提供了 PCB 库文件编辑器所使用的工具。包括新建、属性设置、元件浏览、元件放置等，如图 11-43 所示。（注：PCB 库文件编辑器菜单中的元件，就是指封装。）

2.【Place】菜单

【Place】菜单中提供了创建一个新元件封装时所需的图件，如焊盘、过孔等，如图 11-44 所示。

图 11-43 【Tools】菜单

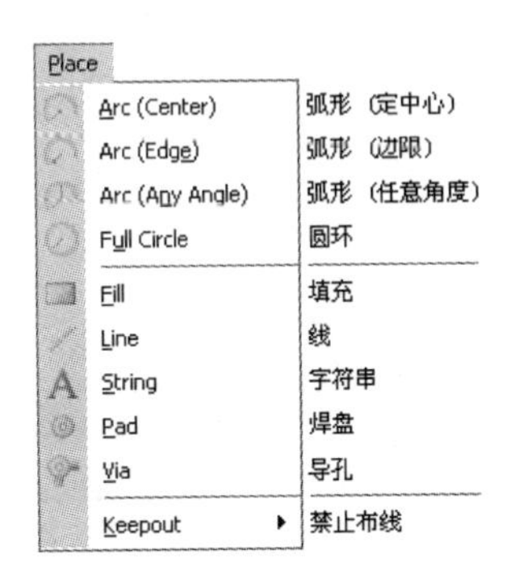

图 11-44 【Place】菜单

11.10.3 利用向导制作元件封装

Protel 2004 提供了 PCB 元件封装生成向导（PCB Component Wizard），按照向导提示逐步设定各种规则，系统将自动生成元器件封装，非常方便。

下面以制作一个电容封装为例，学习利用 PCB 元件向导制作新封装的方法。

（1）执行【Tools】→【New Component】菜单命令，启动 PCB 元件封装生成向导，如图 11-45 所示。

图 11-45　PCB 元件封装生成向导启动界面

（2）单击 Next > 按钮，进入选择元件封装种类对话框，如图 11-46 所示。选择电容封装形式“Capacitors”，单位选择“mil”。

（3）单击 Next > 按钮进入下一步，选择电容封装的类型，如图 11-47 所示。有两种类型可以选择，常用封装和表贴式封装，这里使用默认的常用封装形式。

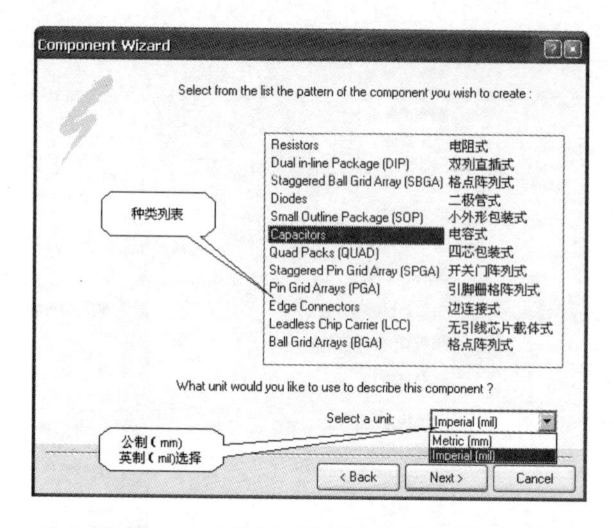

图 11-46　选择元件封装种类对话框

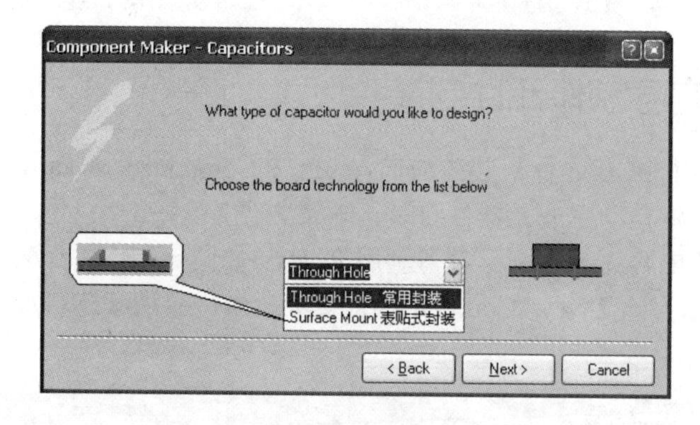

图 11-47　选择电容封装类型对话框

（4）单击 Next> 按钮进入下一步，设定焊盘尺寸，如图 11-48 所示。编辑修改焊盘尺寸时，在相应的尺寸数据上单击，按【Delete】或【Backspace】键删除原来的数据，再添加新数据，单位可以不添加，系统以选择元件封装种类对话框（图 11-46）中设置的单位为准。

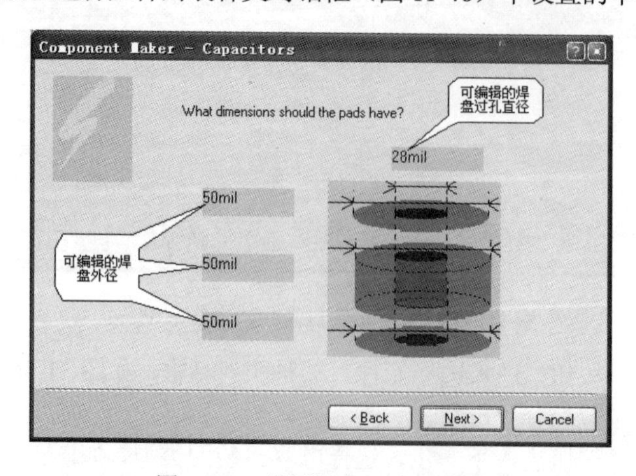

图 11-48　设置焊盘尺寸对话框

（5）单击 Next> 按钮进入下一步，设置焊盘间距，如图 11-49 所示。修改焊盘间距为 100mil。

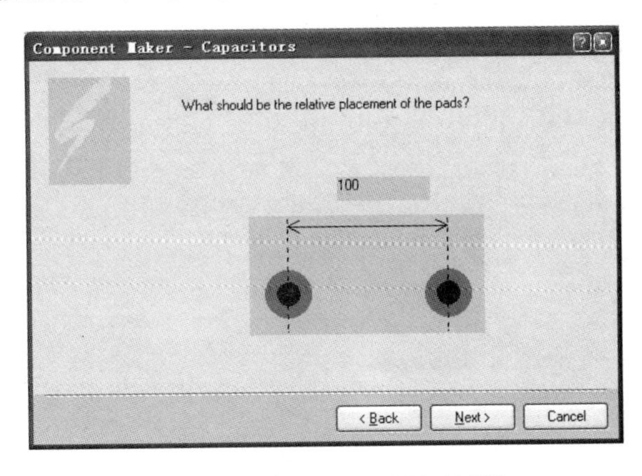

图 11-49　焊盘间距设置对话框

（6）单击 Next> 按钮进入下一步，选择电容的外形，如图 11-50 所示。电容外形风格为放射状，几何外形为圆形。

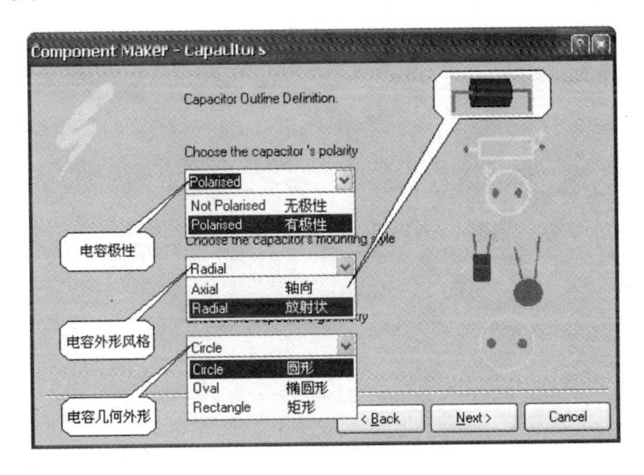

图 11-50　选择电容外形

（7）单击 Next> 按钮进入下一步，设置轮廓外圆半径和丝印层线宽，如图 11-51 所示。设置外圆半径为 100mil，丝印层线宽使用默认值。

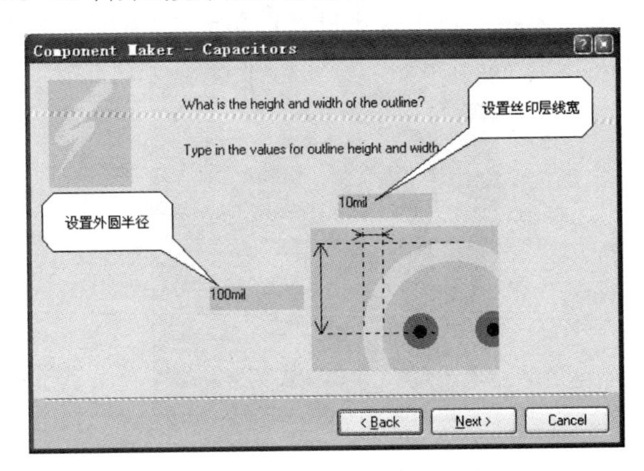

图 11-51　设置轮廓外圆半径和丝印层线宽对话框

（8）单击 Next> 按钮进入下一步，设置封装的名称，如图 11-52 所示。

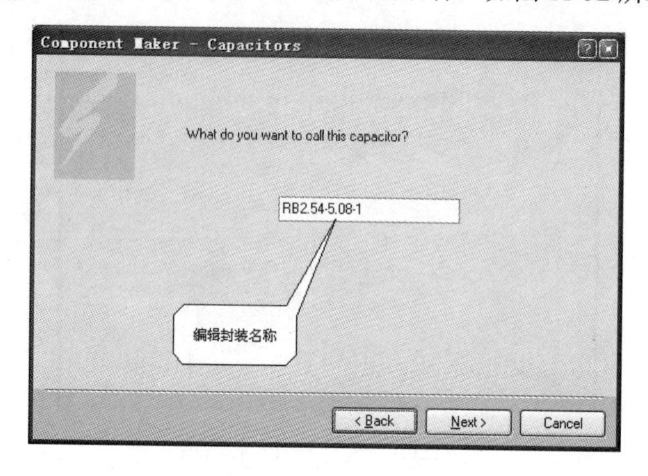

图 11-52　设置封装名称对话框

（9）单击 Next> 按钮进入结束界面，如图 11-53 所示，单击 Finish 按钮完成电容封装的创建工作。

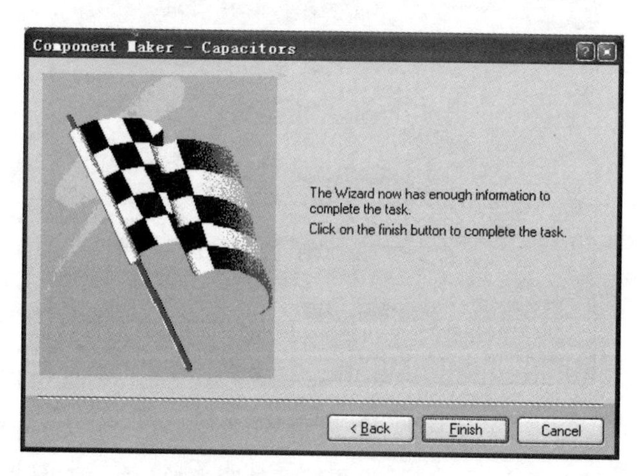

图 11-53　结束界面

（10）结束创建工作后，编辑窗口出现刚创建的封装，如图 11-54 所示。

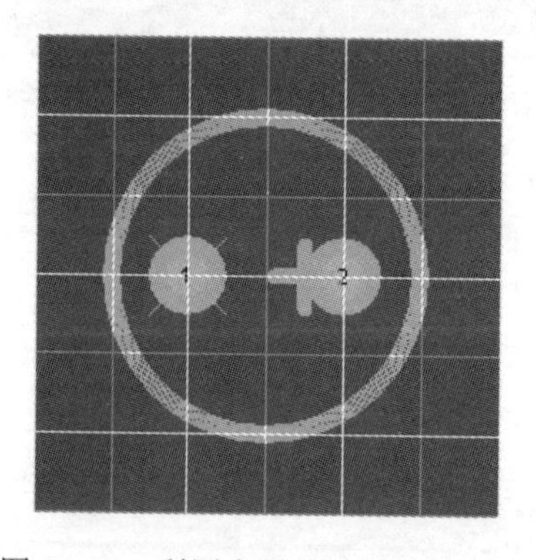

图 11-54　利用向导创建的电容封装

11.10.4 自定义制作 PCB 封装

也可以不利用 PCB 元件向导来制作新封装，按着自己的意愿来制作元件的封装，即所谓的自定义制作 PCB 封装。

下面仍以制作一个电容封装为例，学习其制作封装的方法。

1. 元件命名

（1）打开在 11.10.1 节建立的“我的封装库.PcbLib”文件。

（2）单击 PCB 库文件编辑器右下角的 PCB 按钮，接着单击其中的 PCB Library 按钮，打开 PCB 库面板，会发现在文件中有一个默认的封装“PCBCOMPONENT_1”，如图 11-55 所示。

（3）将光标指向 PCB 库面板中的元件名称，单击鼠标右键，在打开的右键菜单中执行元件属性命令（Component Properties...），打开元件属性设置对话框，如图 11-56 所示。也可以执行【Tools】→【Component Properties...】菜单命令或在 PCB 库面板中双击元件名称，均可打开元件属性设置对话框。

（4）在名称（Name）文本框中输入“RB2.54-5.08”，如图 11-56 所示，创建一个外径为 5.08mm、引脚间距为 2.54mm 的电解电容封装。单击 OK 按钮确定。

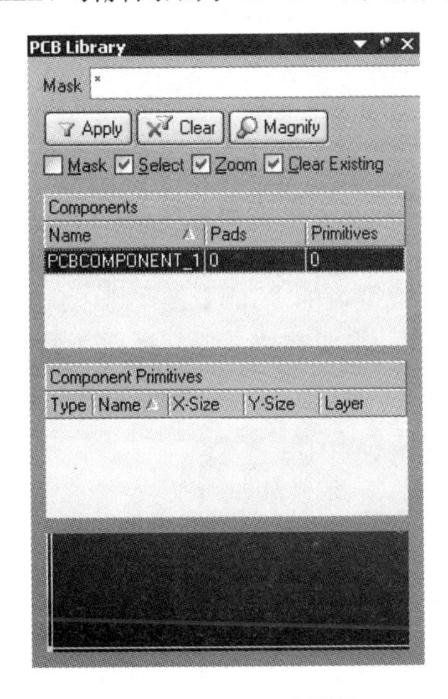

图 11-55 PCB 库面板

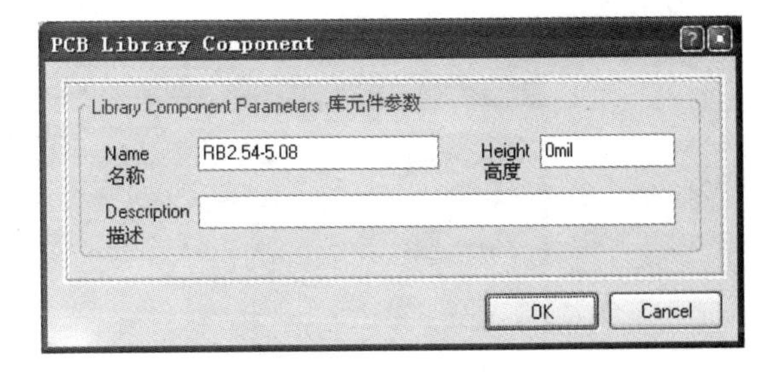

图 11-56 元件属性设置对话框

2. 确定长度单位

系统只有 mil 和 mm 这两种单位，系统默认的长度单位是 mil（100mil=2.54mm），切换方法是执行【View】→【Toggle Units】菜单命令，每执行一次命令将切换一次，在窗口下方的状态信息栏中有显示。100mil 是 DIP 封装标准的最小焊盘间距，在创建元件封装时，也应该遵循这一原则，以便与通用的封装符号统一，也有利于在制作 PCB 电路板时的元件布局和走线。本例使用系统的默认长度单位。

3．设置环境参数

执行【Tools】→【Library Options...】菜单命令，进入环境参数设置对话框，如图 11-57 所示，按图中所示设置各个参数。主要参数是元件栅格和捕获栅格，应小于等于元件中图件间的最小间距。

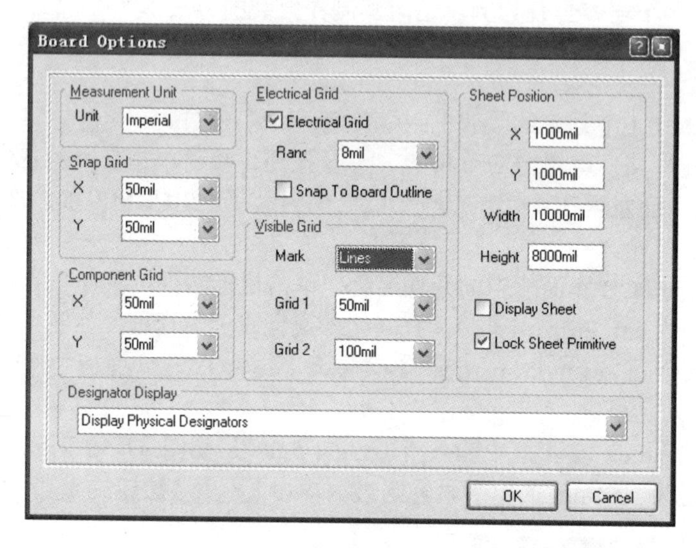

图 11-57　环境参数设置对话框

4．放置焊盘

（1）完成参数设置后，开始绘制元件封装，将 Multi-Layer 层置为当前层。

（2）执行【Place】→【Pad】菜单命令或单击“Pcb Lib Placement”工具栏中的 按钮，出现“十”字光标并带有焊盘符号，进入放置焊盘状态。按键盘的【Tab】键，进入焊盘属性设置对话框，如图 11-58 所示，按图中所示设置有关参数。主要参数是焊盘标识（编号）和形状，通常 1 号焊盘设置为方形。

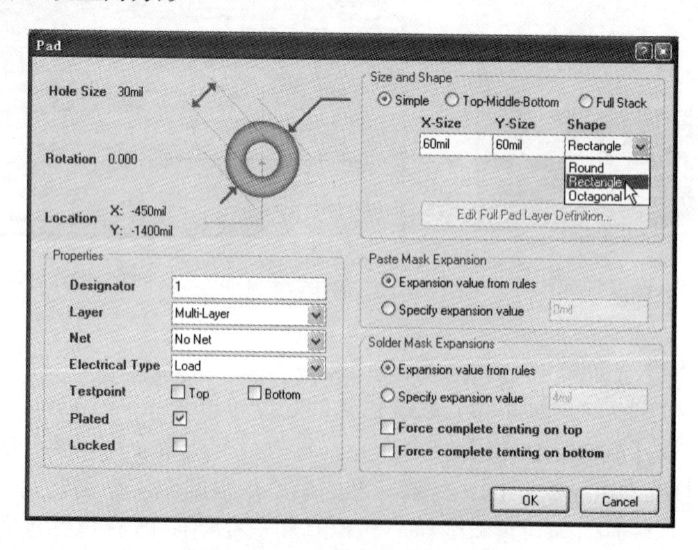

图 11-58　焊盘属性设置对话框

（3）单击 OK 按钮，“十”字光标上浮动的焊盘变为方形。按顺序按键盘的“E、J、R”3 个键，相当于执行【Edit】→【Jump】→【Reference】菜单命令，即光标跳转到基准参考点（坐标（0，0））处，单击鼠标左键放置 1 号焊盘。

（4）接着在坐标（100，0）处放置 2 号焊盘（将焊盘形状调整为圆形）。单击鼠标右键退出。

5．绘制外形轮廓

（1）将顶层丝印层（Top Overlay）置为当前层。

（2）执行【Place】→【Full Circle】菜单命令或单击“Pcb Lib Placement”工具栏中的按钮，出现“十”字光标并带有圆形符号，进入放置圆形状态。在坐标（50，0）处单击鼠标左键确定圆形中心，移动光标到坐标（150,0）位置，单击鼠标左键，完成电容外形轮廓的绘制，如图 11-59 所示。单击鼠标右键退出。

（3）PCB 库文件编辑器系统参数中如果勾选 Single Layer Mode 项，各层上的图件不能同时显示。如果要同时显示各层的图件，则应取消对该项的选择。图 11-59 为选中该项时的显示状态。

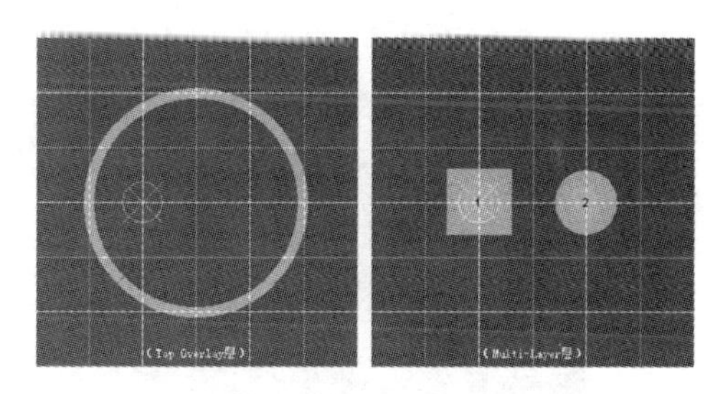

图 11-59　绘制完成的电容封装

6．设置元件封装的参考点

每个元件封装都应有一个参考点。执行【Edit】→【Set Reference】菜单命令，在其子菜单（如图 11-60 所示）中单击“Pin1”，确定 1 号焊盘为参考点。

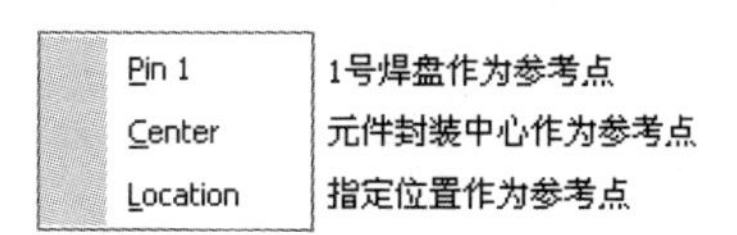

图 11-60　确定参考点子菜单

7．放置电容极性标识

（1）将顶层丝印层（Top Overlay）置为当前层。

（2）执行【Place】→【String】菜单命令或单击“Pcb Lib Placement”工具栏中的 A 按钮，出现“十”字光标并带有默认字符“String”，进入放置字符状态。

（3）按键盘的【Tab】键，进入字符属性设置对话框，如图 11-61 所示。在 Text 文本框中输入“+”号，放置层选择“顶层丝印层”。

（4）单击 OK 按钮，浮动字符变为“+”，移动光标到 1 号焊盘附近，单击鼠标左键放置。如果位置不合适，可以将栅格调整小后再拖动字符到合适的位置。

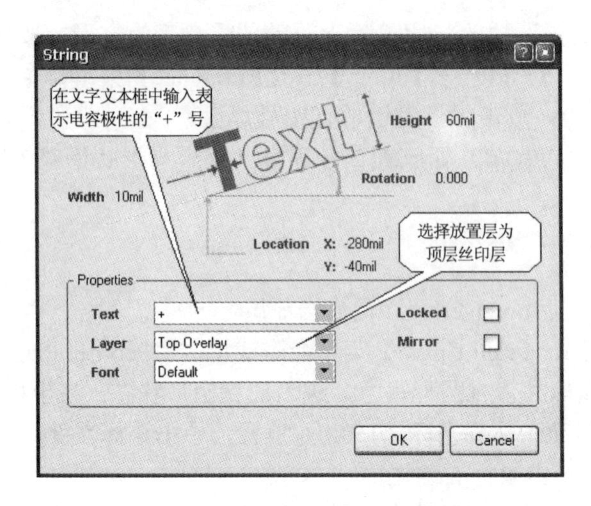

图 11-61　字符属性设置对话框

8．保存封装

执行【File】→【Save】菜单命令或单击标准工具栏中的 按钮，保存创建好的封装。最终完成的封装如图 11-62 所示（系统参数中不勾选 Single Layer Mode 项）。

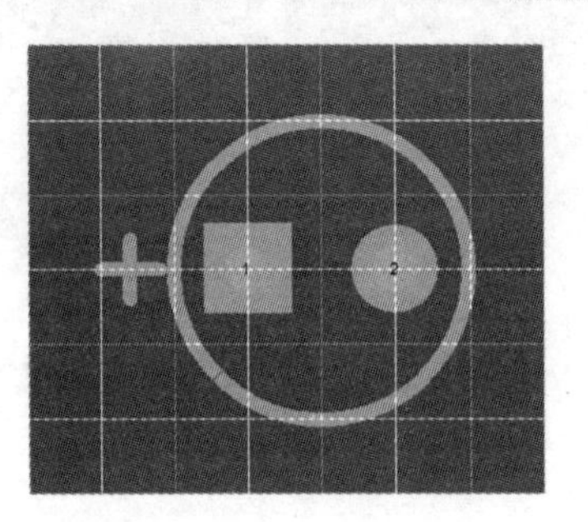

图 11-62　创建好的电容封装

需要注意的是，创建的封装中的焊盘名称一定要与其对应的原理图元件引脚名称一致，否则封装将无法使用。如果两者不符时，双击焊盘进入焊盘属性设置对话框修改焊盘名称。如果用向导生成的电容封装中，将“+”号放置在 2 号焊盘附近，而原理图元件中 1 号引脚通常是有极性电容的“+”端，且 1 号焊盘通常是方形的，所以需要对其进行修改。

※ 练　　习

1．练习 PCB 图件的放置和属性的编辑等操作。
2．练习 PCB 图件在工作窗口中位置的调整。
3．自己独立设计一个元件的 PCB 封装。

第 12 章　PCB 编辑器及参数

印制电路板（PCB）的设计在 Protel 2004 系统中 PCB 编辑器中进行，在使用 PCB 编辑器前，用户需要对 PCB 编辑器进行设置。在 PCB 编辑器中集中许多参数，如各种选项、工作层面等。通过对这些参数的合理设置，可有效地提高 PCB 设计的效率和效果。本章将较详细地介绍这些参数的设置方法。

12.1　PCB 编辑器参数设置

PCB 编辑器参数的设置主要是设定编辑操作的意义、显示颜色、显示精度等项目。执行【Tools】→【Preferences】菜单命令打开参数对话框。在该对话框中有 4 个设置选项，选项（Options）、显示（Display）、显示/隐藏（Show/Hide）和默认（Defaults）。可以对各个选项中的分栏进行设置和选取，以满足用户的需要。下面按照其选项分别介绍。

12.1.1　选项（Options）设置

执行【Tools】→【Preferences】菜单命令，在打开的对话框中单击选项（Options）卡，如图 12-1 所示。

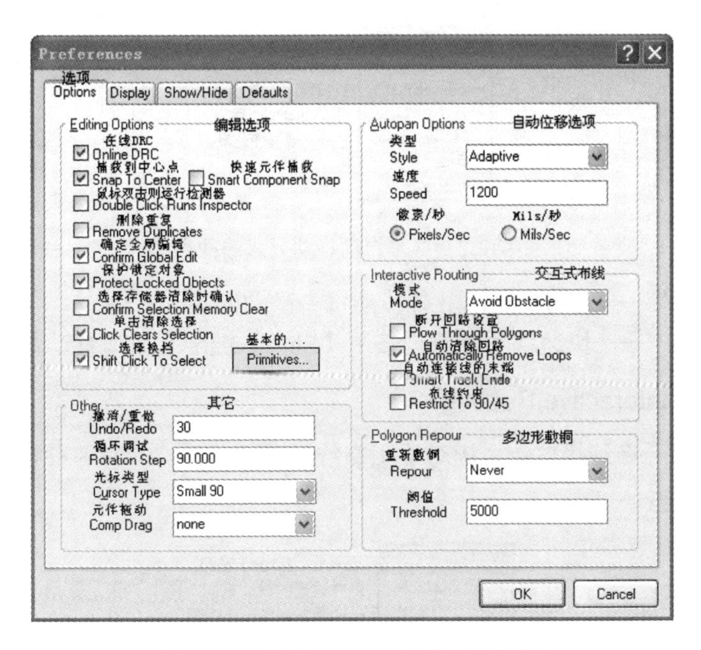

图 12-1　选项（Options）设置对话框

在选项（Options）设置对话框中有 5 个分组框，现将常用分组框中的子项功能分别介绍如下。

1．编辑选项（Editing Options）

（1）“Online DRC”——在线检查：选择该项，在手工布线和调整过程中实时进行 DRC 检查并在第一时间对违反设计规则的错误给出报警。

（2）“Snap To Center”——捕获到中心：选择该项，则用光标选择某个元件时，光标自动跳到该元件的中心点，也称为基准点，通常为该元件的第一引脚。

（3）“Click Clears Selection”——单击清除选择：选择该项，用鼠标单击时，原选择的图件会被取消选择，如果不选择该项，用鼠标单击其他的图元时，原来的图元仍被保持选择状态。

（4）“Double Click Runs Inspector”——启动检查面板：选择该项，用鼠标双击某图件时，即可启动该图件的检查器工作面板。

（5）“Remove Duplicates”——删除标号重复的图件：选择该项，自动删除标号重复的图件。

（6）“Confirm Global Edit”——修改提示信息：选择该项，在全局修改操作对象前给出提示信息，以确认是否选择了所有需要修改的对象。

（7）“Protect Locked Objects”——修改警告信息：选择该项，对于设为【locked】的对象，在移动该对象或修改其属性时给出警告信息，以确认是不是误操作。

2．自动位移功能（Autopan Options）

（1）“Style”——移动方式：屏幕自动移动方式。即在布线或移动元件的操作过程中，光标到达屏幕边缘时屏幕如何移动。共有 7 种移动方式，单击其右侧的下拉菜单如图 12-2 所示。用户可以根据需要选择一种，目的是方便 PCB 的编辑。

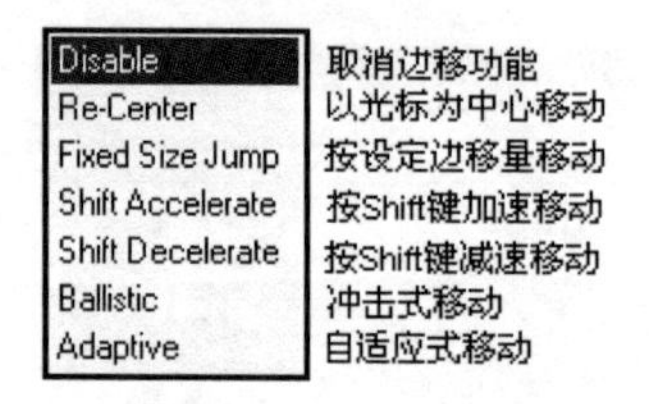

图 12-2　屏幕自动移动方式的种类

（2）“Step Size”——移动步长：屏幕移动每一次的间距。

（3）“Shift Step”——快速移动步长：按下【Shift】键屏幕快速移动每一次的间距。

3．手工布线（Interactive Routing）

（1）“Mode”——布线模式：系统对手工布线的约束方式。共有 3 种，单击其右侧的下拉菜单，如图 12-3 所示。

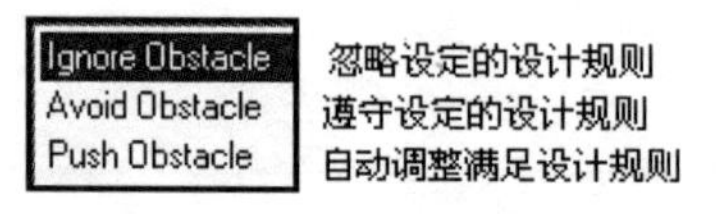

图 12-3　布线模式的种类

- 忽略设定的设计规则（Ignore Obstacle）：手工布线时，当走线违背设定的设计规则时，同样可以走线，一般只有走线到最后无法调整，并且确认该操作不会影响电路正常工作时，才会这样选择。

- 遵守设定的设计规则（Avoid Obstacle）：手工布线时，当间距小于或大于安全设定距离时，禁止继续走线。
- 自动调整满足设计规则（Push Obstacle）：手工布线时，当间距小于安全设定距离时，自动调整导线的位置以满足设计规则。

（2）“Plow Through Polygons”——断开回路设置：该项设为有效时，手工布线中，若出现回路则自动断开。

（3）“Automatically Remove Loops”——删除重复连接：手工布线时，自动删除同一对节点中间的重复连线。

（4）“Smart Track Ends”——导线端有效：手工布线时，以导线的端头连接为有效连接。

4．其他选项（Other）

图 12-4　元件移动模式

（1）“Cursor Type”——光标形状：光标的形状有 3 种，分别为：小“十”字、大“十”字和“X”符号。

（2）“Comp Drag”——元件移动模式：元件移动模式有两种。单击其右侧的下拉菜单，如图 12-4 所示。

12.1.2　显示“Display”设置

执行【Tools】→【Preferences】菜单命令，在打开的对话框中单击“Display”选项卡，如图 12-5 所示。

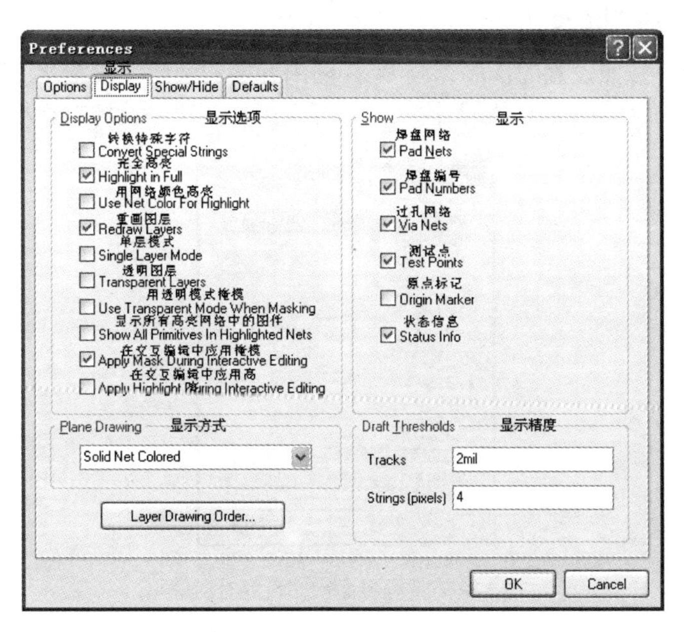

图 12-5　“Display”设置对话框

在“Display”设置对话框中有 4 个分组框，现将常用分组框中的子项功能分别介绍如下。

1．显示选项“Display Options”

（1）“Convert Special Strings”——特殊字符串显示：该项用于设定是否显示特殊字符串的内容。

（2）“Highlight in Full”——元件高亮设置：该项用于在定义块的时候，若只选择了元件的一部分，是否将整个元件都设置为高亮。

（3）“Use Net Color For Highlight”——高亮色设置：该项用于是否用所选中的网络颜色作为高亮色。

（4）“Redraw Layers”——刷新当前层：该项用于当切换工作层时，重新绘制工作区，最后绘制当前层。

（5）“Single layer Mode”——显示当前层：该项用于在调整走线时，可以选择这一开关项，以便更清晰地观察所选的工作层中哪些走线不合理。

（6）“Transparent Layers”——透明显示：该项用于设置透明显示模式。

2．显示“Show”

（1）“Pad Nets”——焊盘网络：该项用于设置在焊盘上显示该焊盘所属的网络。

（2）“Pad Numbers”——焊盘编号：该项用于设置在焊盘上显示该焊盘的标号。

（3）“Via Nets”——过孔网络：该项用于设置在过孔上显示该过孔所属的网络。

（4）“Test Points”——测试点标注：该项用于设置在测试点显示标注。

（5）“Origin Marker”——原点标注：该项用于设置在坐标原点上显示其符号。

（6）“Status info”——当前编辑区状态：该项用于设置显示当前编辑区的状态信息。

3．层面重画次序“Layer Drawing Order”按钮

在刷新界面时，按照设置的次序重画 PCB 图中各层的画面，设置次序的具体步骤如下：

（1）单击【Layer Drawing Order】按钮，打开重画界面次序设置对话框，如图 12-6 所示。

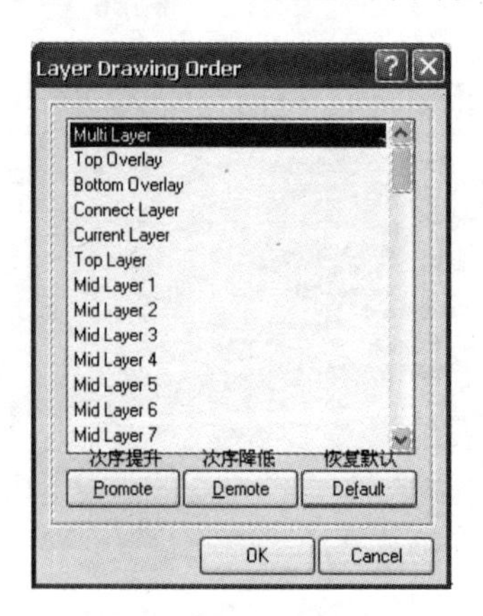

图 12-6　重画界面次序设置对话框

（2）单击次序提升【Promote】按钮和次序降低【Demote】按钮来修改重画次序.。

（3）选择合适后，单击 OK 按钮确认。

也可以恢复系统默认的层面重画次序，单击恢复默认【Default】按钮即可，图 12-6 中所示的就是默认的重画次序。

12.1.3 显示/隐藏“Show/Hide”设置

执行【Tools】→【Preferences】菜单命令，在打开的窗口中选择“Show/Hide”选项卡，窗口即可变为图件分类显示设置对话框，如图 12-7 所示。

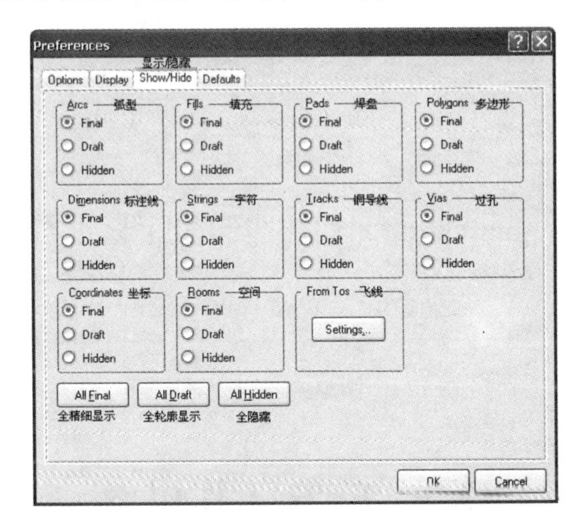

图 12-7 图件分类显示设置对话框

在此对话框中，用户可以通过选择显示某类或某些类元件。

每种电气符号下面都有以下 3 个选择项.。

（1）“Final”——精细显示：选中这一项，该元件可精细显示电气符号的全部。

（2）“Draft”——轮廓显示：选中这一项，该元件可显示电气符号的轮廓。

（3）“Hidden”——隐藏：选中这一项，不显示该类型的电气符号。

12.1.4 默认“Defaults”设置

执行【Tools】→【Preferences】菜单命令，在打开的窗口中选择“Defaults”选项卡，窗口即可变为默认属性设置对话框，如图 12-8 所示。

关于默认设置的说明：

（1）默认设置主要设置电气符号放置到 PCB 图编辑区时的初始状态，用户可以将目前使用最多的值设置为默认值。例如，当给数字电子电路布线时，基本上所有的导线宽度都为 10mil，因此可以将当前导线宽度默认值设为 10mil。这样，只调整少数不是 10mil 的导线宽度就可以了。

（2）系统默认属性设置的结果存放在安装路径下的\system\ADVPCB.DFT 文件中。

（3）用户在修改完某（些）项属性之后，可以自己指定路径，单击 Save As... 按钮将这些设置存放到*.DFT 文件中；在下一次启动 Protel 2004 系统时，单击 Load... 按钮，选择上一次存盘的文件，可以读出上次设定的默认值。

（4）单击 Reset All 按钮，则恢复系统默认值。

（5）对某一种电气符号的属性进行修改，可以先用鼠标在列表框中选择该项电气符号，然后单击 Edit Values... 按钮，则可打开该电气符号的设置属性对话框，这样就可以修改其设置了。

（6）要恢复某一种电气符号以前的默认值，也是先用鼠标在列表框中选择该项电气符号，单击 Reset 按钮即可完成。

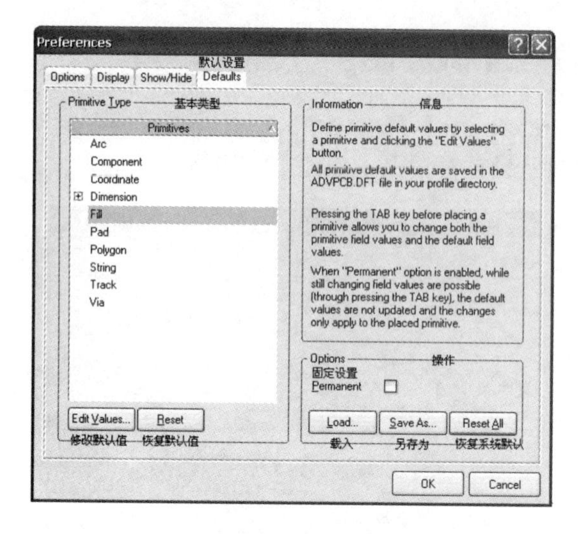

图 12-8　默认属性设置对话框

12.2　PCB 工作层面

Protel 2004 系统的 PCB 编辑器为用户提供了多达 74 层的工作层面。这些工作层面分为若干个不同类型，包括信号层、内电层、机械层等。在设计印制电路板时，用户对于不同工作层面需要进行不同的操作，因此，必须根据需要和习惯来设置工作层面，这样才能对工作层面进行管理。

12.2.1　工作层面的类型

在设计印制电路板前，用户必须熟悉 PCB 编辑器工作层面的类型。

执行【Design】→【Board Layers & Colors】菜单命令，打开工作层面设置对话框，如图 12-9 所示。

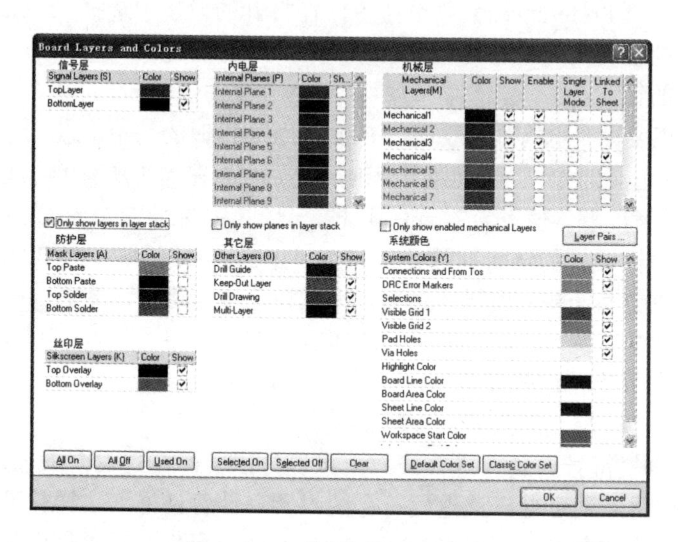

图 12-9　工作层面设置对话框

下面将分别介绍工作层面的主要几种类型。

1. 信号层

PCB 编辑器共有 32 个信号层。取消对“Only show layers in layer stack”的选中，因为信号层数较多，分为两个窗口信号层框，如图 12-10 所示。

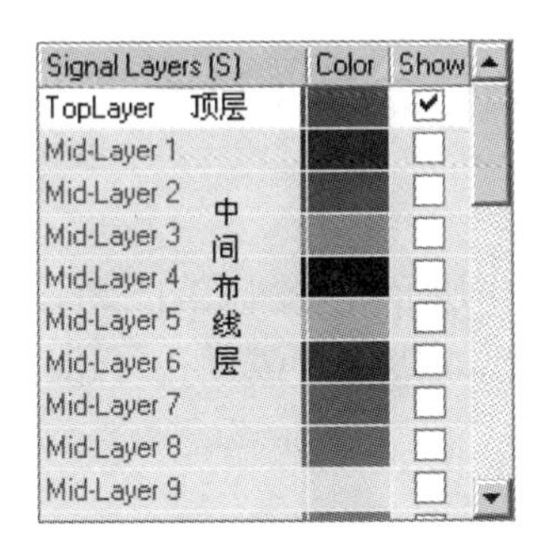

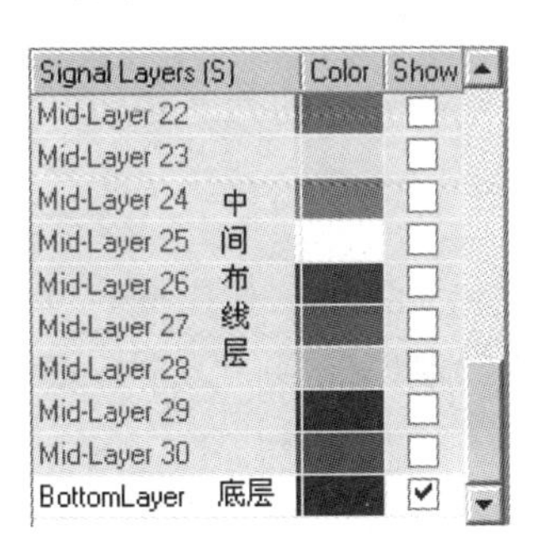

图 12-10　信号层框

信号层主要是用来放置元件和布线的工作层。通常，顶层和底层为覆铜布线层面，它们都可用于放置元件和布线；中间布线层用于多层板可布信号线等。

2. 内电层

PCB 编辑器提供了 16 个内电层，如图 12-11 所示（图中只显示了其中的一部分）内电层布置电源线和地线。

3. 机械层

PCB 编辑器提供了 16 个机械层，如图 12-12 所示（图中只显示了其中的一部分）。

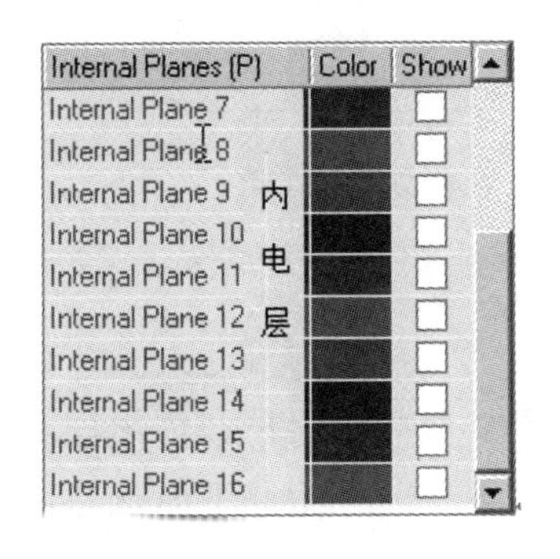

图 12-11　内电层框

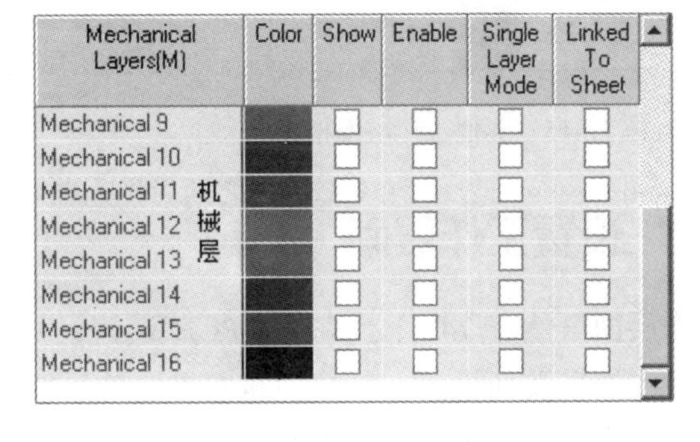

图 12-12　机械层框

机械层用于放置与电路板的机械特性有关的标注尺寸信息和定位孔。

4. 防护层

PCB 编辑器提供的防护层有两种：一种是阻焊层；另一种是锡膏防护层，如图 12-13 所示。防护层主要用于阻止电路板上不希望被镀上锡的地方镀上锡。

5. 丝印层

PCB 编辑器提供了顶层和底层两个丝印层，如图 12-14 所示。

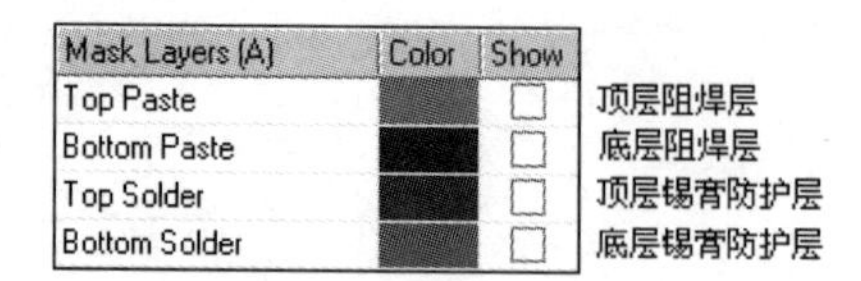

图 12-13　防护层框

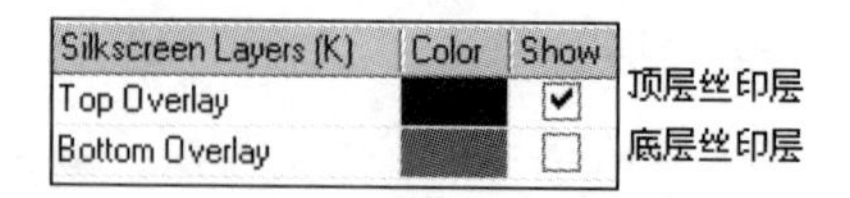

图 12-14　丝印层框

丝印层主要用于绘制元件的外形轮廓、元件标号和说明文字等。

6．其他工作层面

PCB 编辑器还提供了下列工作层面，其他工作层面框如图 12-15 所示。

禁止布线层用于绘制印制板的边框；多层用于观察焊盘或过孔，这样每一层都有可见的电气符号。

7．颜色体系

PCB 编辑器除了提供上述的工作层面外，还可以在颜色体系框中对框中各项的颜色进行选定，颜色体系框如图 12-16 所示。

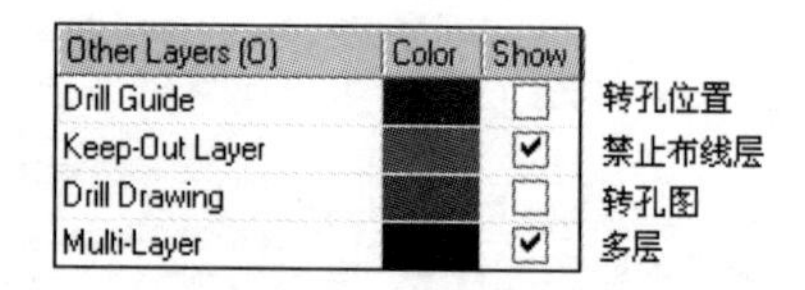

图 12-15　其他工作层面框

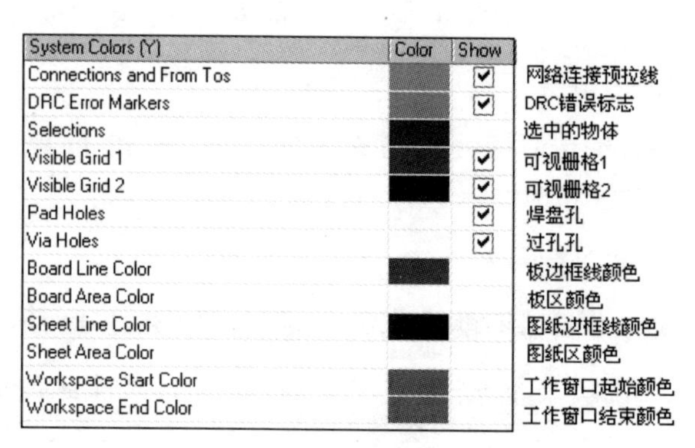

图 12-16　颜色体系框

12.2.2　设置工作层面

工作层面虽然有 74 层之多，在 PCB 设计中并不是都用。其中信号层、内电层和机械层的层数应根据需要而设置。信号层和内电层的层数设置将在下一节介绍。下面就其他工作层面的层数和显示颜色设置介绍如下。

（1）机械层的层数设置：只要在机械层框的“Enable”栏中，选中某一层的复选框，该层即被设置启用，使用同样的方法选择其他机械层；取消复选框的选中即撤销该层的启用。

（2）防护层、丝印层、其他层和颜色体系栏中的某些层，只有选中该项右侧“Show”栏中相应的复选框，则该层被启用，否则该层不被启用。

（3）各层显示颜色的设置：观察工作层面的设置对话框（图 12-9）可以知道，每层层名的右侧都有一颜色框，单击色框，即可打开如图 12-17 所示的显示颜色设置对话框，选中某一合适颜色，确认后，即可达到设置相应层显示颜色的目的。

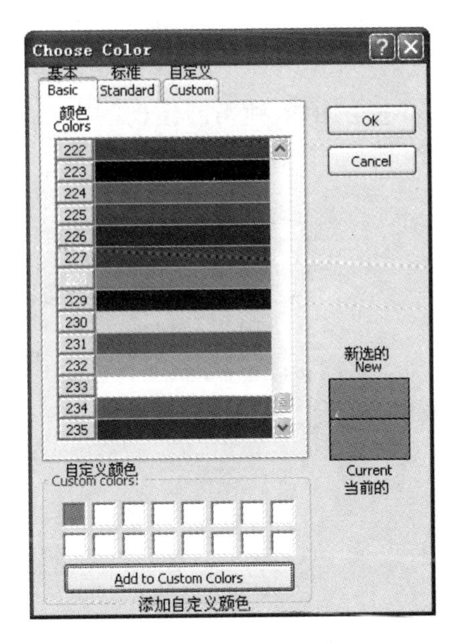

图 12-17　显示颜色设置对话框

12.3　PCB 的板层

印制电路板（PCB）的板层，从绘制 PCB 的角度讲，是重要的工作层面。也可以说信号层和内电层是特殊的板层。

在 PCB 编辑器中，为用户提供了功能强大的板层堆栈管理器。在板层堆栈管理器内可以进行添加、删除工作层面（板层），还可以更改各个工作层面（板层）的顺序。可以说信号层和内电层的添加、删除也必须在板层堆栈管理器内进行。下面首先介绍一下板层堆栈管理器。

12.3.1　板层堆栈管理器

（1）执行【Design】→【Layer Stack Manager】菜单命令，打开板层堆栈管理器设置对话框（系统默认），如图 12-18 所示。

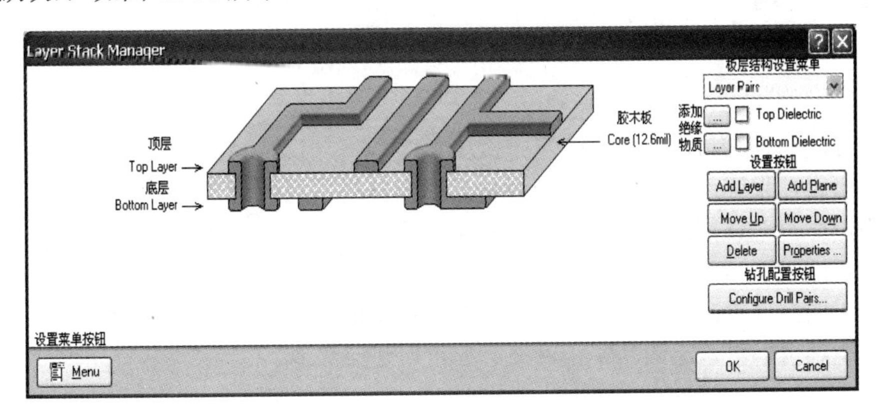

图 12-18　板层堆栈管理器设置对话框

（2）将鼠标移动到板层堆栈管理器的左下角，用鼠标左键单击 Menu 按钮，打开一个板层管理菜单，如图 12-19 所示。

（3）电路板结构模板为用户提供了多种不同结构的电路板模板。其子菜单如图 12-20 所示。

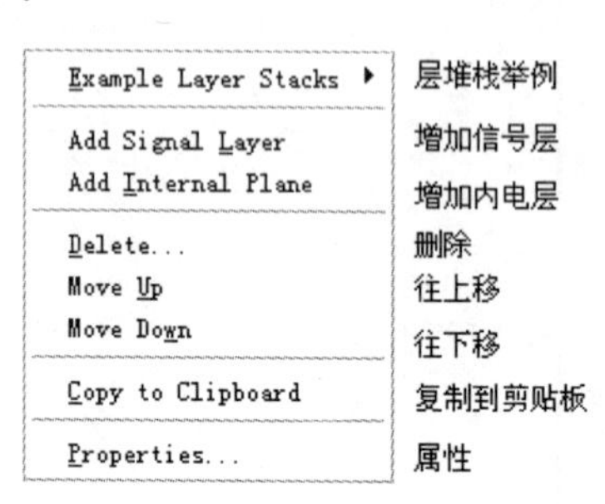

图 12-19　板层管理菜单

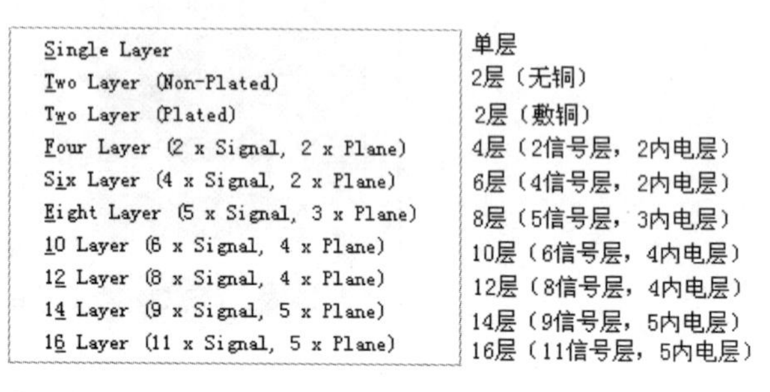

图 12-20　电路板模板

12.3.2　设置板层

在如图 12-18 所示的板层堆栈管理器设置对话框中，设置菜单【Menu】的各选项命令，在其右上区域都有相应的设置按钮，用户可以执行设置菜单【Menu】的相应命令，也可以单击对话框中的相应设置按钮，其效果都一样。

下面介绍板层的设置，以四层板为例，具体操作步骤如下。

（1）执行【Design】→【Layer Stack Manager】菜单命令，打开板层堆栈管理器对话框（系统默认），如图 12-18 所示。

（2）选中顶层或底层，使用鼠标左键单击 Add Plane 按钮，电路板即增加一个内层。

（3）再单击 Add Plane 按钮一次，电路板又增加一个内层，如图 12-21 所示。

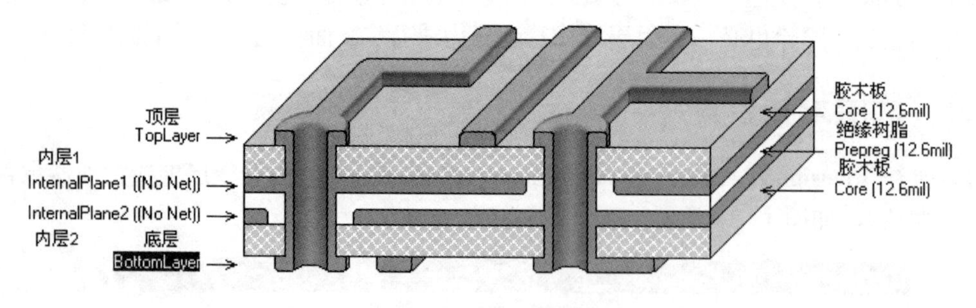

图 12-21　四层电路板图

（4）信号层的设置与内层相似，只是改为单击 Add Layer 按钮罢了。

（5）材料属性设置：双击某一层面材料后，打开材料属性对话框，如图 12-22 所示。在该对话框中，可以对该层的名字、材料、厚度、介电常数等进行设置，为制板厂商提供所需的制板信息。

（6）板层属性设置：双击某一层面后，打开板层面属性设置对话框，如图 12-23 所示。在该对话框中，可以对该层的名字、网络、厚度等进行设置。

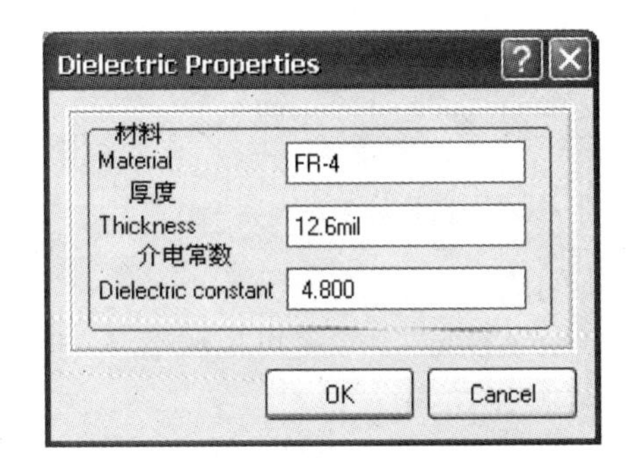

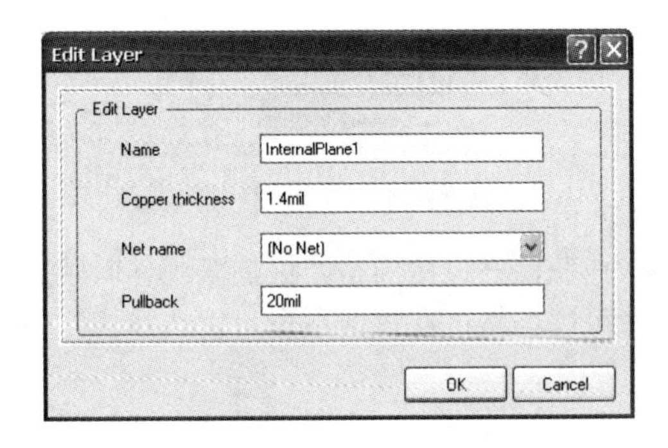

图 12-22　材料属性对话框

图 12-23　板层属性设置对话框

12.4　设置环境参数

该参数的设定对设计环境是十分重要的，它直接影响到绘制 PCB 的工作效率，因此应当引起足够的重视。

执行【Design】→【Board Option】菜单命令，即可进入环境参数设置对话框，如图 12-24 所示。

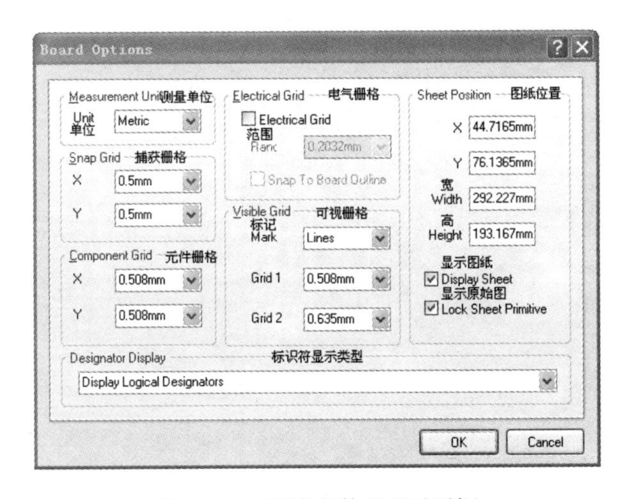

图 12-24　环境参数设置对话框

在该对话框中，可以对测量单位、光标捕获栅格、元件放置的捕获栅格、电气栅格、可视栅格和图纸参数进行设定，还可对显示图纸和锁定原始图纸等选项进行选择。具体功能说明如下。

- 测量单位设定：PCB 编辑器为用户提供了公制和英制两种度量单位，单击选项后的下指箭号，打开其下拉菜单如图 12-25 所示。

用户可与根据自己的画图习惯，可选择英制（Imperial），系统尺寸单位为英制“mil”（1000mil=1 英寸）；也可以选择公制（Metric），系统尺寸单位为毫米。

- 栅格标识设定：PCB 编辑器为用户提供了两种栅格标识，点和线。单击选项后的下指箭号，打开下拉菜单，如图 12-26 所示。用户可以根据需要和喜好进行选择。

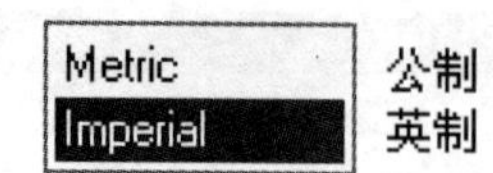

图 12-25　测量单位设定菜单

图 12-26　栅格标识设定菜单

- 捕获栅格：指的是光标捕获图件时跳跃的最小间隔。
- 可视栅格：在该选项里可以选择栅格的线型（Line/Dots），设定可视栅格 1 和可视栅格 2。
- 图纸位置：在该选项里，可以设定图纸的大小和位置。除此以外，用户还可以选中显示图纸等相关参数。

※ 练　　习

1．简述一般情况下应如何设置 PCB 编辑器参数。
2．简述板层堆栈管理器的作用。
3．简述可视栅格、捕获栅格和电气栅格的区别。

第 13 章　PCB 设计实例

印制电路板的设计是电子电路设计步骤的重要环节。前面介绍的原理图设计等工作只是从原理上给出了电气连接关系，其功能的最后实现还是依赖于 PCB 的设计，因为制板时只需要向制板厂商送去 PCB 图而不是原理图。本章先介绍印制电路板的设计流程，然后以双面印制电路板设计为例，详细讲解设计过程，再介绍单面印制电路板和多层印制电路板的设计方法。

13.1　PCB 的设计流程

在进行印制电路板之前，有必要了解一下印制电路板的设计过程。通常，先设计好原理图，然后创建一个空白的 PCB 文件，再设置 PCB 的外形、尺寸；根据自己的习惯设置环境参数，接着向空白的 PCB 文件导入网络表及元件的封装等数据，接着再设置工作参数，通常包括板层的设定和布线规则的设定；在上述准备工作完成后，就可以对元器件进行布局了；接下来的工作是自动布线、手工调整不合理的图件、对电源和接地线进行敷铜，最后进行设计校验。在印制电路板设计完成后，应当将与该设计有关的文件进行导出、存盘。

总的来说，设计印制电路板可分为十几个步骤，其具体设计流程如图 13-1 所示。

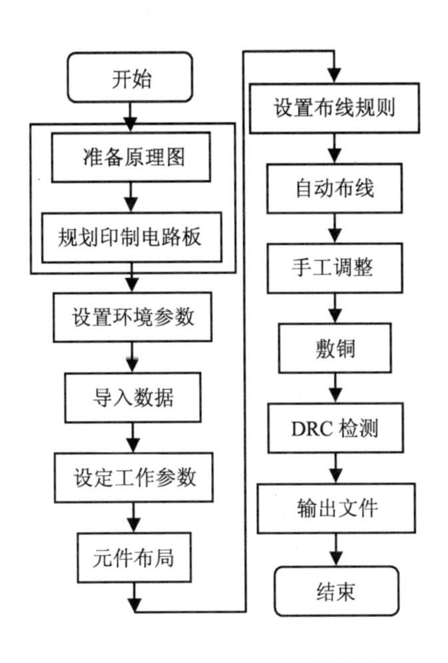

图 13-1　设计印制电路板流程

其中，准备原理图和规划印制电路板为印制电路板设计的前期工作，其他步骤才是设计印制电路板的工作，现将各步骤具体内容介绍如下。

（1）准备原理图：印制电路板设计的前期工作——绘制原理图。这个内容前面已经介绍过。当然，有些特殊情况下，例如电路比较简单，可以不进行原理图设计而直接进入印制电路板设计中，即手工布局、布线；或者利用网络管理器创建网络表后进行半自动布线。虽然，不绘制原理图也能设计 PCB 图，但是无法自动整理文件，这会给以后的维护带来极大的麻烦，况且对于比较复杂的电路，这样做几乎是不可能的。笔者建议，在设计 PCB 图前，一定要设计其原理图，你会从中受益的。

（2）规划印制电路板：印制电路板设计的前期工作——规划印制电路板。这里包括根据电路的复杂程度、应用场合等因素，选择电路板是单面板、双面板还是多面板，选取电路板的尺寸，电路板与外界的接口形式，以及接插件的安装位置和电路板的安装方式等。

（3）设置环境参数：这是印制电路板设计中非常重要的步骤。主要内容有设定电路板的结构及其尺寸，板层参数。

（4）导入数据：主要是将由原理图形成的电路网络表、元件封装等参数装入 PCB 空白文件中。Protel 2004 提供一种不通过网络表而直接将原理图内容传输到 PCB 文件的方法。当然，这种方法看起来虽然没有直接通过网络报表文件，其实这些工作由 Protel 2004 内部自动完成了。

（5）设定工作参数：电气栅格，可视栅格的大小和形状，公制与英制的转换，工作层面的显示和颜色等。大多数参数可以用系统的默认值。

（6）元件布局：元件的布局分为自动布局和手工布局。一般情况下，自动布局很难满足要求。元件布局应当从机械结构、散热、电磁干扰、将来布线的方便性等方面进行综合考虑。

（7）设置布线规则：布线规则设置也是印制电路板设计的关键之一。布线规则是设置布线时的各个规范。如安全间距、导线宽度等，这是自动布线的依据。

（8）自动布线：Protel 2004 系统自动布线的功能比较完善，也比较强大，如果参数设置合理，布局妥当，一般都会很成功地完成自动布线。

（9）手工调整：很多情况下，自动布线往往很难满足设计要求，如拐弯太多等问题，这时就需要进行手工调整，以满足设计要求。自动布线后我们会发现布线不尽合理，这时必须进行手工调整。

（10）敷铜：对各布线层中放置地线网络进行敷铜，以增强设计电路的抗干扰能力；另外，需要过大电流的地方也可采用敷铜的方法来加大过电流的能力。

（11）DRC 检验：对布线完毕后的电路板进行 DRC 检验，以确保印制电路板图符合设计规则，所有的网络均已正确连接。

（12）输出文件：在印制电路板设计完成后，还有必要的工作需要完成。比如保存设计的各种文件，并打印输出或文件输出，包括 PCB 文件等。

13.2　双面印制电路板设计

下面就以“声控变频电路.PrjPCB”为例，介绍双面印制电路板（PCB）设计方法。具体操作步骤如下。

13.2.1　文件链接与命名

所谓的链接是将一个空白的 PCB 文件加到一个设计项目中。在 Protel 2004 系统中，一个设计项目包含所有设计文件的链接和有关设置，只有在设计项目里的 PCB 设计，才能使得设计与验证同步进行成为可能。所以，一般情况下总是将 PCB 文件与原理图文件同放在一个设计项目中。具体操作步骤如下。

1. 引入设计项目

在 Protel 2004 系统中，执行【File】→【Open Project…】菜单命令，打开“Choose Project to Open”对话框，在其导引下，打开第 3 章 3.2 节所建的“声控变频电路.PRJPCB”设计项目，从项目管理面板上可以看到，“声控变频电路.PRJPCB”设计项目仅含原理图文件“声控变频电路.SCHDOC”，如图 13-2 所示。

2. 建立空白 PCB 文件

执行【File】→【New】→【PCB】菜单命令，即可完成空白 PCB 文件的建立。

如果在项目中创建 PCB 文件，当 PCB 文件创建完成后，该文件将会自动地添加到项目中，并列在“Projects”标签中紧靠项目名称的 PCBs 下面。否则创建或打开的文件将以自由文件的形式出现在项目管理面板上，如图 13-3 所示，上述所建的就是一个 PCB 自由文件。

图 13-2　“声控变频电路.PRJPCB”设计项目

图 13-3　一个 PCB 自由文件

将鼠标光标指在 Projects 面板工作区中的“PCB1.PcbDoc”文件名称上，按住鼠标左键，拖动鼠标，“PCB1.PcbDoc”文件名称将随鼠标移动，拖至“声控变频电路.PRJPCB”项目名称上时，松开鼠标，图 13-3 将转换为图 13-4，即完成了将“PCB1.PcbDoc”文件到“声控变频电路.PRJPCB”项目的链接。

图 13-4　文件到项目的链接

3．命名 PCB 文件

在 PCB 编辑环境中，执行【File】→【Save Az...】菜单命令将“PCB1”更名为“声控变频电路”，则“声控变频电路.PCBDOC”文件就列在项目名称的 PCB 下面，如图 13-5 所示。

图 13-5 “声控变频电路.PCBDOC”文件

至此，完成了将 PCB 文件的命名和与设计项目链接。启动后的 PCB 编辑器如图 13-6 所示。

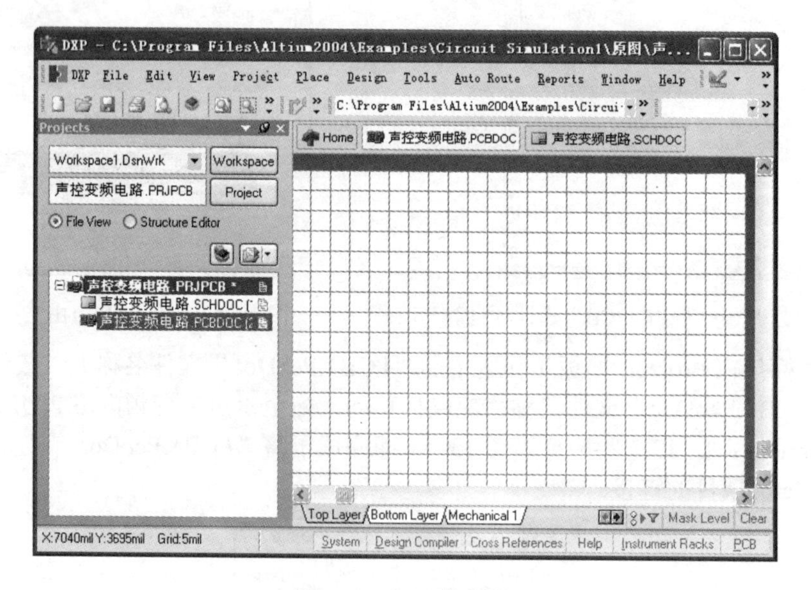

图 13-6　PCB 编辑器

4．移出文件

如果将某个文件从项目中移出，在 Projects 面板的工作区中，用鼠标右键单击该文件名称，即可打开一个菜单，选择并执行【Remove from Project...】命令，可将该关联文件的形式转换为自由文件的形式。

13.2.2　设置电路板禁止布线区

设置电路板禁止布线区就是确定电路板的电气边界。

电气边界用来限定布线和元件放置的范围，它是通过在禁止布线层上绘制边界来实现的。禁止布线层“Keep-Out Layer”是 PCB 编辑中一个用来确定有效放置和布线区域的特殊工作层。在 PCB 的自动编辑中，所有信号层的目标对象（如焊盘、过孔、元器件等）和走线都将被限制在电气边界内，即禁止布线区内才可以放置元件和导线；在手工布局和布线时，可以不画出禁止布线区，但是自动布局时是必须有禁止布线区的。所以作为一种好习惯，编辑 PCB 时应先设置禁止布线区。设置布线区的具体步骤如下。

（1）在 PCB 编辑器工作状态下，设定当前的工作层面为“Keep-Out Layer”。单击工作窗口下方的 Keep-Out Layer 标签，即可将当前的工作平面切换到“Keep-Out Layer”层面。

（2）确定电路板的电气边界。执行【Place】→【Line】菜单命令，光标变成“十”字形。

（3）将光标移动到工作窗口中的适当位置，单击确定一边界的起点。然后拖动光标至某一点，再单击确定电气边界一边的终点。使用同样的操作方式可确定电路板电气边界的其他三边，绘制好的电路板电气边界如图 13-7 所示。

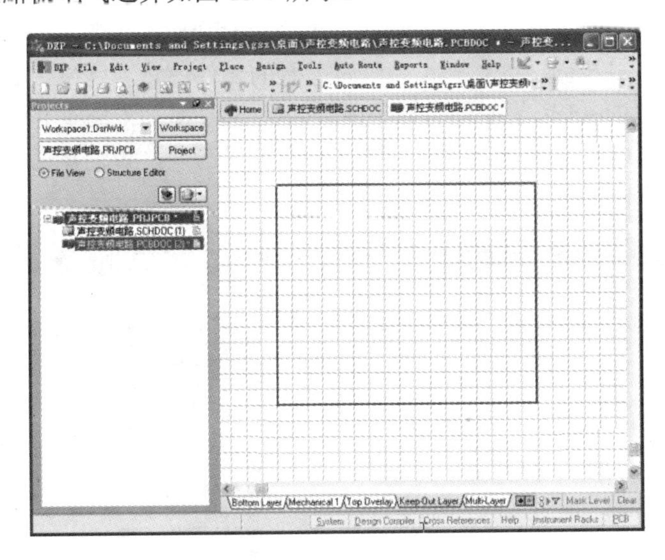

图 13-7　禁止布线区的设置

13.2.3　导入数据

所谓导入数据，就是将原理图文件中的信息引入到 PCB 文件中，以便于绘制印制电路板，即为布局和布线做准备。虽然 Protel 2004 支持用网络表文件做媒质，将原理图中元器件连接关系的信息传送给 PCB 文件，但是笔者不推荐这种方法，因为在 Protel 2004 中可以直接通过单击原理图编辑器内更新 PCB 文件按钮实现网络与元件封装的载入；也可以单击 PCB 编辑器中的从原理图导入变化按钮来实现网络表与元件封装的载入。具体操作步骤如下。

（1）在原理图编辑器中，执行【Design】→【Update PCB Document 声控变频电路.PCBDOC】菜单命令或在 PCB 编辑器中执行【Design】→【Import Changes From[声控变频电路.PRJPCB]】菜单命令，打开如图 13-8 所示的设计项目修改对话框。

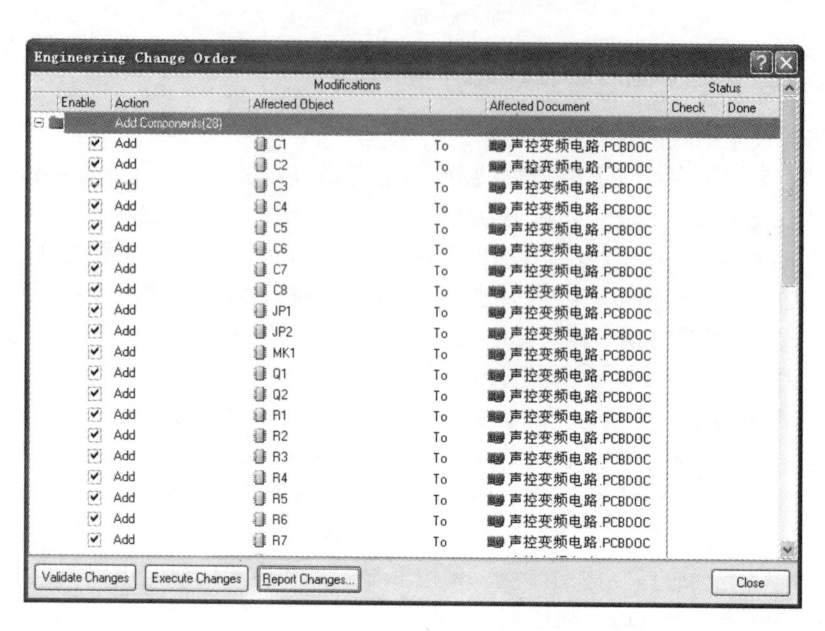
Engineering Change Order

Enable	Action	Affected Object		Affected Document	Check	Done
	Add Components(28)					
☑	Add	C1	To	声控变频电路.PCBDOC		
☑	Add	C2	To	声控变频电路.PCBDOC		
☑	Add	C3	To	声控变频电路.PCBDOC		
☑	Add	C4	To	声控变频电路.PCBDOC		
☑	Add	C5	To	声控变频电路.PCBDOC		
☑	Add	C6	To	声控变频电路.PCBDOC		
☑	Add	C7	To	声控变频电路.PCBDOC		
☑	Add	C8	To	声控变频电路.PCBDOC		
☑	Add	JP1	To	声控变频电路.PCBDOC		
☑	Add	JP2	To	声控变频电路.PCBDOC		
☑	Add	MK1	To	声控变频电路.PCBDOC		
☑	Add	Q1	To	声控变频电路.PCBDOC		
☑	Add	Q2	To	声控变频电路.PCBDOC		
☑	Add	R1	To	声控变频电路.PCBDOC		
☑	Add	R2	To	声控变频电路.PCBDOC		
☑	Add	R3	To	声控变频电路.PCBDOC		
☑	Add	R4	To	声控变频电路.PCBDOC		
☑	Add	R5	To	声控变频电路.PCBDOC		
☑	Add	R6	To	声控变频电路.PCBDOC		
☑	Add	R7	To	声控变频电路.PCBDOC		

Validate Changes　Execute Changes　Report Changes...　Close

图 13-8　设计项目修改对话框

（2）单击 Validate Changes 校验改变按钮，系统对所有的元件信息和网络信息进行检查，注意状态“Status”一栏中“Check”的变化。如果所有的改变有效，“Check”状态列选中说明网络表中没有错误，如图 13-9 所示。该例中的电路没有电气错误，否则在信息【Messages】面板中给出原理图中的错误信息。

Engineering Change Order

Enable	Action	Affected Object		Affected Document	Check	Done
	Add Components(28)					
☑	Add	C1	To	声控变频电路.PCBDOC		
☑	Add	C2	To	声控变频电路.PCBDOC		
☑	Add	C3	To	声控变频电路.PCBDOC		
☑	Add	C4	To	声控变频电路.PCBDOC		
☑	Add	C5	To	声控变频电路.PCBDOC		
☑	Add	C6	To	声控变频电路.PCBDOC		
☑	Add	C7	To	声控变频电路.PCBDOC		
☑	Add	C8	To	声控变频电路.PCBDOC		
☑	Add	JP1	To	声控变频电路.PCBDOC		
☑	Add	JP2	To	声控变频电路.PCBDOC		
☑	Add	MK1	To	声控变频电路.PCBDOC		
☑	Add	Q1	To	声控变频电路.PCBDOC		
☑	Add	Q2	To	声控变频电路.PCBDOC		
☑	Add	R1	To	声控变频电路.PCBDOC		
☑	Add	R2	To	声控变频电路.PCBDOC		
☑	Add	R3	To	声控变频电路.PCBDOC		
☑	Add	R4	To	声控变频电路.PCBDOC		
☑	Add	R5	To	声控变频电路.PCBDOC		
☑	Add	R6	To	声控变频电路.PCBDOC		
☑	Add	R7	To	声控变频电路.PCBDOC		

Validate Changes　Execute Changes　Report Changes...　Close

图 13-9　设计项目修改对话框检查报告

在此笔者提醒用户注意，在导入数据前，应该检查所用的原理图中的元器件封装库是否全部载入，尤其是所用的原理图，不是在当前 Protel 2004 系统中绘制的，或者说所用的原理图是载入其他系统的，填装元器件封装库的工作可能更为必要。这是因为，当前 Protel 2004

系统在绘制原理图时，已经将元器件的封装库填装好了，否则也画不出来原理图；而载入的原理图就另当别论了，其中可能有一些元器件的封装库没有载入当前 Protel 2004 系统，这样就会出现没有封装的错误。

（3）双击错误信息自动回到原理图中的位置，就可以修改错误。直到没有错误信息，单击 Execute Changes 执行改变按钮，系统开始执行将所有的元件信息和网络信息进行传送。完成后如图 13-10 所示，若无错误“Done”状态为选中。

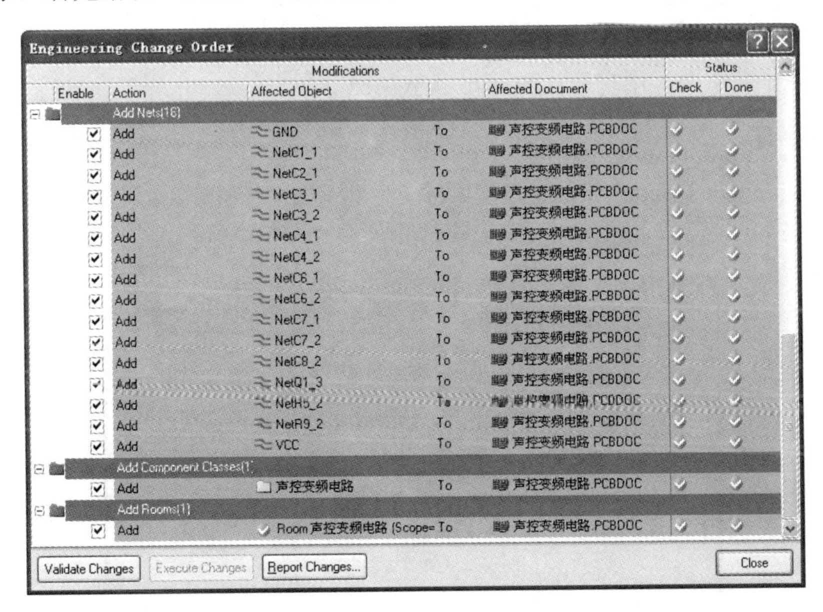

图 13-10　设计项目修改对话框传送报告

（4）单击【Close】按钮，关闭对话框。所有的元件和飞线已经出现在 PCB 文件中的元件盒“Room”内，如图 13-11 所示。

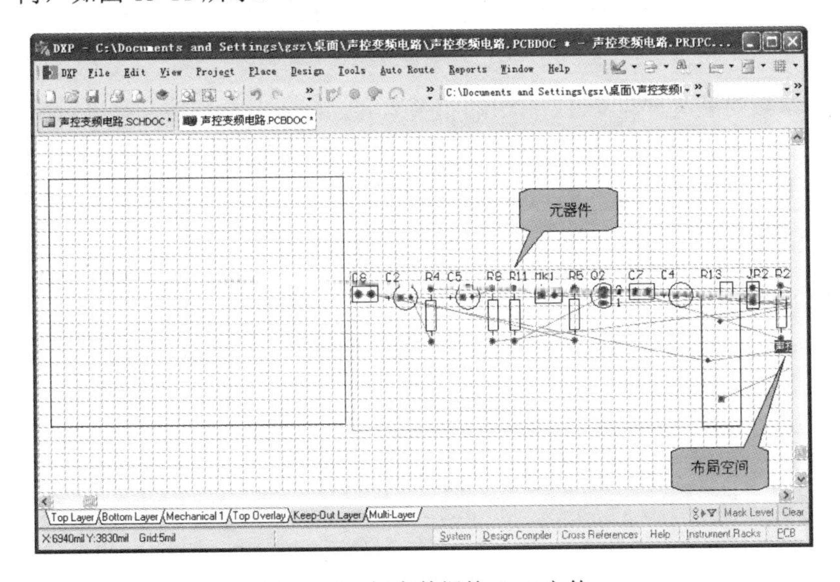

图 13-11　拥有数据的 PCB 文件

元件盒“Room”不是一个实际的物理器件，只是一个区域。可以将面板上的元器件归到不同的“Room”中去，实现元器件分组的目的。“Room”的编辑可参阅第 13 章中的相关内容。在简单的设计中“Room”不是必要的，在此笔者建议将其删除，方法是执行【Edit】→【Delete】命令后，若元件盒“Room”为非锁定状态，单击元件盒“Room”所在区域，即可将其删除。

13.2.4 设定环境参数

环境参数包括单位制式、光标形式、光栅的样式和工作面层颜色等。适当设置这些参数对 PCB 的设计非常重要，用户应当引起足够重视。

1. 设置参数

执行【Design】→【Board Options】菜单命令，即可进入环境参数设置对话框，如图 13-12 所示。

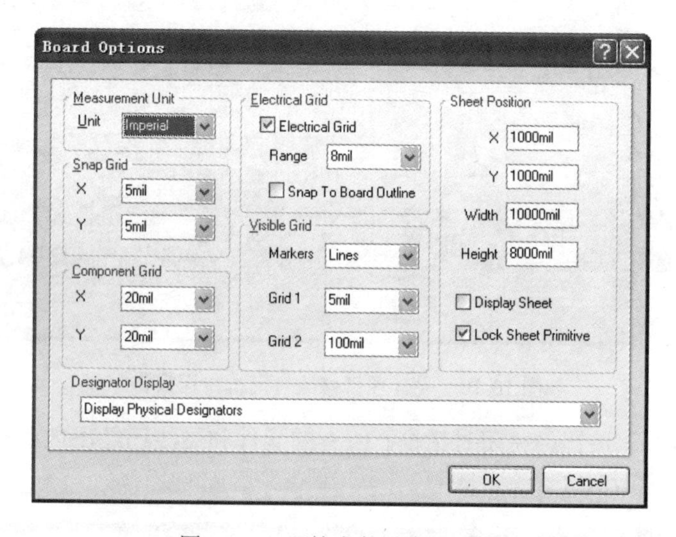

图 13-12 环境参数设置对话框

关于环境参数的意义详见第 12 章中的相关内容。在该对话框中，可以对图纸单位、光标捕捉栅格、元件栅格、电气栅格、可视栅格和图纸参数等进行设定。

一般情况下，将捕捉栅格、电气栅格设成相近值。如果捕捉栅格和电气栅格相差过大，在手工布线的时候光标将会很难捕获到用户所需要的电气连接点。

2. 设置工作层面显示/颜色

执行【Design】→【Board Layers & Colors】菜单命令，即可进入工作层面显示/颜色设置对话框，如图 13-13 所示。

关于工作层面的含义详见第 12 章中的相关内容。在对话框中，可以进行工作层面的显示/颜色的设置，有 6 个区域分别设置在 PCB 编辑区要显示的层及其颜色。在每个区域中有一个“Show”复选框，用鼠标选中（即勾选），该层在 PCB 编辑区中将显示该层标签页；单击“Color”下的颜色，打开颜色对话框，在该对话框中对电路板层的颜色进行编辑；在“System Colors”区域中设置包含可见栅格、焊盘孔、导孔和 PCB 工作层面的颜色及其显示等。笔者建议，初学 Protel 2004 的用户最好使用默认设置。

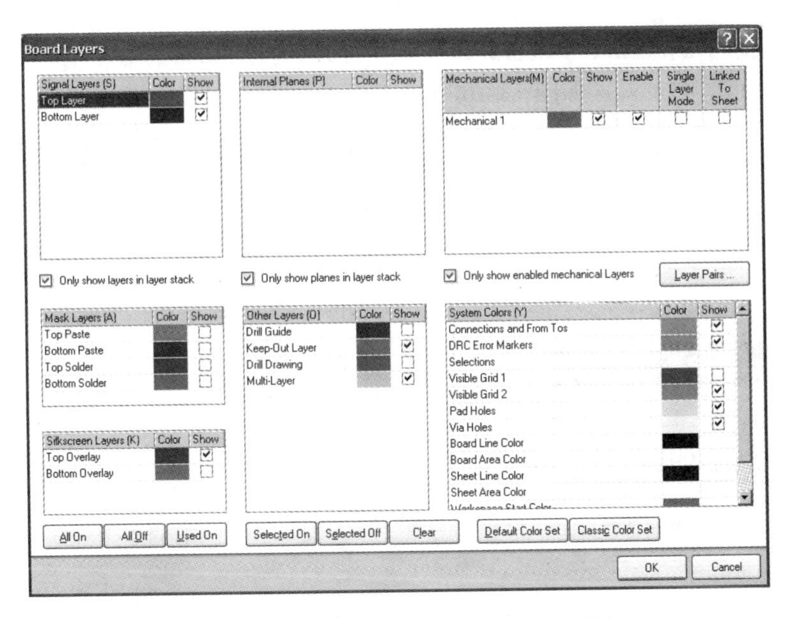

图 13-13　工作层面显示/颜色设置对话框

13.2.5　元件的自动布局

元件的布局有自动布局和手工布局两种方式，用户根据自己的习惯和设计需要可以选择自动布局，也可以选择手工布局。在一般的情况下，需要两者结合才能达到很好的效果。这是因为自动布局的效果往往不能令人满意，还需要进行调整。

在 Protel 2004 中，用户对元件进行手工布局时，可以先利用 Protel 2004 的 PCB 编辑器所提供的自动布局功能自动布局，在自动布局完成后，再进行手工调整，这样可以更加快速、便捷地完成元件的布局工作。下面将介绍 Protel 2004 提供的自动布局功能。其具体操作方法如下：

（1）在 PCB 编辑器中，执行【Tools】→【Auto Placement】菜单命令，打开自动布局菜单，如图 13-14 所示。

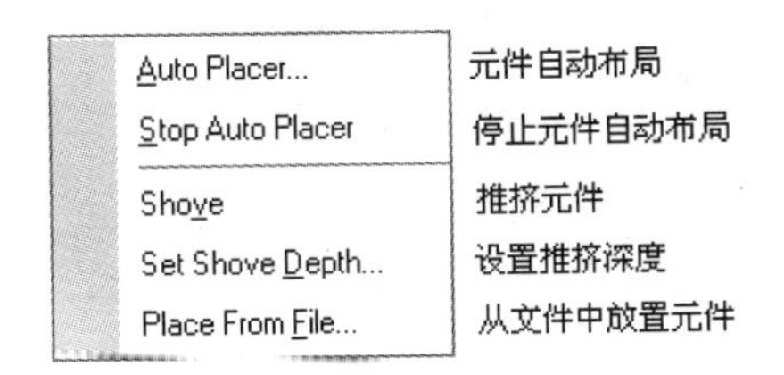

图 13-14　自动布局菜单

部分选项功能的含义说明如下。

“Shove”——推挤元件：执行该项命令，光标变成“十”字形，单击进行推挤的基准元件，如果基准元件与周围元件之间的距离小于允许距离，则以基准元件为中心，向四周推挤其他元件。但是当元件之间的距离大于安全距离时，则不执行推挤过程。

“Set Shove Depth”——设置推挤深度：执行此命令后，打开如图 13-15 所示的对话框。如果在对话框中设置参数为“x”（x 为整数），在此例中，设定“x”的值为“6”，则在执行推挤命令时，将会连续向四周推挤 6 次。

（2）执行菜单中的【Auto Placer】命令，将打开元件自动布局对话框，在该对话框中可以选择元件自动布局的方式，如图 13-16 所示。

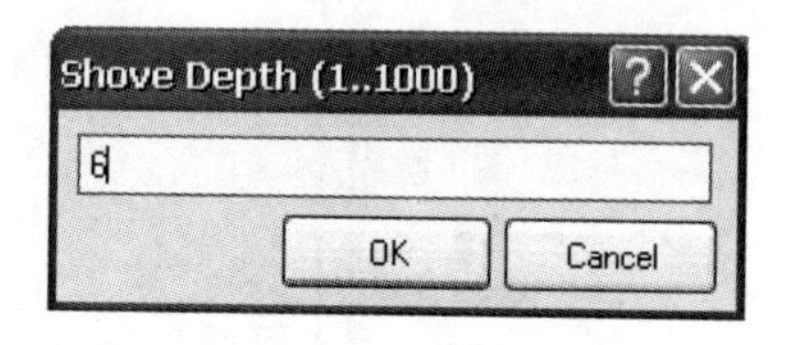

图 13-15　设置推挤深度

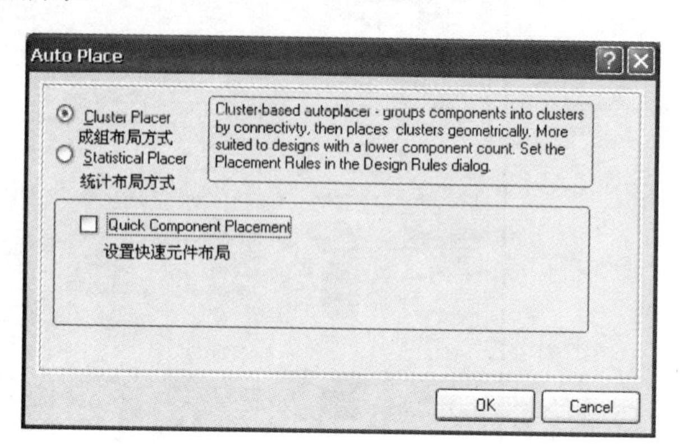

图 13-16　元件自动布局对话框

各选项的含义如下。

- “Cluster Placer”——成组布局方式：这种基于“组”的元件自动布局方式，将根据连接关系将元件划分成组，然后按照几何关系放置元件组，该方式比较适合元件较少的电路。
- “Statistical Placer”——统计布局方式：这种基于“统计”的元件自动布局方式，将根据统计算法放置元件，以使元件之间的连线长度最短，该方式比较适合元件较多的电路。
- “Quick Component Placement”——设置快速元件布局：快速元件布局，该选项只有在选择成组布局方式时选中才有效。

（3）当选中统计布局方式选项前的单选按钮，则对话框发生变化，如图 13-17 所示。

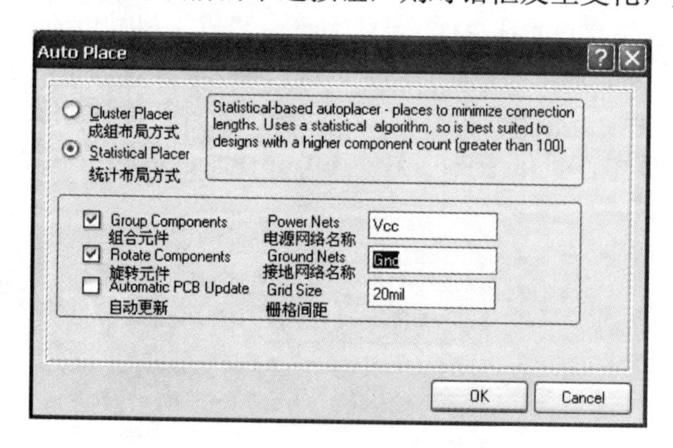

图 13-17　统计式元件自动布局对话框

部分选项功能的含义说明如下。

- “Group Components”——组合元件：该选项的功能是将当前 PCB 设计中网络连接密切的元件归为一组。排列时该组的元件将作为整体考虑，默认为选中状态。
- “Rotate Components”——旋转元件：该选项的功能是根据当前网络连接与排列的需要使元件或元件组旋转方向。若没有选中该选项，则元件将按原始位置放置，默认为选中状态。
- “Grid Size”——栅格间距：设置元件自动布局时格点的间距大小。如果格点的间距设置过大，则自动布局时有些元件可能会被挤出电路板的边界。这里，将栅格距离设为“20mil”。

（4）设置好元件自动布局参数后，清除图 13-12 中的布局空间“Room”，单击对话框中的 OK 按钮，元件自动布局完成后的效果如图 13-18 所示。即使是同一电路，每次执行元件布局的结果都是不同的。用户可以根据 PCB 的设计要求，经过多次布局得到不同的结果，选出自己较为满意的布局。

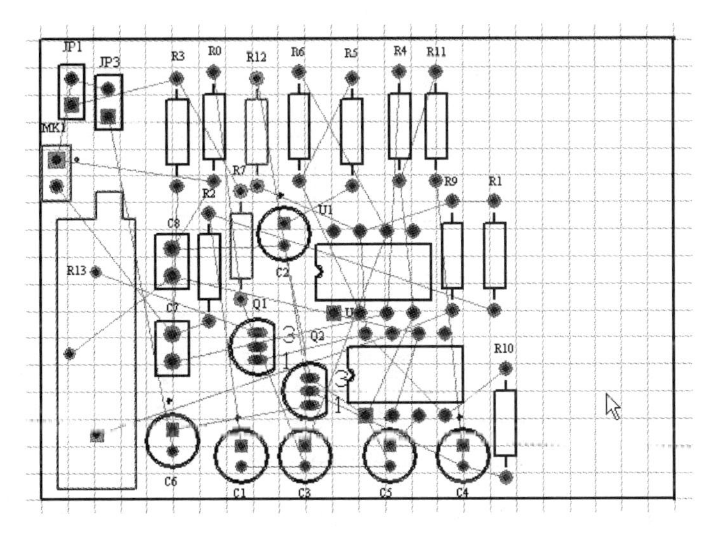

图 13-18 元件自动布局的效果图

13.2.6 调换元件封装

在 Protel 2004 系统中，进行电路板的设计时，元件封装的选配或更换，无论是在原理图还是在 PCB 的编辑过程中，均可进行。但是，在 PCB 的编辑过程中选配或更换元件封装比较方便。下面结合图 13-18 中三极管 Q1、Q2 和电位器 R13 封装的更换，介绍元件封装的调换。具体操作步骤如下。

（1）使用鼠标双击需要调换封装的元件。如 R13，打开元件参数对话框，如图 13-19 所示。

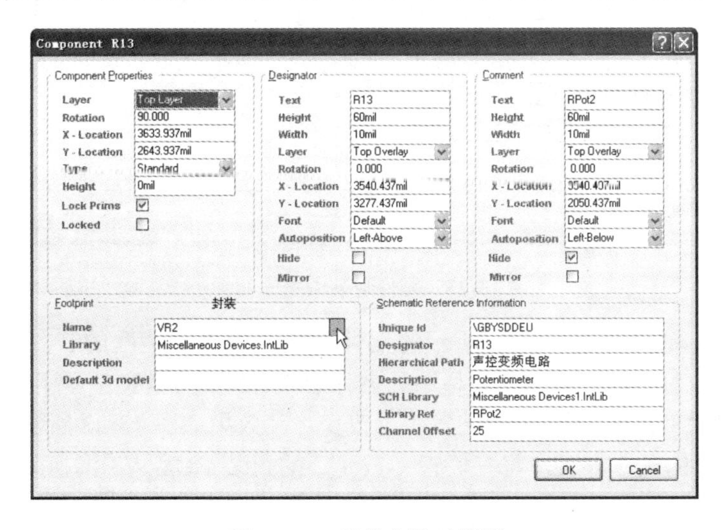

图 13-19 元件参数对话框

（2）使用鼠标单击图 13-20 所示的元件参数对话框封装栏中元件名称后的浏览按钮，打开如图 13-21 所示的浏览库对话框。

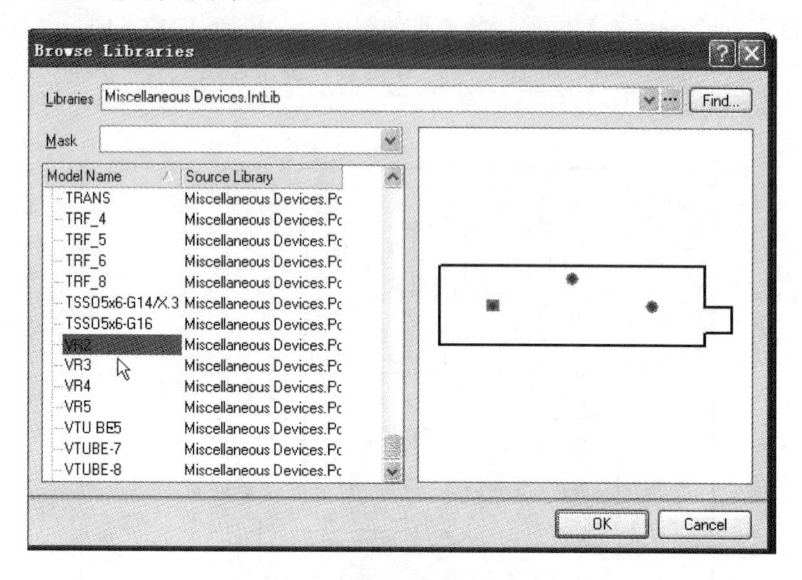

图 13-20　元件封装浏览库对话框

（3）用鼠标单击相关元件封装栏中的封装名称，就可以浏览其相关的封装。此处选中 VR5，打开如图 13-21 所示的浏览库对话框。

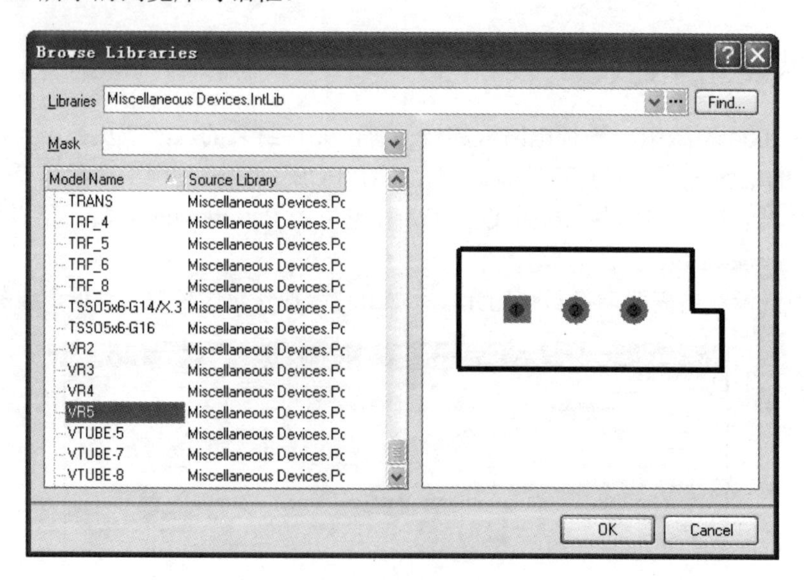

图 13-21　元件封装浏览库对话框

（4）使用鼠标单击如图 13-21 所示的元件封装浏览库对话框的 OK 按钮，返回到图 13-20 元件参数对话框，其中封装栏中的名称由 VR2 变为 VR5，再用鼠标单击该框中的 OK 按钮，图 13-18 中 R13 的封装发生了改变，其效果如图 13-22 所示。

（5）使用同样的操作方式，将三极管 Q1、Q2 的封装 BCY-W3 调换为 BCY-W3/H.8。调换后，图 13-22 改变为如图 13-23 所示的情形。

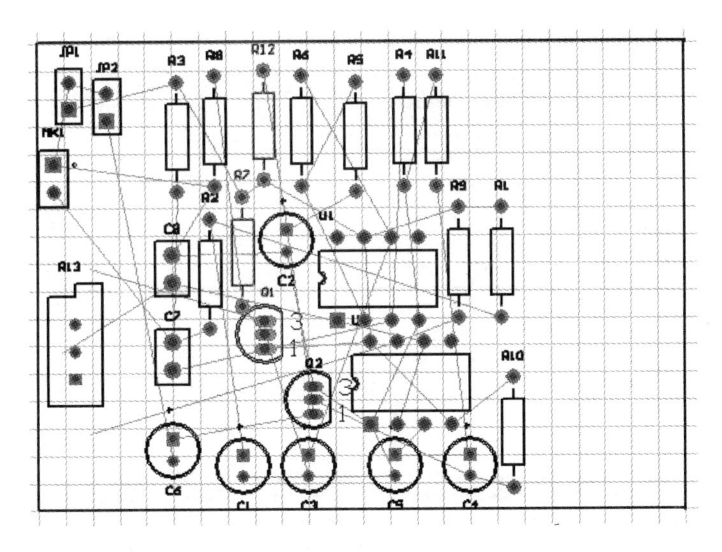

图 13-22　调换 R13 元件封装

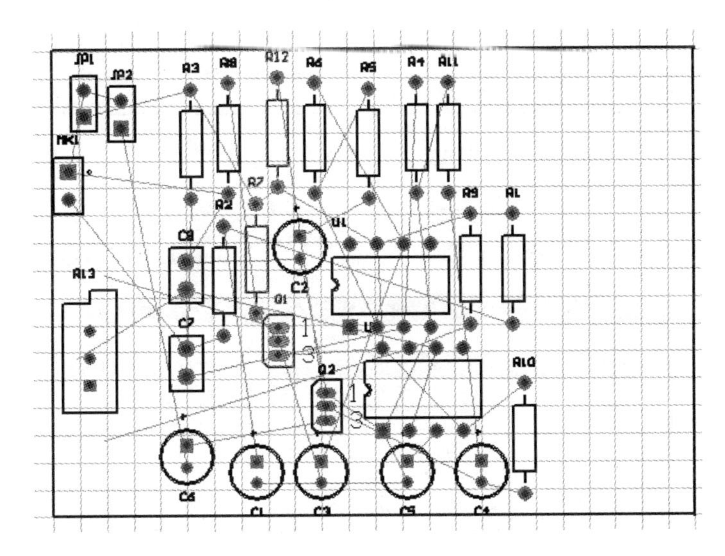

图 13-23　调换 Q1、Q2 元件封装

13.2.7　PCB 和原理图文件的双向更新

在对项目设计过程中，用户有时要对原理图或电路板中的某些参数进行修改，如元件的标号、封装等，并希望将修改状况同时反映到电路板或原理图中去。Protel 2004 系统提供了这方面的功能，使用户很方便地由 PCB 文件更新原理图文件，或由原理图文件更新 PCB 文件。下面介绍相互更新的操作步骤。

1．由 PCB 更新原理图

13.2.6 节在 PCB 编辑窗口中对某些元件封装的调换，就是对声控变频电路 PCB 文件的局部修改。修改后，有时要更新声控变频电路原理图文件，具体操作步骤如下。

（1）在 PCB 的编辑区内，修改后的 PCB 如图 13-23 所示，执行【Design】→【Update Schematic in [声控变频电路.PRJPCB]】菜单命令，启动更改确认对话框，如图 13-24 所示。

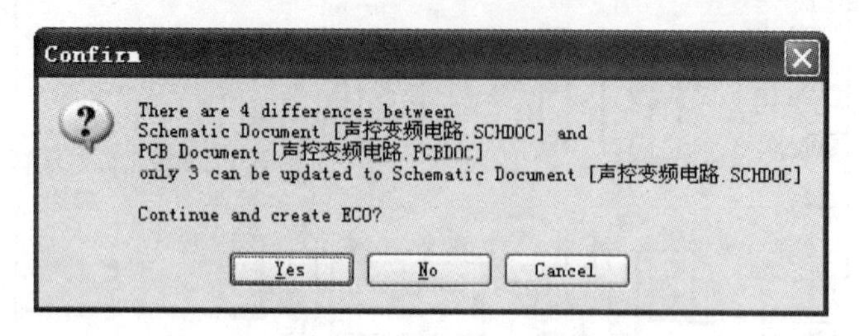

图 13-24 更改确认对话框

（2）单击 Yes 按钮，打开更改文件 ECO 对话框，如图 13-25 所示。在 ECO 对话框中列出了所有的更改内容。

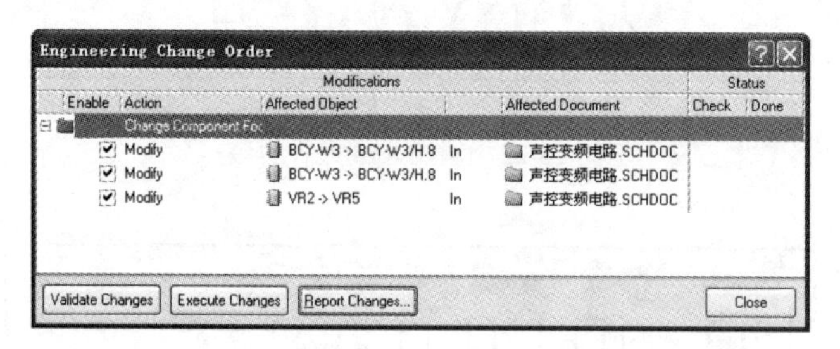

图 13-25 ECO 对话框

（3）单击 Validate Changes 校验改变按钮，检查改变是否有效，如果所有的改变均有效，“Status”栏中的“Check”列出现选中状态，否则出现错误符号，如图 13-26 所示。

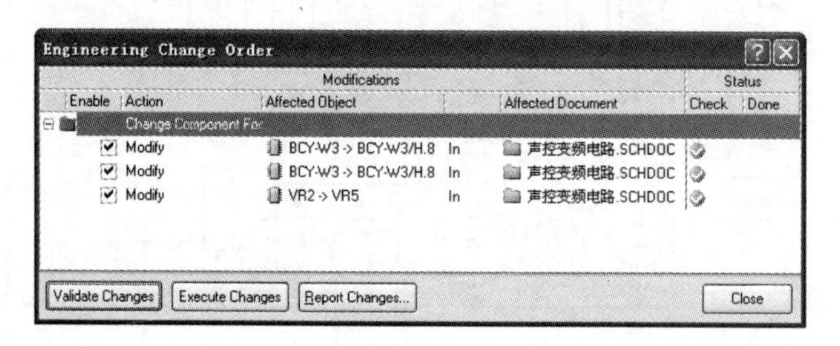

图 13-26 校验后的 ECO 对话框

（4）单击 Execute Changes 执行改变按钮，将有效的修改发送到原理图，完成后，“Done”列出现完成状态显示，如图 13-27 所示。

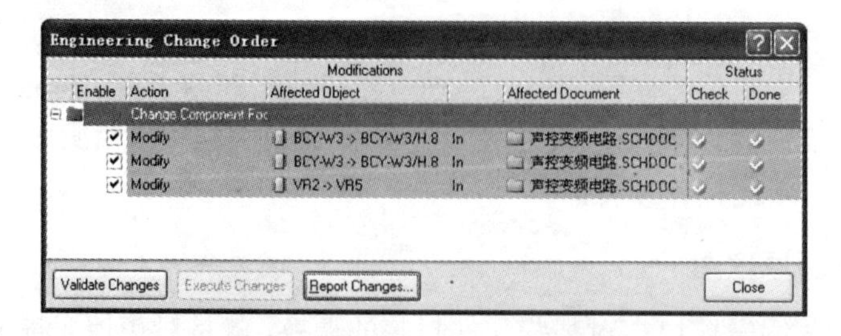

图 13-27 执行后的 ECO 对话框

（5）单击 Report Changes... 按钮，系统生成更改报告文件，如图 13-28 所示。

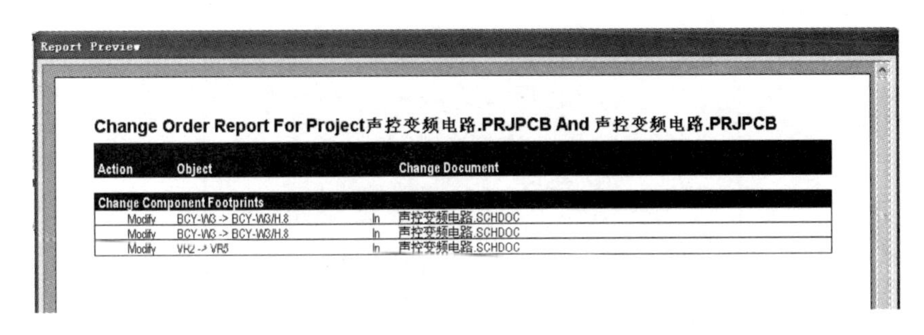

图 13-28　更改报告

（6）完成以上操作后，单击 Close 按钮，关闭 ECO 对话框，实现了由 PCB 到 SCH 的更新。

2．由原理图更新 PCB

由原理图文件更新 PCB 文件的操作方法同本章 13.2.3 节中的“导入数据”的操作步骤一样。读者可参考 13.2.3 节的内容，进行路由原理图文件更新 PCB 文件的操作。

13.2.8　元件布局的交互调整

所谓的交互调整就是手工调整布局与自动排列。用户先用手工方法大致调整一下布局，再利用 Protel 2004 提供的元件自动排列功能，按照需要对元件的布局进行调整。在很多情况下，利用元件的自动排列功能，还可以收到意想不到的功效。尤其是在元件的排列整齐和美观方面，是十分快捷有效的。观察图 13-23，读者还会发现在完成元件自动布局后，除了元件放置比较乱外，元件的分布不均匀。尽管这并不影响电路电气连接的正确性，但会影响电路板的布线和美观，所以需要对元件进行调整，也可以对元件的标注进行调整。

下面在图 13-23 的基础之上，先手工调整，再自动排列。具体操作步骤如下。

1．手工调整

手工调整布局的方法，同原理图编辑时调整元件位置是相同的。这里只简单介绍一下。

（1）移动元件的方法：执行【Edit】→【Move】菜单命令后，用鼠标单击要选中的元件，此时光标变为“十”字形，然后拖动鼠标，则所选中的元件会被光标带着移动，先将元件移动到适当的位置，单击鼠标右键即可将元件放置在当前位置；或执行【Edit】→【Move】菜单命令后，单击元件选中它，同时按住鼠标左键不放，此时光标变为“十”字形，然后拖动鼠标，则所选中的元件会被光标带着移动，先将元件移动到适当的位置，松开鼠标左键即可将元件放置在当前位置。

（2）旋转元件的方法：执行【Edit】→【Move】菜单命令。用鼠标单击要选中的元件，此时光标变为“十”字形，元件被选中，按空格键，每次可使该元件逆时针旋转 90°。

（3）元件标注的调整方法：用鼠标双击待编辑的元件标注，将会打开如图 13-29 所示的编辑文字标注对话框。

在该对话框中可以对文字标注的内容、字体的高度、字体的宽度、字体的类型等参数进行设定。移动文字标注和移动元器件的操作相同。

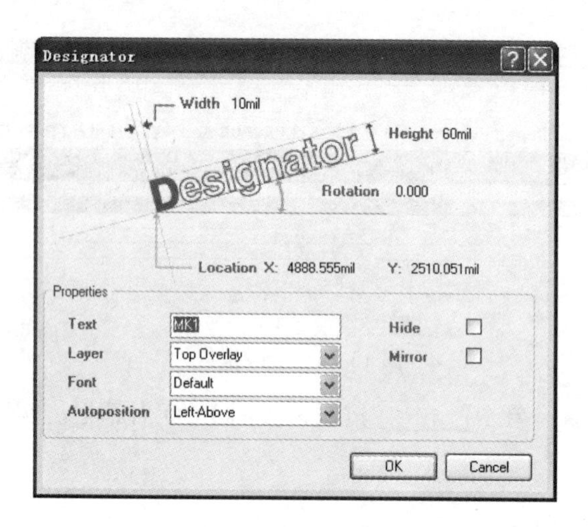

图 13-29　编辑文字标注对话框

图 13-24 经过手工调整后的效果如图 13-30 所示。

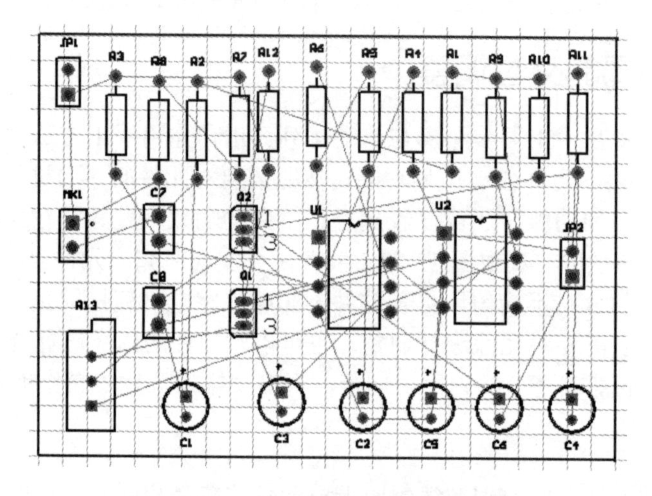

图 13-30　手工调整后的效果

2. 自动排列

具体操作方法如下。

（1）选择待排列的元件。执行【Edit】→【Select】→【Inside Area】菜单命令或单击主工具栏中的 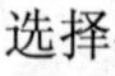 按钮。

（2）执行后，光标变成“十”字形，移动光标到待选区域的适当位置，拖动光标拉开一个虚线框到对角，使待选元件处于该虚线框中，最后单击鼠标左键确定即可。

（3）执行【Tools】→【Interactive Placement】菜单命令出现下拉菜单，如图 13-31 所示。

根据实际需要，选择元件自动排列菜单中不同的元件排列方式，调整元件排列。用户可以根据元件相对位置的不同，选择相应的排列功能。前面已经介绍过原理图的排列功能，PCB 图的排列方法和步骤基本与其相似。所以操作方法这里不再介绍，只列出排列命令的功能。

（4）执行【Align】命令。按照不同的对齐方式排列选取元件，其选择对话框如图 13-32 所示。

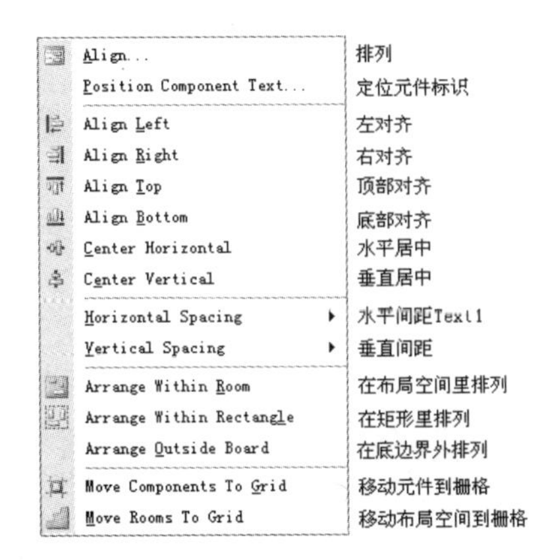

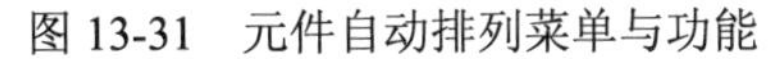
图 13-31　元件自动排列菜单与功能

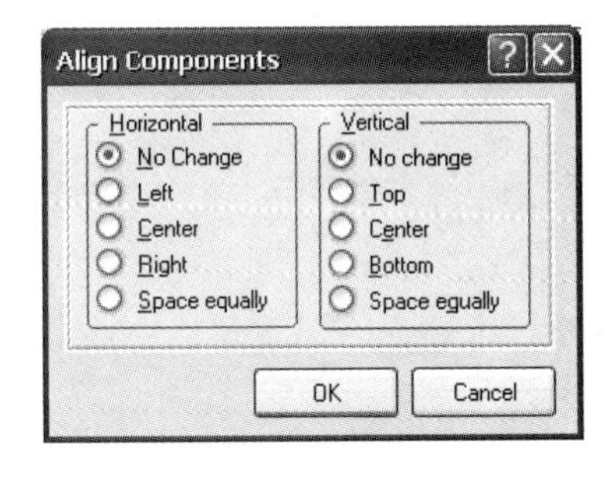

图 13-32　排列对话框

在排列对话框中，排列元件的方式分为水平和垂直两种方式，即水平方向上的对齐和垂直方向的对齐，两种方式可以单独使用，也可以复合使用，根据用户的需要可以任意配置。排列命令是排列元件中相当重要的命令，使用的方法与原理图编辑中元器件的排列方法类似。用户应反复练习才能更好地掌握其使用方法。

（5）执行【Position Component Text】菜单命令，将打开文本注释排列设置对话框，如图 13-33 所示。

在该对话框中，可以按 9 种方式将文本注释（包括元件的序号和注释）排列在元件的上方、中间、下方、左方、右方、左上方、左下方、右上方、右下方和不改变。具体操作步骤和自动排列元件一样。图 13-30 自动排列后的效果如图 13-34 所示。

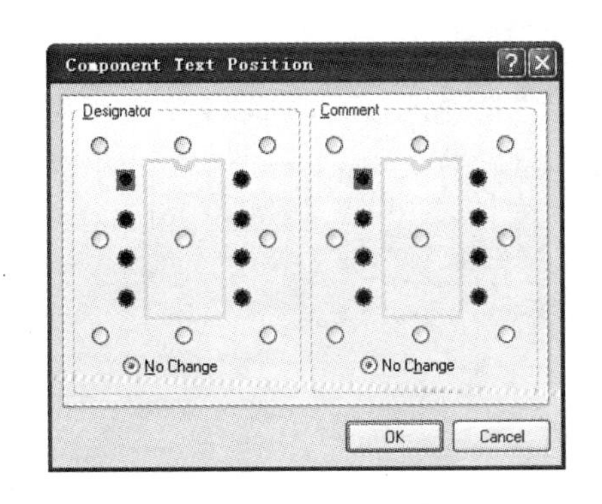

图 13-33　文本注释排列设置对话框

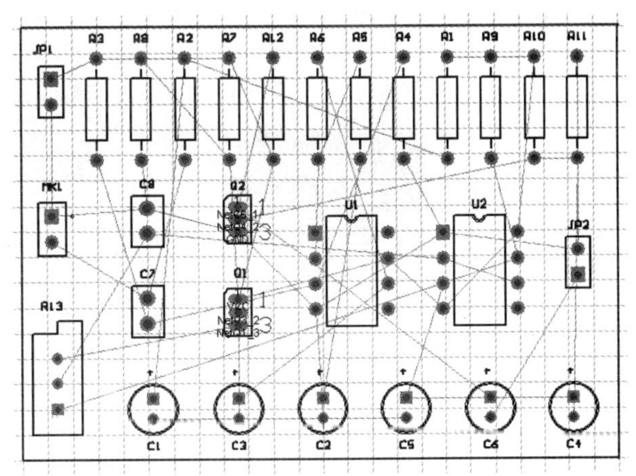

图 13-34　自动排列后的效果

13.2.9　确定电路板的板形

确定电路板的板形就是确定电路板的大小、形状。从编辑 PCB 的角度说，就是规划电路板的物理边界。在 Protel 2004 系统中，进行电路板的设计时，利用专门的命令对电路板的板形进行编辑。具体操作步骤如下。

在 PCB 编辑环境中，执行【Design】→【Board Shape】菜单命令，打开一对电路板的板形编辑的菜单，各项功能如图 13-35 所示。

Redefine Board Shape	重新定义板形
Move Board Vertices	移动板层
Move Board Shape	移动电路板
Define from selected objects	利用摸板定义板形
Auto-Position Sheet	图纸自动定位

图 13-35　板形编辑菜单的功能

执行上述命令，就可以完成其相应的功能；定义电路板板形的操作比较简单，读者可自行练习。

13.2.10　电路板的 3D 效果图

用户可以通过 3D 效果图看到 PCB 的实际效果和全貌。

执行【View】→【Board in3D】菜单命令，PCB 编辑器内的工作窗口变成 3D 仿真图形，如图 13-36 所示。用户在 PCB3D 操作面板上调整，看到制成后 PCB 的全方位图。这样就可以在设计阶段把一些错误改正过来，从而降低成本和缩短设计周期。

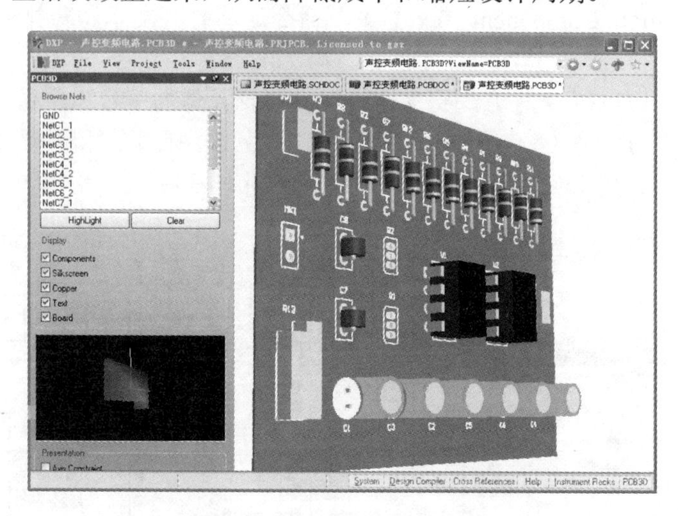

图 13-36　电路的 3D 效果图

13.2.11　设置布线规则

Protel 2004 系统中，设计规则有 10 个类别，覆盖了电气、布线、制造、放置、信号完整性要求等，但其中大部分都可以采用系统默认的设置，而用户真正需要设置的规则并不多。各个规则的含义将在第 14 章节中详细介绍。

1．设置双面板布线方式

如果要求设计一般的双面印制电路板，就没有必要去设置布线板层规则了，因为系统对于布线板层规则的默认值就是双面布线。但是作为例子，还是要进行详细介绍。具体操作步骤如下。

在 PCB 编辑中，执行【Design】→【Rules...】菜单命令，即可启动 PCB 规则和约束编辑对话框，如图 13-37 所示。所有的设计规则和约束都在这里设置。界面的左侧显示设计规则的类别，右侧显示对应规则的设置属性。

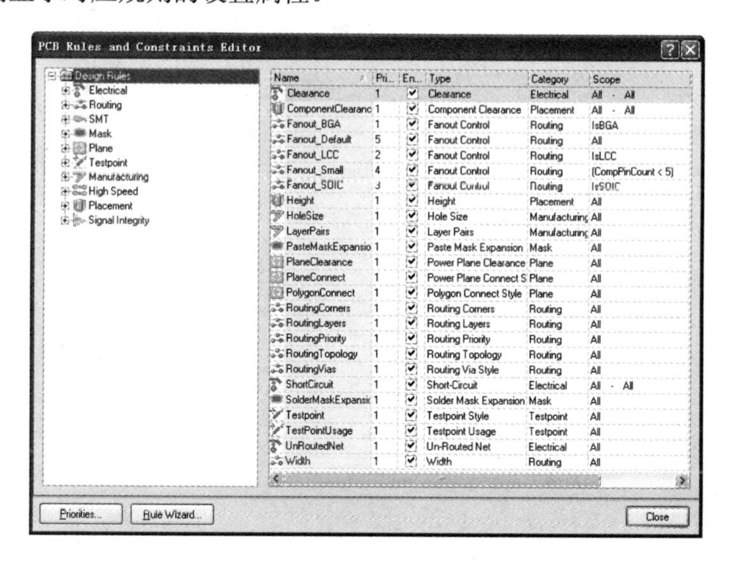

图 13-37　PCB 规则和约束编辑对话框

（1）布线层的查看：在图 13-37 PCB 规则和约束编辑对话框中，单击左侧设计规则“Design Rules”中的布线“Routing”类，该类所包含的布线规则以树结构展开，单击布线层“Routing Layers”规则，界面如图 13-38 所示。

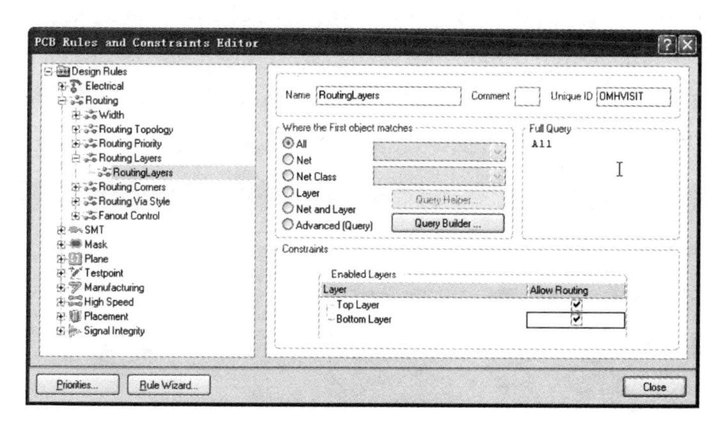

图 13-38　查看布线层

右侧顶部区域显示所设置的规则使用范围，底部区域显示规则的约束特性。因为，双面板为默认的状态，所以在规则的约束特性区域中的有效层栏上，给出了顶层（Top Layer）h 和底层（Bottom Layer），允许布线（Allow Routing）已被选中。

（2）走线方式的设置：在图 13-37 PCB 规则和约束编辑对话框中，单击左侧设计规则“Design Rules”中的布线“Routing”类，该类所包含的布线规则以树结构展开，单击布线层“Routing Topology”规则，界面如图 13-39 所示。约束特性区域中，单击右边的下拉按钮，对布线层和走线方式进行设置。在此将双面印制电路板顶层设置为水平走线方式“Horizontal”。

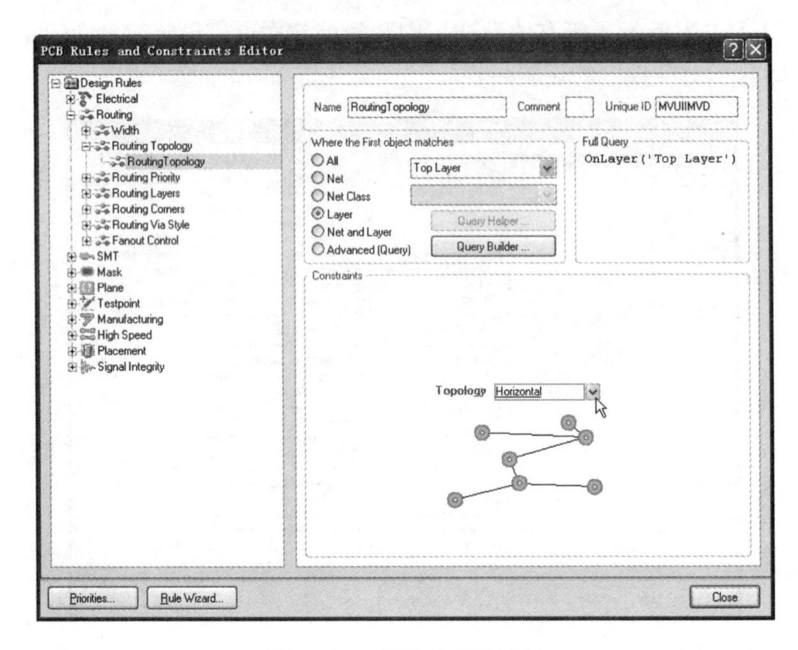

图 13-39　走线方式的设置

使用同样的方法将双面印制电路板的底层设置为垂直走线方式（Vertical）。

2．设置一般导线宽度

所谓的一般导线指的是流过电流较小的信号线。在图 13-37 PCB 规则和约束编辑对话框中，单击左侧设计规则“Design Rules”中的布线宽度“Width”类，显示了布线宽度约束特性和范围，如图 13-40 所示，这个规则应用到整个电路板。将一般导线的宽度设定为 10mil；单击该项输入数据可修改宽度约束。在修改最小尺寸之前，先设置最大尺寸宽度栏。

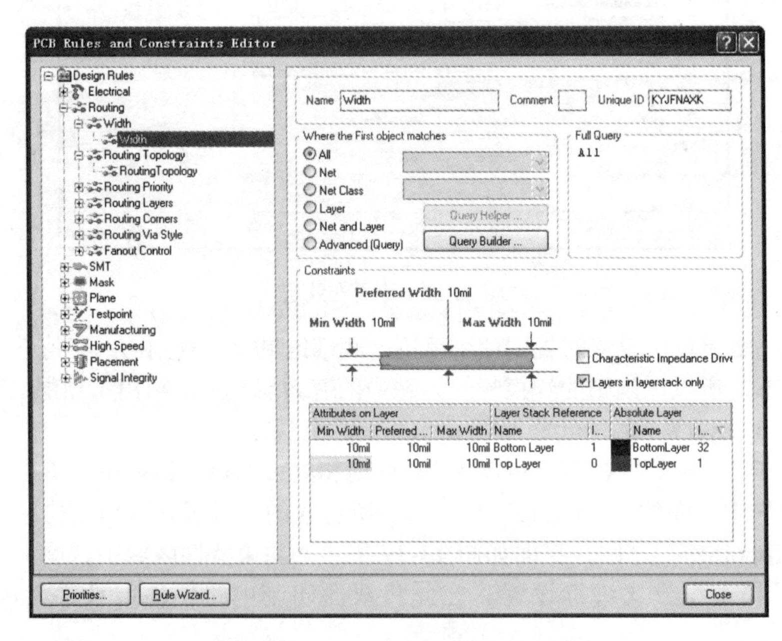

图 13-40　布线宽度范围设置对话框

3. 设置电源线的宽度

所谓的电源线指的是电源线（VCC）和地线（GND）。Protel 2004 系统设计规则的一个强大的功能是：可以定义同类型的多重规则，而每个目标对象可不相同。这里设定电源线的宽度为 20mil，具体操作步骤如下。

（1）增加新规则：在图 13-40 布线宽度范围设置对话框中，选定布线宽度“Width”，单击鼠标右键，出现图 13-41 所示的菜单，选择新规则“New Rule”命令，在“Width”中添加了一个名为“Width_1”的规则。

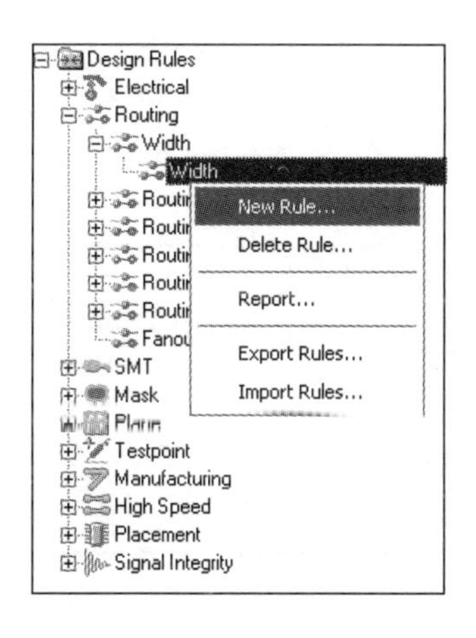

图 13-41　设计规则编辑菜单

（2）设置布线宽度：单击“Width_1”，在布线宽度约束特性和范围设置对话框的顶部名称“Name”栏里输入网络名称“Power”，在底部的宽度约束特性中将宽度修改为“20mil”，如图 13-42 所示。

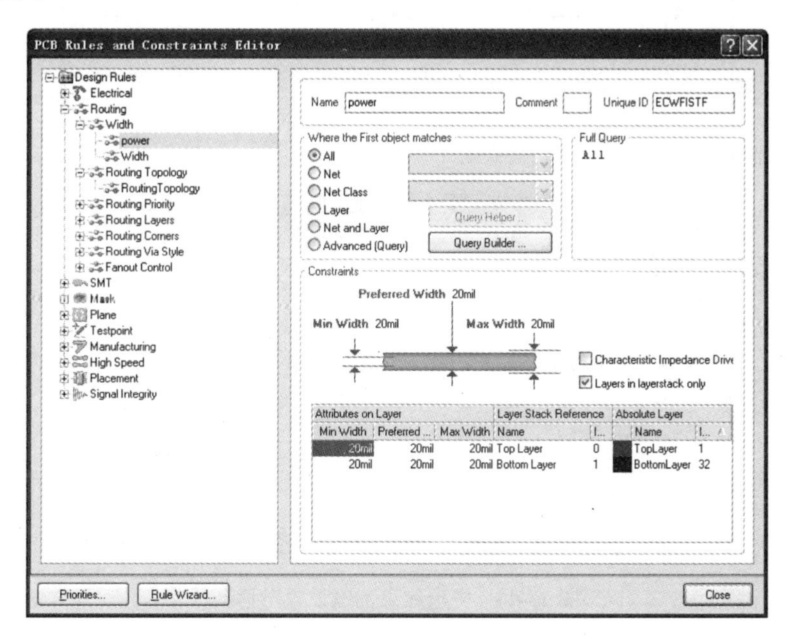

图 13-42　Power 布线宽度对话框

（3）设置约束范围 VCC 项：在图 13-43 的对话框中，选中“Where the First object matches”下的单选按钮“NET”，在“Full Query”中出现“InNet()”。单击【All】按钮旁的下拉按钮，从显示的有效网络列表中选择“VCC”，“Full Query”中的显示将更新为“InNet(‘VCC’)”。此时表明布线宽度为“20mil”的约束应用到了电源网络“VCC”，如图 13-43 所示。

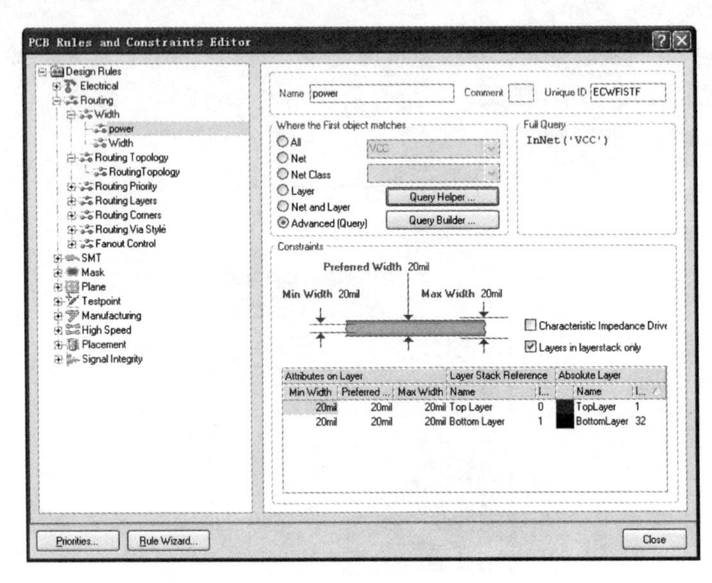

图 13-43　VCC 布线宽度设置

（4）扩大约束范围 GND 项：选中“Where the First object matches”中的“Advanced(Query)”单选按钮，然后单击【Query Helper】按钮，屏幕显示如图 13-44 所示的对话框。

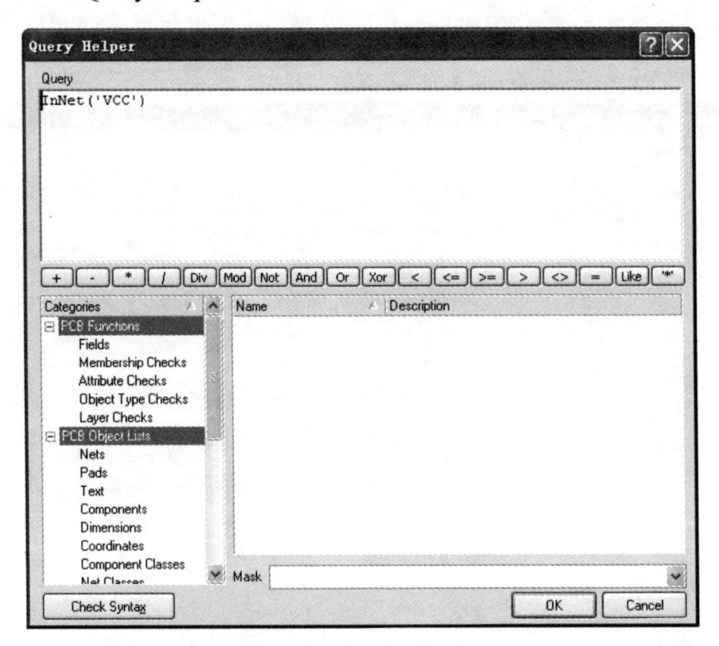

图 13-44　多项约束范围设置对话框

（5）在对话框的上部是网络之间的关系设置栏，将光标移到 InNet(‘VCC’)的右边，然后单击下面的【Or】按钮，此时 Query 单元的内容为 InNet('VCC')or；单击“Categories”单元下的“PCB Functions”类的“Membership Checks”项，再双击“Name”中的“InNet”，此时“Query”中的内容为“InNet('VCC') or InNet()”，同时出现一个有效的网络列表，选择 GND 网络，此时“Query”单元的内容更新为“InNet ('VCC') or InNet(GND)”，如图 13-45 所示。

（6）单击语法检查 Check Syntax 按钮，出现提示信息框，如图 13-45 中所示。如果没有错误，单击 OK 按钮关闭结果信息，否则应进行修改。

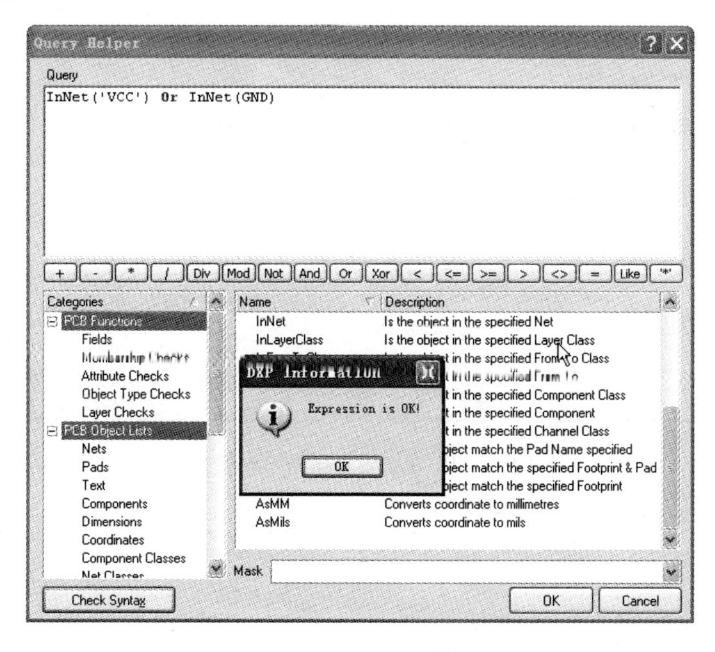

图 13-45　设置约束项通过报告框

（7）结束约束选项设置：单击 OK 按钮，关闭“Query Helper”对话框，在“Full Query”中的范围更新为如图 13-46 所示的新内容。

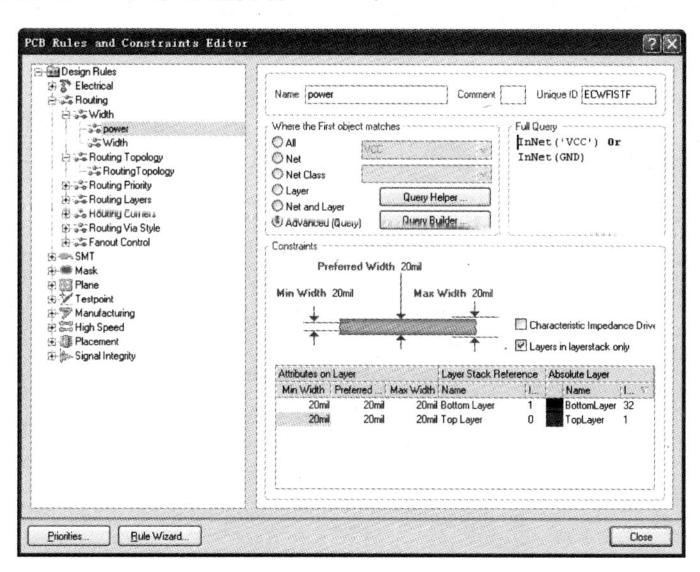

图 13-46　电源布线宽度设置对话框

（8）设置优先权：通过以上的规则设置，在对整个电路板进行布线时就有名称分别为 Power 和 Width 的两个约束规则，因此，必须设置二者的优先权，决定布线时约束规则使用的顺序。

单击图 13-46 中左下脚的优先权 Priorities... 按钮，打开如图 13-47 所示的编辑规则优先权对话框。对话框中显示了规则类型“Rule type”、规则优先权、范围和属性等，优先权的设置通过提高优先权“Increase Priorities”按钮和降低优先权“Decrease Priorities”按钮实现。一般来说，导线较宽的先布线，所以电源线排在前。

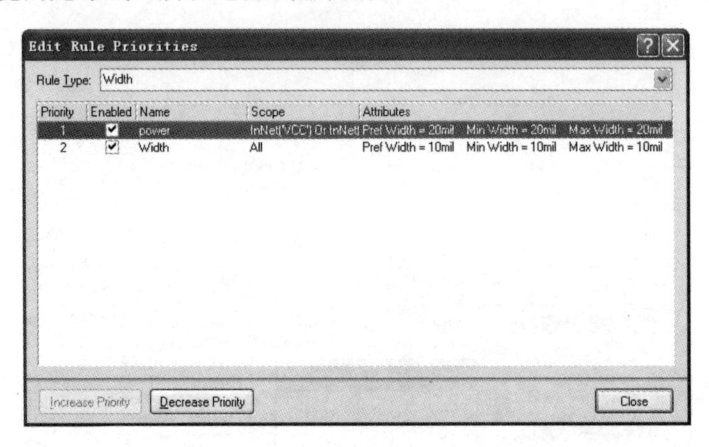

图 13-47 规则设置优先权对话框

至此，布线宽度设计规则设置结束，单击 Close 按钮关闭对话框并予以确认。其他布线规则采用默认设值。

13.2.12 自动布线

布线参数设定完毕后，就可以开始自动布线了。Protel 2004 中自动布线的方式多样，根据用户布线的需要，既可以进行全局布线，也可以对用户指定的区域、网络、元件甚至是连接进行布线，因此可以根据设计过程中的实际需要选择最佳的布线方式。下面将对各种布线方式进行简单介绍。

1. 自动布线方式

执行【Auto Route】菜单命令，打开自动布线菜单，各项功能如图 13-48 所示。

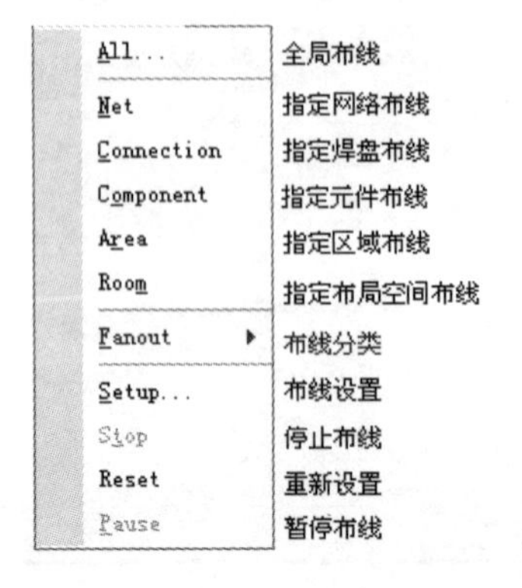

图 13-48 自动布线菜单选项与功能

2．自动布线的实现

因为声控变频电路没有特殊要求，直接对整个电路板进行布线，即所谓的全局布线。具体操作步骤如下。

（1）执行【Auto Route】→【Ail】菜单命令，将打开布线策略对话框，以便让用户确定布线的报告内容和确认所选的布线策略，如图 13-49 所示。

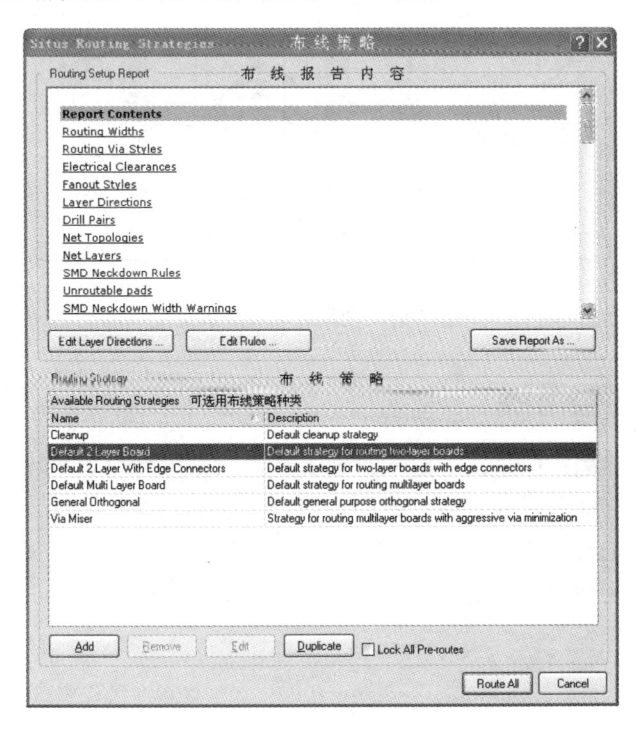

图 13-49 布线策略对话框

（2）如果所选的是默认双层电路板布线，单击 Route All 按钮即可进入自动布线状态，可以看到 PCB 上开始了自动布线，同时给出信息显示框，如图 13-50 所示。

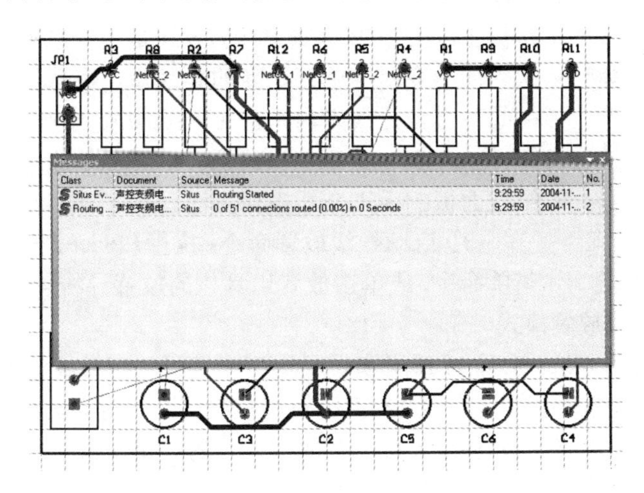

图 13-50 全局自动布线进程

（3）自动布线完成后，按【End】键重绘 PCB 画面，效果如图 13-51 所示。

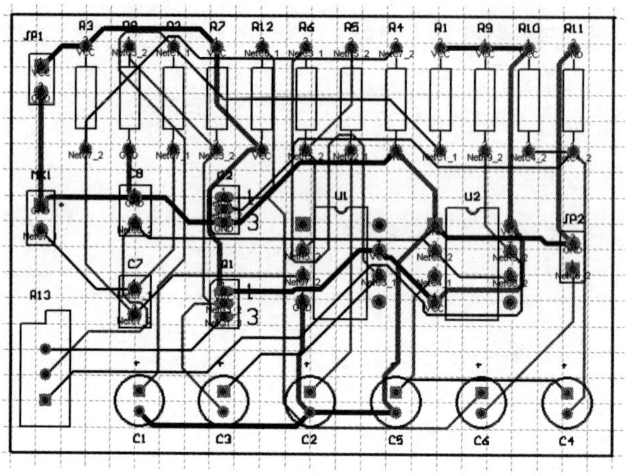

图 13-51　全局自动布线效果

13.2.13　手工调整布线

自动布线效率虽然高，但是，一般不尽如人意；这是因为自动布线的功能主要是实现电气网络间的连接，在自动布线的实施过程中，很少考虑到特殊的电气、物理和散热等要求，因此必须通过手工来进行调整，使电路板既能实现正确的电气连接，又能满足用户的设计要求。手工调整布线最简便的方法是对不合理的布线，采取先拆线，后手工布线。下面分别予以介绍。

1. 拆线功能

执行【Tools】→【Un-Route】菜单命令，将打开拆线功能菜单，如图 13-52 所示。

2. 手工布线

严格说，手工调整布线的基础是手工布线。手工布线是使用飞线的引导将导线放置在电路板上。在 PCB 编辑器中，导线是由一系列的直线段组成的，每次方向改变时，就开始新的导线段。在默认情况下，Protel 2004 初始时会使导线走向垂直（Vertical）、水平（Horizontal）或 45°角（Start45°）。手工布线的方法类似于原理图放置导线，下面介绍双面板的手工布线操作方法。

图 12-52　拆线功能菜单

（1）启动导线放置命令：执行【Place】→【Interactive Routing】菜单命令，或单击放置工具栏的放置导线按钮。光标变成“十”字形状，表示处于导线放置模式。

（2）布线时换层的方法：双面板顶层和底层均为布线层，在布线时不退出导线放置模式仍然可以换层。方法是按小键盘上的【*】键切换到布线层，同时自动放置过孔。

（3）放置导线：接步骤（1）移动光标到要画线的位置，单击鼠标左键，确定导线的第一个点；移动光标到合适的位置，再单击鼠标左键，固定第一段导线；按照同样的方法继续画其他段导线。

（4）退出放置导线模式：单击鼠标右键或按【Esc】键取消导线的放置模式。

13.2.14　加补泪滴

在导线与焊盘或导孔的连接处有一过渡段，使过渡的地方变成泪滴状，形象地称之为加补泪滴。加补泪滴的主要作用是在钻孔时，避免在导线与焊盘的接触点出现应力集中而使接触处断裂。

加补泪滴的操作步骤如下。

（1）执行【Tools】→【Teardrops...】菜单命令，打开加补泪滴操作对话框，如图 13-53 所示。

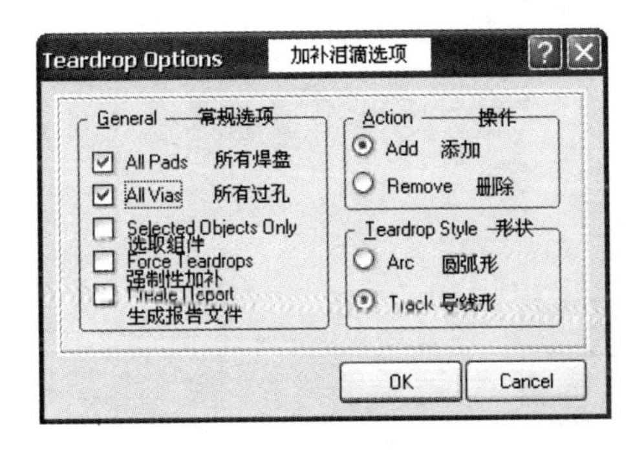

图 13-53　加补泪滴操作对话框

（2）设置完成后，单击 OK 按钮，即可进行加补泪滴操作。双面 PCB 声控变频电路图 13-39 加补泪滴后的效果如图 13-54 所示。

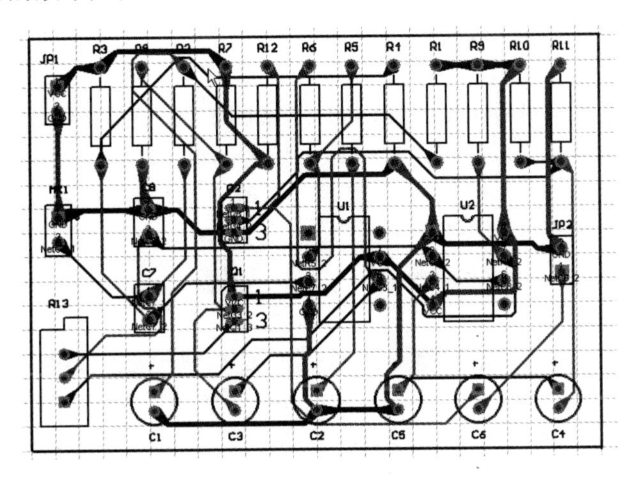

图 13-54　加补泪滴后声控变频电路双面 PCB

13.2.15　放置敷铜

放置敷铜是将电路板空白的地方用铜膜铺满，主要目的是提高电路板的抗干扰能力。通常将铜膜与地相接，这样电路板中空白的地方就铺满了接地的铜膜，电路板的抗干扰能力就会大大提高。关于放置敷铜的操作方法和敷铜的类型请参阅第 11 章中的相关内容。

13.2.16　网络的高亮检查

自动布线完成后，除了可以用网络高亮检查方法（见第 5.5 节）外，还可通过 PCB 3D 面板对各个网络进行查验。操作的方法是在图 13-54 的编辑环境下，执行【View】→【Board in3D】菜单命令，PCB 编辑器内的工作窗口变成 3D 仿真图形，选中 PCB 3D 面板图像选择框中的导线结构“Wire Frame”选项，选定高亮网络，单击高亮显示按钮，相应的网络将变色，如图 13-55 所示。

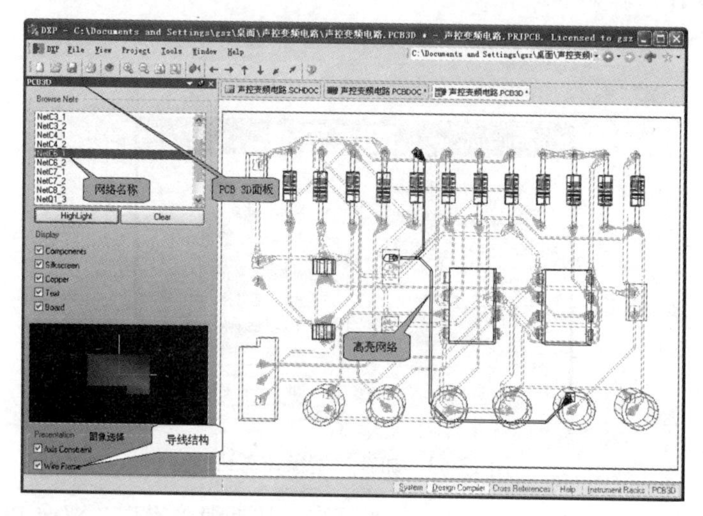

图 13-55　网络的高亮显示

13.2.17　设计规则 DRC 检查

对布线完毕后的电路板进行 DRC（Design Rule Check）检验，可以确保 PCB 完全符合设计者的要求，即所有的网络均以正确连接。这一步对 Protel 2004 的初学用户来说尤为重要；即使是有着丰富经验的设计人员，在 PCB 比较复杂时也是很容易出错。笔者建议用户在完成 PCB 的布线后，千万不要遗漏这一步。DRC 检验具体操作步骤如下。

（1）执行【Tools】→【Design Rule Check…】菜单命令，即可启动设计规则检查对话框，如图 13-56 所示。

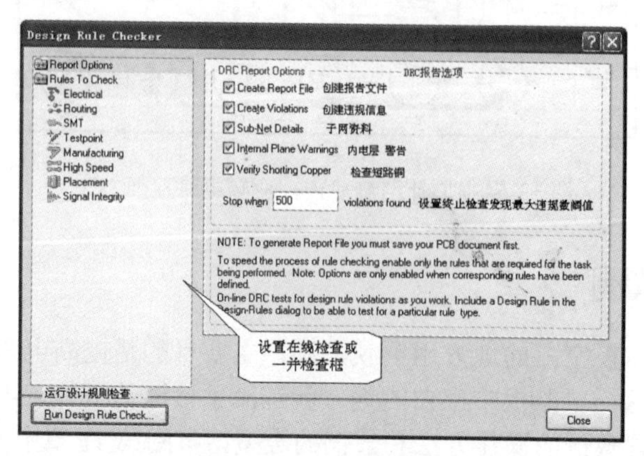

图 13-56　设计规则检查对话框

（2）使用鼠标左键单击“设置在线检查或一并检查框”中的选项，打开在线检查或一并检查对话框，如图 13-57 所示。

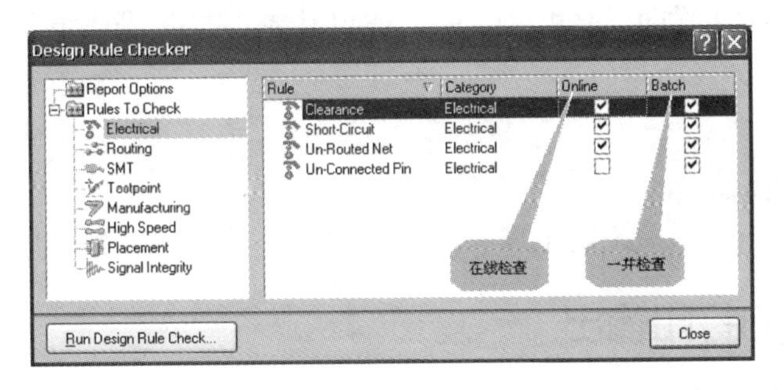

图 13-57　在线检查或一并检查对话框

（3）图 13-57 中右边的框可以选择是否在线进行设计规则的检查，或是在设计规则检查时一并检查。选中左边框中的选项，单击 Run Design Rule Check... 按钮，系统开始运行 DRC 检查，其结果显示在信息面板中。

在信息面板中显示了违反设计规则的类别、位置等信息（如果布线没有违背所设定规则，信息板是空的），同时在设计的 PCB 中以绿色标记标出违反规则的位置。双击信息面板中的错误信息系统会自动跳转到 PCB 中违反规则的位置，分析查看当前的设计规则并对其进行合理的修改，直到不违反设计规则为止，才能结束 PCB 的设计任务。

如果选中了生成报告文件，设计规则检查结束后，会产生一个有关短路检测、断路检测、安全间距检测、一般线宽检测、过孔内径检测、电源线宽检测等项目情况报表，具体内容如下：

```
Protel Design System Design Rule Check
PCB File : \Documents and Settings\gsz\桌面\声控变频电路\声控变频电路.PCBDOC
Date     : 2004-12-19
Time     : 12:51:57

Processing Rule : Short-Circuit Constraint (Allowed=No) (All),(All)
Rule Violations :0

Processing Rule : Broken-Net Constraint ( (All) )
Rule Violations :0

Processing Rule : Clearance Constraint (Gap=10mil) (All),(All)
Rule Violations :0

Processing Rule : Width Constraint (Min=10mil) (Max=10mil) (Preferred=10mil) (All)
Rule Violations :0

Processing Rule : Height Constraint (Min=0mil) (Max=1000mil) (Prefered=500mil) (All)
Rule Violations :0

Processing Rule : Hole Size Constraint (Min=1mil) (Max=100mil) (All)
```

Rule Violations :0

Processing Rule : Width Constraint (Min=20mil) (Max=20mil) (Preferred=20mil) (InNet('VCC') Or InNet(GND))

Rule Violations :0

Violations Detected : 0

Time Elapsed　　　: 00:00:01

13.2.18　文件的打印输出

在 Protel 2004 中，采用典型的 Windows 界面和标准的 Windows 输出，其 PCB 的输出与原理图的输出基本相同。

至于 PCB 文件的输出，由于在 Protel 2004 中采用项目文件的管理方式，PCB 文件与项目文件是分离的，用户只须将“* Protel PCB Document”文件复制出即可，如图 13-58 所示。

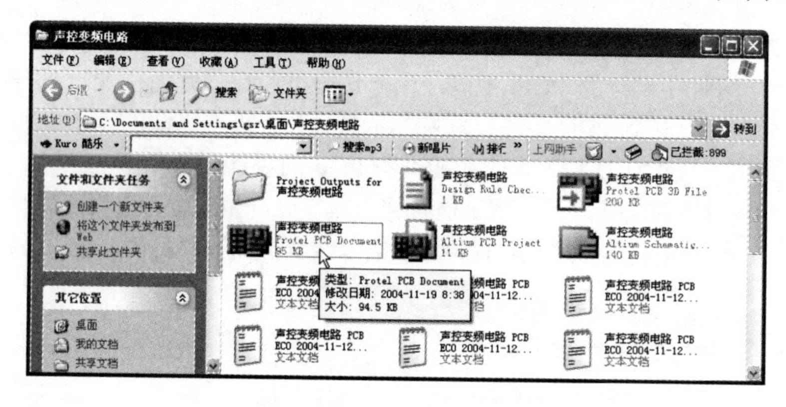

图 13-58　PCB 文件导出

13.3　单面电路板的设计

单面电路板工作层面包括元件面、焊接面和丝印面。元件面上无铜膜线，一般为顶层；焊接面有铜膜线，一般为底层。单面板也是电子设备中常用的一种板型。前面已经完整介绍了双面电路板设计的过程，在此基础上，简单介绍单面电路板的设计。在单面 PCB 设计举例时，采用的是声控变频电路中音频放大部分。主要原因是同一电路在相同面积的电路板上布线，单面板布线率就有可能达不到 100%。这就是目前普遍使用双面板的一个原因了。音频放大部分电路如图 13-59 所示。

单面电路板的设计过程与单面电路板的设计过程基本上一样，所不同的是布线规则的设置有所区别。单面电路板布线规则设置的具体方法如下。

（1）撤销顶层布线允许。执行【Design】→【Rules...】菜单命令，即可启动布线规则编辑对话框，单击布线层“Routing Layer”，在约束特性栏里，取消对顶层“Top Layer”允许布线的选择，如图 13-60 所示。

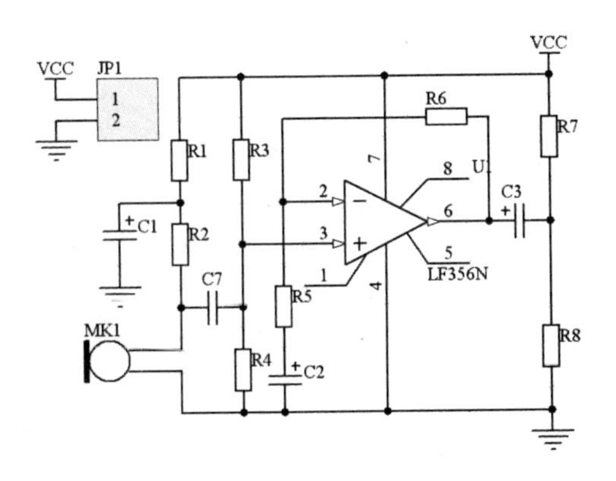

图 13-59　音频放大部分电路

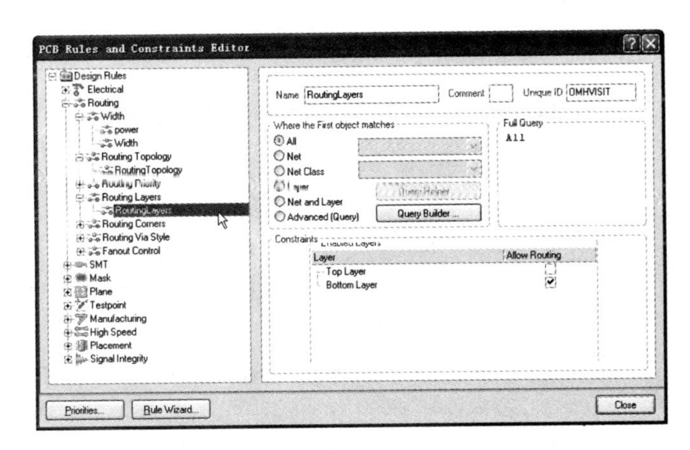

图 13-60　顶层“Top Layer”不允许布线设置

（2）底层布线方式的设置。在布线规则编辑对话框中单击布线方式“Routing Topology”，在约束特性栏里，将底层“Bottom Layer”中的走线模式设置为最短“Shortest”，如图 13-61 所示。

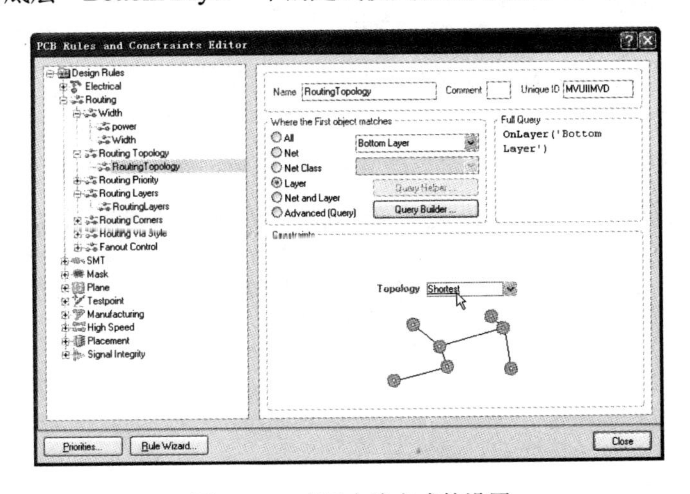

图 13-61　底层布线方式的设置

（3）关闭对话框，其他设为默认值，余下的操作与双面板布线步骤相同。对音频放大部分电路进行单面布线后效果如图 13-62 所示。

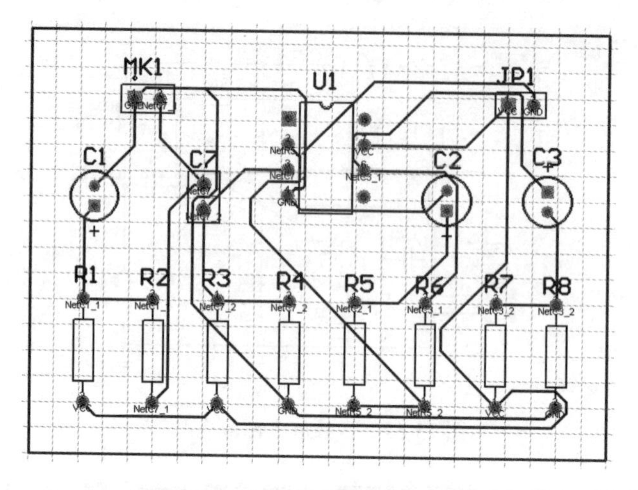

图 13-62　单面 PCB 的声控变频电路

同一电路在相同面积的电路板上布线时，单面板布线率就有可能达不到 100%。这就是目前普遍使用双面板的一个原因了。适当地排布元件，单面板上布通率可以会高一些，读者不妨上机试一试。

13.4　多层电路板的设计

Protel 2004 系统除了顶层和底层还提供了 30 个信号布线层、16 个电源地线层，所以满足了多层电路板设计的需要。但随着电路板层的增加，制作工艺更复杂，废品率也越来越高，因此在一些高级设备中，有的用到了四层电路板、六层电路板等。本节以四层电路板设计为例，介绍多层电路板的设计。

四层电路板是在双面板的基础上，增加电源层和地线层。其中电源层和地线层用一个覆铜层面连通，而不是用铜膜线。由于增加了两个层面，所以布线更加容易。

设计方法和步骤与前面设计双面电路板和单面电路板相类似，所不同的是在电路板层规划中必须增加两个内层。具体操作步骤如下。

（1）在声控变频电路 PCB 编辑过程中，在图 13-51 的基础上，执行【Design】→【Layer Stack Manager…】菜单命令，即可启动板层管理器，如图 13-63 所示。

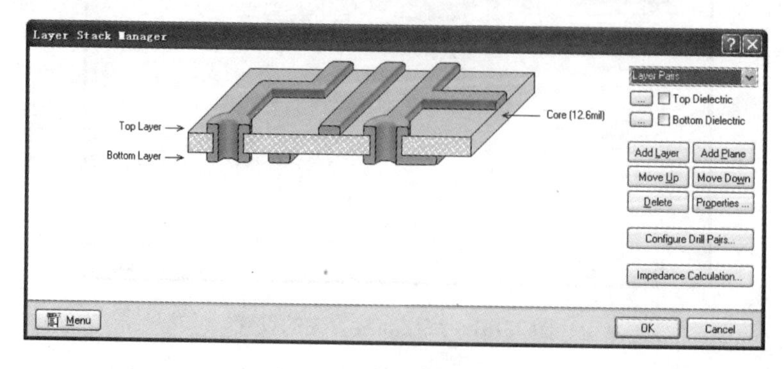

图 13-63　板层管理器对话框

（2）用鼠标左键选取“Top Layer”后，连续单击两次【Add Plane】按钮，增加两个电源层 InternalPlane1（No Net）和 InternalPlane2（No Net），如图 13-64 所示。

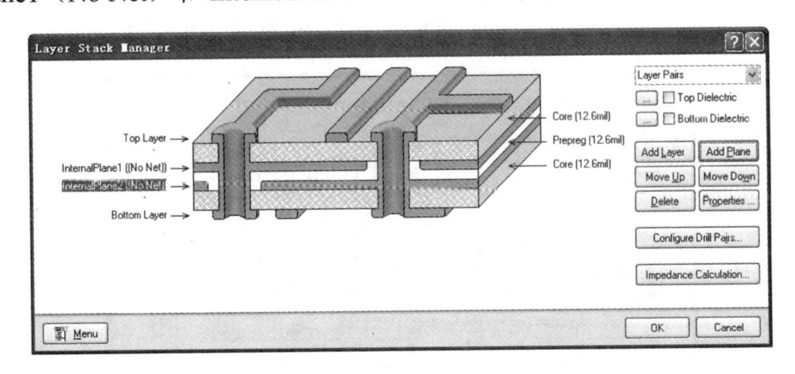

图 13-64　添加电源层对话框

（3）用鼠标左键双击 InternalPlane1（No Net），系统打开电源层属性编辑对话框，如图 13-65 所示。

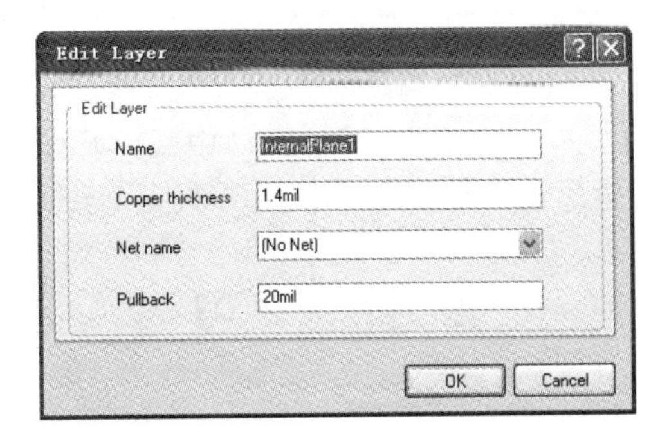

图 13-65　电源层属性编辑对话框

（4）单击对话框“Net name”栏右边的下拉按钮，在打开的有效网络列表中选择 VCC，即将电源层 1（InternalPlane1）定义为电源 VCC。设置结束后，单击 OK 按钮，关闭对话框。按照同样的操作将电源层 2（InternalPlane2）定义为电源 GND，如图 13-66 所示。

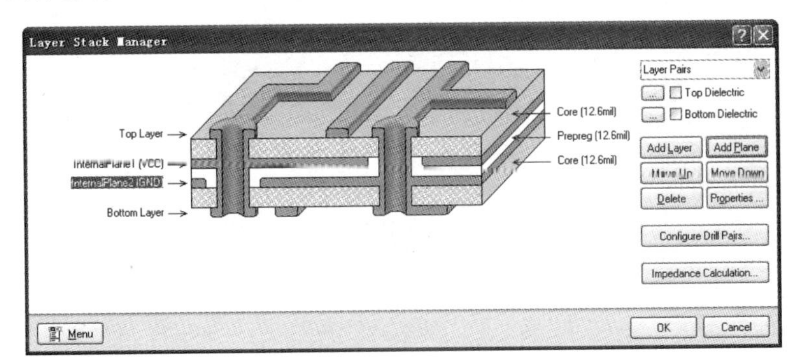

图 13-66　设置内层网络

（5）设置结束后，单击 OK 按钮，关闭板层管理器对话框。

（6）将图 13-51 所示的双层 PCB 所有布线利用【Tools】→【Un-Route】→【All】菜单命令删除，恢复 PCB 的飞线状态。

（7）执行【Auto Route】→【All…】菜单命令，对其进行重新自动布线。

（8）自动布线完成后，执行【Design】→【Board Layer & Colors】菜单命令，在打开的工作层面设定对话框中，选中内层显示。这时其四层 PCB 效果如图 13-67 所示。

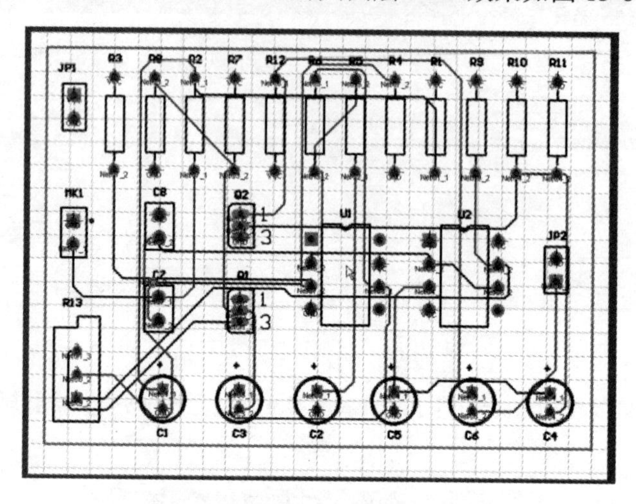

图 13-67　声控变频电路四层 PCB

将图 13-67 与图 13-54 比较，读者会发现图 13-57 中减少了两条较粗的电源网络线，取而代之的是在电压网络的每个焊盘上，出现了“十”字形标记，表明该焊盘与内层电源相连接。

※ 练　　习

1．叙述设计 PCB 的流程。
2．练习文件链接的方法。
3．上机练习设计双面印制电路板全过程。
4．简述多层印制电路板的设计过程。
5．叙述单面板与双面板的异同。

第 14 章　PCB 的设计规则

Protel 2004 系统的 PCB 编辑器在电路板的设计过程中执行任何一个操作，如放置导线、移动元件、自动布线或手动布线等，都是在设计规则允许的情况下进行的，设计规则是否合理将直接影响布线的质量和成功率。

自动布线的参数包括布线层面、布线优先级、导线的宽度、布线的拐角模式、过孔孔径类型和尺寸等。一旦这些参数设定后，自动布线器就会依据这些参数进行布线。因此，自动布线的好坏在很大程度上取决于自动布线参数的设定，用户必须认真考虑。

Protel 2004 系统的 PCB 编辑器设计规则覆盖了电气、布线、制造、放置、信号完整性要求等，但其中大部分都可以采用系统默认的设置。尽管是这样，作为用户，熟悉这些规则是非常必要的。

在 PCB 的编辑环境中，执行【Design】→【Rules...】菜单命令，可打开 PCB 设计规则与约束编辑对话框，如图 14-1 所示。

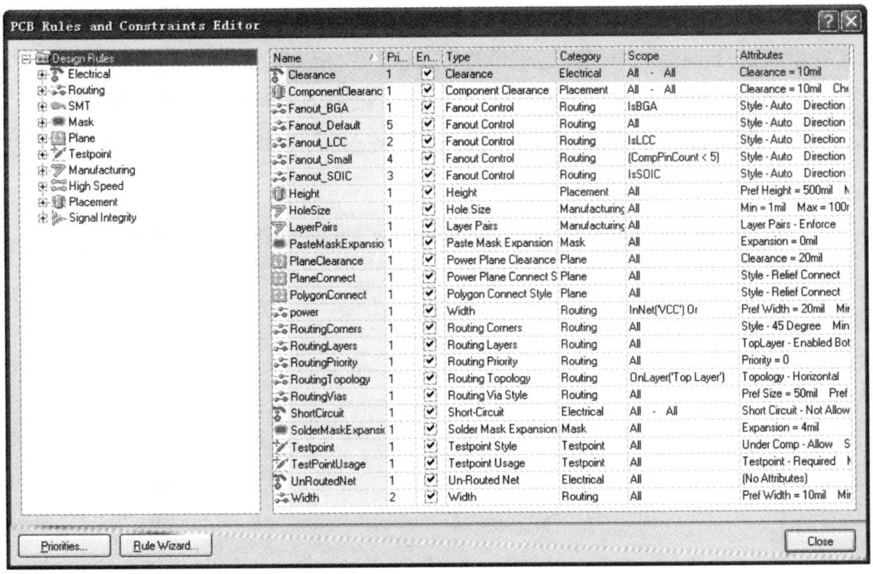

图 14-1　PCB 设计规则与约束编辑对话框

在该对话框中，PCB 编辑器将设计规则分成 10 大类，界面的左侧显示设计规则的类别，右侧显示对应规则的设置属性。包括了设计规则中的电气特性、布线、电层和测试等参数。

考虑到用户的实际需要，在本书中我们将对经常用到的设计规则进行较详细的介绍，设计规则的类别标注、列表，如图 14-2 所示。

下面分类介绍设计规则中约束特性含义和设置方法。

14.1　电气相关的设计规则

“Electrical”设计规则设置在电路板布线过程中所遵循的电气方面的规则，包括以下 4 个方面，如图 14-3 所示。

图 14-2　设计规则的类别

图 14-3　与电气相关的设计规则

14.1.1　安全间距设计规则

安全间距——“Clearance”设计规则用于设定在 PCB 的设计中，导线、导孔、焊盘、矩形敷铜填充等组件相互之间的安全距离。

单击“Clearance”规则，安全距离的各项规则名称以树结构形式展开。系统默认只有一个名称为“Clearance”的安全距离规则设置，使用鼠标左键单击这个规则名称，对话框的右边区域将显示这个规则使用的范围和规则的约束特性，如图 14-4 所示。从图中可以看出，默认情况下，整个电路板上的安全距离为 10mil。

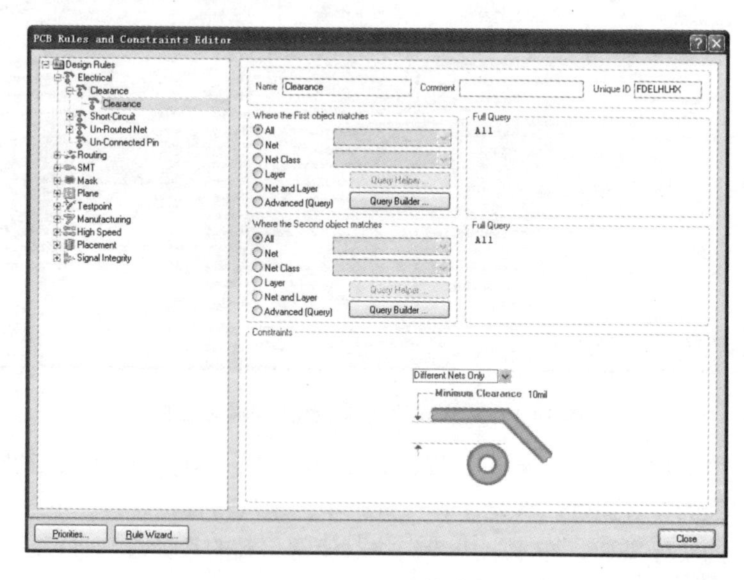

图 14-4　安全距离设置对话框

下面以 VCC 网络和 GND 网络之间的安全间距设置为例，说明新规则的建立方法。其他规则的添加和删除方法与此类似，限于篇幅，不一一介绍。

具体操作步骤如下。

（1）在图 14-4 中的“Clearance”上单击鼠标右键，打开修改规则命令菜单，如图 14-5 所示。

（2）选择【建立新规则】命令，则系统自动在“Clearance”的上面增加一个名称为“Clearance-1”的规则，单击“Clearance-1”，打开建立新规则设置对话框，如图 14-6 所示。

图 14-5　修改规则命令菜单

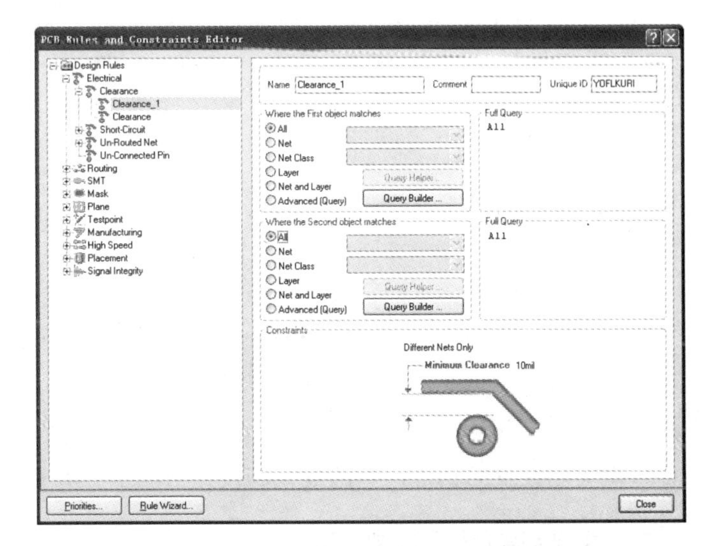

图 14-6　建立新规则设置对话框

（3）在“Where the First object matches”单元中单击网络“Net”，在“Full Query”中出现 InNet（）。单击“All”右侧的下拉菜单，从网络表中选择 VCC。此时，“Full Query”中的内容会更新为 InNet（‘VCC’）；按照同样的操作在“Where the Second object matches”单元中设置网络“GND”；将光标移到“Constraints”中，将“Minimum Clearance”改为“20mil”，如图 14-7 所示。

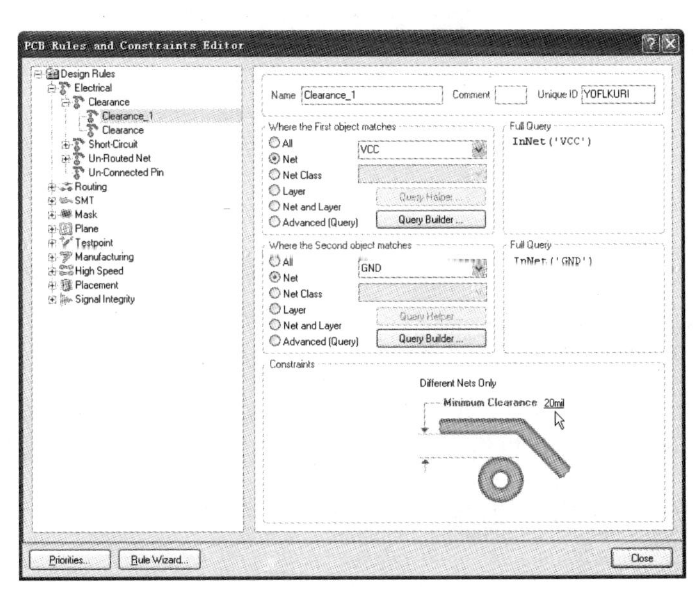

图 14-7　设置新规则设定范围和约束

（4）此时在 PCB 的设计中，同时有两个电气安全距离规则，因此必须设置它们之间的优先权。单击对话框左下角的优先权设置按钮 Priorities...，系统打开规则优先权编辑对话框，如图 14-8 所示。

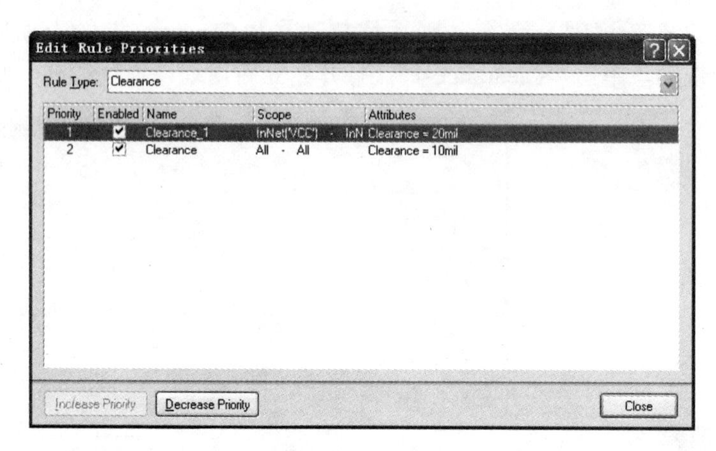

图 14-8 规则优先权编辑对话框

（5）单击 Increase Priority 和 Decrease Priority 这两个按钮，就可改变布线中规则的优先次序。设置完毕后，依次关闭设置对话框，新的规则和设置自动保存并在布线时起到约束作用。

14.1.2 短路许可设计规则

短路许可——“Short-Circuit”设计规则设定电路板上的导线是否允许短路。在“Constraints”单元中，选中“Allow Short Circuit”复选框，允许短路；默认设置为不允许短路，如图 14-9 所示。

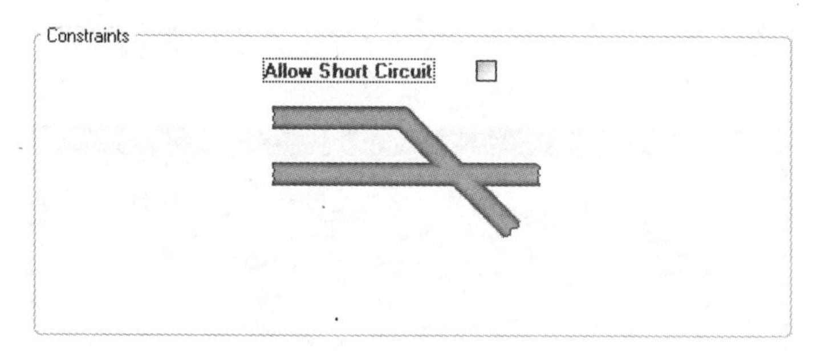

图 14-9 短路许可设置

14.1.3 网络布线检查设计规则

网络布线检查—“Un-Routed Net”设计规则用于检查指定范围内的网络是否布线成功，如果网络中有布线不成功的，该网络上已经布线的导线将保留，没有成功布线的将保持飞线。

14.1.4 元件引脚连接检查设计规则

元件引脚连接检查——“Un-Connected Pin”设计规则用于检查指定范围内的元件封装的引脚是否连接成功。

14.2　布线相关的设计规则

此类规则主要与布线参数设置有关的规则。共分为 7 类，如图 14-10 所示。

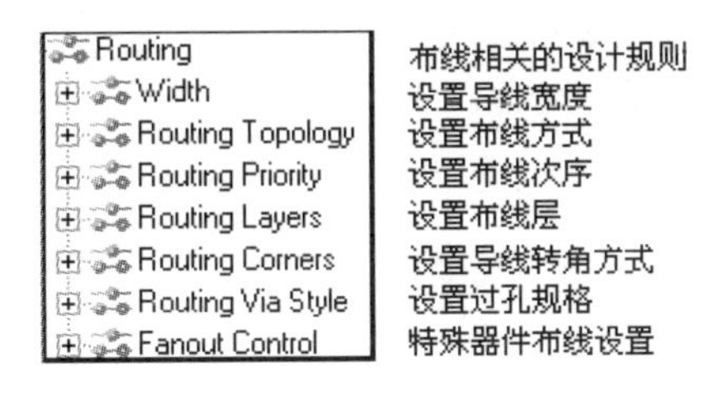

图 14-10　布线相关的设计规则

14.2.1　设置导线宽度

设置导线宽度——“Width”设计规则用于布线时设定导线宽度。如图 14-11 所示为设置导线宽度的“Constraints”单元。

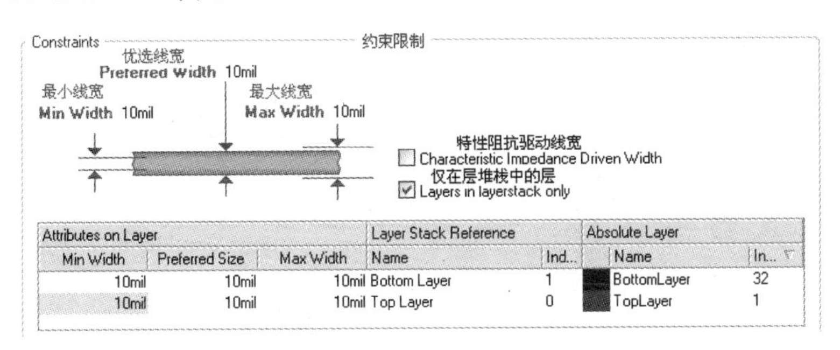

图 14-11　设定导线宽度

在单元中标出了导线的 3 个宽度约束，即“最小宽度”、“建议宽度”和“最大宽度”，单击每个宽度栏并输入数值即可对其进行修改。注意的是，在修改“最小宽度”值之前必须先设置“最大宽度”宽度栏。

14.2.2　设置布线方式

设置布线方式——“Routing Topology”设计规则用于定义引脚到引脚之间的布线规则。此规则含 7 种方式。执行此命令后，在 Constraints”单元中，再单击“Topology”栏的下拉式按钮，打开布线方式，如图 14-12 所示。

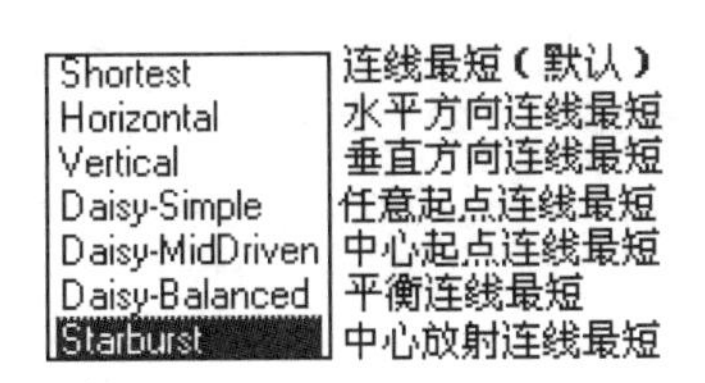

图 14-12　布线方式的种类

（1）连线最短（默认）方式——“Shortest”是系统默认使用的拓扑规则，如图 14-13 所示。

它的含义是生成一组飞线能够连通网络上的所有节点，并且使连线最短。

（2）水平方向连线最短方式——“Horizontal”如图 14-14 所示。

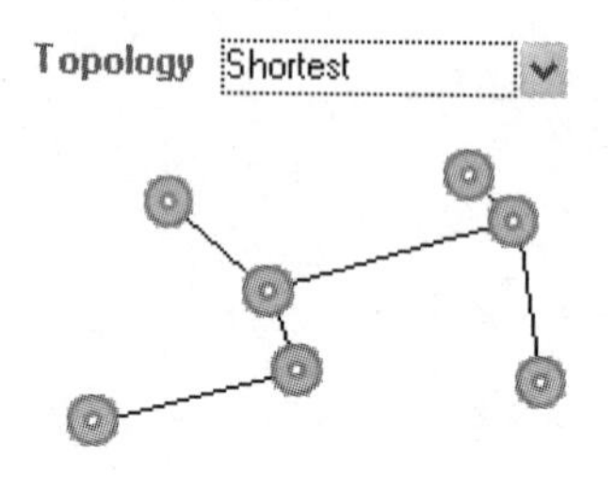

图 14-13　连线最短（默认）方式

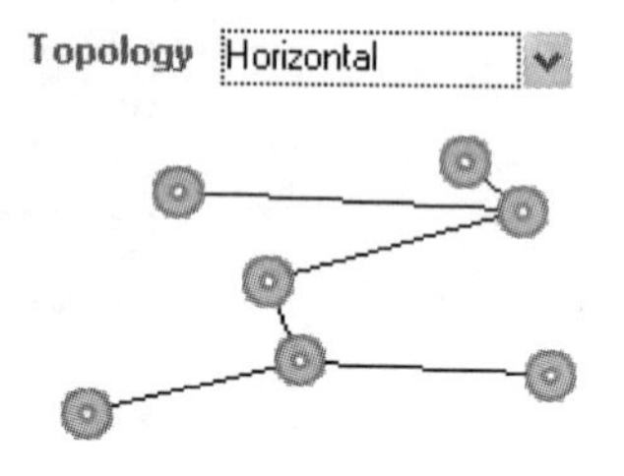

图 14-14　水平方向连线最短方式

它的含义是生成一组飞线能够连通网络上的所有节点，并且使连线在水平方向最短。

（3）垂直方向连线最短方式——“Vertical”如图 14-15 所示。

它的含义是生成一组飞线能够连通网络上的所有节点，并且使连线在垂直方向最短。

（4）任意起点连线最短方式——“Daisy Simple”如图 14-16 所示。

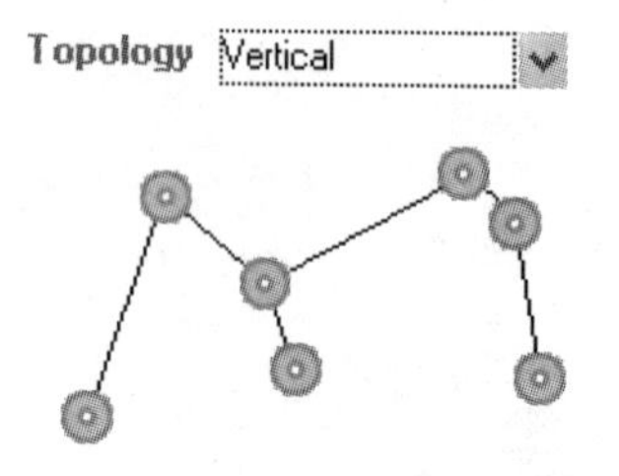

图 14-15　垂直方向连线最短方式

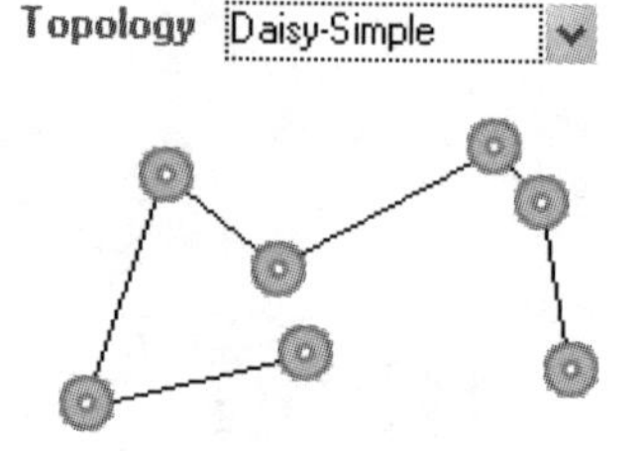

图 14-16　任意起点连线最短方式

该方式需要指定起点和终点，其含义是在起点和终点之间连通网络上的各个节点，并且使连线最短，如果设计者没有指定起点和终点，此方式和“Shortest”方式生成的飞线是相同的。

（5）中心起点连线最短方式——“Daisy-Mid Driven”如图 14-17 所示。

该方式也需要指定起点和终点，其含义是以起点为中心向两边的终点连通网络上的各个节点，起点两边的中间节点数目不一定要相同，但要使连线最短，如果设计者没有指定起点和两个终点，系统将采用“Shortest”方式生成飞线。

（6）平衡连线最短方式——“Daisy-Balanced”如图 14-18 所示。

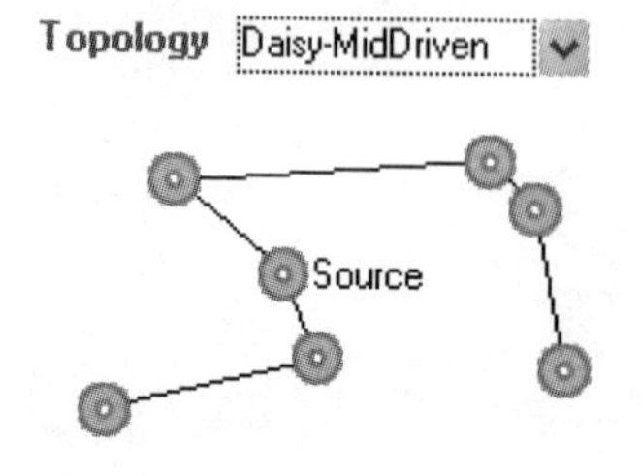

图 14-17　中心起点连线最短方式

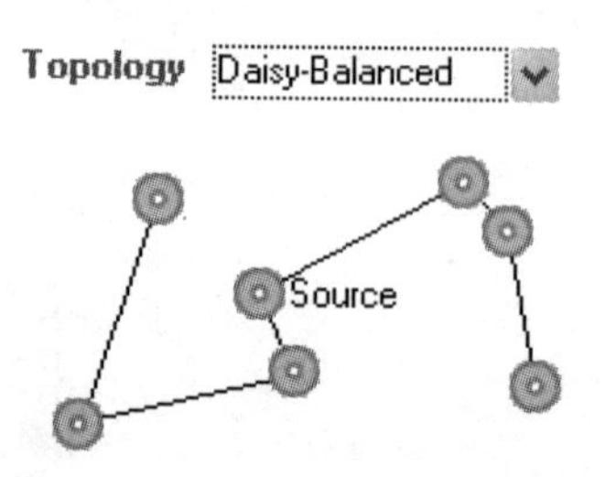

图 14-18　平衡连线最短方式

该方式也需要指定起点和终点，其含义是将中间节点数平均分配成组，所有的组都连接在同一个起点上，起点间用串联的方法连接，并且使连线最短，如果设计者没有指定起点和终点，系统将采用“Shortest”拓扑规则生成飞线。

（7）中心放射连线最短方式——“Star Burst”如图 14-19 所示。

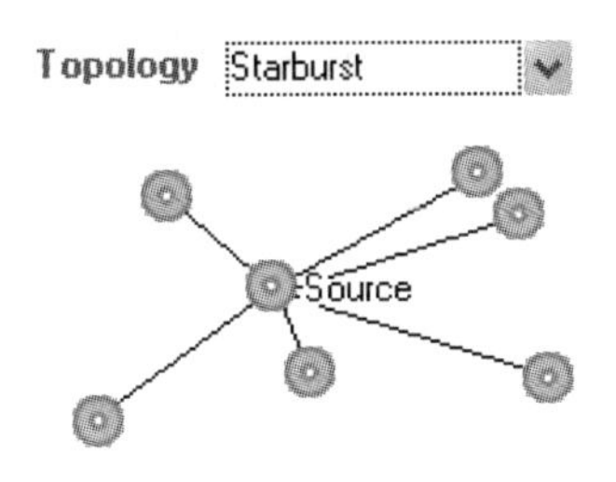

图 14-19　中心放射连线最短方式

该方式是指网络中的每个节点都直接和起点相连接，如果设计者指定了终点，那么终点不直接和起点连接。如果没有指定起点，那么系统将试着轮流以每个节点作为起点去连接其他各个节点，找出连线最短的一组连接作为网络的飞线。

14.2.3　设置布线次序

设置布线次序——“Routing Priority”规则用于设置布线的优先次序。设置布线次序规则的添加、删除和规则使用范围的设置等操作方法与前述相似，此处不再重复。其“Constraints”单元如图 14-20 所示。

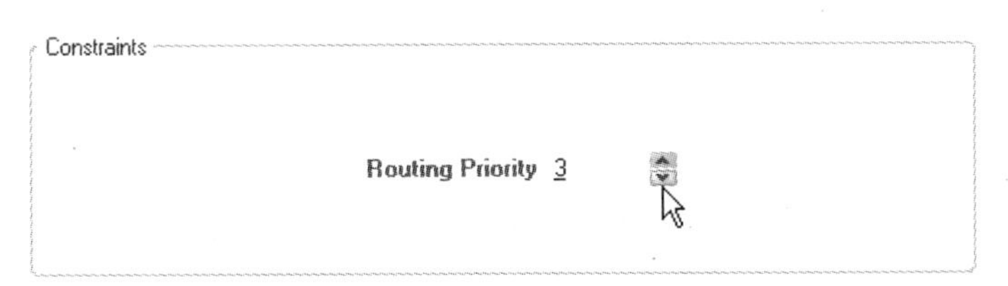

图 14-20　布线的优先次序设置

在“布线的优先次序”栏里指定其布线的优先次序，其设定范围为 0～100，0 的优先次序最低，100 的优先次序最高。

14.2.4　设置布线板层

设置布线板层——“Routing Layers”规则用于设置布线板层。布线层规则的添加、删除和规则的使用范围的设置等操作方法与前述布线层设置相同，此处不再重复。

14.2.5　设置导线转角方式

设置导线转角方式——“Routing Corners”规则用于设置导线的转角方式。转角方式规则的添加、删除和规则的使用范围的设置等操作方与前述相同，此处不再重复。在此介绍设置导线转角方式的系统参数设置方法和转角形式，如图 14-21 所示。

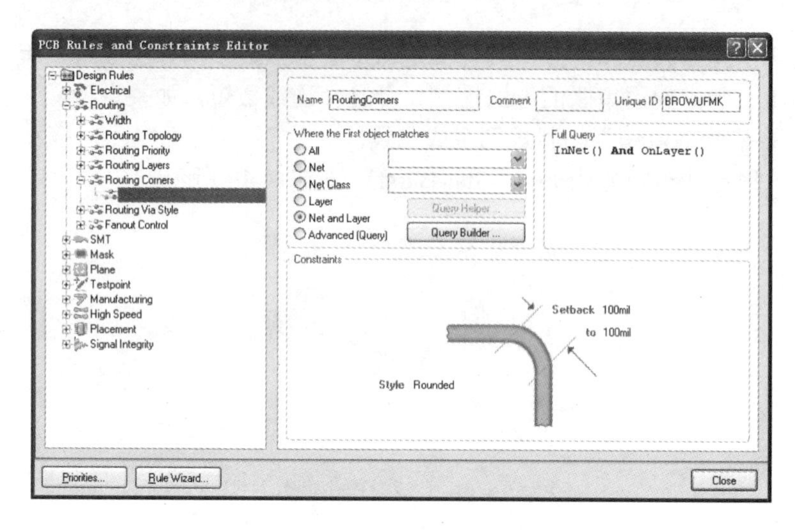

图 14-21 导线转角方式的系统参数设置框

系统提供 3 种转角形式，其他形式是 90° 转角（90Degree）和 45° 转角（45 Degree），分别如图 14-22 和图 14-23 所示。

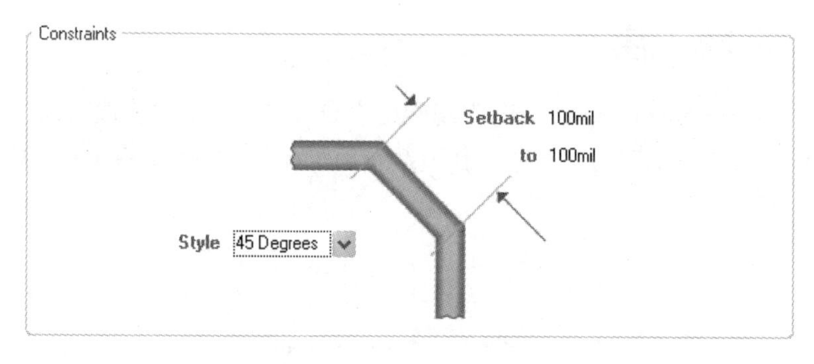

图 14-22 45° 转角形式

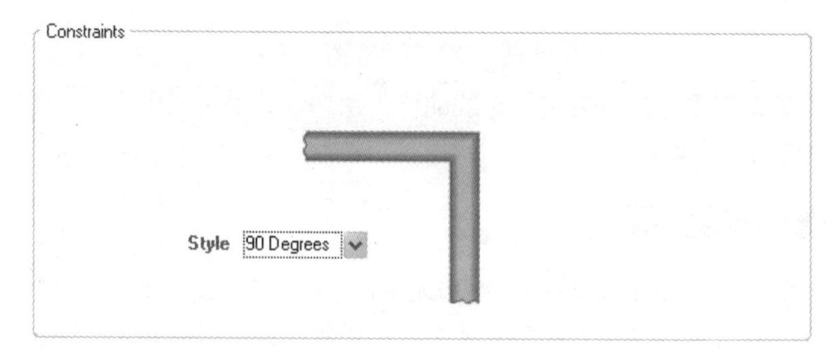

图 14-23 90° 转角形式

14.2.6 设置导孔规格

设置导孔规格——“Routing Via Style”规则用于设置布线中导孔的尺寸。导孔形式规则的添加、删除和规则的使用范围的设置等操作方法与前述相同，此处不再重复。在“Constraints”单元中，有两项导孔直径和导孔的通孔直径需要设置，如图 14-24 所示。

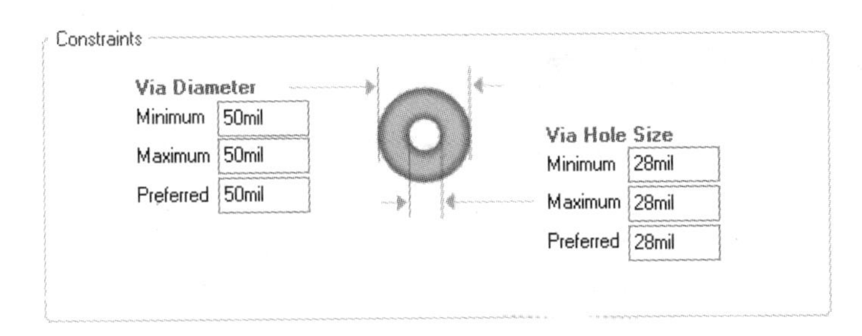

图 14-24　设置导孔规格

14.2.7 特殊器件布线设置

特殊器件布线设置——“Fanout Control”规则设置，主要用于“球栅阵列”、“无引线芯片座”等 4 个种类的特殊器件布线控制。

系统参数设置单元中有删除导线的形状、方向及焊盘、导孔的设定等，大多情况下可以采用默认设置。规则的添加、删除和规则的使用范围等操作方法与前述相同，下面仅以球栅阵列器件为例，给出其布线参数设置框，如图 11-25 所示。

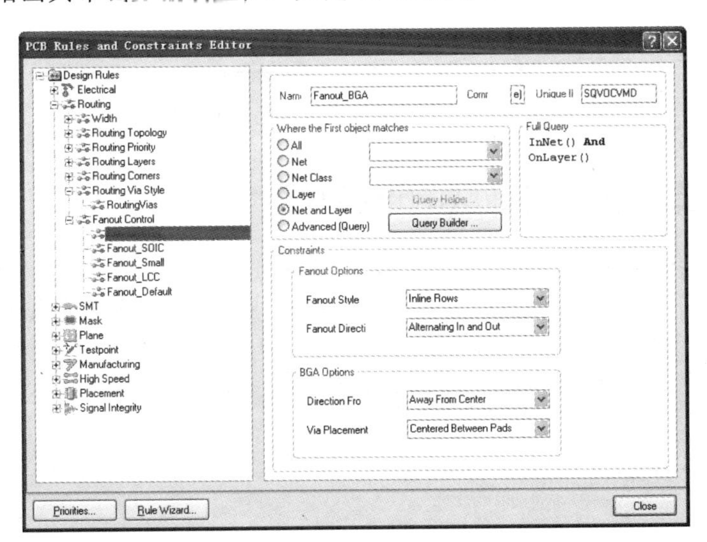

图 14-25　球栅阵列器件布线参数设置框

14.3 SMD 布线相关的设计规则

此类规则主要设置 SMD 与布线之间的规则。共分为 3 种，如图 14-26 所示。

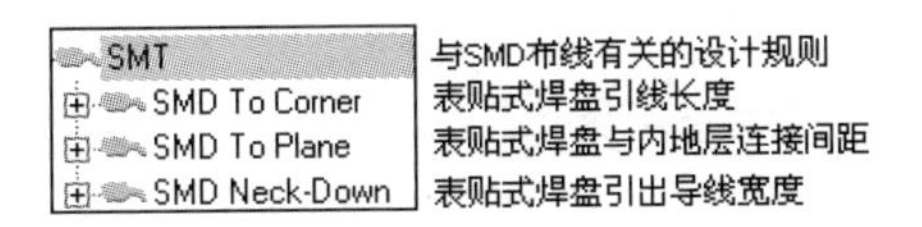

图 14-26　SMD 布线相关设计规则的分类

14.3.1 表贴式焊盘引线长度

表贴式焊盘引线长度——“SMD To Corner”规则用于设置 SMD 元件焊盘与导线拐角之间的最小距离。表贴式焊盘的引出导线一般都是引出一段长度后才开始拐弯，这样就不会出现和相邻焊盘太近的情况。该规则的添加、删除和规则的使用范围等操作方法与前述相同，此处不再重复。在此只介绍“Constraints”单元中“Distance”栏用于设置 SMD 与导线拐角处的长度，这里设定长度为“30mil”。

使用鼠标右键单击“SMD To Corner”，在出现的子菜单中执行添加新规则命令，系统在“SMD To Corner”下出现一个名称为“SMD To Corner”的新规则，单击新规则出现规则设置对话框，在此对话框中的“Constraints”单元如图 14-27 所示。

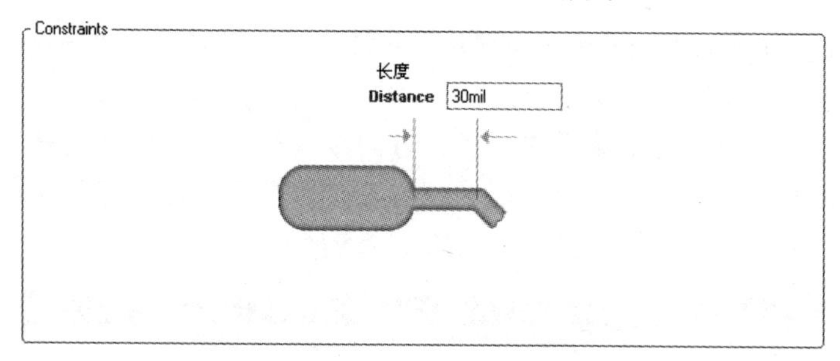

图 14-27 表贴式焊盘引线长度的设置

14.3.2 表贴式焊盘与内地层的连接间距

表贴式焊盘与内地层的连接间距——“SMD To Plane”规则用于设置 SMD 与内层（Plane）的焊盘或导孔之间的距离。表贴式焊盘与内地层的连接只能用过孔来实现，这个设置指出要离焊盘中心多远才能使用过孔与内地层连接。默认值为“0mil”，这里设定为“20mil”。其他方面的操作都与“SMD To Corner”规则相同，不再重复。该规则的“Constraints”单元如图 14-28 所示。

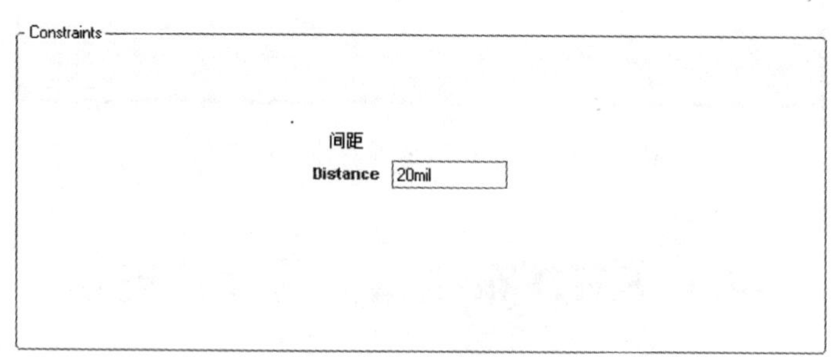

图 14-28 表贴式焊盘与内地层连接间距的设置

14.3.3 表贴式焊盘引出导线宽度

表贴式焊盘引出导线宽度——（SMD Neck-Down）规则用于设置 SMD 引出导线宽度与 SMD 元件焊盘宽度之间的比值关系。默认值为 50%，在这里设定为 70%。该规则的添加、删除和规则的使用范围等操作方法与前述相同，此处不再重复。其“Constraints”单元如图 14-29

所示。

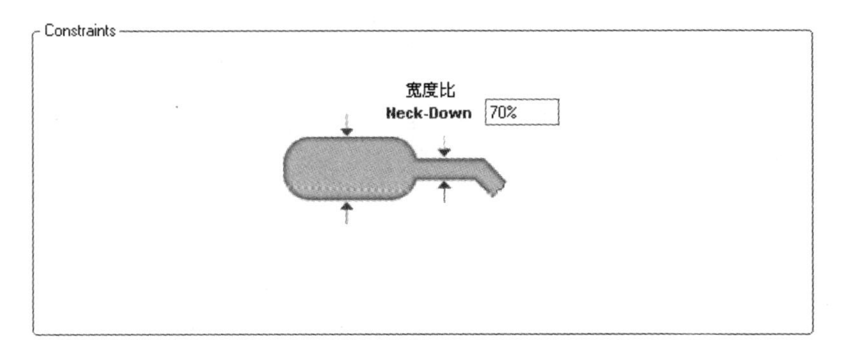

图 14-29　表贴式焊盘引出导线宽度设置

14.4　焊盘收缩量相关的设计规则

此类规则用于设置焊盘周围的收缩量。共有两种，如图 14-30 所示。

图 14-30　焊盘收缩量相关设计规则的种类

14.4.1　焊盘的收缩量

焊盘的收缩量——“Solder Mask Expansion”规则设置防焊层中焊盘的收缩量，或者说是阻焊层中的焊盘孔比焊盘要大多少。防焊层覆盖整个布线层，但它上面留出用于焊接引脚的焊盘预留孔，这个收缩量就是指焊盘预留孔和焊盘的半径之差。该规则的添加、删除和规则的使用范围等操作方法与前述相同，此处不再重复。其规则的“Constraints”单元中“Expansion”栏用于设置收缩量的大小。默认值为“4mil”，这里设定为“6mil”，如图 14-31 所示。

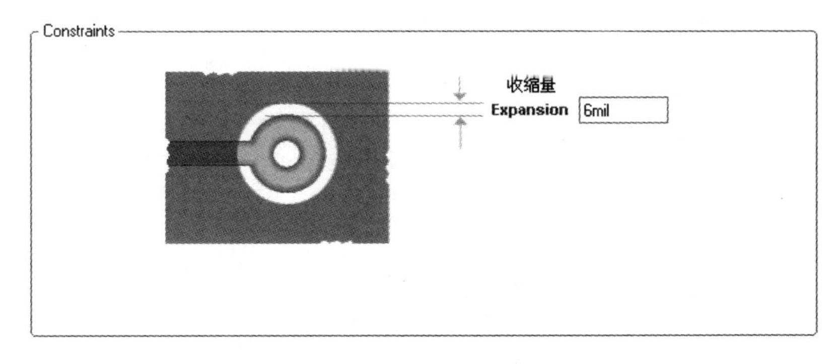

图 14-31　一般焊盘收缩量的设置

14.4.2　SMD 焊盘的收缩量

焊盘的收缩量——“Paste Mask Expansion”规则用于设置 SMD 焊盘的收缩量，该收缩量是 SMD 焊盘与钢模板（锡膏板）焊盘孔之间的距离。该规则的添加、删除和规则的使用范围等操作方法与前述相同，此处不再重复。其规则的“Constraints”单元中“Expansion”栏用于设置收缩量的大小。默认值为“0mil”，这里设定为“2mil”，如图 14-32 所示。

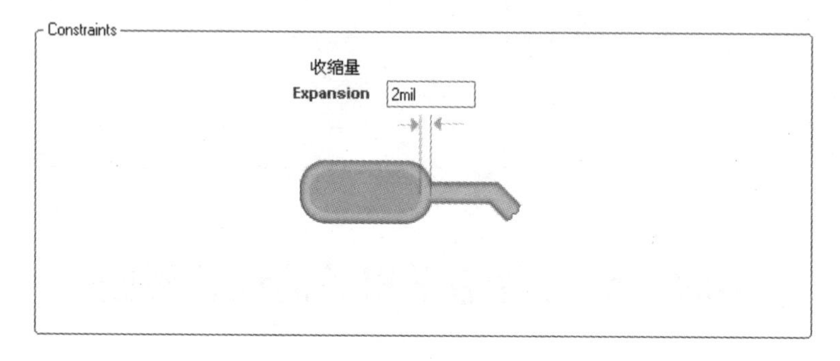

图 14-32　SMD 焊盘的收缩量设置

14.5　内层相关的设计规则

此类规则用于设置电源层和敷铜层的布线规则。共有 3 个种类，如图 14-33 所示。

图 14-33　内层有关设计规则的种类

14.5.1　电源层的连接方式

电源层的连接方式——“Power Plane Connect Style”规则用于设置过孔或焊盘与电源层连接的方法，该规则的添加、删除和规则的使用范围等操作方法与前述相同，此处不再重复，下面介绍其“Constraints”单元，如图 14-34 所示。

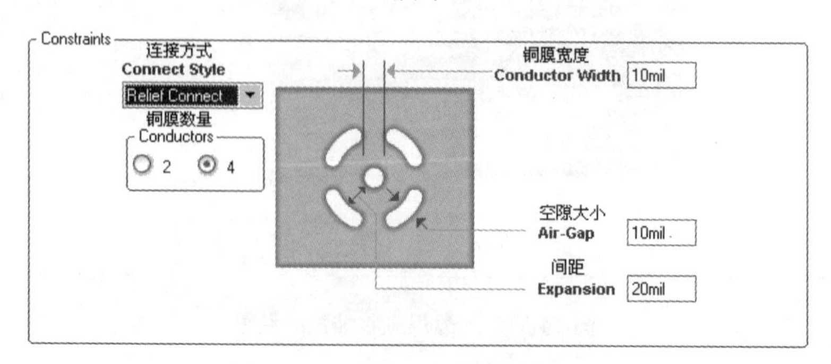

图 14-34　电源层连接方式的设置

在电源层连接方式的参数设置单元中，连接铜膜的数量。有“2”和“4”两种设置；电源层与过孔或焊盘的连接方式有 3 种。单击连接方式的下拉式按钮打开菜单项，有 3 种方法供选择，如图 14-35 所示。

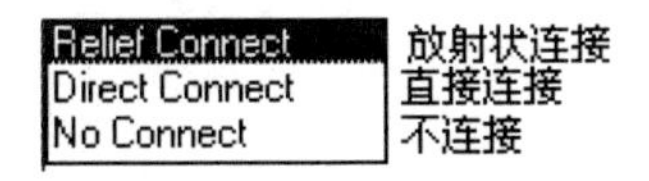

图 14-35　连接方式的种类

14.5.2　电源层的安全间距

电源层的安全间距——“Power Plane Clearance”规则用于设置电源板层与穿过它的焊盘或过孔间的安全距离。该规则的添加、删除和规则的使用范围等操作方法与前述相同，此处不再重复。“Constraints”单元中“Clearance”栏用于设置安全距离。系统的默认值为“20mil”，这里设定为“30mil”，如图 14-36 所示。

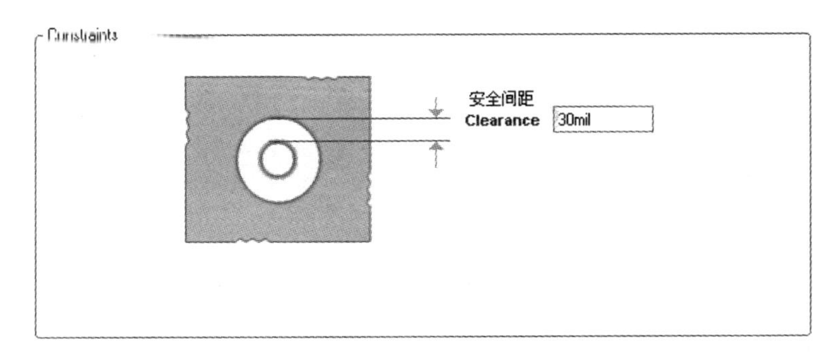

图 14-36　电源层的安全间距的设置

14.5.3　敷铜层的连接方式

敷铜层的连接方式——“Polygon Connect Style”规则用于设置敷铜与焊盘之间的连接方法。该规则的添加、删除和规则的使用范围等操作方法与前述相同，此处不再重复。下面介绍其“Constraints”单元，如图 14-37 所示。

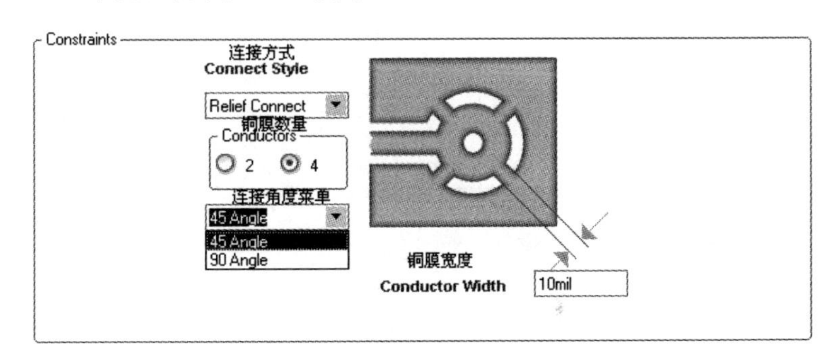

图 14-37　敷铜层的连接方式设置

在其“Constraints”单元中，有 3 种连接方式，并且与电源层连接方式相同。即“放射状连接”、“直接连接”和“不连接”；连接角度有 90°（90 Angle）连接和 45°（45 Angle）连接两种连接形式。

14.6　测试点相关的设计规则

此类规则用于设置测试点的形状大小及其使用方法，如图 14-38 所示。

图 14-38　测试点相关的设计规则

14.6.1　测试点规格

测试点规格——“Testpoint Style”规则用于设置测试点的形状和大小。该规则的添加、删除和规则的使用范围等操作方法与前述相同，此处不再重复。下面介绍“Constraints”单元的参数设置，如图 14-39 所示。

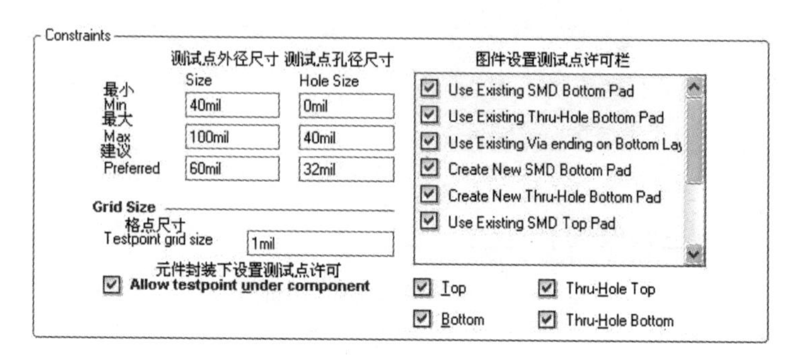

图 14-39　测试点规格设置

14.6.2　测试点用法

测试点用法——“Testpoint Usage”规则用于设置测试点的用法。该规则的添加、删除和规则的使用范围等操作方法与前述相同，此处不再重复。下面介绍“Constraints”单元的参数设置，如图 14-40 所示。

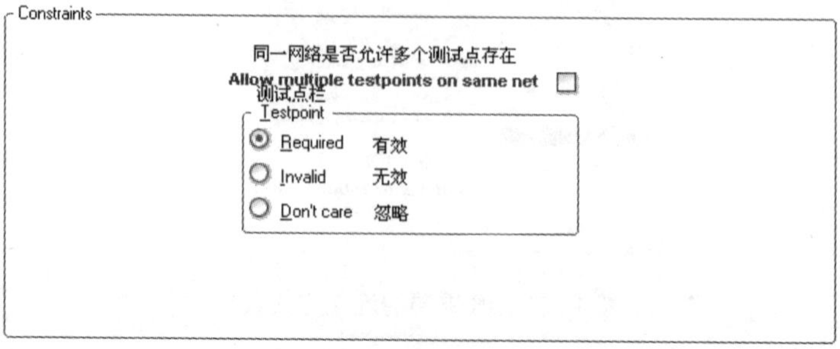

Constraints
同一网络是否允许多个测试点存在
Allow multiple testpoints on same net
测试点栏
Testpoint
Required　有效
Invalid　无效
Don't care　忽略

图 14-40　测试点用法设置

14.7　电路板制造相关的设计规则

此类规则主要设置与电路板制造有关的设置规则。共有以下种类，如图 14-41 所示。

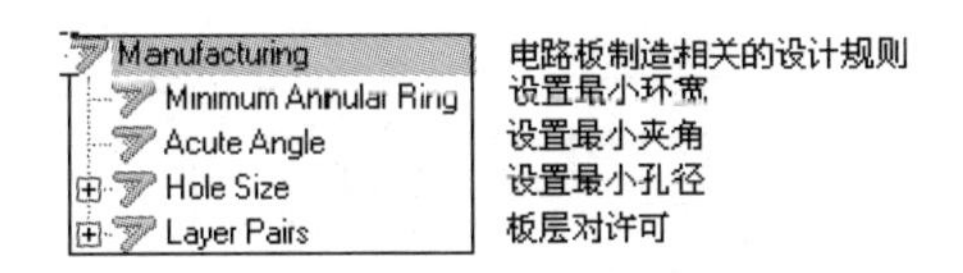

图 14-41　电路板制造相关的设计规则的种类

14.7.1　设置最小环宽

设置最小环宽——“Minimum Annular Ring”规则用于设置最小环宽，即焊盘或导孔与其通孔之间的直径之差。该规则的添加、删除和规则的使用范围等操作方法与前述相同，此处不再重复。其“Constraints”单元中“Minimum Annular Ring”栏设置最小环宽，如图 14-42 所示。

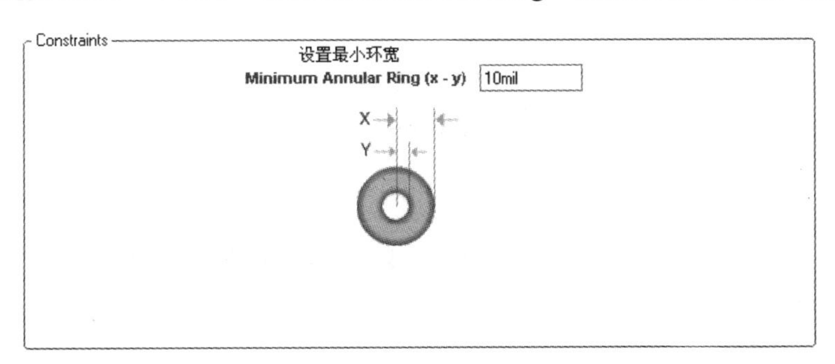

图 14-42　设置最小环宽

14.7.2　设置最小夹角

设置最小夹角——（Acute Angle）规则用于设置具有电气特性的导线与导线之间的最小夹角。最小夹角应该不小于 90°，否则将会在蚀刻后残留药物，导致过度蚀刻。该规则的添加、删除和规则的使用范围等操作方法与前述相同，此处不再重复。其“Constraints”单元中“Minimum Angle”栏设置最小夹角，如图 14-43 所示。

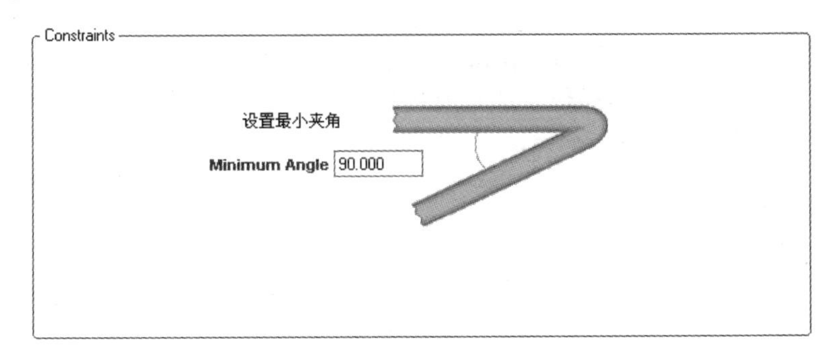

图 14-43　设置最小夹角

14.7.3　设置最小孔径

设置最小孔径——“Hole Size”规则用于孔径尺寸设置。该规则的添加、删除和规则的使用范围等操作方法与前述相同，此处不再重复，下面介绍“Constraints”单元的参数设置，如图 14-44 所示。

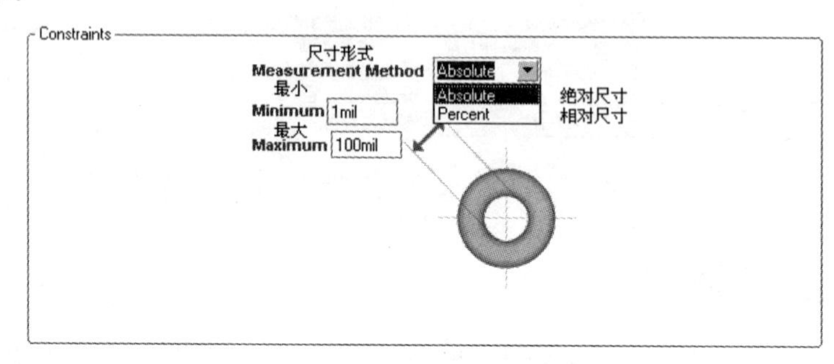

图 14-44　设置最小孔径

14.7.4　板层对许可

板层对许可——“Layer Pairs”规则用于设置是否允许使用板层对。该规则的添加、删除和规则的使用范围等操作方法，以及在“Constraints”单元中对其设置与前述相同，此处不再重复。

14.8　高频电路设计相关的规则

此规则用于设置与高频电路设计有关的规则。共分为 6 种，如图 14-45 所示。

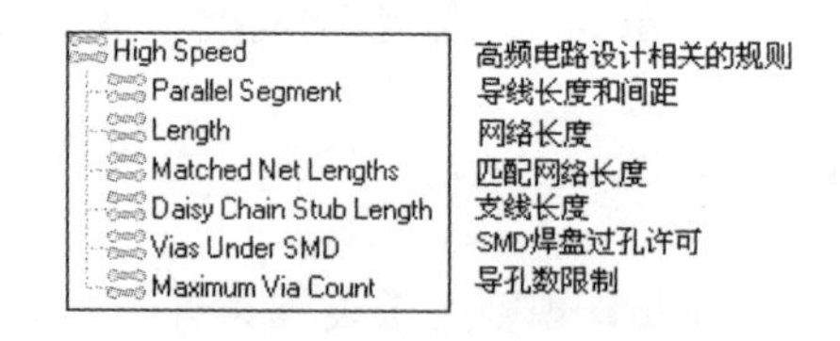

图 14-45　相关的规则种类

14.8.1　导线长度和间距

导线长度和间距——“Parallel Segment”规则用于设置并行导线的长度和距离。该规则的添加、删除和规则的使用范围等操作方法与前述相同，此处不再重复，下面介绍“Constraints”单元中的参数设置，如图 14-46 所示。

14.8.2　网络长度

网络长度——“Length”规则用于设置网络的长度。该规则的添加、删除和规则的使用范围等操作方法与前述相同，此处不再重复。下面介绍其“Constraints”单元中的参数设置，如图 14-47 所示。

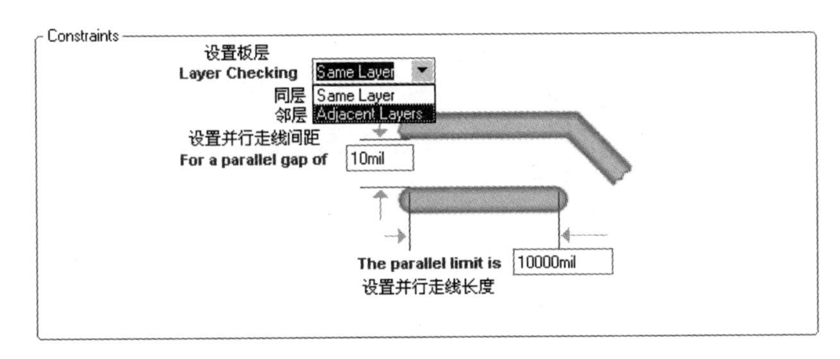

图 14-46　设置导线长度和间距

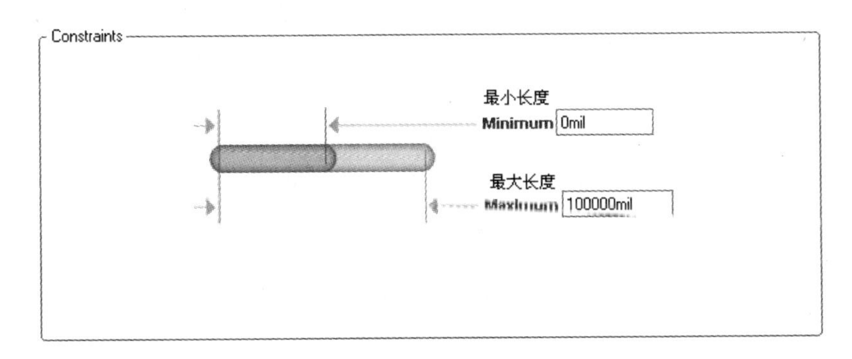

图 14-47　设置网络长度

14.8.3　匹配网络长度

匹配网络长度——“Matched Net Lengths”规则用于设置网络等长走线。该规则以规定范围中的最长网络为基准，使其他网络通过调整操作，在设定的公差范围内和它等长。该规则的添加、删除和规则的使用范围等操作方法与前述相同，此处不再重复。下面介绍其“Constraints”单元中的参数设置，如图 14-48 所示。

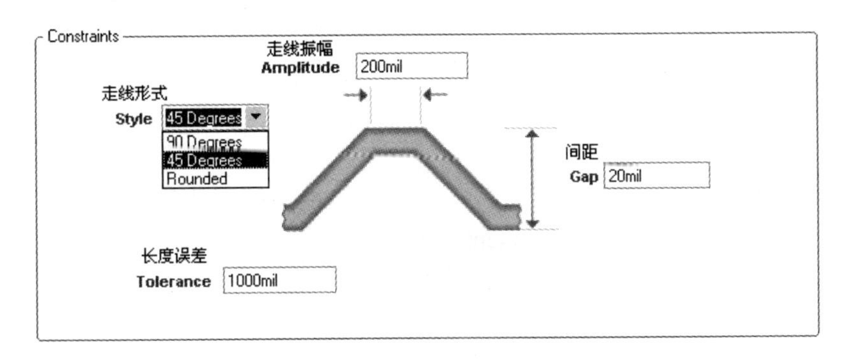

图 14-48　匹配网络长度设置

走线的形式除了 45°（45 Degrees）走线，还有两种形式，即 90°（90 Degrees）走线和圆弧（Round）走线。其形式如图 14-49 所示。

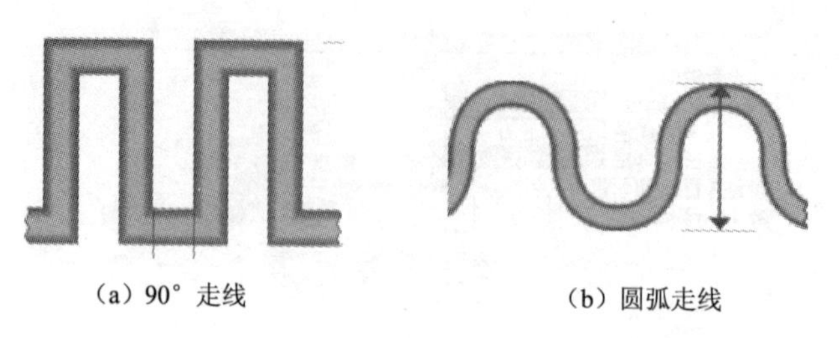

图 14-49 匹配网络走线其他形式

14.8.4 支线长度

支线长度——“Daisy Chain Stub Length”规则用于设置用菊花链走线时支线的最大长度。该规则的添加、删除和规则的使用范围等操作方法与前述相同，此处不再重复。下面介绍其“Constraints”单元中的参数设置，如图 14-50 所示。

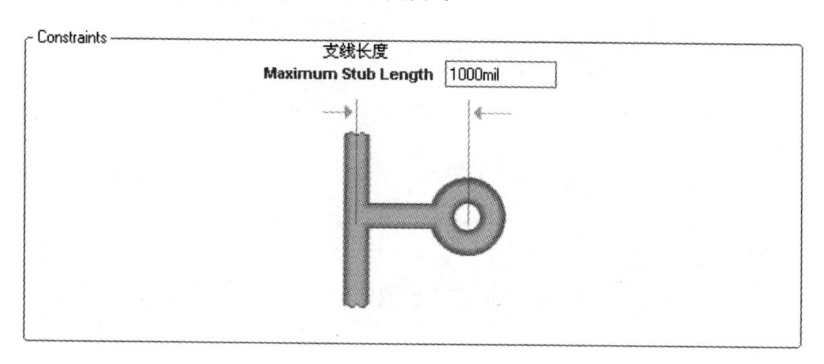

图 14-50 设置支线长度

14.8.5 SMD 焊盘过孔许可

SMD 焊盘过孔许可——“Vias Stub Length”规则用于设置是否允许在 SMD 焊盘下放置导孔。该规则的添加、删除和规则的使用范围等操作方法与前述相同，此处不再重复。下面介绍其“Constraints”单元中“Allow Vias SMD Pads”复选框是否允许在 SMD 焊盘下放置导孔的设置，如图 14-51 所示。

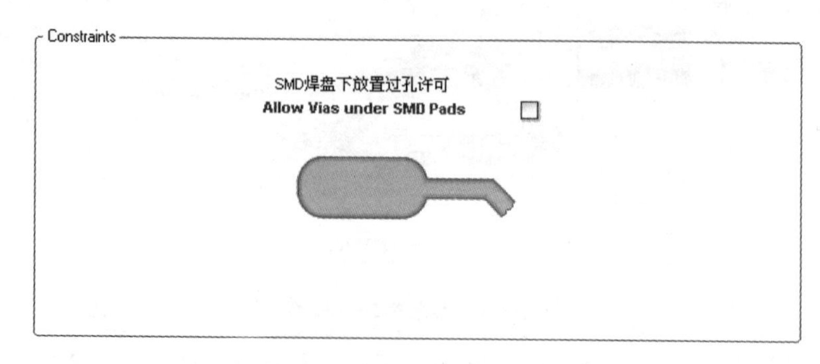

图 14-51 SMD 焊盘下放置导孔的设置

14.8.6　导孔数限制

导孔数限制——“Maximum Via Count”规则用于。该规则的添加、删除和规则的使用范围等操作方法与前述相同，此处不再重复。下面介绍其“Constraints”单元中的参数设置，如图 14-52 所示。

图 14-52　设置电路板上允许的导孔数

14.9　元件布置相关规则

此规则与元器件的布置有关，共有 6 种，如图 14-53 所示。

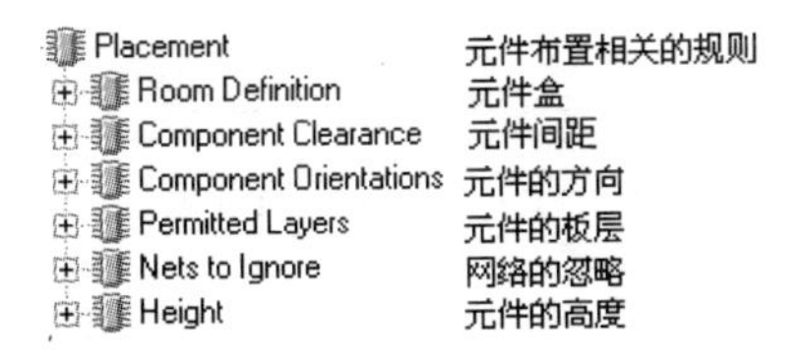

图 14-53　元件布置相关规则的种类

14.9.1　元件盒

元件盒——“Room Definition”规则用于定义元件盒的尺寸及其所在的板层。该规则的添加、删除和规则的使用范围等操作方法与前述相同，此处不再重复。下面介绍其“Constraints”单元中的参数设置，如图 14-54 所示。

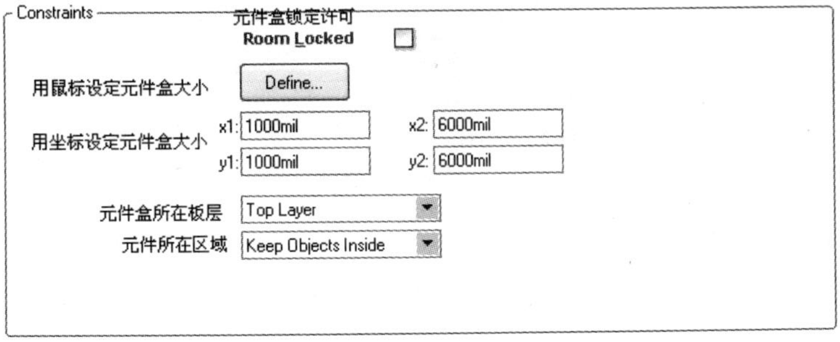

Constraints
元件盒锁定许可
Room Locked
用鼠标设定元件盒大小　Define...
用坐标设定元件盒大小　x1: 1000mil　x2: 6000mil　y1: 1000mil　y2: 6000mil
元件盒所在板层　Top Layer
元件所在区域　Keep Objects Inside

图 14-54　元件盒设置

（1）用鼠标定义元件盒的大小。单击 Define... 按钮后，光标变成“十”字形并激活 PCB 编辑区，可用鼠标确定元件盒的大小。

（2）元件盒所在的板层和元件所在区域栏均有下拉菜单，如图 14-55 所示。

（a）元件集合所在板层　　（b）元件所在区域

图 14-55　元件盒相关参数的设置

14.9.2　元件间距

元件间距——“Component Clearance”规则用于设置元件封装间的最小距离。该规则的添加、删除和规则的使用范围等操作方法与前述相同，此处不再重复。下面介绍其“Constraints”单元中的参数设置，如图 14-56 所示。

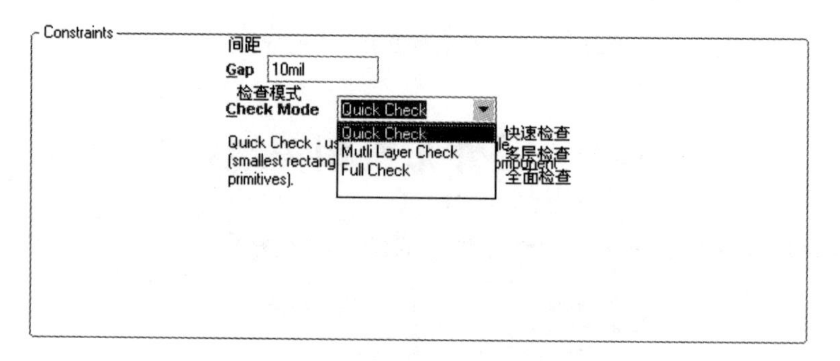

图 14-56　元件封装间距的设置

14.9.3　元件的方向

元件的方向——“Component Orientation”规则用于设置元件封装的放置方向。该规则的添加、删除和规则的使用范围等操作方法与前述相同，此处不再重复。下面介绍其“Constraints”单元中的参数设置，如图 14-57 所示。

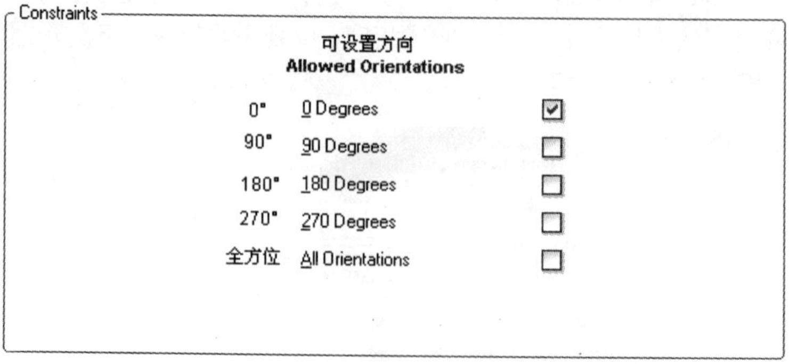

Constraints
可设置方向
Allowed Orientations
0°　0 Degrees
90°　90 Degrees
180°　180 Degrees
270°　270 Degrees
全方位　All Orientations

图 14-57　元件封装方向的设置

14.9.4 元件的板层

元件的板层——“Permitted Layers”规则用于设置自动布局时元件封装的放置板层。该规则的添加、删除和规则的使用范围等操作方法与前述相同，此处不再重复。下面介绍其“Constraints”单元中的参数设置，如图 14-58 所示。

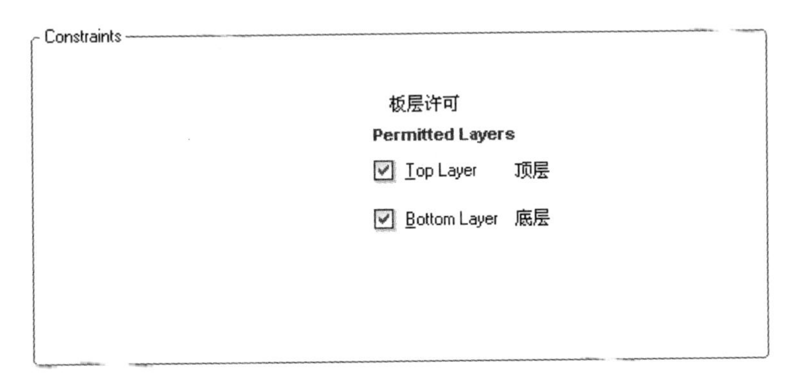

图 14-58 元件封装的放置板层的设置

14.9.5 网络的忽略

网络的忽略——“Nets to Ignore”规则用于设置自动布局时忽略的网络。组群式自动布局时，忽略电源网络可以使得布局速度和质量有所提高。

该规则的添加、删除和规则的使用范围等操作方法与前述相同，此处不再重复。

14.9.6 元件的高度

元件的高度——“Height”规则用于设置布局的元件高度。该规则的添加、删除和规则的使用范围等操作方法与前述相同，此处不再重复。下面介绍其“Constraints”单元中的参数设置，如图 14-59 所示。

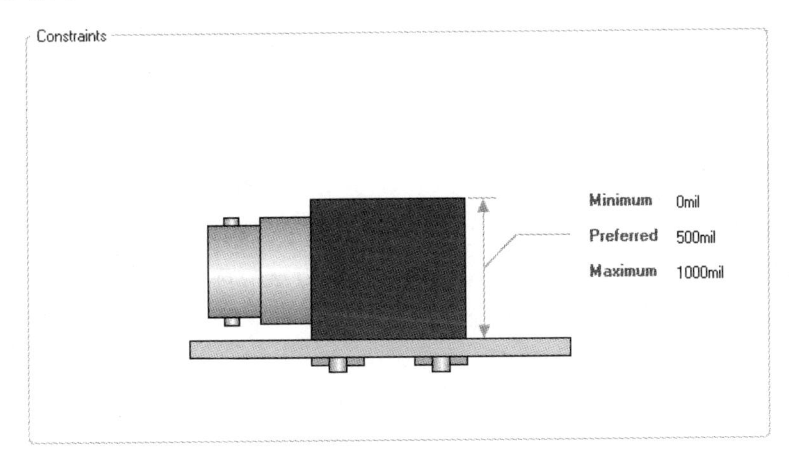

图 14-59 元件高度的设置

14.10　信号完整性分析相关的设计规则

信号完整性分析相关的设计规则用于信号完整性分析规则的设置。共分为 13 种，如图 14-60 所示。

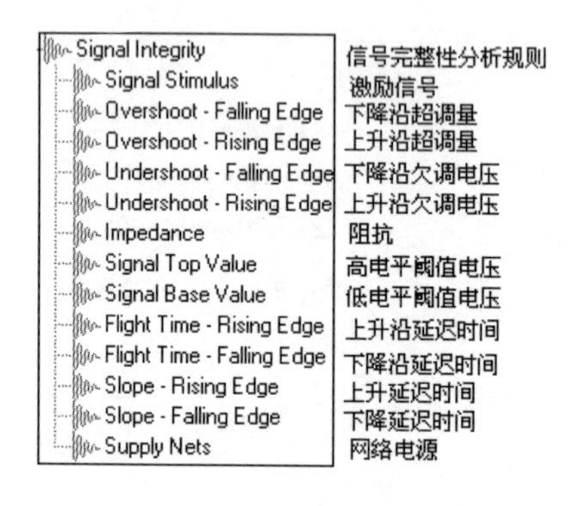

图 14-60　信号完整性分析规则种类

（1）激励信号——“Signal Stimulus”规则用于设置电路分析的激励信号。

（2）下降沿超调量——“Overshoot-Falling Edge”规则用于设置信号下降沿超调量。

（3）上升沿超调量——“Overshoot-Rising Edge”规则用于设置信号上升沿超调量。

（4）下降沿欠调电压——“Undershoot-Falling Edge”规则用于设置信号下降沿欠调电压的最大值。

（5）上升沿欠调电压——“Undershoot-RisingEdge”规则用于设置信号上升沿欠调电压的最大值。

（6）阻抗——“Impedance”规则用于设置电路的最大和最小阻抗。

（7）高电平阈值电压——“Signal Top Value”规则用于设置高电平信号最小电压。

（8）低电平阈值电压——“Signal Base Value”规则用于设置信号电压基值。

（9）上升沿延迟时间——“Flight Time-Rising Edge”规则用于设置信号上升沿延迟时间。

（10）下降沿延迟时间——“Flight Time-Falling Edge”规则用于设置信号下降沿延迟时间。

（11）上升延迟时间——“Slope-Rising Edge”规则用于设置信号从阈值电压上升到高电平的最大延迟时间。

（12）下降延迟时间——“Slope-Falling Edge”规则用于设置信号下降沿从阈值电压下降到低电平的最大延迟时间。

（13）网络电源——“Supply Nets”规则用于电路板中网络的电压值。

上述规则的添加、删除和规则的使用范围等操作方法与前述相同，规则的系统参数的设置与单元中参数的设置类似，此处不再重复。

※ 练　　习

1．简述 PCB 设计规则项目和含义。

2．练习电气对象之间允许距离设计规则的设置。

附录 A　常用原理图元件符号与 PCB 封装

本附录详细介绍了 50 种常用原理图元件符号与封装形式，包括元件名称、封装名称、原理图符号和 PCB 封装形式，有助于读者更好地查找相关资料。

序号	元件名称	封装名称	原理图符号	PCB 封装形式
1	Bettery	BAT-2	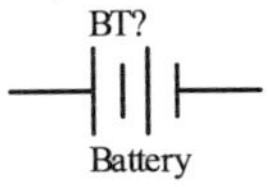 BT? Battery	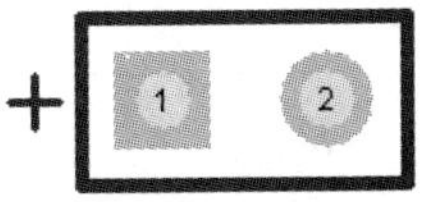 + 1 2
2	Bell	PIN2	 LS? Bell	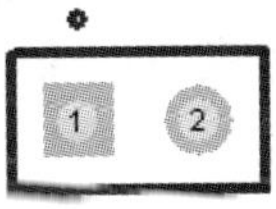 1 2
3	Bridge1	E-BIP-P4/D	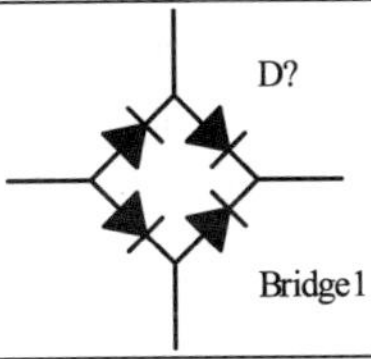 D? Bridge1	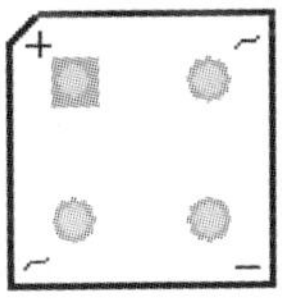 + ~ ~ −
4	Bridge2	E-BIP-P4/X	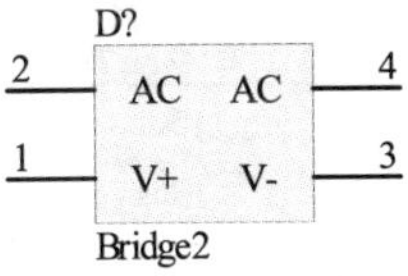 D? 2 AC AC 4 1 V+ V- 3 Bridge2	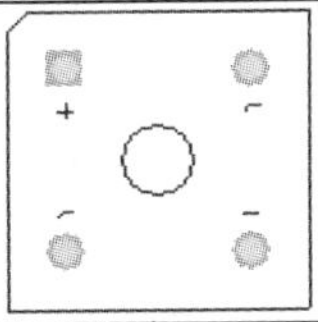 + ~ ~ −
5	Buzzer	PIN2	 LS? Buzzer	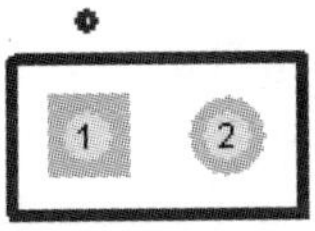 1 2
6	Cap	RAD-0.3	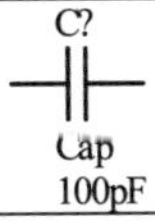 C? Cap 100pF	 1 2
7	Cap Semi	C3216-1206	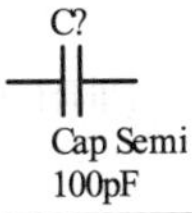 C? Cap Semi 100pF	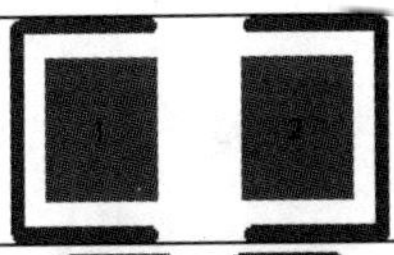 1 2
8	Cap Car	C3225-1210	 C? Cap Var 100pF	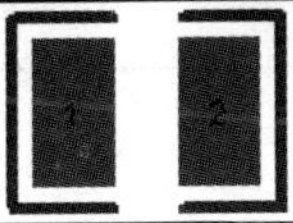 1 2
9	COAX	PIN2	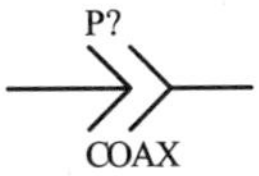 P? COAX	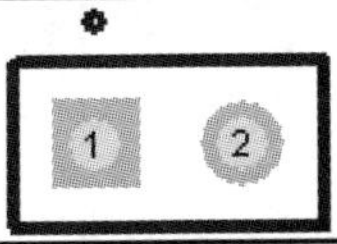 1 2

（续表）

序号	元件名称	封装名称	原理图符号	PCB 封装形式
10	Connecter	CHAMP1.2-2H14A	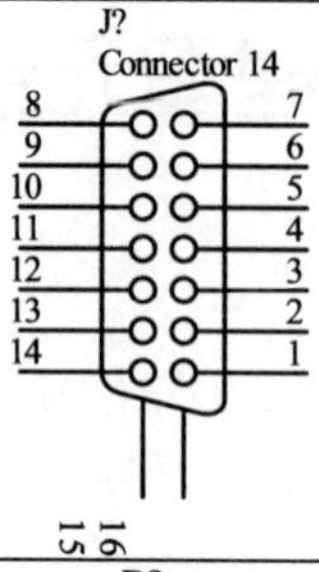 J? Connector 14	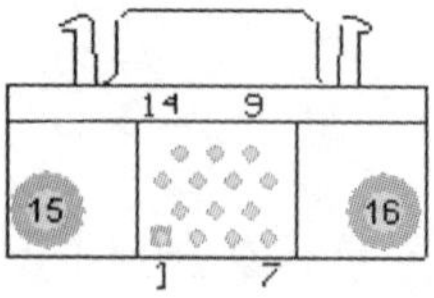
11	D Zener	DIODE-0.7	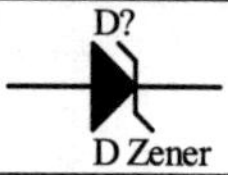 D? D Zener	
12	Diode	DSO0C2/X	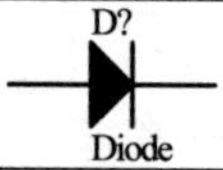 D? Diode	
13	Dpy RED-CA	DIP10	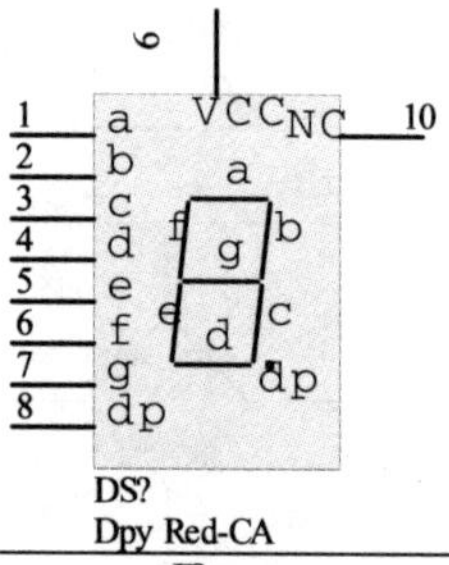 DS? Dpy Red-CA	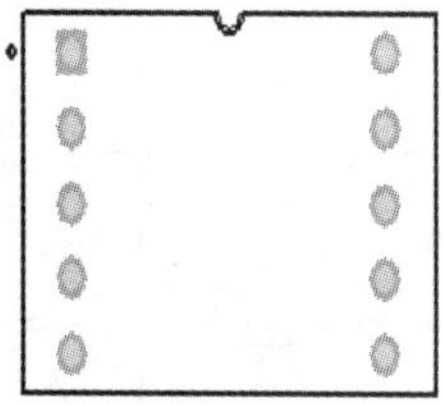
14	Fuse Thermal	PIN-W2/E	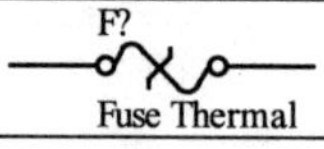 F? Fuse Thermal	
15	Inductor	C1005-0402	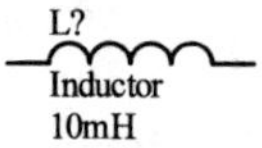 L? Inductor 10mH	
16	JFET-P	CAN-3/D	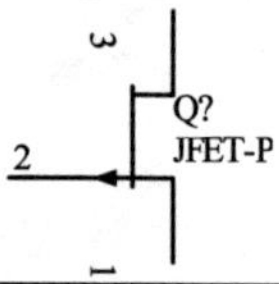 Q? JFET-P	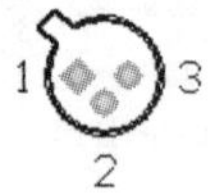
17	Jumper	RAD-0.2	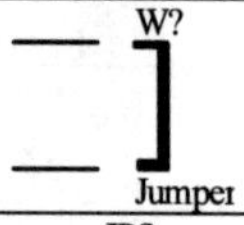 W? Jumper	
18	Header5	HDR1X5	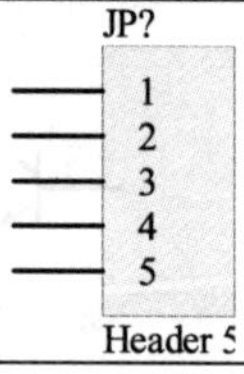 JP? Header 5	
19	Lamp	PIN2	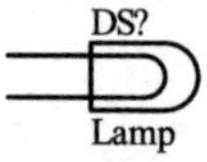 DS? Lamp	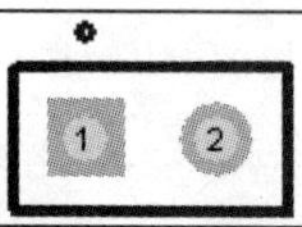
20	LED3	DFO-F2/D	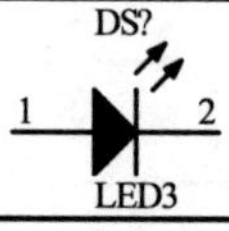 DS? LED3	

（续表）

序号	元件名称	封装名称	原理图符号	PCB封装形式
21	MHDRIX7	MHDRIX7	JP? 1 2 3 4 5 6 7 MHDR1X7	1 2 3 4 5 6 7
22	MHDR2X4	MHDR2X4	JP? 1 2 3 4 5 6 7 8 MHDR2X4	2 4 6 8 1 1 3 5 7 7
23	Mk2	DIP2	MK? Mic2	1 2
24	MOSFET-P3	DFT-T5/Y	Q? MOSFET-P3	1 5
25	MOSFET-P4	DSO-G3	Q? MOSFET-P4	
26	Motor Serxo	RAD-0.4	B? Motor Servo A	1 2
27	Motor Step	DIP6	B? Motor Step	
28	NPN	BCY-W3	Q? NPN	3 2 1 3 1
29	Op Amp	CAN-8/D	7 AR?8 2 − 6 3 + 1 5 4 Op Amp	7 1 5 3

（续表）

序号	元件名称	封装名称	原理图符号	PCB 封装形式
30	Optoisolator	SO-G5/P	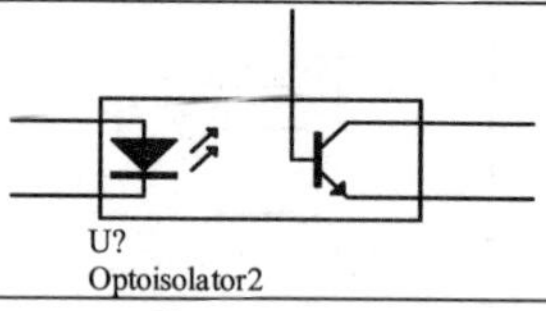 U? Optoisolator2	
31	Phonejack2	PIN2	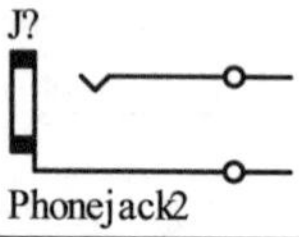 J? Phonejack2	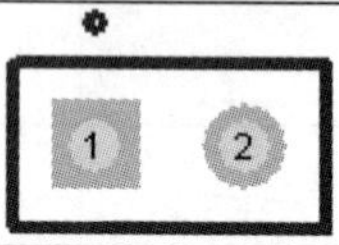 1 2
32	Photo PNP	SFM-T2/X	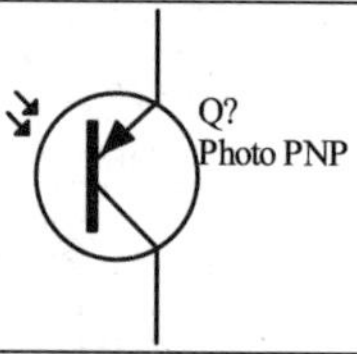 Q? Photo PNP	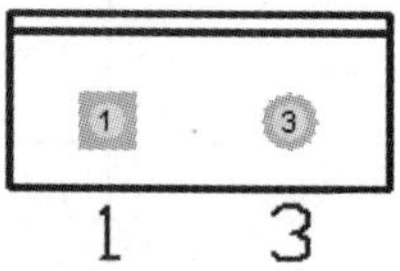 1 3
33	Photo Sen	PIN2	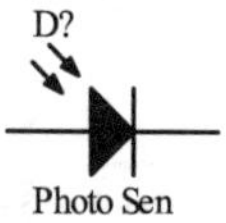 D? Photo Sen	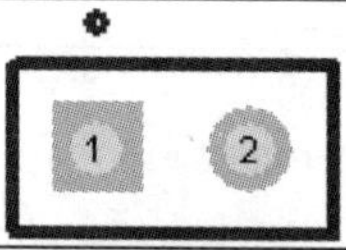 1 2
34	PNP	SO-G3/C	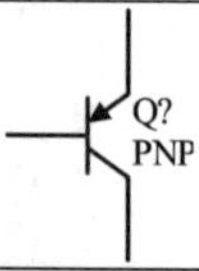 Q? PNP	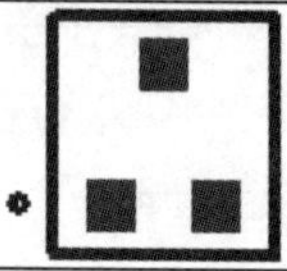
35	Relay	DIP-P5/X	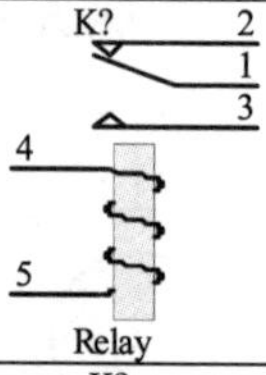 K? 2 1 3 4 5 Relay	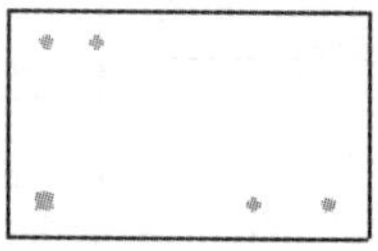
36	Relay-SPST	DIP4	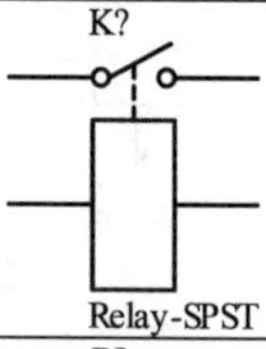 K? Relay-SPST	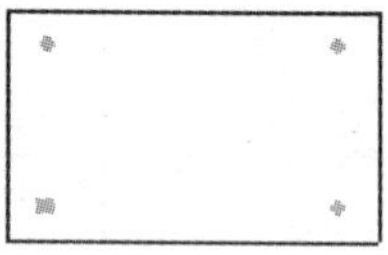
37	Res2	AXIAL-0.4	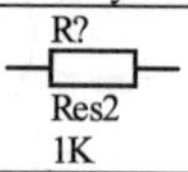 R? Res2 1K	1 2
38	Res Adj2	AXIAL-0.6	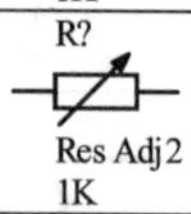 R? Res Adj2 1K	1 2
39	Res Bridge	SFM-T4/A	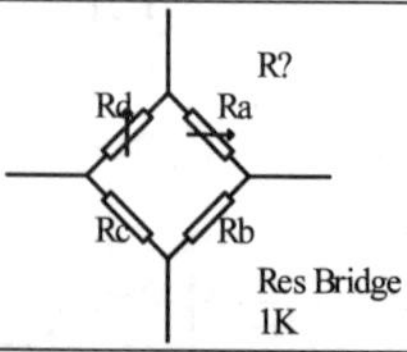 R? Rd Ra Rc Rb Res Bridge 1K	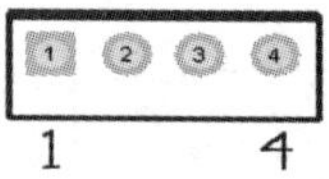 1 2 3 4 1 4
40	Rpot2	VR2	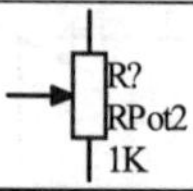 R? RPot2 1K	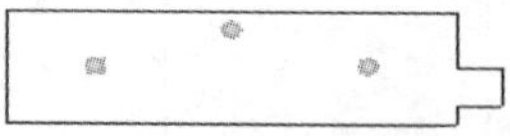

（续表）

序号	元件名称	封装名称	原理图符号	PCB 封装形式
41	SCR	SFM-T3	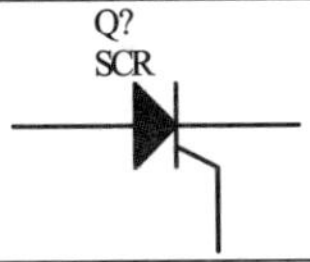 Q? SCR	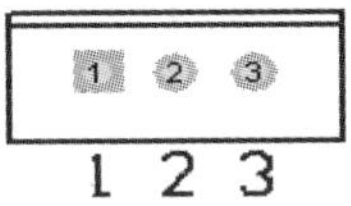 1 2 3 1 2 3
42	Speaker	PIN2	 LS? Speaker	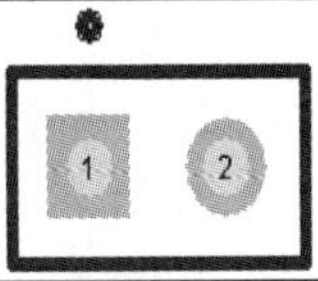 1 2
43	SW-DIP4	DIP-8	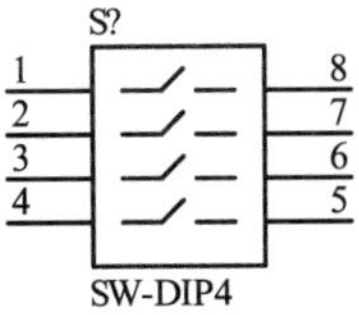 S? 1 2 3 4 8 7 6 5 SW-DIP4	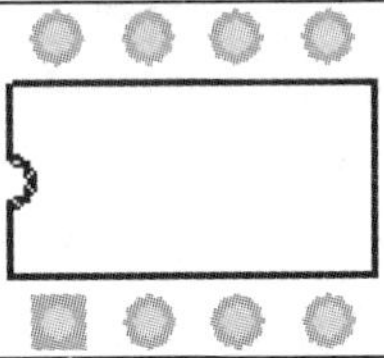
44	SW-DIP-4	SO-G8	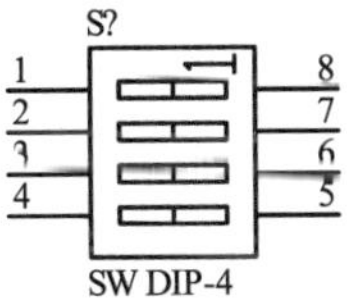 S? 1 2 3 4 8 7 6 5 SW DIP-4	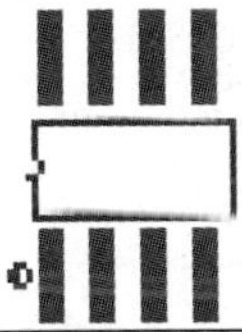
45	SW-PB	SPST-2	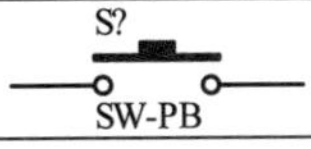 S? SW-PB	
46	SW-SPST	SPDT-3	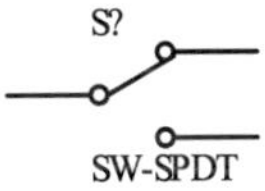 S? SW-SPDT	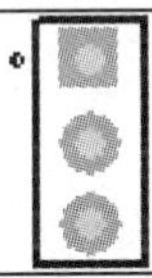
47	SW-SPST	SPST-2	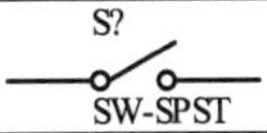 S? SW-SPST	
48	TransCT	TRF-5	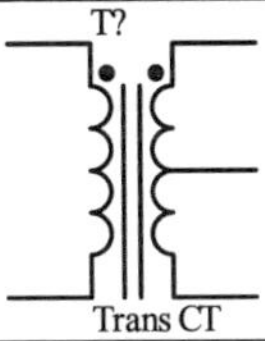 T? Trans CT	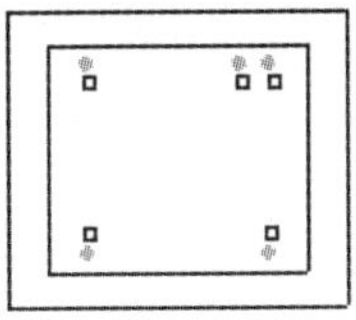
49	Triac	SFM-T	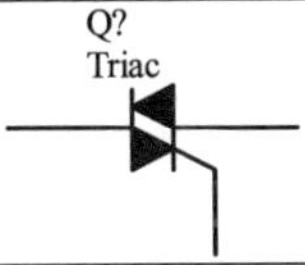 Q? Triac	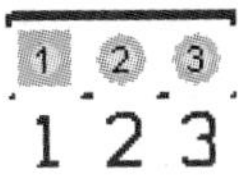 1 2 3 1 2 3
50	Trans	TRANS	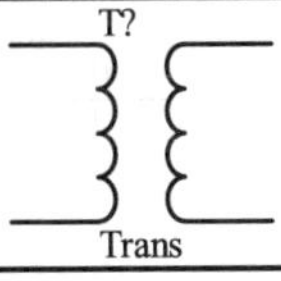 T? Trans	 1 2 3 4

参 考 文 献

[1] http://www.altium.com
[2] 谷树忠，闫胜利．Protel DXP 实用教程．北京：电子工业出版社，2003．
[3] 谷树忠，闫胜利．Protel 2004 实用教程．北京：电子工业出版社，2005．
[4] 陈爱弟．Protel 99 使用培训教程．北京：人民邮电出版社，2000．
[5] 赵景波等．Protel 2004 电路设计．北京：电子工业出版社，2007．
[6] 张睿等．Protel DXP2004 电路设计．北京：电子工业出版社，2008．